高等职业学校教材

化工产品生产技术

宋艳玲　主编
李丽娜　副主编

U0235121

化学工业出版社
·北京·

内 容 简 介

本书主要介绍典型化工产品生产必备理论知识和实践操作技能训练方法，具有理论实践一体化的创新性。

全书共设置了九个项目，分别是化工生产基本知识、合成气生产技术、合成气净化与精制技术、合成氨生产技术、尿素生产技术、乙酸生产技术、甲基丙烯酸甲酯生产技术、丙烯腈生产技术和苯乙烯生产技术，项目中详细介绍了典型无机化工产品或有机化工产品的生产相关知识、技能训练任务和实施过程、考核评价以及拓展性内容等，并以二维码的形式融入信息化资源。

本书可作为高职化工技术类各专业教材、化工企业职工培训教材，也可供应用型本科院校相关专业学生及从事化工生产、科研与设计的工程技术人员参考。

图书在版编目（CIP）数据

化工产品生产技术/宋艳玲主编. —北京：化学
工业出版社，2021.7（2024.9重印）
ISBN 978-7-122-39591-7

Ⅰ.①化…　Ⅱ.①宋…　Ⅲ.①化工产品-生产工艺-
高等职业教育-教材　Ⅳ.①TQ072

中国版本图书馆 CIP 数据核字（2021）第 142870 号

责任编辑：提　岩　　　　　　　　　文字编辑：师明远　姚子丽
责任校对：张雨彤　　　　　　　　　装帧设计：李子姮

出版发行：化学工业出版社（北京市东城区青年湖南街 13 号　邮政编码 100011）
印　　装：北京七彩京通数码快印有限公司
787mm×1092mm　1/16　印张 21½　字数 542 千字　　2024 年 9 月北京第 1 版第 2 次印刷

购书咨询：010-64518888　　　　　　售后服务：010-64518899
网　　址：http://www.cip.com.cn
凡购买本书，如有缺损质量问题，本社销售中心负责调换。

定　　价：65.00 元

前言

　　《化工产品生产技术》的编写以专业人才培养目标为依据，选取典型的有机和无机化工产品生产过程作为载体，参照企业实际生产中职业岗位（群）典型工作任务，准确对接职业标准，按照企业生产流程，将实际工作中需要完成的岗位工作任务和所需的技能进行归纳整合，紧密围绕对学生的知识、能力、素质的要求，同时结合化工职业技能等级证书考试和职业技能竞赛，确定项目内容。

　　编写过程中，根据项目中岗位工作实际需要和学生的接受能力，明确项目的知识目标、技术技能目标和素质目标；以技能训练为核心，融入技能操作所需的"必需、够用"的基本理论知识，形成理实一体化的内容；紧密围绕化工行业发展趋势和职业岗位需求，将化工生产中的新知识、新技术、新工艺、新设备等及时反映到教材中；项目中设有"项目描述""操作安全提示""任务描述""任务实施""学生工作页"等内容，便于教与学；项目后设有"考核评价标准"和"巩固训练"，可满足理实一体化教学实施过程中对学生的考核评价和学生理论知识巩固。

　　通过学习，学生能够掌握化工产品生产过程的工艺运行控制、生产装置操作与维护等岗位工作的基本理论知识和技术技能，具备一定的组织管理能力、较强的实践能力以及对新技术的学习应用能力，锻炼团队合作、沟通交流等能力，养成良好的社会公德、职业道德和职业基本素质，形成质量、环境、职业健康、安全等职业意识和创新意识。

　　本书由吉林工业职业技术学院宋艳玲主编、李丽娜副主编，其中项目一由吉林工业职业技术学院严世成编写；项目二～项目五由李丽娜编写；项目六～项目八由宋艳玲编写；项目九由吉林工业职业技术学院刘立新编写。全书由宋艳玲统稿。

　　本书的编写得到了吉林工业职业技术学院各级领导的悉心指导和大力支持，在此表示衷心的感谢！在编写过程中，还参阅了大量的文献资料，在此向参考文献的作者表示感谢！

　　限于编者水平和化工生产技术的不断发展及更新，书中不妥之处在所难免，敬请广大读者批评指正，不胜感激！

编者

2021 年 3 月

目录

项目五
尿素生产技术

项目六
乙酸生产技术

项目七
甲基丙烯酸甲酯生产技术

项目八
丙烯腈生产技术

项目九
苯乙烯生产技术

参考文献

项目一
化工生产基本知识

【基本知识目标】

1. 了解化工生产过程的基本构成。
2. 理解化工生产过程的主要指标。
3. 了解化工装置生产运行的基本流程。
4. 掌握化工装置开、停车及正常运行操作的基本工作程序。

化工产品生产
技术课程导学

【技术技能目标】

1. 能掌握化工生产基本过程的组织，并能应用于任何化工产品的实际生产过程。
2. 能掌握化工产品生产过程的主要指标，并能分析影响这些指标的因素，解决生产过程中出现的问题。
3. 能初步设计化工产品的生产工艺路线。
4. 能初步进行化工产品的生产工艺组织。
5. 能对化工生产过程进行初步分析和评价。
6. 能初步设计一般化工装置的开、停车流程。

【素质培养目标】

1. 培养严谨、认真的工作态度，能够在技术技能实践中理解并遵守职业道德和规范，履行责任。
2. 培养关于安全、健康、环境的责任关怀理念和良好的质量服务意识。
3. 培养事业心、责任感、自信心、健康心理和竞争意识。
4. 培养严格遵守操作规程，密切关注生产情况，出现故障迅速做出反应的良好职业素养。
5. 培养安全用电和正确防火、防爆、防毒意识。
6. 培养环保意识，注意"三废"处理。

【项目描述】

在本项目教学中，通过学生工作页布置任务，让学生对化工生产的主要工艺指标和化工生产运行的组织有初步了解。使学生能够了解化工生产常用指标及其对化工生产正常运行的影响；掌握化工生产工艺流程的组织情况，掌握开、停车及生产运行期间化工企业人员的岗位职责；熟悉化工装置开、停车的基本流程，并能针对不同的化工产品生产过程设计合理的工艺路线；在将来从事化工行业工作时，首先完成化工操作工岗位的工作职责，并能通过学习，提高自身技术技能及综合职业素养，实现岗位的提升。

任务

学习化工生产基本知识

任务描述

任务名称:学习化工生产基本知识	建议学时:4 学时
学习方法	1. 按照工厂车间实行的班组制,将学生分组,1 人担任班组长,负责分配组内成员的具体工作,小组共同制订工作计划、分析总结并进行汇报; 2. 班组长负责组织协调任务实施,组内成员按照工作计划分工协作,完成规定任务; 3. 教师跟踪指导,集中解决重难点问题,评估总结
任务目标	1. 了解化工生产过程的基本构成和主要指标; 2. 能掌握化工生产基本过程的组织,并能应用于实际生产过程; 3. 能初步设计化工产品的生产工艺路线; 4. 能对化工生产过程进行初步分析和评价; 5. 能领会化工企业员工的岗位类型,并能掌握各岗位的岗位职责; 6. 能掌握化工装置开、停车的基本流程; 7. 能针对不同生产工艺,制订相应的开、停车操作流程; 8. 能掌握化工装置紧急事故处理的一般流程
岗位职责	班组长:组织和协调组员完成任务; 组员:在班组长的带领下,共同完成任务
工作任务	1. 化工生产过程组织的基本流程认知; 2. 化工生产工艺参数的指标和影响因素分析; 3. 化工产品生产的工艺路线设计; 4. 化工生产过程的分析和评价; 5. 化工企业员工的岗位设置及岗位职责认知; 6. 化工装置开、停车的基本过程认知; 7. 化工装置紧急停车和事故处理的一般操作

	教师准备	学生准备
工作准备	1. 准备教材、工作页、考核评价标准等教学材料; 2. 给学生分组,下达工作任务	1. 班组长分配工作,明确每个人的工作任务; 2. 通过课程学习平台预习基本理论知识; 3. 准备工作服、学习资料和学习用品

任务实施

任务名称:学习化工生产基本知识

序号	工作过程	学生活动	教师活动
1	准备工作	穿好工作服,准备好必备学习用品和学习材料	准备教材、工作页、考核评价标准等教学材料
2	任务下达	领取工作页,记录工作任务要求	发放工作页,明确工作要求、岗位职责
3	班组例会	分组讨论,各组汇报课前学习基本知识的情况,认真听老师讲解重难点,分配任务,制订工作计划	听取各组汇报,讨论并提出问题,总结并集中讲解重难点问题
4	课程在线资源学习	各小组分别组织学习课程在线资源,掌握任务相关知识,并制作任务汇报PPT	跟踪指导,解决学生提出的问题,并进行集中讲解
5	工作过程分析	各小组分别汇报相关内容,并提出问题,通过集体讨论解决问题	对各小组的汇报进行总结,指出其中的问题和不足,并针对重难点进行讲解
6	工作总结	班组长带领班组总结工作中的收获、不足及改进措施,完成工作页的提交	检验成果,总结归纳生产相关知识,点评工作过程

学生工作页

任务名称		学习化工生产基本知识	
班级		姓名	
小组		岗位	
工作准备	一、课前解决问题 1. 化工生产的组织主要包含哪些过程?这些过程之间的关系是什么? 2. 化工生产的主要工艺指标有哪些?这些指标对化工生产过程有什么影响? 3. 一个化工生产车间的主要岗位有哪些?每个岗位的主要职责是什么?		

工作准备	4. 化工装置内操和外操的岗位职责分别是什么？他们之间的关系是什么？ 5. 一般化工装置开、停车的基本流程是什么？ 6. 化工装置发生紧急停车的处理流程是什么？ 二、接受老师指定的工作任务后，了解任务目标，制订工作计划，并通过小组讨论确定完成任务的具体方案。 三、安全生产及防范 学习化工生产基本知识，掌握化工生产过程组成和化工装置各岗位的职责，列出你认为工作过程中需注意的问题，并做出承诺。 _____ _____ 我承诺：工作期间严格遵守实训场所安全及管理规定。 承诺人： 本工作过程中需注意的安全问题及处理方法：_____ _____ _____
工作分析 与实施	各小组制作任务汇报 PPT，并进行分组汇报。 _____ _____ _____
工作总结 与反思	结合自身和本组完成的工作，通过交流讨论、组内点评等形式客观、全面地总结本次工作任务完成情况，并讨论如何改进工作。 _____ _____ _____

一、化工生产过程组织

（一）化工生产工序

化工生产是将若干个单元反应过程、若干个化工单元操作，按照一定的规律组成生产系统，这个系统包括化学和物理的加工工序。

1. 化学工序

化学工序就是以化学的方法改变物料化学性质的过程，也称为化工单元反应过程。化学反应千差万别，按其共同特点和规律可分为若干个单元反应过程。例如，磺化、硝化、氯化、酰化、烷基化、氧化、还原、裂解、缩合、水解等。

2. 物理工序

物理工序就是只改变物料的物理性质而不改变其化学性质的操作过程，也称化工单元操作。例如，流体的输送、传热、蒸馏、蒸发、干燥、结晶、萃取、吸收、吸附、过滤、破碎等加工过程。

（二）化工生产过程组成

化工产品种类繁多，性质各异。不同的化工产品，其生产过程不尽相同；同一产品，原料路线和加工方法不同，其生产过程也不尽相同。但是，一个化工生产过程一般都包括：原料的净化和预处理、化学反应过程、产品的分离和提纯、综合利用及"三废"处理等。

微课扫一扫

化工生产
过程组成

1. 原料的净化和预处理

主要目的是使原料达到反应所需要的状态和规格。例如，固体需要破碎、过筛；液体需要加热或汽化；有些反应需要预先脱除杂质，或配制成一定浓度的溶液。在多数生产过程中，原料预处理本身就很复杂，要用到许多物理和化学的方法和技术，有些原料预处理成本占总生产成本的大部分。

2. 化学反应过程

通过该步骤完成由原料到产物的转变，是化工生产过程的核心。反应温度、压力、浓度、催化剂（多数反应需要）或其他物料的性质以及反应设备的技术水平等各种因素对产品的数量和质量有重要影响，是化工生产技术研究的重要内容。

化学反应类型繁多，若按反应特性分，有氧化、还原、加氢、脱氢、歧化、异构化、烷基化、羰基化、分解、水解、水合、聚合、缩合、酯化、磺化、硝化、卤化、重氮化等众多反应；若按反应体系的物料相态分，有均相反应和非均相反应；若根据是否使用催化剂来分，有催化反应和非催化反应。

实现化学反应过程的设备称为反应器。工业反应器的种类众多，不同反应过程所用的反应器形式不同。反应器若按结构特点分，有管式反应器、床式反应器、釜式反应器和塔式反应器；若按操作方式分，有间歇式反应器、连续式反应器和半连续式反应器三种；若按换热状况分，有等温反应器、绝热反应器和变温反应器，换热方式有间接换热和直接换热。

3. 产品的分离和提纯

目的是获取符合规格的产品，并回收、利用副产物。在多数反应过程中，由于诸多原因，反应后产物是包括目的产物在内的许多物质的混合物，有时目的产物的浓度甚至很低，必须对反应后的混合物进行分离、提浓和精制，才能得到符合规格的产品。同时要回收剩余反应物，以提高原料利用率。

分离和提纯的方法和技术是多种多样的，通常有冷凝、吸收、吸附、冷冻、闪蒸、精馏、萃取、渗透（膜分离）、结晶、过滤和干燥等，不同生产过程可以有针对性地采用相应的分离和精制方法。分离出来的副产物和"三废"也应加以利用或处理。

化工过程常常包括多步反应转化过程，因此除了起始原料和最终产品外，尚有多种中间产物生成，原料和产品也可能是多个。因此，化工过程通常由上述步骤交替组成，以化学反应为中心，将反应与分离过程有机组织起来。

4. 综合利用

对反应生产的副产物、未反应的原料、溶剂、催化剂等进行分离提纯、精制处理，以利于回收使用。

5. "三废"处理

化工生产过程中产生的废气、废水和废渣的处理，废热的回收利用等。

（三）化工生产过程的主要指标

1. 转化率

转化率

转化率是指进入反应器内的所有原料与参加反应的原料之间的数量关系。转化率越大，说明参加反应的原料量越多，转化程度越高。由于进入反应器的原料一般不会全部参加反应，所以转化率的数值通常小于1。

工业生产中，一般采用连续循环操作，转化率有单程转化率和全程转化率之分。

（1）单程转化率　单程转化率一般是以反应器为研究对象，指原料每次通过反应器的转化率。

$$单程转化率 = \frac{参加反应的反应物量}{进入反应器的反应物量} \times 100\%$$

$$= \frac{进入反应器的反应物量 - 反应后剩余的反应物量}{进入反应器的反应物量} \times 100\%$$

（2）全程转化率（总转化率）　对于有循环和旁路的生产过程，常用全程转化率。全程转化率是指新鲜原料从进入反应体系到离开反应体系的总转化率，是以反应体系为研究对象。

$$全程转化率 = \frac{过程中参加反应的反应物量}{进入过程的反应物总量} \times 100\%$$

（3）平衡转化率　对于很多可逆反应来说，一般用平衡转化率来衡量反应达到化学平衡状态的转化率。

$$平衡转化率 = \frac{反应物转化的量}{反应物的起始量} \times 100\%$$

2. 选择性

选择性

选择性表示参加主反应的原料量与参加反应的所有原料量之间的数量关系，即参加反应的原料有一部分被副反应消耗掉了，而没有生成目的产物。选择性越高，说明参加反应的原料生成的目的产物越多。

$$选择性 = \frac{生成目的产物所消耗的原料量}{参加反应的原料量} \times 100\%$$

3. 收率

微课扫一扫

收率

收率表示进入反应器的原料与生成目的产物所消耗的原料之间的数量关系。收率越高，说明进入反应器的原料中，消耗在生产目的产物上的数量越多。收率也有单程收率和总收率之分。

$$单程收率 = \frac{生成目的产物所消耗的原料量}{进入反应器的原料量} \times 100\%$$

单程转化率、选择性和单程收率之间的关系如下：

$$单程收率 = 单程转化率 \times 选择性$$

单程转化率和选择性都只是从某一个方面说明化学反应进行的程度。转化率越高，说明反应进行得越彻底，未反应原料量越少，就越可以减轻原料循环的负担。但随着单程转化率的提高，反应的推动力下降，反应速率变小，若再提高反应的转化率，所需要的反应时间就会过长，同时副反应也会增多，导致反应的选择性下降，增大了产物分离、精制的负荷。

所以，必须综合考虑单程转化率和选择性，只有当两个指标值都比较适宜时，才能得到较好的反应效果。

4. 生产能力

生产能力是指一个设备、一套装置或一个工厂在单位时间内生产的产品量，或在单位时间内处理的原料量。其单位是 kg/h、t/d、kt/a、万吨/年等。

生产能力有设计能力、核定能力和现有能力之分。设计能力是设备或装置在最佳条件下可达到的最大生产能力，即设计任务书规定的生产能力。核定能力是在现有条件的基础上结合实现各种技术、管理措施确定的生产能力。现有能力也称作计划能力，是根据现有生产技术条件和计划年度内能够实现的实际生产效果，按计划产品方案计算确定的生产能力。

设计能力和核定能力是编制企业长远规划的依据，而现有生产能力则是编制年度生产计划的重要依据。

二、化工生产运行机制

微课扫一扫

化工岗位设置
与岗位职责

（一）化工企业的岗位责任制

1. 化工企业的岗位设置

目前，国内化工企业一般实行厂长负责制，工厂下设多个车间，分别由车间主任管理并对生产厂长负责。一个生产车间一般由 2~3 名车间主任管理，分别负责生产、技术和设备的管理工作。车间主任下设各岗位工艺技术员和设备员，工艺技术员一般负责车间生产和技术相关的管理工作，管理各班组的日常生产工作；设备员一般负责与车间设备相关的管理、维修和维护工作。每个车间一般由 3~5 个班组组成，班组按照倒班制度进行轮换交接。一个班组一般由两个班长和各岗位操作人员组成，班长负责班组的日常生产管理和考核工作，每个岗位设置一个内操，1~2 名外操，分别负责本岗位的生产控制工作。

2. 化工企业岗位的主要职责

车间主任及下设技术员、操作工等的岗位职责因企业不同有较大差别，但是各岗位的岗位职责有一定共通性。

（1）车间主任的岗位职责　负责组织车间生产管理，完成生产任务，并负责安全、质量管理等相关工作。车间主任的具体工作职责分为以下几类：

① 负责车间的工艺、安全、劳动纪律、文明卫生等工作的考核，组织制定各项规章制度，并能贯彻执行各项规章制度；

② 负责车间各工段的工艺、设备的协调工作，组织车间人员提出改进工艺、设备和管理的合理化建议；

③ 召开和参加车间会议，传达和通报公司各项政策和决定；

④ 处理车间发生的各种突发性事故；

⑤ 协调与本车间生产相关的其他部门，保证生产进度正常；

⑥ 完成领导交办的其他任务。

车间主任下设各岗位工艺技术员及设备员，分别负责车间生产各工段的工艺和设备管理工作。

（2）工艺技术员的岗位职责　车间工艺技术员对车间主任负责，负责所属工段的工艺技术和生产管理工作，主要工作职责如下：

① 认真贯彻执行各项生产、技术规程，检查班组执行情况，发现问题及时处理，重大问题及时请示汇报并提出解决方案；

② 负责编制岗位操作法、工艺技术规定、开停车方案；

③ 检查和了解岗位原材料的消耗情况，发现问题及时解决，实现节能降耗目标；

④ 对操作人员进行技术培训，提高实际操作水平，并负责技术考核；

⑤ 组织车间人员进行技术研讨，提出技改方案；

⑥ 积极配合科研单位进行科研工作，及时整理相关技术资料；

⑦ 经常深入生产现场，发现技术问题，并组织有关人员共同解决。

（3）设备员的岗位职责　车间设备员一般设置 2～5 名，大部分车间按照工段设置，即每个工段一个设备员，负责本工段设备相关的管理工作，具体职责一般分类如下：

① 贯彻设备管理各项规章制度，进行设备维修和生产设施维护保养等管理工作；

② 负责建立设备、模具台账，统一编号，对日常设备、模具进行维修管理；

③ 根据公司生产实际情况，编制可行的维修计划，交相关人员对设备实施维修，确保生产能力和产品质量要求；

④ 负责建立设备技术资料档案，完善设备资料（包括图纸、说明书、合格证）；

⑤ 负责指导生产操作人员对设备正确使用、维护管理，督促操作者遵守有关生产设施的使用要求规定。

（4）班组长的岗位职责　各班组长一般在车间主任、车间技术员的领导下开展工作，主要履行的岗位职责有以下几个方面：

① 带领、指导、监督本班组人员学习、遵守本厂各项规章制度；

② 合理组织本班组人员接受、完成生产任务；

③ 对本班组内的奖金提出合理化分配方案；

④ 协调和组织本班组人员共同完成本班组作业区的卫生工作；

⑤ 完成日常巡检等工作，发现生产装置的异常情况时，立即组织上报和及时处理。

（5）车间操作人员的岗位职责　生产操作控制人员一般分为内操（主操）和外操（副操），通常一个岗位设置一名内操和1～2名外操。

① 内操的岗位职责。

a. 负责本岗位仪表控制系统和其他设施的日常操作、维护和管理工作，在班组长的指导下，保证生产的平稳、安全、低耗和高产运行；

b. 熟练掌握本岗位的操作方法和事故处理办法，认真学习各类专业知识，积极参加各种形式的岗位练兵活动，不断提高操作技能；

c. 加强与调度、班长、外操、现场岗位及相关车间的联系，保证生产的正常平稳运行；

d. 熟练掌握各类事故的处理预案，并在事故处理中严格执行；

e. 执行产品质量控制方案，全面负责本岗位当班的产品质量，一旦出现质量问题及时采取调整措施，并向技术人员汇报；

f. 强化环保意识，认真控制排污指标并使其能达到环保的各项要求，积极参加安全生产、清洁生产等竞赛活动。

② 外操的岗位职责。

a. 负责装置所有设备、管道、阀门以及其他设施的日常操作、维护和管理；

b. 在班组长的领导下，负责生产现场的操作，配合内操维持装置安全、稳定、低耗和高产运行；

c. 加强与班长、内操以及调度的联系，配合内操把各项工艺参数控制在最佳范围内，做好系统优化和节能降耗工作；

d. 及时消除"跑、冒、滴、漏"现象，保持装置现场的整洁，做到文明生产；

e. 熟练掌握各类事故的处理预案，并在事故处理中严格执行。

（二）化工装置的开车过程

一套新建的化工装置从建成到投产，需要经历漫长的过程，其中必须经历的试车工作，是最为关键的。试车过程也称为开车过程。由于大型化工装置开工过程的长周期性和复杂性，要求必须有一个严密的总体开车方案。开车及交接验收应符合下列顺序：预开车、机械竣工（中间交接）、冷态开车（联动开车）、热开车（化工投料试车）、性能考核、竣工验收。所有这些工作的协调均需依靠总体开车方案的安排部署。

化工企业建设项目中的施工、开车、性能考核及交接验收的流程一般按图1-1所示程序进行。

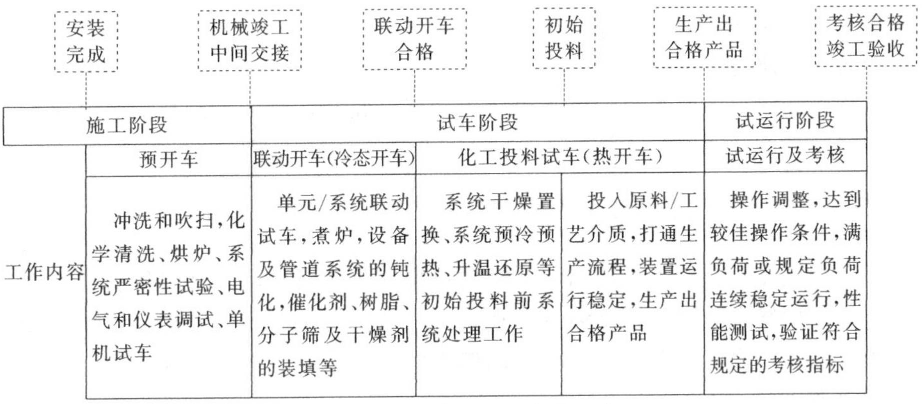

安装完成	机械竣工中间交接	联动开车合格	初始投料	生产出合格产品	考核合格竣工验收
施工阶段	试车阶段				试运行阶段
预开车	联动开车(冷态开车)	化工投料试车(热开车)			试运行及考核
工作内容：冲洗和吹扫,化学清洗、烘炉、系统严密性试验、电气和仪表调试、单机试车	单元/系统联动试车,煮炉,设备及管道系统的钝化、催化剂、树脂、分子筛及干燥剂的装填等	系统干燥置换、系统预冷预热、升温还原等初始投料前系统处理工作	投入原料/工艺介质,打通生产流程,装置运行稳定,生产出合格产品		操作调整,达到较佳操作条件,满负荷或规定负荷连续稳定运行,性能测试,验证符合规定的考核指标

图 1-1　化工企业建设项目实施程序

1. 预开车

预开车是指在设备及管道系统安装完成以后，机械竣工（中间交接）以前，为开车所做的一系列系统调试、清洗以及力学性能试验等准备工作。预开车主要包括管道系统的冲洗和吹扫、系统化学清洗、烘炉、系统严密性试验、电气和仪表调试、单机试车等。

（1）冲洗和吹扫　水冲洗是以水为介质，经泵加压冲洗管道和设备的一种方法，被广泛应用于输送液体介质的管道及塔、罐等设备内部残留脏杂物的清除。

新建或大修后的装置系统中的管道以及主要设备和附属设备，往往在安装的过程中存在灰尘、铁屑等杂物，为了避免这些杂物在开车时堵塞管道、设备或者卡死阀门，影响正常的开车，必须用压缩空气或惰性气体进行吹除与扫净，简称吹扫。

吹扫前应按工艺气、液流动的方向依次拆开设备、阀门与管道连接法兰，使吹除物由此排出。吹扫时用压缩空气分段进行吹净，并用木槌轻击外壁，千万不要用铁器敲击设备或管道。吹扫时气量时大时小，用脉冲的方法反复吹扫，直至吹出的气体在白色湿纱布上无黑点方为合格。

（2）烘炉　烘炉的目的是为了脱除衬里中的自然水和结晶水，以免在开工时由于炉温上升太快、水分大量膨胀造成炉体胀裂、鼓泡或变形，甚至炉墙倒塌，影响加热炉炉墙的强度和使用寿命。

（3）系统的水压试验和气密性试验

① 水压试验。为了检验设备、管道焊缝的致密性和机械强度以及法兰连接处的致密性，在使用前要进行水压试验。

② 气密性试验。为了保证开车时气体不从设备焊缝和法兰处泄漏，使设备稳定运行，必须进行系统的气密性试验。另外，对不能进行水压试验的设备也可以考虑用气密性试验。

2. 联动开车（冷态开车）

冷态开车是指对规定范围内的设备、管道、电气、自动控制系统，在完成预开车后，以水、空气或其他介质所进行的模拟试运行以及对系统进行的测试、整定等活动，以检验其除受介质影响外的全部性能和制造、安装质量，包括单元/系统联动试车，煮炉，设备和管道系统的钝化以及催化剂、分子筛、树脂、干燥剂的装填等。

项目各装置的冷开车应按单元、分系统逐步进行，直至扩大到几个系统、全装置、全项目的冷开车。

3. 热开车

热开车是指对建成的项目装置按设计文件规定的介质打通生产流程，进行各装置之间首尾衔接的试验操作。通过这一试验操作打通流程生产出合格产品。热开车主要包括系统干燥置换、预冷预热、升温还原、初始投料试车等。

4. 试运行和性能考核

试运行是指项目各装置经热试车生产出合格产品后，对装置进行的一系列运行操作调整，使项目装置的运行逐步达到稳定、正常工况，并进行性能考察的阶段。

（三）化工装置的停车过程

同样，化工装置运行一段时间后，需要更换催化剂或检修，这时候就要考虑化工装置的停车，经过检修之后重新开车运行。在化工生产中停车的方法与停车前的状态有关，不同的状态，停车的方法及停车后处理方法就不同。一般有以下三种方式。

1. 正常停车

正常停车的目的是保证装置长周期、高效、安全地运行，是常规设备检修和设备检查所必需的。这种类型的停车，首先是假定装置所有的设备都处在良好的运行状态；当然，也可能已经发现有的设备的"次要问题"，带病运转将要影响生产和安全，但目前这一"次要问题"并没有影响生产和安全，所以正好赶在设备正常停车期间一并检修；还有可能因为生产任务的不足或市场需求的变化造成生产装置的开工不足导致的正常停车。

前两种情况通常不影响生产计划的完成，即在制订年度计划时已将正常停车时间扣除，在恢复生产之后是无须采取非常措施将正常停车期间所影响的生产任务"抢"回来的；对于第三种情况，也没必要"抢回"生产任务，应根据市场变化情况确定。

2. 非正常停车

非正常停车一般是指在生产过程中，遇到一些想象不到的特殊情况，如某些装置或设备的损坏、某些电气设备的电源可能发生故障、某一个或多个仪表失灵而不能正确地显示要测定的各项指标，如温度、压力、液位、流量等，而引起的停车，也称紧急停车或事故停车，它是人们意想不到的，事故停车会影响生产任务的完成。事故停车与正常停车完全不同，要分清原因，采取措施，保证事故所造成的损失不因操作不当而扩大。

3. 全面紧急停车

全面紧急停车是指在生产过程中突然发生停电、停水、停汽，或因发生重大事故而引起的停车。对于全面紧急停车，如同紧急停车一样，操作者是事先不知道的，发生全面紧急停车，操作者要迅速、果断地采取措施，尽量保护好反应器及辅助设备，防止因停电、停水、停汽而发生事故，或与已发生事故产生连锁反应，造成事故扩大。

为了防止因停电而引发全面紧急停车的发生，一般化工厂均有自备电源，对于一些关键岗位采用双回路电源，以确保第一电源断电时，第二电源能够立即送电。如果反应装置因事故而紧急停车并造成整个装置全线停车，应立即通知其他受影响工序的操作人员，避免对其他工序造成大的危害。

（四）化工设备的日常维护

设备的日常维护保养是设备维护的基础工作，必须做到制度化和规范化，对设备的定期维护保养工作要制定工作定额和物资消耗定额，并按定额进行考核，设备定期维护保养工作应纳入车间承包责任制的考核内容。设备定期检查是一种有计划的预防性检查，检查的手段除人的感官之外，还要有一定的检查工具和仪器，按定期检查卡执行，定期检查又称定期点检。

设备维护应该按照维护规程进行，设备维护规程是对设备日常维护方面的要求和规定，坚持执行设备维护规程，可以延长设备使用寿命，保证安全、舒适的工作环境。

【项目考核评价表】

考核项目	考核要点	分数	考核标准（满分要求）	得分
技能考核	工作计划制订	25	在班组长的带领下，认真制订本组工作计划，小组协作完成 PPT 制作，不参与 PPT 制作及小组活动者不得分	
	PPT 汇报	40	能够按照小组分工在完成 PPT 制作的基础上，推荐 1 人进行汇报，能小组协作回答老师和同学提出的问题，不能正确回答问题扣 10 分	

续表

考核项目	考核要点	分数	考核标准(满分要求)	得分
知识考核	化工生产基本理论知识	20	根据所学内容,完成老师下发的知识考核卡,根据评分标准评阅	
态度考核	任务完成情况	5	按照要求,独立或小组协作,及时完成老师布置的各项任务	
	课程参与度	5	认真听课,积极思考,参与讨论,能够主动提出或者回答有关问题,迟到扣2分,玩手机等扣2分	
素质考核	职业综合素质	5	能够遵守课堂纪律,能与他人协作、交流,善于分析问题和解决问题,尊重考核教师;学习过程中,注意教师提示的生产过程中的安全和环保问题	

【巩固训练】

一、填空题

1. 化工生产系统包括（   ）和（   ）的加工工序。

2. 一个化工生产过程,一般都包括:原料的净化和预处理、（   ）、（   ）、综合利用及"三废"处理等。其中,化工生产过程的核心是（   ）过程。

3. 转化率越大,说明参加反应的原料量越（   ）,转化程度越（   ）。

4. 化工装置试运行是指项目各装置经（   ）阶段生产出合格产品后,对装置进行的一系列运行操作调整。

5. 化工装置的停车包括（   ）、非正常停车和（   ）三种方式。

二、不定项选择题

1. 产品分离和提纯的目的是（   ）。

A. 获取符合规格的产品　　　　　　B. 去除杂质,使原料达到反应所需状态

C. 处理生产过程中产生的废气　　　D. 回收、利用副产物

2. 单程转化率的研究对象是（   ）。

A. 整个装置　　　B. 整个工厂　　　C. 单个反应器　　　D. 以上都不是

3. 关于转化率、选择性与收率,说法错误的是（   ）。

A. 转化率是针对反应物而言的　　　B. 选择性是针对目的产物而言的

C. 转化率越高,选择性也越高　　　D. 收率等于转化率与选择性之积

4. 以下（   ）是化工生产中内操人员的主要岗位职责。

A. 负责建立设备技术资料档案,完善设备资料

B. 负责仪表控制系统和其他设施的日常操作和维护

C. 装置所有设备、管道、阀门以及其他设施的日常操作

D. 完成日常巡检等工作,发现生产装置的异常情况时,立即组织上报和及时处理

5. 以下（   ）不是化工装置的预开车过程。

A. 冲洗和吹扫　　　　　　　　　　B. 投料

C. 气密性试验　　　　　　　　　　D. 升温还原

三、判断题

1. 原料的净化和预处理过程，就是分离和提纯产品，并对工业"三废"进行处理。（　　）

2. 转化率是指进入反应器内的所有原料与参加反应的原料之间的数量关系。（　　）

3. 全程转化率即为所有单程转化率之和。（　　）

4. 化工装置中，内、外操操作人员的岗位职责有很大区别。（　　）

5. 化工装置的正常停车一般是计划性停车。（　　）

四、简答题

1. 什么是化工生产过程？化工生产过程包括哪些过程？

2. 化工装置内操和外操的岗位职责是什么？他们之间的关系是什么？

3. 化工装置发生紧急停车的处理流程是什么？

项目二
合成气生产技术

【基本知识目标】

1. 了解天然气的性质和用途，了解合成气的性质、用途和工业生产路线；掌握天然气蒸汽转化生产合成气的基本原理和工艺条件；掌握天然气脱硫的基本原理和工艺过程。

2. 熟悉合成气生产工艺模型装置、3D 虚拟仿真工厂和仿真工段的主要设备，并掌握其功能与作用。

3. 熟悉合成气生产工艺模型装置、3D 虚拟仿真工厂和仿真工段的工艺流程。

4. 掌握合成气生产 3D 虚拟仿真工厂和合成气生产仿真工段的开、停车操作和故障处理流程。

5. 掌握合成气生产 3D 虚拟仿真工厂和仿真工段的主要工艺参数指标。

6. 了解合成气生产过程中的安全和环保知识。

【技术技能目标】

1. 能掌握合成气生产的工艺参数，能分析影响这些参数的因素，并根据实际情况，观察工艺参数的变化趋势，调节和控制工艺参数，使之达到标准值。

2. 能掌握合成气生产主要设备的功能与作用，掌握设备操作方法；熟悉设备进、出料平衡关系，在开、停车和正常运行操作过程中，维持设备的平稳运行。

3. 能熟练叙述合成气生产模型装置的工艺流程；能识读和绘制合成气生产工艺流程图。

4. 能实现内、外操协作配合，共同完成合成气生产 3D 虚拟仿真工厂的开、停车操作；并能在开、停车操作过程中，发现和解决随时出现的问题。

5. 能熟练进行合成气生产仿真工段的开、停车及事故处理操作；能在操作过程中观察和分析工艺参数，提高预判能力，并通过各种方法调整工艺参数，使生产平稳运行。

6. 能明确合成气生产过程中内、外操的岗位职责；能通过项目操作了解合成气生产中的安全隐患，针对安全问题提出合理的解决方案。

【素质培养目标】

1. 通过项目中的角色分配、任务设定，使学生充分感受行业工作氛围，认识到化工生产在国民经济中的重要地位，培养学生作为"化工人"的责任感、荣誉感和职业自信。

2. 在项目操作过程中，使学生树立遵循标准、遵守国家法律法规的意识；使学生能够在技术技能实践中理解并遵守职业道德和规范，履行责任。

3. 通过项目操作，使学生认识到化工行业严谨求实的工作态度；通过生产过程中安全和环保问题分析，使学生具有化工生产过程中的"绿色化工、生态保护、和谐发展和责任关怀"的核心思想；通过化工安全事故案例讲解，培养学生具有关于安全、健康、环境的责任关怀理念和良好的质量服务意识。

4. 通过分组协作，使学生能够在工作中承担个体、团队成员、负责人的角色，锻炼学生进行有效沟通和交流，提高学生语言表达能力、分析和解决问题的能力。

5. 通过理论知识和实践操作的综合考核，培养学生具有良好的心理素质、诚实守信的工作态度及作风，并且形成良性竞争的意识；使学生能够经受压力和考验，面对压力保持良好和乐观的心态，从容应对。

【项目描述】

本项目教学以学生为主体，通过学生工作页给学生布置学习任务，并以行业企业实际工作情况为参考，为学生分配各种岗位角色。学生首先通过课程在线资源及文献资料，获得合成气生产相关知识。本项目实施过程中，分别采用与秦皇岛博赫科技有限公司联合开发的"合成气生产工艺模型装置及 3D 虚拟仿真工厂"和北京东方仿真技术有限公司开发的"合成气生产工艺仿真软件"为载体，通过模型操作、 3D 虚拟仿真工厂操作、仿真操作等模拟合成气生产的实际过程，使学生熟悉合成气生产工艺流程，熟悉设备和工艺参数的操作控制，明确生产中各岗位的职责，能够完成内、外操协同开车、停车和事故处理操作，培养学生具备从事化工生产操作的技术技能，提高学生的安全、环保意识，培育具备极高职业素养的化工从业人员。

【操作安全提示】

1. 进入实训现场必须穿工作服，不允许穿高跟鞋、拖鞋。

2. 实训过程中，要注意保护模型装置、管线，保障装置的正常使用。

3. 实训装置现场的带电设备，要注意用电安全，不用手触碰带电管线和设备，防止意外事故发生。

4. 不允许在电脑上连接任何移动存储设备等，注意电脑使用和操作安全，保证操作正常运行。

5. 合成气生产装置现场有易燃易爆和有毒气体，真正进入作业现场需要佩戴防毒面具、空气呼吸器等防护用品，取样等操作需要佩戴橡胶手套等劳保用具。

6. 掌握合成气生产现场操作的应急事故演练流程，一旦发生着火、爆炸、中毒等安全事故，要熟悉现场逃离、救护等安全措施。

任务 1
DCS 控制合成气生产智能化模型装置操作

任务描述

任务名称:DCS 控制合成气生产智能化模型装置操作		建议学时:8 学时
学习方法	1. 按照工厂车间运行模式实行班组制,将学生分组,1 人担任班组长,负责分配组内成员的具体工作,小组共同制订工作计划、分析总结并进行汇报; 2. 班组长负责组织协调任务实施,组内成员按照工作计划分工协作,完成规定任务; 3. 教师跟踪指导,集中解决重难点问题,评估总结	

续表

任务目标	1. 了解天然气和合成气的性质、用途，以及合成气生产的工艺路线； 2. 掌握天然气净化与压缩的工艺原理； 3. 掌握天然气蒸汽转化的基本原理、催化剂的使用和工艺条件； 4. 能列举合成气生产智能化模型装置的设备，熟悉主要设备的操作控制方法； 5. 能熟练叙述合成气生产智能化模型装置的工艺流程； 6. 能识读和绘制合成气生产智能化模型装置的工艺流程图
岗位职责	班组长：组织和协调组员完成查找合成气生产智能化模型装置的主要设备、管线布置和工艺流程组织； 组员：在班组长的带领下，共同完成合成气生产智能化模型装置的主要设备、管线布置和工艺流程组织任务，完成设备种类分析任务记录单及工艺流程图绘制
工作任务	1. 合成气生产的基本原理认知； 2. 合成气生产智能化模型装置的设备、管线、仪表和阀门认知； 3. 合成气生产智能化模型装置的工艺流程认知； 4. 合成气生产智能化模型装置工艺流程图的绘制； 5. 合成气生产的安全和环保问题分析

	教师准备	学生准备
工作准备	1. 准备教材、工作页、考核评价标准等教学材料； 2. 给学生分组，下达工作任务	1. 班组长分配工作，明确每个人的工作任务； 2. 通过课程学习平台预习基本理论知识； 3. 准备工作服、学习资料和学习用品

任务实施

任务名称：DCS控制合成气生产智能化模型装置操作

序号	工作过程	学生活动	教师活动
1	准备工作	穿好工作服，准备好必备学习用品和学习材料	准备教材、工作页、考核评价标准等教学材料
2	任务下达	领取工作页，记录工作任务要求	发放工作页，明确工作要求、岗位职责
3	班组例会	分组讨论，各组汇报课前学习基本知识的情况，认真听老师讲解重难点，分配任务，制订工作计划	听取各组汇报，讨论并提出问题，总结并集中讲解重难点问题
4	合成气生产模型装置主要设备认识	认识现场设备名称、位号，分析每个设备的主要功能，列出主要设备	跟踪指导，解决学生提出的问题，集中讲解
5	查找现场管线，理清合成气生产工序工艺流程	根据主要设备位号，查找现场工艺管线布置，理清工艺流程的组织过程	跟踪指导，解决学生提出的问题，并进行集中讲解
6	工作过程分析	根据合成气生产工序现场设备及管线布置，分析工艺流程组织，熟练叙述工艺流程	教师跟踪指导，指出存在的问题并帮助解决，进行过程考核

续表

序号	工作过程	学生活动	教师活动
7	工艺流程图绘制	每组学生根据现场工艺流程组织,按照规范进行现场工艺流程图的绘制	教师跟踪指导,指出存在的问题并帮助解决,进行过程考核
8	工作总结	班组长带领班组总结工作中的收获、不足及改进措施,完成工作页的提交	检验成果,总结归纳生产相关知识,点评工作过程

学生工作页

任务名称		DCS控制合成气生产智能化模型装置操作	
班级		姓名	
小组		岗位	
工作准备	一、课前解决问题 1. 合成气的主要成分是什么？合成气有哪些用途？ 2. 天然气的性质和用途是什么？ 3. 天然气压缩为什么要分两段进行？ 4. 天然气为什么要进行脱硫？采用的脱硫方法是什么？ 5. 天然气蒸汽转化过程的基本原理是什么？该反应的特点是什么？ 6. 天然气蒸汽转化炉为什么要分为两段？ 7. 天然气蒸汽转化的催化剂是什么？催化剂使用过程中应该注意什么问题？ 8. 一段炉和二段炉的换热方式有什么区别？		

工作准备	二、接受老师指定的工作任务后,了解模型装置实训室的环境、安全管理要求,穿好工作服。 三、安全生产及防范 学习合成气生产智能化模型工作场所相关安全及管理规章制度,列出你认为工作过程中需注意的问题,并做出承诺。 ―――――――――――――――――――――― ―――――――――――――――――――――― 我承诺:工作期间严格遵守实训场所安全及管理规定。 承诺人: 本工作过程中需注意的安全问题及处理方法:―――――― ―――――――――――――――――――――― ―――――――――――――――――――――― ―――――――――――――――――――――― ―――――――――――――――――――――― ――――――――――――――――――――――
工作分析 与实施	1. 列出主要设备,并分析设备作用。 表格:序号、位号、名称、类别、主要功能与作用 2. 按照工作任务计划,查找管线布置,分析工艺流程组织,完成工艺流程叙述及现场工艺流程图的绘制,记录工作过程中出现的问题。
工作总结 与反思	结合自身和本组完成的工作,通过交流讨论、组内点评等形式客观、全面地总结本次工作任务完成情况,并讨论如何改进工作。

工作分析与实施部分表格:

序号	位号	名称	类别	主要功能与作用

技能训练1　DCS 控制天然气净化与压缩工段模型装置操作

一、相关知识

（一）天然气简介

天然气是指自然生成，在一定的压力下蕴藏于地下的可燃性气体，由烃类和非烃类组成。大多数天然气的主要成分是烃类，此外还含有少量非烃类。天然气中的烃类基本是烷烃，通常以甲烷为主，还有乙烷、丙烷、丁烷、戊烷以及少量的己烷等烃类。天然气中的非烃类气体，一般为少量的氮气、氢气、氧气、二氧化碳、硫化氢、水蒸气以及微量的惰性气体，如氦、氖、氩等。

天然气的组成并非固定不变，不仅不同地区油、气藏中采出的天然气组成差别很大，甚至在同一油、气藏的不同生产井采出的天然气组成也会有差别。

天然气的分类方法目前尚不统一，各国都有自己的习惯分类法。有的按照产状分类，有的按照经济价值分类，也有的按来源分类、按烃类组成分类等。比如，根据天然气的矿藏情况，又可分为气田气和油田气，油田气因与石油伴生而得名。按照烃类组成分类，将天然气中甲烷含量较高、高级烃含量低于 3% 的称为干气；将因高级烃含量高，在高压下有液态烃存在的天然气称为湿气。

天然气处理过程的温度、压力不同，天然气的相态也不相同，即有时是气相或液相，有时则是处于平衡共存的两相甚至是更多的相。

天然气是一种优质清洁能源和重要的化工原料，作为一次能源，天然气燃烧排放的 SO_2、NO_x、CO 及飞灰量大大低于煤和石油。天然气主要用作各种燃料，用作化工原料的比例虽然不高，但绝对量可观，不少国家的合成氨和甲醇 90% 以上是以天然气为原料生产的。

（二）天然气的净化与压缩

不同地层所产天然气有不同组成，有些天然气不含或仅含有微量 H_2S 及有机硫，可称无硫气。但也有许多天然气含有一定浓度的 H_2S 及有机硫、CO_2，酸性组分含量超过商品气质量指标或管输要求的天然气，可称为酸性天然气或含硫天然气。

天然气中含有酸性组分时，不仅在开采、处理和储运过程中会造成设备和管道腐蚀，而且用作燃料时会污染环境，危害用户健康；用作化工原料时会引起催化剂中毒，影响产品收率和质量。此外，天然气中 CO_2 含量过高还会降低其热值。因此，当天然气中酸性组分含量超过质量指标时，必须采用合适的方法将其脱除至允许值以内。从天然气中主要脱除硫化物的工艺过程称为脱硫，主要脱除 CO_2 的则称为脱碳。

在化工生产中，脱硫和脱碳是否同时进行要根据工艺选择，有些工艺选择在同一个单元脱硫和脱碳，而有些工艺则选择采用不同的单元，分别进行脱硫和脱碳。

1. 天然气净化的方法分类

天然气脱硫、脱碳方法很多，从脱硫、脱碳介质的状态，可以分为干法脱除和湿法脱除。湿法是使用一种适当的有机或无机溶剂，如乙醇胺、聚乙二醇二甲醚、ADA 等，将酸性组分吸收。干法是使用固体脱硫剂或脱碳剂，如活性炭、活性氧化铁或分子筛，吸附酸性组分，氧化锌可以与 H_2S 反应达到脱硫的目的。

从脱除原理上分类，一般可分为化学溶剂法、物理溶剂法、化学-物理溶剂法、直接转化法和其他类型的方法等。

（1）化学溶剂法 以碱性溶液吸收 H_2S 及 CO_2 等，并于再生时又将其放出的方法，包括使用有机胺的 MEA 法、DEA 法、DIPA 法、DGA 法、MDEA 法及位阻胺法等，使用无机碱的活化热碳酸钾法也有一些应用。

（2）物理溶剂法 利用 H_2S 及 CO_2 等与烃类在物理溶剂中溶解度的巨大差别而实现天然气脱硫、脱碳的方法，包括多乙二醇二甲醚法、碳酸丙烯酯法、低温甲醇洗法等。

（3）化学-物理溶剂法 将化学溶剂烷醇胺与一种物理溶剂组合的方法，典型代表为砜胺法。

（4）直接转化法 以液相氧载体将 H_2S 氧化为硫而控制使之再生的方法，又称氧化还原或湿式氧化法，主要有 ADA 法、栲胶法、铁法，还有 PDS 方法等。

（5）其他类型的方法 除上述四大类净化方法外，还可以通过使用分子筛、膜分离、低温分离及生物化学等方法脱除 H_2S 及有机硫。此外，非再生性的固体及液体除硫剂以及浆液脱硫剂则适用于处理低 H_2S 含量的少量天然气。

脱碳、脱硫方法的选择要充分考虑原料气中酸性组分的类型和含量，以及生产的工艺条件等诸多因素。

2. 天然气的脱硫

天然气中的硫化物分为无机硫（H_2S）和有机硫（CS_2、COS、硫醇、噻吩、硫醚等）。无机硫（H_2S）可以通过简单的方法脱除，但是有机硫化物一般很难直接脱除，工业上通常先将有机硫转化成无机硫（H_2S），然后再将无机硫进行脱除。

微课扫一扫

天然气脱硫
的基本原理

一般来说，湿法脱硫是用来脱除含硫高气体，脱硫后气体残余量较大，净化度不如干法，但湿法吸收剂容易再生，可以循环利用。干法脱硫用来脱除含硫低的气体，净化度高，操作简单可靠。脱硫方法和流程的选择也应该根据原料的性质来决定。

在化工装置上使用的天然气，通常已经经过原料供应厂家的粗脱硫。因此，在化工装置上使用时，一般采用干法脱硫即可达到目的。

常用的干法脱硫法有：钴钼加氢-氧化锌法、活性炭法、氧化铁法、分子筛法等。

（1）钴钼加氢-氧化锌法 该方法常用于含氢原料气中有机硫的预处理。

① 钴钼加氢转化。该过程中将有机硫转化为无机硫。

$$CS_2 + 4H_2 \longrightarrow 2H_2S + CH_4$$

$$有机硫 + H_2 \longrightarrow H_2S$$

钴钼加氢催化剂的活性组分是氧化钼和氧化钴的混合物，载体一般采用氧化铝。

② 氧化锌脱硫。氧化锌脱硫时以氧化锌为主体，其余为三氧化二铝，还有的加入氧化铜、氧化钼等以增进脱硫效果。氧化锌含量为 $80\% \sim 90\%$，一般制作成 $3 \sim 6$nm 的球状、片状或条状，呈灰白和浅黄色。

氧化锌脱硫可单独使用，也可与湿法脱硫串联，还可放在对硫敏感的催化剂前面作保护剂。氧化锌能直接吸收硫化氢和硫醇，但对其他有机硫的吸收作用不大。

$$ZnO + H_2S \longrightarrow ZnS + H_2O \qquad \Delta H < 0$$

$$C_2H_5SH + ZnO \longrightarrow ZnS + C_2H_4 + H_2O$$

由于氧化锌吸收硫化氢是强放热反应，因此降低温度及水蒸气量可降低硫化氢的平衡含量。

（2）活性炭法　该法适用于脱除天然气、油田气及经湿法脱硫后的微量硫。根据反应机理不同，可分为吸附、氧化和催化三种方式。

吸附脱硫是由于活性炭具有很大的比表面积，对某些物质具有极强的吸附能力，如对有机硫中噻吩的吸附很有效，而对挥发性大的硫氧化碳的吸附很差；对天然气中二氧化碳和氨的吸附强，而对挥发性大的氧和氢吸附较差。氧化脱硫是指在活性炭表面上吸附的硫化氢，在碱性溶液的条件下和气体中的氧反应生成硫和水。催化脱硫是指在活性炭上浸渍铁、铜等的盐类，可催化有机硫转化为硫化氢，然后被吸附脱除。活性炭可在常压和加压下使用，温度不宜超过 50℃。

活性炭层经过一段时间的脱硫，反应生成的硫黄和铵盐达到饱和而失去活性，需进行再生。再生通常是在 300～400℃ 下，用过热蒸汽或惰性气体提供足够的热量将吸附的硫黄升华并带出，使活性炭得以再生，再生出的气体冷凝后即得到固体硫黄。

3. 天然气的压缩

天然气用于合成气生产的工艺中，需要将天然气压缩后，输送到一定操作压力下的合成气生产工序。压缩工序的任务就是利用压缩机对天然气做功，提高天然气的压力并输送到合成气生产工序。用于压缩天然气的压缩机称为天然气压缩机或原料气压缩机。天然气压缩机能否正常运转，不仅直接影响其操作条件的稳定，而且影响全厂的动力消耗和经济指标。因此，操作人员必须精心操作，保证压缩机的正常运转，并努力降低能耗，从而降低整个生产过程的成本。

二、天然气净化与压缩工段模型装置的主要设备

天然气净化与压缩工段的主要作用，是对天然气进行净化与压缩，一般采用钴钼加氢-氧化锌串联进行脱硫操作，先将天然气中的有机硫转化为无机硫，再将无机硫进行脱除。之后，将净化的天然气进行压缩，达到气化反应所需压力后输送到下一个工段。天然气净化与压缩工段的主要设备有脱硫反应器和压缩机。

（一）脱硫反应器

1. 加氢反应器

加氢脱硫反应器一般采用固定床反应器，在反应器中装填加氢催化剂。常用的加氢脱硫催化剂一般以氧化钴为主催化剂，氧化钼或氧化镍为助剂，氧化铝为载体。催化剂成型后装填到反应器中，在使用之前需要进行还原和硫化操作。

加氢反应器是圆筒形设备，内装一层或两层催化剂。在催化剂下层的下边和上层的上边各铺一层氧化铝球作为过滤及均匀分布气流之用。一般在气体的进出口还设有不同结构的气流分布器。

2. 氧化锌反应器

氧化锌反应器为立式圆筒形容器，结构与加氢反应器相同，脱硫层上下也都有氧化铝球层。

氧化锌的脱硫速度非常快，当进口处的一层氧化锌吸硫饱和后，反应才移向下一层。随着运行时间加长，吸硫饱和区从入口端逐渐延伸到出口端，就开始有硫漏出了。过程如图 2-1 所示。

在化工生产中，氧化锌反应器通常设置两台，一台正常运行，当该反应器中的脱硫剂

图 2-1　氧化锌脱硫床层气体硫含量

吸收大量硫化物，已经达到饱和时，则切换成另一台反应器继续运行。将饱和的反应器重新装填新的氧化锌脱硫剂，备用。一般在脱硫层中部取样，分析气体含量，以便判断脱硫剂的利用程度。

（二）压缩机

压缩机是一种通过压缩气体来提高气体压力，使气体具有一定能量的机械。按照压缩气体的原理，压缩机可分为容积式和速度式两大类。

1. 容积式压缩机

容积式压缩机是使气体直接受到压缩，从而使气体容积缩小、压力提高的机械。按照活塞运动方式的不同，可分为往复式和回转活塞式两种结构形式。在我国，把前者称为"活塞式压缩机"，后者称为"回转式压缩机"。

2. 速度式压缩机

速度式压缩机首先使气体分子获得很高的速度，然后让气体停滞下来，使动能转化为位能，即使速度转化为压力。速度式压缩机主要有离心式和轴流式两种。

在天然气压缩工艺中，一般采用离心式压缩机。由于压力较高，压缩比较大，在压缩过程中，气体温度升高会损坏压缩机，并且有爆炸危险，因此，在气体压缩到一定压力，温度上升后，采用段间降温，以达到良好的使用效果。在压缩比大于 8 时，通常都要采用逐级压缩。

天然气的压缩一般采用两级分段压缩。

三、天然气净化与压缩工段模型装置的工艺流程

天然气压缩与净化工段工艺流程

由烃类制取合成氨原料气，目前采用的蒸汽转化法有美国凯洛格法、丹麦托普索法、英国帝国化学公司法等。但是，除了一段转化炉型、烧嘴结构、是否与燃气透平匹配等方面各具特点外，在工艺流程上大同小异，都包括一、二段转化炉，原料气预热、余热回收与利用等工序。

原料天然气首先进入天然气压缩机入口缓冲罐（116-F），在其中排除凝液并稳定压力后，进入天然气压缩机 J-102 中被压缩到 4MPa 左右，由于压缩做功，压缩后的天然气温度升高到 144℃，为了避免压缩气体温度过高导致压缩机损坏，将气体引入天然气压缩机段间冷却器（141-C/141-CA）中用冷却水进行冷却，送入天然气压缩机段间分离器（117-F）中排除凝液后，再次进入 J-102 的高压段继续压缩至反应所需压力。

压缩后的气体经过一段炉中的天然气预热盘管预热到 380℃，天然气预热盘管有一旁路调节阀，用来调节进钴镍加氢转化器（101-D）的气体温度。接着天然气与来自合成气压缩机 103-J 一段的富氢氢混合，一起进入 101-D。101-D 中装填钴镍催化剂，在催化剂的作用下把天然气中的有机硫转化成 H_2S。天然气中总硫为 $80mL/m^3$ 左右，101-D 含两层催化剂，可以将 $3mL/m^3$ 的有机硫转化为无机硫。天然气自 101-D 出来后，进入氧化锌反应器（108-DA/108-DB，一用一备），自上而下地通过脱硫剂层并从脱硫槽底部出去，天

然气中的硫化物被氧化锌所吸附，总硫含量可以达到小于 0.5mL/m^3，制得净化的天然气。氧化锌反应器共两个，可以串联或并联操作，一般串联操作。阀门及管线的配置可以任意切换，两个脱硫反应器分别使用。天然气净化与压缩工段工艺流程如图2-2所示。

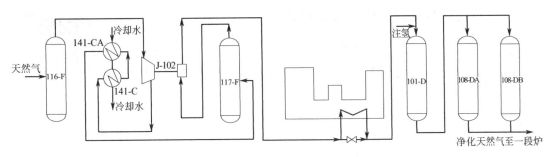

116-F	141-CA	141-C	J-102	117-F	101-B	101-D	108-DA	108-DB
天然气压缩机入口缓冲罐	天然气压缩机段间冷却器	天然气压缩机段间冷却器	天然气压缩机	天然气压缩机段间分离器	一段炉	钴镍加氢转化器	氧化锌反应器	氧化锌反应器

图 2-2　天然气净化与压缩工段工艺流程

技能训练 2　DCS 控制天然气蒸汽转化工段模型装置操作

一、相关知识

（一）合成气生产的工业方法

1. 合成气简介

合成气是采用天然原料生产的一种混合气体，主要成分是一氧化碳（CO）和氢气（H_2）。合成气是一种易燃、易爆气体，对人体有害，吸入一定量合成气会造成头晕、呕吐、昏迷等症状，严重的能导致死亡。合成气可用作化工原料，例如生产氨气、甲醇和烃类等，也可作为燃料气，作为生活和工业燃料能源。

微课扫一扫

合成气
产品认识

合成气的生产过程，除了需要原料气外，还需要气化剂，工业生产常用的气化剂有水蒸气、空气、氧气或富氧空气。

2. 合成气生产工艺

生产合成气的原料范围极广，生产方法甚多，用途不一，组成（体积分数）有很大差别。以煤和天然气为原料生产合成气，是目前广泛采用的工艺路线，也有少量采用石脑油、重油、焦炉气和炼厂气来生产合成气的工艺。

根据供热方式的不同，工业生产中有以下几种合成气生产的方法。

（1）外部供热制气法　原料与蒸汽在耐高温的合金钢反应管内进行催化活化反应，管外采用高温燃烧气加热。此法广泛用于天然气等轻质烃类为原料的合成气生产工艺中。

（2）内部蓄热法　内部蓄热法分为连续操作法和间歇操作法。

内部蓄热连续操作法是蓄热和转化一并进行。在进入催化床层以前的空间，主要进行燃烧反应，将其热量带至催化床层进行转化反应。此法可作为天然气等轻质烃类的二段转化及炼厂气和焦炉气的烃类转化。

内部蓄热间歇操作法是周期性的，间断蓄热提供转化过程所需的热量。蓄热阶段主要进行原料的完全燃烧反应，并将放出的热量贮存在蓄热砖和催化剂上，在制气阶段原料气进入催化剂层以前的空间，主要进行热裂解和氧化反应，在催化剂层内进行转化反应。此法为小型化工企业采用，早期煤间歇制气也采用这种方法。

（3）自热反应的部分氧化法　在高温下利用不完全燃烧放出的热量来保证吸热的制气反应进行，以维持过程连续的自热操作。此法比较简单，不需外部供热，但需要提供氧气或富氧空气，重油和煤的连续气化一般采用这种方法。

（二）天然气蒸汽转化的基本原理

天然气蒸汽转化
生产合成气的
基本原理

1. 天然气蒸汽转化反应的基本原理

天然气制取合成气的方法主要有蒸汽转化法和部分氧化法，这里主要介绍天然气蒸汽转化法。

天然气中甲烷含量一般在 90% 以上。而甲烷在烷烃中是热力学最稳定的物质，其他烃类的水蒸气转化过程都需要经过甲烷转化这一阶段。因此在讨论天然气蒸汽转化时，首先要从甲烷蒸汽转化开始。

甲烷蒸汽转化过程的主要反应有：

$$CH_4 + H_2O \Longrightarrow CO + 3H_2 \qquad \Delta H > 0 \qquad\qquad (1)$$

$$CH_4 + 2H_2O \Longrightarrow CO_2 + 4H_2 \qquad \Delta H > 0 \qquad\qquad (2)$$

$$CO + H_2O \Longrightarrow CO_2 + H_2 \qquad \Delta H < 0 \qquad\qquad (3)$$

可能发生的副反应主要是析炭反应：

$$CH_4 \longrightarrow C + H_2 \qquad \Delta H > 0 \qquad\qquad (4)$$

$$CO \longrightarrow C + CO_2 \qquad \Delta H < 0 \qquad\qquad (5)$$

$$CO + H_2 \longrightarrow C + H_2O \qquad \Delta H < 0 \qquad\qquad (6)$$

上述平衡系统中共存在六种物质，而它们由三种元素构成，故独立反应数为 3。一般选择式(1)、式(3)、式(4) 为独立反应，如无析炭反应则独立反应数为 2。

(1)、(3) 两反应均为可逆反应，反应的平衡常数分别为：

$$K_{p1} = \frac{p_{CO} p_{H_2}^3}{p_{CH_4} p_{H_2O}} = \frac{y_{CO} y_{H_2}^3}{y_{CH_4} y_{H_2O}} = p^2$$

$$K_{p3} = \frac{p_{CO_2} p_{H_2}}{p_{CO} p_{H_2O}} = \frac{y_{CO_2} y_{H_2}}{y_{CO} y_{H_2O}}$$

平衡常数可由下列经验式计算：

$$\lg K_{p1} = \frac{-9865.75}{T} + 8.3666 \lg T - 2.0814 \times 10^{-3} T + 1.8737 \times 10^{-7} T^2 - 13.882$$

$$\lg K_{p3} = \frac{2183}{T} - 0.09361 \lg T + 0.632 \times 10^{-3} T - 1.08 \times 10^{-7} T^2 - 2.298$$

式中，T 为转化温度，K。

由平衡常数可计算平衡组成。

已知条件：z 为原料气中的水碳比（$z = n_{H_2O}/n_{CH_4}$）；p 为系统压力，MPa；T 为转化温度，K。

假设没有炭黑析出。计算基准为 1mol CH_4。当甲烷转化反应达到平衡时，设 x 为按式(1) 转化了的甲烷的物质的量，y 为按式(3) 转化了的一氧化碳的物质的量。各组分反应前后的物质的量和平衡组成列于表 2-1。

表 2-1　各组分反应前后的物质的量和平衡组成

组分	CH_4	H_2O	CO	H_2	CO_2	合计
反应前物质的量	1	x	0	0	0	$1+x$
反应后物质的量	$1-x$	$z-x-y$	$x-y$	$3x+y$	y	$1+z+2x$
平衡组成	$\dfrac{1-x}{1+z+2x}$	$\dfrac{z-x-y}{1+z+2x}$	$\dfrac{x-y}{1+z+2x}$	$\dfrac{3x+y}{1+z+2x}$	$\dfrac{y}{1+z+2x}$	1

将表 2-1 中各组分的平衡组成代入 K_{p1} 和 K_{p3} 的计算式得：

$$K_{p1}=\frac{(x-y)(3x+y)^3}{(1-x)(z-x-y)}\times\frac{p^2}{(1+z+2x)^2}$$

$$K_{p3}=\frac{y(3x+y)}{(x-y)(z-x-y)}$$

可求得已知转化温度、压力和水碳比时各气体的平衡组成。

以上仅以甲烷为例进行计算，若要计算其他烃类原料蒸汽转化的平衡组成时，可将其他烃类依碳数折算成甲烷的碳数，即各种烃所占的摩尔分数乘以它所含碳原子数。

甲烷蒸汽转化的总反应过程是强吸热的，所以为了实现甲烷转化过程，在工业上通常都要通过不同方式向转化反应系统供热，或采用外部供热的管式转化炉，或采用添加一定量空气靠氧气与甲烷进行放热反应，或采用间歇供热方式，近几年还出现了采用换热式转化炉供热技术等。

甲烷蒸汽转化反应是可逆反应，在反应达到平衡时甲烷的转化率称为平衡转化率，甲烷的平衡转化率表征了转化反应进行的程度。在甲烷蒸汽转化过程中，影响平衡转化率的因素很多，包括温度、压力和水碳比等工艺参数，另外催化剂的性能对反应过程影响也很大。

由于甲烷蒸汽转化反应是可逆吸热反应，提高温度，甲烷的平衡转化率提高，反之，甲烷平衡转化率下降。转化温度每提高 10℃，甲烷平衡转化率提高 1.0%～1.3%。甲烷蒸汽转化反应为体积增大的可逆反应，提高压力，甲烷平衡转化率降低。水碳比是指进口气体中水蒸气与烃原料中所含碳的物质的量之比。在给定条件下，水碳比越高，甲烷平衡转化率越高。

2. 析炭与除炭

在工业生产中要防止转化过程中有炭黑析出。因为炭黑覆盖在催化剂表面，不仅堵塞微孔，降低催化剂活性，还会影响传热，使一段转化炉局部过热而缩短使用寿命。甚至还会使催化剂破碎而增大床层阻力，影响生产能力。所以，转化过程中有炭析出是十分有害的。

可能发生的副反应主要是析炭反应：

$$CH_4\longrightarrow C+H_2 \qquad \Delta H>0$$
$$CO\longrightarrow C+CO_2 \qquad \Delta H<0$$
$$CO+H_2\longrightarrow C+H_2O \qquad \Delta H<0$$

以上三个反应各有特点，温度、压力对它们有不同的影响。高温有利于甲烷的裂解析炭，不利于一氧化碳的歧化和还原析炭；而水蒸气比例的提高，有利于消炭反应的进行。因此，究竟能否析炭，取决于此复杂反应的平衡。

在工业生产中，为了尽量减少析炭的发生，一般采取如下措施，防止炭黑的生成。

第一，实际水碳比大于理论最小水碳比，这是不会有炭黑生成的前提。

第二，选用活性好、热稳定性好的催化剂，以避免进入动力学可能析炭区。

第三，防止原料气和水蒸气带入有害物质，保证催化剂具有良好的活性。

第四，选择适宜的操作条件。例如，原料烃的预热温度不要太高，当催化剂活性下降或出现中毒迹象时，可适当加大水碳比或减少原料烃的流量等。

当析炭较轻时，可采取降压、减量、提高水碳比的方法将其除去。

当析炭较重时，可采用蒸汽除炭，即发生如下反应：

$$C(s) + H_2O \longrightarrow CO + H_2$$

（三）天然气蒸汽转化的催化剂

由于烃类蒸汽转化的操作条件非常苛刻，转化催化剂长期处在水蒸气和高压环境下，而且是在极高的气体流速条件下进行反应，因此，除了要求催化剂有高活性的基本条件外，还要求其应具备高强度和抗析炭的性能。

1. 催化剂的组成

（1）活性组分　在元素周期表上第Ⅷ族的过渡元素对烃类蒸汽转化都有活性，从性能上和经济上综合考虑，以镍最为适宜，所以镍是目前工业催化剂常用的活性组分。

一般工业催化剂中镍含量为2%～30%（质量分数）。蒸汽转化过程所用催化剂中氧化镍含量一般为10%～25%（质量分数）；部分氧化和间歇转化过程所用催化剂通常含镍2%～10%（质量分数）。在一定范围内，随着镍含量增加，转化活性相应提高，抗毒能力也增加，但活性提高幅度逐渐减小。在一定条件下，当镍含量超过一定限度后，其活性会显著下降。因此，应该从技术经济角度综合选择最佳镍含量。

一段转化催化剂要求有较高的活性、良好的抗析炭性、必要的耐热性和机械强度，其镍含量较高。二段转化催化剂要求有较高的耐热性和耐磨性，其镍含量较低。

工业催化剂应该具有较高且较稳定的活性、较强的抗毒能力和抗析炭能力、良好的还原性和较长的使用寿命。因此，催化剂设计中助催化剂的选择是十分重要的。

（2）助催化剂　由于转化催化剂使用温度高，所以，通常采用难还原、难挥发的金属氧化物（如Al_2O_3、Cr_2O_3、MgO、TiO_2等）作助催化剂。有许多助催化剂可以抑制高温运转中催化剂的熔结过程，防止镍晶粒长大，从而对提高转化催化剂的活性、寿命等有明显影响。MgO、TiO_2对维持活性稳定有较明显的作用。添加Ca、Ba和Ti的氧化物能提高转化催化剂的机械强度和耐热性能。添加K_2O、MgO和CaO对抑制转化过程中危害最大的析炭反应十分有效。

另外，转化催化剂中添加稀土金属氧化物会使其活性、抗析炭性、耐热性、抗硫中毒和还原性能等均有显著改善，这些性能的改善不仅能保证一段转化炉的正常运转，而且为促使工厂节能降耗创造了有利的条件。

2. 催化剂的还原与钝化

转化催化剂大多以氧化镍形式存在，使用前必须还原为具有活性的金属镍，其反应为：

$$NiO + H_2 \longrightarrow Ni + H_2O$$
$$NiO + CO \longrightarrow Ni + CO_2$$

工业生产中一般不采用纯氢气或一氧化碳还原，而是通入水蒸气和天然气的混合物，只要催化剂的局部产生极少量的氢气和一氧化碳就可以进行还原反应，还原的镍立即具有催化能力而产生更多的还原性气体。为使顶部催化剂得到充分还原，也可在天然气中配入一些氢气。

已经还原的转化催化剂与空气接触时其活性镍会被氧化，并放出大量热量。所以，转化系统停车、操作人员需要进入炉内或更换催化剂时，需要提前对催化剂进行钝化处理。钝化处理的目的是为了保护催化剂，在系统恢复正常运行时，再对催化剂进行还原活化的操作。

转化催化剂在使用过程中，要严格按照操作规程进行操作，严禁超温、超压等违规操作，否则会造成催化剂的活性降低甚至损坏。

3. 催化剂的中毒与再生

当原料气中含有硫化物、砷化物、氯化物等杂质时，都会使催化剂中毒而失去活性。镍催化剂对硫化物十分敏感，无论是无机硫还是有机硫化物都能使催化剂中毒。硫化氢与金属镍作用生成硫化镍而使催化剂失活。有机硫能与氢气或水蒸气作用生成硫化氢而使催化剂中毒。中毒后的催化剂可以用过量蒸汽处理，并使硫化氢含量降到规定标准以下，催化剂的活性就可以恢复。为确保催化剂的活性和使用寿命，要求原料气中硫化氢的体积分数小于 $0.5 \mu L/L$。因此，在天然气进入转化炉之前，一般都要先进行脱硫处理，防止硫化物使催化剂中毒。

（四）天然气蒸汽转化的工业过程

天然气蒸汽转化过程，按照热量供给方式的不同可以分为部分氧化法和二段转化法。部分氧化法是把富氧空气、天然气以及水蒸气通入装有催化剂的转化炉中，在转化炉中同时进行燃烧和转化反应。

二段转化法是目前国内外大型氨厂普遍采用的方法。

天然气蒸汽转化法制得的粗合成气，如果用于合成氨的生产，必须满足以下要求：

① 气体中甲烷含量不超过 0.5%（体积分数）；

② $(H_2+CO)/N_2$ 值为 2.8～3.1（摩尔比）。

因为甲烷是氨合成过程的惰性气体，它在合成回路中逐渐累积，不利于氨合成反应。因此，理论上，应将甲烷含量尽量降低。但是，由于天然气蒸汽转化反应是一个强吸热可逆反应过程，为了降低甲烷含量，需要将催化剂床层温度提高到1000℃以上。这样增大了蒸汽消耗量，并且对设备材质要求提高，增加了成本。

因此，在工业生产中，一般将天然气蒸汽转化的工序分为两段进行。在一段转化炉里，大部分烃类与蒸汽在催化剂的作用下转化成 H_2、CO 和 CO_2，接着一段转化气进入二段转化炉，在此加入空气，有一部分转化气燃烧放出热量，催化剂床层温度升高到1200～1250℃，并继续进行甲烷的转化反应。二段炉出口气体温度为 950～1000℃，残余甲烷含量和 $(H_2+CO)/N_2$ 值均可达到上述指标。

另外，如果合成气用于合成氨生产的原料气，则在分段转化的同时，实现了氨合成所需氮气的供给。

（五）天然气蒸汽转化的工艺条件

1. 温度

无论从化学平衡还是从反应速率角度来考虑，提高温度均有利于转化反应，但温度提高又受到设备材质、耐温性能的限制。

天然气蒸汽转化的工艺条件选择

（1）一段转化炉出口温度　温度是决定转化气出口组成的主要因素。提高出口温度，可以降低残余甲烷含量。但因温度对转化管的寿命影响很大，温度过高会大大缩短转化管使用寿命，另外，一段转化炉出口温度与转化炉的压力关系密切，如果采用较低的转化压力，温度可以适当降低。一般来说，大型合成氨生产企业转化操作压力为 3～4MPa，出口温度为 800～900℃。

（2）二段转化炉出口温度　天然气蒸汽转化工段产物气体的成分，最终是由二段转化炉出口温度控制的。在工业生产中，二段转化炉出口温度是由压力、水碳比以及出口气体组成等参数决定的。例如，二段炉出口气体甲烷含量小于 0.5%，出口温度一般应控制在

1000℃左右。

2. 压力

虽然从转化反应的化学平衡考虑，宜在低压下进行，但是目前工业上均采用加压蒸汽转化。一般压力控制在 3.5～4.0MPa，最高已达 5MPa。原因如下：

（1）提高压力可强化传热　烃类蒸汽转化是一个强吸热反应，有一个大的传热系数是保证生产、强化设备的前提，而提高床层传热系数的有效措施之一是提高压力，为了获得较大的传热系数，势必导致床层压力降增大。为此，如无足够的初始压力，过程亦将无法进行，因此选择较高的操作压力是十分必要的。

（2）提高压力有利于降低能耗

① 可以节省动力消耗。天然气蒸汽转化反应为体积增大的反应，而气体压缩功与体积成正比，因此，压缩天然气要比压缩转化气节省功耗。另外，天然气转化生产合成气是为后续合成氨生产提供原料，从生产系统压力的平衡考虑，适当提高转化压力，整个装置生产的总功耗还是降低的。

② 可以提高过量蒸汽的利用价值。由于转化过程的水蒸气过量，反应压力越高，剩余水蒸气的分压随之升高，过量蒸汽的余热利用价值越大。

③ 减少设备投资。压力升高，反应体系的体积降低，设备和管道的容积也相应降低，可以节省设备成本。另外，压力升高，气体的传热系数大，热量回收设备的体积也可以减小。而且加压操作可以提高转化反应的速率，减少催化剂的用量。

但是，转化压力也不宜过高，必须综合考虑其他工艺参数的影响以及整个反应系统的压力平衡。

3. 水碳比

增加水碳比，对转化平衡有利，如图 2-3 所示，转化压力越高，这种影响越显著。较高的水碳比不仅可以降低转化

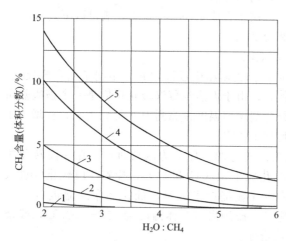

图 2-3　水碳比对甲烷蒸汽转换反应
甲烷平衡含量的影响（曲线 1～5 压力逐渐升高）

炉出口残余甲烷含量，更重要的是可以有效防止析炭反应的发生。但是过高的水碳比会带来一些不利的影响，如增加转化系统的阻力，燃料气消耗增加，影响二段转化炉和变换系统的正常运转，不利于降低能耗等，故一般采用3.5～4.0。近年来，大部分节能流程采用了降低水碳比的节能措施，因此采用的水碳比为2.5～2.7。

采用低水碳比操作，必须提高转化炉管内转化气的温度，并相应提高转化炉管管壁温度，对转化炉管的壁厚及材质均提出了较高的要求，此外对催化剂的活性和抗结碳能力也提出了更高的要求。降低水碳比还导致气体组成的变化，对高、低变反应及副产蒸汽有影响，对脱碳工序所需的热量平衡、弛放气的排放量等方面也均有影响，因此必须全面综合考虑。

二、天然气蒸汽转化工段模型装置的主要设备

1. 一段转化炉

一段转化炉是天然气蒸汽转化工段的关键设备，它包括许多根耐热合金钢管（炉管），

管内填充催化剂。天然气蒸汽转化反应在催化剂床层上进行，所需的热量由管外烧嘴提供。一段炉分为两段，对流段和辐射段，管外用于加热的空间称为辐射段，烟气的热量在对流段回收，用于预热各种气体，然后由引风机引出排放至烟囱。典型的凯洛格型一段转化炉如图 2-4 所示。

由于转化炉是在高温、高压下操作，因此对于炉管材质的要求比较高，一般要采用耐热合金钢材，费用较高，炉管的投资几乎为一段转化炉成本的一半。

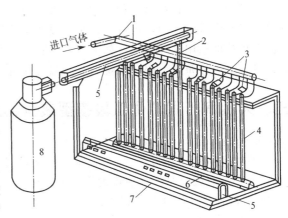

图 2-4　凯洛格型一段转化炉

1—进气总管；2—升气管；3—顶部烧嘴；4—炉管；5—烟道气出口；6—下集气管；7—耐火砖炉体；8—二段转化炉

2. 二段转化炉

二段转化炉是在 1000℃ 以上的高温下，将残余甲烷进一步转化的设备。二段转化炉为一立式圆筒炉，壳体材质是碳钢，内衬耐火材料，炉外有水夹套。

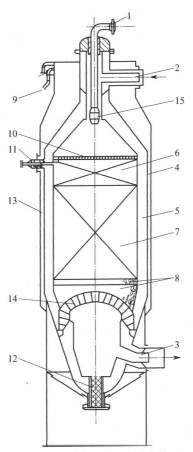

图 2-5　凯洛格型二段转化炉

1—空气蒸气入口；2——段炉来的转化气入口；3—二段转化炉转化气出口；4—二段炉壳体；5—耐火材料衬里；6—耐高温铬基催化剂；7—转化催化剂；8—耐火球；9—夹套溢流水；10—催化剂上面压砖；11—温度计夹套；12—人孔；13—水夹套；14—支撑催化剂拱型砌体；15—喷头

常见的二段转化炉有三种炉型，一种是炉内淬冷，一种是炉内不淬冷，而在废热锅炉连接的三通内进行淬冷，还有一种是二段转化炉气体不淬冷直接进入废热锅炉，凯洛格型二段转化炉即采用这种型式，如图 2-5 所示。一段转化气从顶部的侧壁进入炉内，空气从炉顶进入空气分布器，混合燃烧后，高温气体自上而下经过催化床反应。

三、天然气蒸汽转化工段模型装置的工艺流程

天然气转化工段工艺流程

1. 一段转化

经过流量调节的工艺蒸汽与脱硫后的原料气混合后，进入一段转化炉（101-B）对流段原料气预热盘管，被预热到 508℃ 的混合气进入 101-B 的辐射段顶部，气体从一根主总管分配到九根分总管，分总管在炉顶上是平行排列的。每一分总管中的气体又经猪尾管自上而下分配到 42 根装有催化剂的转化管中，这些转化管位于一段炉的辐射段内，总数为 378 根，一段转化反应就在这些炉管内进行。

每排 42 根转化管的底部都与同一根集气管相连，后者靠近一段炉的底部，每根集气管的中部有一上升管，这九根上升管又把气体引到炉顶上一根装有水夹套的输气管线，再由此把气体送到二段转化炉（103-D）的入口。

2. 二段转化

压缩空气在一段炉对流段预热后进入二段炉的喷嘴，与来自输气管的一段转化气在 103-D 的燃烧室内进行混合燃烧，接着混合气通过镍转化催化剂，在催化剂的作用下天然气与水蒸气发生反应生产合成气，混合气体从 103-D 出口流出。

3. 余热回收及副产蒸汽

二段转化炉出口气中含有 0.38% 的甲烷，温度约为 1000℃，直接进入两个并联的第一废热锅炉 101-CA 和 101-CB 与来自 101-F 的锅炉水换热，回收热量用于产生高压蒸汽；接着通过第二废热锅炉 102-C，被来自 101-F 的锅炉水继续冷却，冷却后的转化气温度降低到 371℃。第二废热锅炉在工艺气体侧有一条热旁路，用来控制高温变换炉 104-DH 入口气的温度。

在一段炉上部设置有汽包（101-F），汽包的作用是利用反应余热生产水蒸气，并对产品进行降温。锅炉水送入 101-CA/101-CB 和 102-C，吸收产品的热量后部分转化为蒸汽，

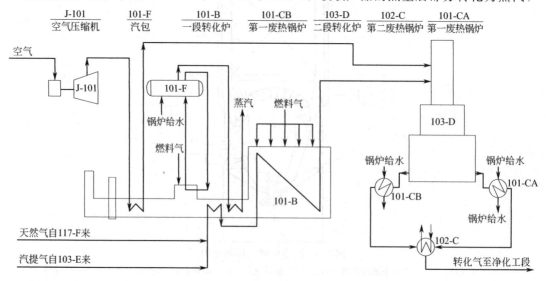

图 2-6 天然气蒸汽转化工段工艺流程

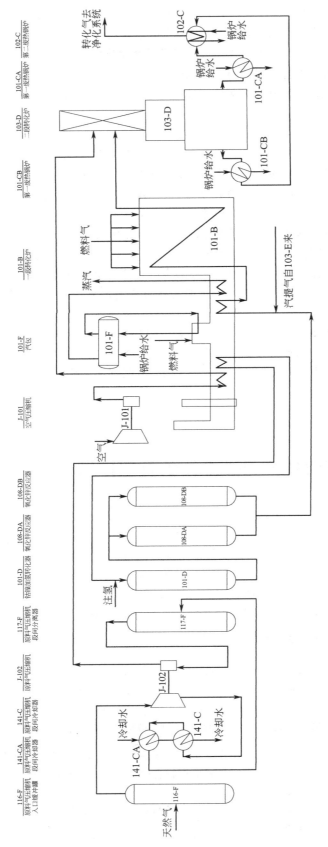

图 2-7　DCS 控制合成气生产智能化模型装置的总工艺流程

蒸汽和热水一同送入 101-F，吸收了汽包中的热量后，进入一段炉的对流段继续吸收反应热，热水全部转化为蒸汽，返回汽包 101-F，为之前进入的气水混合物提供热量后再次送入一段炉，作为转化反应的原料水蒸气与天然气进行转化反应，剩余的水蒸气送入管网。

天然气蒸汽转化工段工艺流程如图 2-6 所示。

DCS 控制合成气生产智能化模型装置的总工艺流程如图 2-7 所示。

知识加油站

在合成气生产工艺中，除了采用天然气为原料外，还有许多生产工艺采用煤和重油为原料来生产合成气。其中，以煤为原料生产合成气占的比重最大。

以煤为原料生产合成气的过程，一般称为煤气化。煤气化是指用气化剂对煤或焦炭等固体燃料进行热加工，使其转变为可燃性气体的过程。气化剂有水蒸气、空气（或氧气）及其混合气。气化后所得可燃性气体称为煤气。进行气化的设备称为煤气发生炉。煤气的成分取决于燃料、气化剂种类以及进行气化的条件。工业上根据所用气化剂的不同将煤气分为四种。

空气煤气是以空气为气化剂制取的煤气，其成分主要为氮气和二氧化碳，合成氨生产中也称为吹风气。水煤气是以水蒸气为气化剂制得的煤气，主要成分为氢气和一氧化碳。混合煤气是以空气和适量的水蒸气为气化剂制取的煤气。半水煤气是以适量空气（或富氧空气）与水蒸气作为气化剂，所得气体组成符合 $(CO+H_2)/N_2=3.1\sim3.2$ 的混合煤气，即合成氨原料气，生产上也可用水煤气与吹风气混合配制。

煤气化工艺有间歇式制气方法，也称"蓄热法"，也有富氧空气（或纯氧）连续气化法，另外还有外热法等。

任务 2
DCS 控制合成气生产 3D 虚拟仿真工厂操作

任务描述

任务名称:DCS 控制合成气生产 3D 虚拟仿真工厂操作		建议学时:8 学时
学习方法	1. 按照工厂车间实行的班组制,将学生分组,1 人担任班组长,负责分配组内成员的具体工作,小组共同制订工作计划、分析总结并进行汇报; 2. 班组长负责组织协调任务实施,组内成员按照工作计划分工协作,完成规定任务; 3. 教师跟踪指导,集中解决重难点问题,评估总结	
任务目标	1. 能熟悉合成气生产 3D 虚拟仿真工厂的主要工艺参数,分析其影响因素,并能对其进行正确调节和控制; 2. 能熟悉合成气生产 3D 虚拟仿真工厂的现场工艺流程,及时准确找到阀门,配合内操开关阀门; 3. 内、外操协同合作,共同完成合成气生产 3D 虚拟仿真工厂的开、停车操作; 4. 能明确开车过程中内、外操各自的岗位职责,并能加以区分	
岗位职责	班组长:组织和协调内操作组员熟悉合成气生产 3D 虚拟仿真工厂的工艺参数调节和控制方法,外操作组员完成查找合成气生产 3D 虚拟仿真工厂的主要设备、管线布置和工艺流程组织; 组员:在班组长的带领下,内、外操协同合作,共同完成合成气生产 3D 虚拟仿真工厂的开、停车操作	

续表

工作任务	1. 合成气生产 3D 虚拟仿真工厂的主要设备和工艺流程认知; 2. 合成气生产 3D 虚拟仿真工厂的工艺参数及其操作控制方法认知; 3. 合成气生产 3D 虚拟仿真工厂的开、停车操作	
工作准备	教师准备	学生准备
	1. 准备教材、工作页、考核评价标准等教学材料; 2. 给学生分组,下达工作任务	1. 班组长分配工作,明确每个人的工作任务; 2. 通过课程学习平台预习基本理论知识; 3. 准备工作服、学习资料和学习用品

任务实施

任务名称:DCS 控制合成气生产 3D 虚拟仿真工厂操作

序号	工作过程	学生活动	教师活动
1	准备工作	穿好工作服,准备好必备学习用品和学习材料	准备教材、工作页、考核评价标准等教学材料
2	任务下达	领取工作页,记录工作任务要求	发放工作页,明确工作要求、岗位职责
3	班组例会	分组讨论,各组汇报课前学习基本知识的情况,认真听老师讲解重难点,分配任务,制订工作计划	听取各组汇报,讨论并提出问题,总结并集中讲解重难点问题
4	3D 虚拟仿真工厂 DCS 操作界面认识	认识虚拟仿真工厂 DCS 操作界面的主要设备、仪表点和控制点,并掌握工艺参数的控制范围	跟踪指导,解决学生提出的问题,集中讲解
5	3D 虚拟仿真工厂虚拟现场装置认识	认识虚拟现场设备名称、位号,分析每个设备的主要功能,列出主要设备	跟踪指导,解决学生提出的问题,并进行集中讲解
6	工作过程分析	内操作人员:熟悉工艺参数调节和控制方法; 外操作人员:熟悉虚拟现场设备、阀门和管线布置,能配合内操进行工艺参数调节	教师跟踪指导,指出存在的问题并帮助解决,进行过程考核
7	内、外操联合开车操作	每组学生分别进行内、外操联合操作,共同完成合成气生产 3D 虚拟仿真工厂的开车操作	教师跟踪指导,指出存在的问题并帮助解决,进行过程考核
8	内、外操联合停车操作	每组学生分别进行内、外操联合操作,共同完成合成气生产 3D 虚拟仿真工厂的停车操作	教师跟踪指导,指出存在的问题并帮助解决,进行过程考核
9	工作总结	班组长带领班组总结工作中的收获、不足及改进措施,完成工作页的提交	检验成果,总结归纳生产相关知识,点评工作过程

学生工作页

任务名称		DCS 控制合成气生产 3D 虚拟仿真工厂操作	
班级		姓名	
小组		岗位	

工作准备	一、课前解决问题 1. 合成气生产 3D 虚拟仿真工厂的主要工艺参数有哪些？受哪些因素影响？应如何调节？ 2. 合成气生产 3D 虚拟仿真工厂的开车主要过程有哪些？停车主要过程有哪些？ 3. 内、外操在合成气生产 3D 虚拟仿真工厂操作中各自的岗位职责是什么？ 二、接受老师指定的工作任务后，了解 3D 虚拟仿真实训室的环境、安全管理要求，穿好工作服。 三、安全生产及防范 学习合成气生产 3D 虚拟仿真工厂工作场所相关安全及管理规章制度，列出你认为工作过程中需注意的问题，并做出承诺。 _____ _____ _____ 我承诺：工作期间严格遵守实训场所安全及管理规定。 承诺人： 本工作过程中需注意的安全问题及处理方法：_____ _____ _____

工作分析与实施	1. 列出主要设备，并分析设备作用。 <table><tr><td>序号</td><td>位号</td><td>名称</td><td>类别</td><td>主要功能与作用</td></tr><tr><td></td><td></td><td></td><td></td><td></td></tr><tr><td></td><td></td><td></td><td></td><td></td></tr><tr><td></td><td></td><td></td><td></td><td></td></tr><tr><td></td><td></td><td></td><td></td><td></td></tr><tr><td></td><td></td><td></td><td></td><td></td></tr><tr><td></td><td></td><td></td><td></td><td></td></tr><tr><td></td><td></td><td></td><td></td><td></td></tr><tr><td></td><td></td><td></td><td></td><td></td></tr></table>

工作分析与实施	2. 列出主要工艺参数,并分析工艺参数的影响因素和调节控制方法。 序号|位号|名称|类别|影响因素和调节控制方法

2. 列出主要工艺参数,并分析工艺参数的影响因素和调节控制方法。

序号	位号	名称	类别	影响因素和调节控制方法

3. 按照工作任务计划,外操查找虚拟现场设备、阀门,内操熟悉工艺参数调节和控制,内、外操协作,共同完成合成气生产 3D 虚拟仿真工厂的开、停车操作,并记录工作过程中出现的问题。

工作总结与反思 结合自身和本组完成的工作,通过交流讨论、组内点评等形式客观、全面地总结本次工作任务完成情况,并讨论如何改进工作。

一、合成气生产 3D 虚拟仿真工厂操作方法

(一)内操 DCS 仿真系统登录说明

① 双击桌面 DCS 图标:　。

② 在内操作员组号处输入学员组号、学号、姓名(组号以小写 n 开头接 100 以内数字,如:n1, n2,⋯,外操工厂端输入 w 开头接与内操相对应数字,如:n1 对 w1、n2 对 w2、⋯,内、外操为一组),如图 2-8 所示。

图 2-8　合成气生产 3D 虚拟仿真
工厂内操登录界面

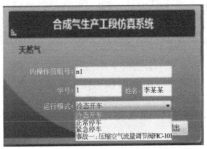

图 2-9　合成气生产 3D 虚拟仿真工厂
冷态开车选择界面

③ 在运行模式下拉选框中，单击冷态开车，如图 2-9 所示。

④ 单击登录，即可登录内操界面。

（二）外操登录 3D 虚拟仿真工厂操作说明

① 双击桌面图标：。

② 进入 VRS 系统登录界面，如图 2-10 所示。

③ 输入外操人员账号（外操人员账号以小写 w 开头其后接 100 以内数字），点"登录"，进入主界面，如图 2-11 所示。

（三）合成气生产 3D 虚拟仿真工厂内、外操联合操作界面

1. 内操操作界面

合成气生产 3D 虚拟仿真工厂的内操操作界面主要由一段转化炉 DCS 和二段转化炉 DCS 以及辅操台三个画面组成。一段转化炉 DCS 画面如图 2-12 所示，二段转化 DCS 画面如图 2-13 所示。

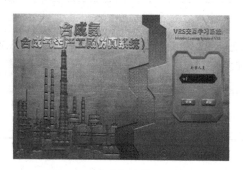

图 2-10　合成气生产 3D 虚拟
工厂外操登录界面

图 2-11　合成气生产 3D 虚拟
工厂外操主界面

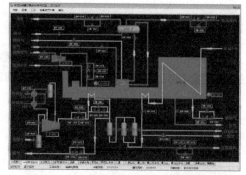

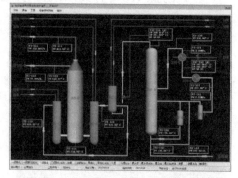

图 2-12　合成气生产 3D 虚拟工厂内操
一段转化 DCS 操作界面

图 2-13　合成气生产 3D 虚拟工厂内操
二段转化 DCS 操作界面

辅操台界面主要是该工段泵以及压缩机的开停机按钮，以及连锁投用按钮。如图 2-14 所示。

2. 外操操作界面

3D 虚拟仿真工厂的外操界面模拟真实工作场景，外操能够在虚拟现场进行巡检、开

关阀门等操作，如图 2-15 所示。

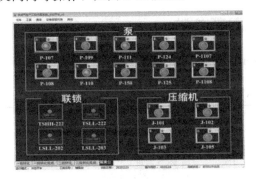

图 2-14　合成气生产 3D 虚拟工厂
内操辅操台操作界面

图 2-15　合成气生产 3D 虚拟
工厂外操操作界面

内、外操可以通过模拟对讲机进行沟通，内操给出指令，外操接收指令后即可到虚拟现场开、关阀门，配合内操进行开、停车及生产运行控制，如图 2-16 所示。

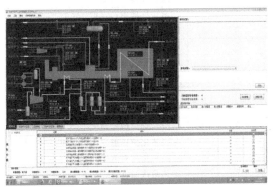

图 2-16　合成气生产 3D 虚拟工厂内、外操对讲画面

二、合成气生产 3D 虚拟仿真工厂的主要设备

合成气生产 3D 虚拟仿真工厂的主要设备见表 2-2。

表 2-2　合成气生产 3D 虚拟仿真工厂的主要设备

序号	设备位号	设备名称	序号	设备位号	设备名称
1	101-B	一段转化炉	11	169-F	合成气压缩机出口油分罐
2	102-B	开工加热炉	12	1121-F	淬冷液分离罐
3	101-D	钴镍加氢反应器	13	J-101	空气压缩机
4	103-D	二段转化炉	14	J-102	原料气压缩机
5	104-DH	高温变换炉(高变反应器)	15	101-CA	第一废热锅炉
6	104-DL	低温变换炉(低变反应器)	16	101-CB	第一废热锅炉
7	104-DS	小低温变换炉	17	102-C	第二废热锅炉
8	101-F	汽包	18	103-C	第三废热锅炉(高变气冷却器)
9	116-F	J-102 入口缓冲罐	19	141-CA	J-102 段间冷却器
10	117-F	J-102 段间分离器	20	141-C	J-102 段间冷却器

三、合成气生产 3D 虚拟仿真工厂的工艺参数

合成气生产 3D 虚拟仿真工厂的工艺参数见表 2-3。

表 2-3　合成气生产 3D 虚拟仿真工厂的工艺参数

序号	位号	正常值	单位	说明
1	FIC-101	77.88	t/h	压缩空气流量
2	FIC-102	30.54	t/h	原料气流量
3	FIC-103	0.62	t/h	氢气流量
4	FIC-104	13.2	t/h	101-B 燃料气流量
5	FIC-105	102.82	t/h	工艺蒸汽流量
6	LIC-101	50	%	汽包 101-F 液位
7	PIC-101	10.46	MPa	汽包 101-F 压力
8	TIC-101	371	℃	钴镍加氢反应器入口温度
9	TIC-102	814	℃	101-B 出口温度
10	TIC-111	371	℃	高温变换器入口温度
11	TIC-112	347	℃	高温变换器出口温度
12	TI-101	599	℃	空气自一段炉出口温度
13	TI-102	32	℃	原料气温度
14	TI-103	144	℃	原料气经压缩机后的温度
15	TI-104	119.3	℃	氢气温度
16	TI-105	455	℃	汽包循环水经辅锅后的温度
17	TI-106	1060	℃	一段转化炉炉膛温度
18	TI-107	1060	℃	一段转化炉炉膛温度
19	TI-108	508	℃	一段转化炉辐射段入口温度
20	TI-109	325	℃	一段转化炉对流段入口温度
21	TI-110	322	℃	工艺蒸汽温度
22	TI-111	814	℃	空气进入二段转化炉入口温度
23	TI-112	599	℃	二段转化炉入口温度
24	TI-113	416	℃	转化气经 101-CA 后温度
25	TI-114	1003	℃	二段转化炉出口温度
26	TI-115	416	℃	转化气经 101-CB 后温度
27	TI-116	436	℃	高变出口温度
28	TI-117	227	℃	高变气换热后温度
29	TI-118	198	℃	低变入口温度
30	TI-119	219	℃	低变出口温度
31	AR-101	4	%	烟气氧含量
32	FI-111	133.98	t/h	二段转化炉入口流量
33	FI-112	77.88	t/h	二段转化炉空气量

四、合成气生产 3D 虚拟仿真工厂内、外操联合开车操作

① 打开汽包 101-F 入口液位调节阀 LIC-101 前阀 XV-119。

② 打开汽包 101-F 入口液位调节阀 LIC-101 后阀 XV-120。

③ 打开汽包 101-F 入口液位调节阀 LIC-101 至 50%。

④ 去现场全开冷却器 141-C 冷却水手动阀 XV-139。

⑤ 去现场全开第一废热锅炉 101-CA 锅炉给水手动阀 XV-114。

⑥ 去现场全开第一废热锅炉 101-CB 锅炉给水手动阀 XV-111。

⑦ 去现场全开第二废热锅炉 102-C 锅炉给水手动阀 XV-115。

⑧ 打开第三废热锅炉 103-C 温度调节阀 TIC-112 前阀 XV-138。

⑨ 打开第三废热锅炉 103-C 温度调节阀 TIC-112 后阀 XV-137。

⑩ 打开第三废热锅炉 103-C 温度调节阀 TIC-112 至 50%。

⑪ 当汽包 101-F 液位 LIC-101 达到 50% 后，关闭汽包入口液位调节阀 LIC-101。

⑫ 去现场全开汽包 101-F 手动阀 XV-104。

⑬ 去现场全开辅锅空气手动阀 XV-103。

⑭ 去现场打开辅锅燃料气手动阀 XV-102 至 50%。

⑮ 去现场按下点火按钮 IG-101。

⑯ 去现场全开一段转化炉空气手动阀 XV-108。

⑰ 打开一段转化炉燃料气流量调节阀 FIC-104 前阀 XV-132。

⑱ 打开一段转化炉燃料气流量调节阀 FIC-104 后阀 XV-131。

⑲ 打开一段转化炉燃料气流量调节阀 FIC-104 至 20%。

⑳ 去现场按下点火按钮 IG-102。

㉑ 去现场全开一段转化炉入口放空手动阀 XV-109。

㉒ 去现场全开原料气压缩机 J-102 入口手动阀 XV-105。

㉓ 启动原料气压缩机 J-102。

㉔ 去现场全开原料气压缩机 J-102 出口手动阀 XV-106。

㉕ 打开原料气流量调节阀 FIC-102 前阀 XV-127。

㉖ 打开原料气流量调节阀 FIC-102 后阀 XV-128。

㉗ 打开原料气流量调节阀 FIC-102 至 20%。

㉘ 打开氢气流量调节阀 FIC-103 前阀 XV-129。

㉙ 打开氢气流量调节阀 FIC-103 后阀 XV-130。

㉚ 打开氢气流量调节阀 FIC-103 至 50%。

㉛ 打开工艺蒸汽流量调节阀 FIC-105 前阀 XV-134。

㉜ 打开工艺蒸汽流量调节阀 FIC-105 后阀 XV-133。

㉝ 当一段转化炉 TI-106 升温至 400℃左右时，打开工艺蒸汽流量调节阀 FIC-105 至 20%。

㉞ 打开钴镍加氢反应器入口温度调节阀 TIC-101 前阀 XV-125。

㉟ 打开钴镍加氢反应器入口温度调节阀 TIC-101 后阀 XV-126。

㊱ 打开钴镍加氢反应器入口温度调节阀 TIC-101 至 50%。

㊲ 去现场全开一段转化炉入口手动阀 XV-107。

㊳ 去现场全开一段转化炉出口放空手动阀 XV-113。

㊴ 去现场关闭一段转化炉入口放空手动阀 XV-109。

㊵ 调整一段转化炉燃料气流量调节阀 FIC-104 至 40%。

㊶ 当汽包 101-F 液位 LIC-101 低于 40% 后，打开汽包液位调节阀 LIC-101 至 40%。

㊷ 打开汽包压力调节阀 PIC-101 前阀 XV-122。

㊸ 打开汽包压力调节阀 PIC-101 后阀 XV-121。

㊹ 当汽包 101-F 压力达到 9MPa 后，打开汽包压力调节阀 PIC-101 至 30%。

㊺ 当一段转化炉出口温度 TIC-102 达到 700℃后，调整原料气流量调节阀 FIC-102 至 50%。

㊻ 调整工艺蒸汽流量调节阀 FIC-105 至 50%。

㊼ 调整一段转化炉燃料气流量调节阀 FIC-104 至 50%。

(48) 去现场调整辅炉燃料气手动阀 XV-102 至 100%。

(49) 调整汽包 101-F 压力调节阀 PIC-101 至 50%。

(50) 调整汽包 101-F 液位调节阀 LIC-101 至 50%。

(51) 全开压缩机 J-101 空气入口阀 XV-140。

(52) 打开压缩空气流量调节阀 FIC-101 前阀 XV-123。

(53) 打开压缩空气流量调节阀 FIC-101 后阀 XV-124。

(54) 当一段转化炉出口温度 TIC-102 达到 770℃左右时，打开压缩空气流量调节阀 FIC-101 至 50%。

(55) 启动空气压缩机 J-101。

(56) 去现场全开二段转化炉入口手动阀 XV-112。

(57) 去现场全开低变入口手动阀 XV-116。

(58) 去现场关闭一段转化炉出口放空手动阀 XV-113。

(59) 打开高变入口温度调节阀 TIC-111 前阀 XV-135。

(60) 打开高变入口温度调节阀 TIC-111 后阀 XV-136。

(61) 打开高变入口温度调节阀 TIC-111 至 50%。

(62) 去现场全开冷凝液手动阀 XV-117。

(63) 调节原料气流量 FIC-102 至 30.54t/h 左右时，投自动，设为 30.54t/h。

(64) 调节压缩空气流量 FIC-101 至 77.88t/h 左右时，投自动，设为 77.88t/h。

(65) 调节阀工艺蒸汽流量 FIC-105 至 102.82t/h 左右时，投自动，设为 102.82t/h。

(66) 调节钴钼反应器 101-D 入口温度 TIC-101 至 371℃左右时，投自动，设为 371℃。

(67) 调节一段转化炉出口温度 TIC-102 至 814℃左右时，投自动，设为 814℃。

(68) 一段转化炉燃料气流量 FIC-104 投串级。

(69) 调整汽包液位 LIC-101 至 50%左右时，投自动，设为 50%。

(70) 调整汽包压力 PIC-101 至 10.46MPa 左右时，投自动，设为 10.46MPa。

(71) 调整高变入口温度 TIC-111 至 371℃左右时，投自动，设为 371℃。

(72) 调整第三废热锅炉 103-C 温度 TIC-112 至 347℃左右时，投自动，设为 347℃。

五、合成气生产 3D 虚拟仿真工厂内、外操联合停车操作

合成气生产 3D 虚拟仿真工厂的停车操作可分为正常停车和紧急停车两种情况，正常停车是计划性停车，而紧急停车是由于异常状况进行的临时性停车，这两种停车操作有很大区别。

1. 正常停车操作

① 调整一段转化炉燃料气流量调节阀 FIC-104 至 40%。

② 去现场调整辅锅燃料气手动阀 XV-102 至 50%。

③ 调整压缩空气流量调节阀 FIC-101 至 30%。

④ 调整原料气流量调节阀 FIC-102 至 30%。

⑤ 调整汽包 101-F 液位调节阀 LIC-101 至 30%。

⑥ 调整汽包 101-F 压力调节阀 PIC-101 至 30%。

⑦ 去现场全开低变反应器旁路手动阀 XV-118。

⑧ 去现场关闭低变反应器入口手动阀 XV-116。

⑨ 停空气压缩机 J-101。

⑩ 关闭压缩机 J-101 空气入口阀 XV-140。

⑪ 关闭压缩空气流量调节阀 FIC-101。

⑫ 关闭压缩空气流量调节阀 FIC-101 前阀 XV-123。

⑬ 关闭压缩空气流量调节阀 FIC-101 后阀 XV-124。

⑭ 关闭一段转化炉燃料气流量调节阀 FIC-104。

⑮ 关闭一段转化炉燃料气流量调节阀 FIC-104 前阀 XV-132。

⑯ 关闭一段转化炉燃料气流量调节阀 FIC-104 后阀 XV-131。

⑰ 去现场关闭一段转化炉点火按钮 IG-102。

⑱ 去现场关闭辅炉燃料气手动阀 XV-102。

⑲ 去现场关闭辅炉点火按钮 IG-101。

⑳ 关闭汽包液位调节阀 LIC-101。

㉑ 关闭汽包液位调节阀 LIC-101 前阀 XV-119。

㉒ 关闭汽包液位调节阀 LIC-101 后阀 XV-120。

㉓ 关闭原料气流量调节阀 FIC-102。

㉔ 关闭原料气流量调节阀 FIC-102 前阀 XV-127。

㉕ 关闭原料气流量调节阀 FIC-102 后阀 XV-128。

㉖ 去现场关闭原料气压缩机 J-102 出口手动阀 XV-106。

㉗ 停原料气压缩机 J-102。

㉘ 去现场关闭原料气压缩机 J-102 入口手动阀 XV-105。

㉙ 去现场关闭冷却器 141-C 冷却水手动阀 XV-139。

㉚ 去现场全开二段转化炉入口放空手动阀 XV-113。

㉛ 去现场关闭二段转化炉入口手动阀 XV-112。

㉜ 去现场关闭激冷器冷凝液手动阀 XV-117。

㉝ 关闭工艺蒸汽流量调节阀 FIC-105。

㉞ 关闭工艺蒸汽流量调节阀 FIC-105 前阀 XV-134。

㉟ 关闭工艺蒸汽流量调节阀 FIC-105 后阀 XV-133。

㊱ 关闭氢气流量调节阀 FIC-103。

㊲ 关闭氢气流量调节阀 FIC-103 前阀 XV-129。

㊳ 关闭氢气流量调节阀 FIC-103 后阀 XV-130。

㊴ 去现场全开汽包排污手动阀 XV-101。

㊵ 当汽包压力 PIC-101 降至 0 后，关闭压力调节阀 PIC-101。

㊶ 关闭压力调节阀 PIC-101 前阀 XV-122。

㊷ 关闭压力调节阀 PIC-101 后阀 XV-121。

2. 紧急停车操作

① 关闭一段转化炉燃料气流量调节阀 FIC-104。

② 关闭一段转化炉燃料气流量调节阀 FIC-104 前阀 XV-132。

③ 关闭一段转化炉燃料气流量调节阀 FIC-104 后阀 XV-131。

④ 去现场关闭点火按钮 IG-102。

⑤ 去现场全开低变反应器旁路手动阀 XV-118。

⑥ 去现场关闭低变反应器入口手动阀 XV-116。

⑦ 关闭压缩空气流量调节阀 FIC-101。

⑧ 关闭压缩空气流量调节阀 FIC-101 前阀 XV-123。

⑨ 关闭压缩空气流量调节阀 FIC-101 后阀 XV-124。

⑩ 去现场全开二段转化炉入口放空手动阀 XV-113。

⑪ 去现场关闭二段转化炉入口手动阀 XV-112。

⑫ 关闭原料气流量调节阀 FIC-102。

⑬ 关闭原料气流量调节阀 FIC-102 前阀 XV-127。

⑭ 关闭原料气流量调节阀 FIC-102 后阀 XV-128。

⑮ 去现场关闭原料气压缩机 J-102 出口手动阀 XV-106。

⑯ 停原料气压缩机 J-102。

⑰ 去现场关闭原料气压缩机 J-102 入口手动阀 XV-105。

⑱ 去现场关闭辅锅燃料气手动阀 XV-102。

⑲ 去现场关闭辅锅点火按钮 IG-101。

⑳ 关闭氢气流量调节阀 FIC-103。

㉑ 关闭氢气流量调节阀 FIC-103 前阀 XV-129。

㉒ 关闭氢气流量调节阀 FIC-103 后阀 XV-130。

㉓ 关闭工艺蒸汽流量调节阀 FIC-105。

㉔ 关闭工艺蒸汽流量调节阀 FIC-105 前阀 XV-134。

㉕ 关闭工艺蒸汽流量调节阀 FIC-105 后阀 XV-133。

任务 3
合成气生产工艺仿真操作

任务描述

任务名称:合成气生产工艺仿真操作		建议学时:12 学时
学习方法	1. 按照工厂车间实行的班组制,将学生分组,1 人担任班组长,负责分配组内成员的具体工作,小组共同制订工作计划、分析总结并进行汇报; 2. 班组长负责组织协调任务实施,组内成员按照工作计划分工协作,完成规定任务; 3. 教师跟踪指导,集中解决重难点问题,评估总结	
任务目标	1. 能列举合成气生产仿真工段的主要设备,并熟悉设备的功能和操作方法; 2. 能列举合成气生产仿真工段的主要工艺参数,能掌握合成气生产仿真工段工艺参数指标的标准范围,并能分析影响这些参数变化的主要因素; 3. 能熟悉合成气生产仿真工段阀门、仪表的位置; 4. 能掌握仿真软件操作的方法; 5. 能熟悉合成气生产仿真工段冷态开、停车和故障处理操作的步骤; 6. 能熟练进行合成气生产仿真工段的开、停车和故障处理操作,并能将工艺参数控制在标准范围内; 7. 能领会合成气生产仿真工段内操的岗位职责和操作要领	
岗位职责	班组长:以仿真软件为载体,组织和协调组员完成合成气生产工段的开、停车操作与控制,正确分析处理生产中的常见故障; 组员:在班组长的带领下,完成合成气生产工段的开、停车操作与控制,正确分析处理生产中的常见故障	

续表

工作任务	1. 合成气生产工艺仿真工段的主要设备和工艺流程认知； 2. 合成气生产工艺仿真工段的工艺参数及其操作控制方法认知； 3. 合成气生产工艺仿真工段的开车操作； 4. 合成气生产工艺仿真工段的停车操作； 5. 合成气生产工艺仿真工段的故障处理操作； 6. 合成气生产工艺仿真工段工艺流程图的绘制	
工作准备	教师准备	学生准备
	1. 准备教材、工作页、考核评价标准等教学材料； 2. 给学生分组，下达工作任务	1. 班组长分配工作，明确每个人的工作任务； 2. 通过课程学习平台预习基本理论知识； 3. 准备工作服、学习资料和学习用品

任务实施

任务名称：合成气生产工艺仿真操作

序号	工作过程	学生活动	教师活动
1	准备工作	穿好工作服，准备好必备学习用品和学习材料	准备教材、工作页、考核评价标准等教学材料
2	任务下达	领取工作页，记录工作任务要求	发放工作页，明确工作要求、岗位职责
3	班组例会	分组讨论，各组汇报课前学习基本知识的情况，认真听老师讲解重难点，分配任务，制订工作计划	听取各组汇报，讨论并提出问题，总结并集中讲解重难点问题
4	熟悉仿真操作界面及操作方法	根据仿真操作界面，找出合成气生产过程中的设备及位号、工艺参数指标控制点，列出主要设备和工艺参数，理清生产工艺流程	跟踪指导，解决学生提出的问题，并进行集中讲解
5	开车操作及工作过程分析	根据开车操作规程和规范，小组完成开车操作训练，讨论交流开车过程中的问题，并找出解决方法	教师跟踪指导，指出存在的问题，解决学生提出的重难点问题，集中讲解，并进行操作过程考核
6	停车操作及工作过程分析	根据开车操作规程和规范，小组完成停车操作训练，讨论交流停车过程中的问题，并找出解决方法	教师跟踪指导，指出存在的问题，解决学生提出的重难点问题，集中讲解，并进行操作过程考核
7	常见故障处理及工作过程分析	根据仿真系统设置的合成气生产过程常见故障，小组对每个故障进行分析、判断，并进行正确的处理操作训练，讨论交流工作过程中的问题，并找出解决方法	教师跟踪指导，指出存在的问题，解决学生提出的重难点问题，集中讲解，并进行操作过程考核
8	工作总结	班组长带领班组总结工作中的收获、不足及改进措施，完成工作页的提交	检验成果，总结归纳生产相关知识，点评工作过程

学生工作页

任务名称		合成气生产工艺仿真操作	
班级		姓名	
小组		岗位	

<table>
<tr><td rowspan="11">工作准备</td><td>

一、课前解决问题

　1. 合成气生产仿真工段的主要工艺参数有哪些？这些参数的标准值分别是多少？

　2. 影响工艺参数的主要因素有哪些？应如何正确调节工艺参数？

　3. 合成气生产仿真工段开车操作的主要过程有哪些？

　4. 合成气生产仿真工段停车操作要注意哪些问题？

　5. 合成气生产仿真工段的主要故障有哪些？应该如何处理？

</td></tr>
</table>

　二、接受老师指定的工作任务后，了解仿真操作实训室的环境、安全管理要求，穿好工作服。

三、安全生产及防范

　学习仿真操作实训室相关安全及管理规章制度，列出你认为工作过程中需注意的问题，并做出承诺。

_____

_____

我承诺：工作期间严格遵守实训场所安全及管理规定。

承诺人：

本工作过程中需注意的安全问题及处理方法：_____

_____

_____

续表

工作分析与实施	1. 列出主要设备,并分析设备作用。

1. 列出主要设备,并分析设备作用。

序号	位号	名称	类别	主要功能与作用

2. 列出主要工艺参数,并分析工艺参数的影响因素和调节控制方法。

序号	位号	名称	类别	影响因素和调节控制方法

3. 按照工作任务计划,完成合成气生产工段仿真操作,分析操作过程,记录工作过程中出现的问题。

_____

_____

_____

工作总结与反思

结合自身和本组完成的工作,通过交流讨论、组内点评等形式客观、全面地总结本次工作任务完成情况,并讨论如何改进工作。

_____

_____

_____

技能训练1　合成气生产仿真工段的设备及工艺流程

一、合成气生产仿真工段的主要设备

在合成气生产工艺仿真操作中,首先要先认识仿真操作中的主要设备。合成气生产仿真工段的主要设备见表2-4。

表 2-4　合成气生产仿真工段的主要设备

序号	设备位号	设备名称	序号	设备位号	设备名称
1	101-DA	活性炭脱硫槽	12	102-J	天然气压缩机
2	102-DA	活性炭脱硫槽	13	104-J/104-JA/104-JB	锅炉给水泵
3	101-B	一段转化炉	14	101-CA/101-CB	第一废热锅炉
4	103-D	二段转化炉	15	102-C	第二废热锅炉
5	108-D	氧化锌脱硫槽	16	103-C	第三废热锅炉
6	104-DA	高变换炉	17	104-C	换热器
7	104-DB	低变换炉	18	106-C	低变出口气加热器
8	101-U	除氧器	19	114-C	甲烷化气加热器
9	101-BU	一段炉辅锅炉	20	123-C	合成气加热器
10	101-F	汽包	21	130-C	气水冷器
11	101-J	空气压缩机	22	134-C	甲烷化出口气加热器

二、合成气生产仿真工段的工艺流程

1. 概述

制取合成氨原料气的方法主要有固体燃料气化法、重油气化法和气态烃法。其中气态烃法又有蒸汽转化法和间歇催化转化法。本仿真软件是针对气态烃的蒸汽转化法制合成气而设计的。

制取合成氨原料气所用的气态烃主要是天然气（甲烷、乙烷、丙烷等）。蒸汽转化法制取合成氨原料气分两段进行，首先在装有催化剂（镍催化剂）的一段炉转化管内，蒸汽与气态烃进行吸热的转化反应，反应所需的热量由管外烧嘴提供。

气态烃转化到一定程度后，送入装有催化剂的二段炉，同时加入适量的空气和水蒸气，与部分可燃性气体燃烧提供进一步转化所需的热量，所生成的氮气作为合成氨的原料。二段炉的出口气中含有大量的 CO，这些未变换的 CO 大部分在变换炉中氧化成 CO_2，从而提高了 H_2 的产量。

2. 原料气脱硫

原料天然气中含有 6.0mg/kg 左右的硫化物，这些硫化物可以通过物理和化学的方法脱除。天然气首先在原料气预热器（141-C）中被低压蒸汽预热，流量由 FR30 记录，温度由 TR21 记录，压力由 PRC1 调节，预热后的天然气进入活性炭脱硫槽（101-DA 和 102-DA，一开一备）进行初脱硫，然后进入蒸汽透平驱动的单缸离心式压缩机（102-J），压缩到所要求的操作压力。

压缩机设有 FIC12 防喘振保护装置，当在低于正常流量的条件下进行操作时，它可以把某一给定量的气体返回气水冷器（130-C），冷却后送回压缩机的入口。经压缩后的原料天然气在一段炉（101-B）对流段低温段加热到 230℃（TIA37）左右与 103-J 段间来氢混合后，进入 Co-Mo 加氢和氧化锌脱硫槽（108-D），经脱硫后，天然气中的总硫含量降到 0.5mg/kg 以下，用 AR4 记录。

天然气脱硫工段的仿真 DCS 操作画面如图 2-17 所示，现场操作画面如图 2-18 所示。

3. 原料气的一段转化

脱硫后的原料气与压力为 3.8MPa 的中压蒸汽混合，蒸汽流量由 FRCA2 调节。原料气与水蒸气的体积比为 1∶4，混合后通过一段炉（101-B）对流段高温段预热后，送到 101-B 辐射段的顶部，气体从一根总管被分配到八根分总管，分总管在炉顶部平行排列，每一根分总管中的气体又经猪尾管自上而下地被分配到 42 根装有催化剂的转化管中，原料气在一段炉（101-B）辐射段的 336 根催化剂反应管中进行蒸汽转化，管外由顶部的 72 个烧嘴提供反应热，这些烧嘴是由 MIC1～MIC9 来调节的。经一段转化后，气体中残余甲烷在 10％（AR1_4）左右。

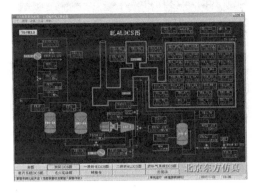 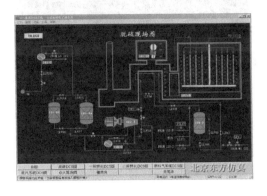

图 2-17　合成气生产仿真脱硫工段 DCS 画面　　　图 2-18　合成气生产仿真脱硫工段现场画面

　　原料气一段转化工段的仿真 DCS 操作画面如图 2-19 所示，现场操作画面如图 2-20 所示。

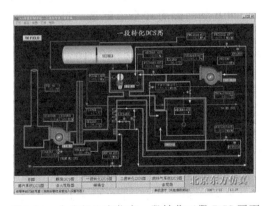 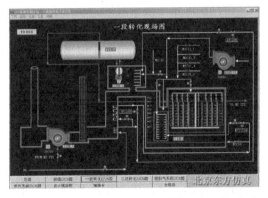

图 2-19　合成气生产仿真一段转化工段 DCS 画面　　图 2-20　合成气生产仿真一段转化工段现场画面

4. 原料气的二段转化

　　一段转化气进入二段炉（103-D），在二段炉中同时送入工艺空气，工艺空气来自空气压缩机（101-J），压缩机有两个缸。从压缩机最终出口管送往二段炉的空气量由 FRCA3 调节，工艺空气可以由于电动阀 SP3 的动作而停止送往二段炉。工艺空气在电动阀 SP3 的后面与少量的中压蒸汽汇合，然后通过 101-B 对流段预热。蒸汽量由 FI51 计量，由 MIC19 调节，这股蒸汽是为了在工艺空气中断时保护 101-B 的预热盘管。开工旁路（LLV37）不通过预热盘，以避免二段转化催化剂在用空气升温时工艺空气过热。

　　工艺气从 103-D 的顶部向下通过一个扩散环而进入炉子的燃烧区，转化气中的 H_2 和空气中的氧燃烧产生的热量供给转化气中的甲烷在二段炉催化剂床中进一步转化，出二段炉的工艺气残余甲烷含量（AR1_3）在 0.3％左右，经并联的两台第一废热锅炉（101-CA/101-CB）回收热量，再经第二废热锅炉（102-C）进一步回收余热后，送去变换炉 104-D。废锅炉的管侧是来自 101-F 的锅炉水。102-C 有一条热旁路，通过 TRC10 调节变换炉 104-D 的进口温度（370℃左右）。

原料气二段转化工段的仿真 DCS 操作画面如图 2-21 所示，现场操作画面如图 2-22 所示。

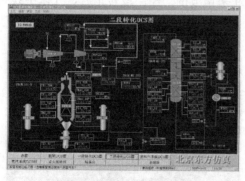 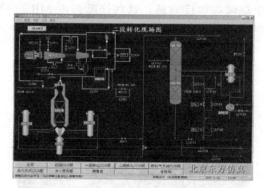

图 2-21　合成气生产仿真
二段转化工段 DCS 画面

图 2-22　合成气生产仿真二段
转化工段现场画面

5. 蒸汽系统

合成氨装置开车时，将从界外引入 3.8MPa、327℃的中压蒸汽约 50t/h。辅助锅炉和废热锅炉所用的脱盐水从水处理车间引入，用并联的低变出口气加热器（106-C）和甲烷化出口气加热器（134-C）预热到 100℃左右，进入除氧器（101-U）脱氧段，在脱氧段用低压蒸汽脱除水中溶解氧后，然后在储水段加入二甲基酮肟除去残余溶解氧。最终溶解氧含量小于 $7×10^{-9}$。

除氧水加入氨水调节 pH 值至 8.5～9.2，经锅炉给水泵 104-J/104-JA/104-JB 经并联的合成气加热器（123-C），甲烷化气加热器（114-C）及一段炉对流段低温段锅炉给水预热盘管加热到 295℃（TI1_44）左右进入汽包（101-F），同时在汽包中加入磷酸盐溶液，汽包底部水经 101-CA/101-CB、102-C、103-C 一段炉对流段低温段废热锅炉及辅助锅炉加热部分汽化后进入汽包，经汽包分离出的饱和蒸汽在一段炉对流段过热后送至 103-JAT，经 103-JAT 抽出 3.8MPa、327℃中压蒸汽，供各中压蒸汽用户使用。103-JAT 停运时，高压蒸汽经减压，全部进入中压蒸汽管网，中压蒸汽一部分供工艺使用、一部分供凝汽透平使用，其余供背压透平使用，并产生低压蒸汽，供 111-C、101-U 使用，其余为伴热使用。在这个工段中，缩合/脱水反应是在三个串联的反应器中进行的，接着是一台分层器，用来把有机物从液流中分离出来。

蒸汽系统 DCS 操作画面如图 2-23 所示，现场操作画面如图 2-24 所示。

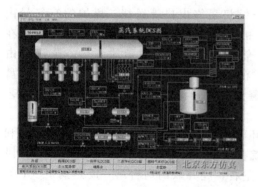 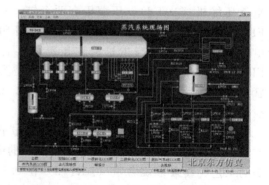

图 2-23　合成气生产仿真
工段蒸汽系统 DCS 画面

图 2-24　合成气生产仿真
工段蒸汽系统现场画面

6. 燃料气系统

从天然气增压站来的燃料气经 PRC34 调压后，进入对流段第一组燃料预热盘管预热。预热后的天然气，一路进一段炉辅锅炉 101-UB 的三个燃烧嘴（DO121、DO122、DO123），流量由 FRC1002 控制，在 FRC1002 之前有一开工旁路，流入辅锅的点火总管（DO124、DO125、DO126），压力由 PCV36 控制；另一路进对流段第二组燃料预热盘管预热，预热后的燃料气作为一段转化炉的 8 个烟道烧嘴（DO113～DO120）、144 个顶部烧嘴（DO001～DO072）以及对流段 20 个过热烧嘴（DO073～DO092）的燃料。去烟道烧嘴气量由 MIC10 控制，顶部烧嘴气量分别由 MIC1～MIC9 9 个阀控制，过热烧嘴气量由 FIC1237 控制。

燃料气系统 DCS 操作画面如图 2-25 所示，现场操作画面如图 2-26 所示。

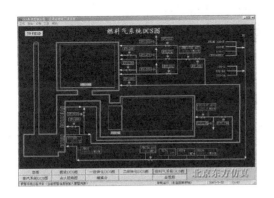

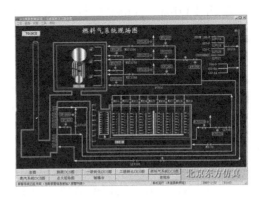

图 2-25　合成气生产仿真
工段燃料气系统 DCS 画面

图 2-26　合成气生产仿真
工段燃料气系统现场画面

技能训练 2　合成气生产仿真工段开车及正常运行操作

一、合成气生产仿真工段的冷态开车操作

微课扫一扫

天然气转化工段
冷态开车步骤和
工艺参数指标

1. 引 DW、除氧器 101-U 建立液位（蒸汽系统图）

① 开预热器 106-C、134-C 现场入口总阀 LVV08；

② 开 106-C 阀 LVV09；

③ 开 134-C 阀 LVV10；

④ 开 106-C、134-C 出口总阀 LVV13；

⑤ 开 LICA23；

⑥ 现场开 101-U 底排污阀 LCV24；

⑦ 当 LICA23 达 50％投自动。

2. 开 104-J、汽包 101-F 建立液位（蒸汽系统图）

① 现场开 101-U 顶部放空阀 LVV20。

② 现场开低压蒸汽进 101-U 阀 PCV229。

③ 开阀 LVV24，加 DMKO，以利分析 101-U 水中氧含量。

④ 开 104-J 出口总阀 MIC12。

⑤ 开 MIC1024。

⑥ 开 SP7（在辅操台按"SP7 开"按钮）。

⑦ 开阀 LVV23 加 NH_3。

⑧ 开 104-J/104-JB（选一组即可）：

a. 开入口阀 LVV25/LVV36；

b. 开平衡阀 LVV27/LVV37；

c. 开回流阀 LVV26/LVV30；

d. 开 104-J 的透平 MIC-27/MIC-28，启动 104-J/104-JB；

e. 开 104-J 出口小旁路阀 LVV29/LVV32，控制 LR1（即 LRCA76 50%投自动）在 50%，可根据 LICA23 和 LRCA76 的液位情况而开启 LVV28/LVV31。

⑨ 开 156-F 的入口阀 LVV04。

⑩ 将 LICA102 投自动，设为 50%。

⑪ 开 DO164，投用换热器 106-C、134-C、103-C、123-C。

3. 开 101-BJ、101-BU 点火升温（一段转化图、点火图）

① 开风门 MIC30。

② 开 MIC31_1～MIC31_4。

③ 开 AICRA8，控制氧含量（4%左右）。

④ 开 PICA21，控制辅锅炉膛 101-BU 负压（−60Pa 左右）。

⑤ 全开顶部烧嘴风门 LVV71、LVV73、LVV75、LVV77、LVV79、LVV81、LVV83、LVV85、LVV87（点火现场）。

⑥ 开 DO095，投用一段炉引风机 101-BJ。

⑦ 开 PRCA19，控制 PICA19 在 −50Pa 左右。

⑧ 到辅操台按"启动风吹"按钮。

⑨ 到辅操台把 101-B 工艺总联锁开关打旁路。

⑩ 开燃料气进料截止阀 LVV160。

⑪ 全开 PCV36（燃料气系统图）。

⑫ 把燃料气进料总压力控制 PRC34 设在 0.8MPa，投自动。

⑬ 开点火烧嘴考克阀 DO124～DO126（点火现场图）。

⑭ 按点火启动按钮 DO216～DO218（点火现场图）。

⑮ 开主火嘴考克阀 DO121～DO123（点火现场图）。

⑯ 在燃料气系统图上开 FRC1002。

⑰ 全开 MIC1284～MIC1264。

⑱ 在辅操台上按"XV-1258 复位"按钮。

⑲ 在辅操台上按"101-BU 主燃料气复位"按钮。

⑳ 101-F 升温、升压（蒸汽系统图）：

a. 在升压（PI90）前，稍开 101-F 顶部管放空阀 LVV02；

b. 当产汽后开阀 LVV14，加 Na_3PO_4；

c. 当 PI90>0.4MPa 时，开过热蒸汽总阀 LVV03 控制升压；

d. 关 101-F 顶部放空阀 LVV02；

e. 当 PI90 达 6.3MPa、TRCA1238 比 TI1_34 大 50～80℃时，进行安全阀试跳（仿真中省略）。

4. 108-D 升温、硫化（一段转化图）

① 开 101-DA/102-DA（选一即可）：

a. 全开 101-DA/102-DA 进口阀 LLV204/LLV05；

b. 全开 101-DA/102-DA 出口阀 LLV06/LLV07。

② 全开 102-J 大副线现场阀 LLV15。

③ 在辅操台上按"SP2 开"按钮。

④ 稍开 102-J 出口流量控制阀 FRCA1。

⑤ 全开 108-D 入口阀 LLV35。

⑥ 现场全开入界区 NG 大阀 LLV201。

⑦ 稍开原料气入口压力控制器 PRC1。

⑧ 开 108-D 出口放空阀 LLV48。

⑨ 将 FRCA1 缓慢提升至 30%。

⑩ 开 141-C 的低压蒸汽 TIC22L，将 TI1 _ 1 加热到 40～50℃。

5. 空气升温（二段转化）

① 开二段转化炉 103-D 的工艺气出口阀 HIC8。

② 开 TRCA10。

③ 开 TRCA11。

④ 启动 101-J，控制 PR-112 在 3.16MPa：

a. 开 LLV14 投 101-J 段间换热器 CW；

b. 开 LLV21 投 101-J 段间换热器 CW；

c. 开 LLV22 投 101-J 段间换热器 CW；

d. 开 LLV24；

e. 到辅操台上按"FCV-44 复位"按钮；

f. 全开空气入口阀 LLV13；

g. 开 101-J 透平 SIC101；

h. 按辅操台上"101-J 启动复位"按钮。

⑤ 开空气升温阀 LLV41，充压。

⑥ 当 PI63 升到 0.2～0.3MPa 时，渐开 MIC26，保持 PI63<0.3MPa。

⑦ 开阀 LLV39，开 SP3 旁路，加热 103-D。

⑧ 当温升速度减慢，点火嘴：

a. 在辅操台上按"101-B 燃料气复位"按钮；

b. 开阀 LLV102；

c. 开炉顶烧嘴燃料气控制阀 MIC1～MIC9；

d. 开一到九排点火枪；

e. 开一到九排顶部烧嘴考克阀。

⑨ 当 TR1-105 达 200℃、TR1 _ 109 达 140℃后，准备 MS 升温。

6. MS 升温（二段转化）

① 到辅操台按"SP6 开"按钮。

② 渐关空气升温阀 LLV41。

③ 开阀 LLV42，开通 MS 进 101-B 的线路。

④ 开 FRCA2，将进 101-B 蒸汽量控制在 10000～16000m³/h。

⑤ 控制 PI63<0.3MPa。

⑥ 当关空气升温阀 LLV41 后，到辅操台按"停 101-J"。

⑦ 开 MIC19 向 103-D 进中压蒸汽，使 FI-51 在 1000～2000kg/h。

⑧ 当 TR1 _ 109 达 160℃后，调整 FRCA2 为 20000m³/h 左右。

⑨ 调整 MIC19，使 FI-51 在 2500～3000kg/h。

⑩ 当 TR1 _ 109 达 190℃后，调整 PI63 为 0.7～0.8MPa。

⑪ 当 TR _ 80/TR _ 83 达 400℃ 以前，FRCA2 提至 60000～70000m³/h，FI-51 在 45000kg/h 左右。

⑫ 将 TR1 _ 105 提升至 760℃。

⑬ 当 TI _ 109 为 200℃时，开阀 LLV31，加氢；当 AR _ 4<0.5mg/kg 稳定后，准备投料。

7. 投料（脱硫图）

① 开 102-J：

a. 开阀 LLV16，投 102-J 段间冷凝器 130-C 的 CW；

b. 开 102-J 防喘震控制阀 FIC12；

c. 开 PRC69，设定在 1.5MPa，投自动；

d. 全开 102-J 出口阀 LLV18；

e. 开 102-J 透平控制阀 PRC102；

f. 在辅操台上按"102-J 启动复位"按钮。

② 关 102-J 大副线阀 LLV15。

③ 渐开 108-D 入炉阀 LLV46。

④ 渐关 108-D 出口放空阀 LLV48。

⑤ FRCA1 加负荷至 70%。

8. 加空气（二段转化及高低变）

① 到辅操台上按"停 101-J"按钮，使该按钮处于不按下状态，否则无法启动 101-J；

② 到辅操台上按"启动 101-J 复位"按钮；

③ 到辅操台上按"SP3 开"按钮；

④ 渐关 SP3 副线阀 LLV39；

⑤ 各床层温度正常后（一段炉 TR1 _ 105 控制在 853℃左右，二段炉 TI1 _ 108 控制在 1100℃左右，高变 TR1 _ 109 控制在 400℃），先开 SP5 旁路均压后，再到辅操台按"SP5"按钮，然后关 SP5 旁路，调整 PI63 到正常压力 2.92MPa；

⑥ 逐渐关小 MIC26 至关闭。

9. 联低变

① 开 SP4 副线阀 LLV103，充压；

② 全开低变出口大阀 LLV153；

③ 到辅操台按"SP4 开"按钮；

④ 关 SP4 副线阀 LLV103；

⑤ 到辅操台按"SP5 关"按钮；

⑥ 调整 TRCA _ 11 控制 TI1 _ 11 在 225℃。

10. 其他

① 开一段炉鼓风机 101-BJA。

② 101-BJA 出口压力控制 PICAS103 达 1147kPa，投自动。

③ 开辅锅进风量调节阀 FIC1003。

④ 调整 101-B、101-BU 氧含量为正常：AICRA6 为 3%，AICRA8 为 2.98%。

⑤ 当低变合格后，若负荷加至 80%，点过热烧嘴：

a. 开过热烧嘴风量控制阀 FIC1004；

  b. 到辅操台按"过热烧嘴燃料气复位"按钮；

  c. 开过热烧嘴考克阀 DO073～DO092；

  d. 开燃料气去过热烧嘴流量控制器 FIC1237；

  e. 开阀 LLV161；

  f. 到辅操台按"过热烧嘴复位"按钮。

⑥ 当过热烧嘴点着后，到辅操台按"FAL67-加氢"按钮，加 H_2。

⑦ 关事故风门 MIC30。

⑧ 关事故风门 MIC31 _ 1～MIC31 _ 4。

⑨ 负荷从 80％加至 100％。

  a. 加大 FRCA2 的量；

  b. 加大 FRCA1 的量。

⑩ 当负荷加至 100％正常后，到辅操台将 101-B 打联锁。

⑪ 点烟道烧嘴：

  a. 开进烟道烧嘴燃料气控制阀 MIC10；

  b. 开烟道烧嘴点火枪 DO219；

  c. 开烟道烧嘴考克阀 DO113～DO120。

二、合成气生产仿真工段正常运行控制

1. 正常操作要点

  在化工装置开车成功后，即进入正常运行阶段，这个阶段的操作目标是将工艺参数调整到标准范围内，并维持生产平稳运行。一般在正常运行阶段，会根据生产实际情况进行负荷的调整，调整负荷过程中要注意调整的顺序和操作要点。

  （1）加减负荷的顺序　在增加负荷时，一般顺序是蒸汽、原料气、燃料气、空气；在降低负荷时，一般顺序是燃料气、空气、原料气、蒸汽。

  （2）加减负荷要点　在加减负荷时，加减量均以原料气量 FRCA-1 为准，每次增减 2～3t/h，间隔时间为 4～5min，其他的原料按比例进行增减。

2. 合成气生产岗位的主要指标

  合成气生产岗位的主要指标包括温度、压力、流量以及液位等其他工艺参数，这些工艺参数都有设定的标准值，在正常生产运行中，操作人员要严格按照标准值进行调节和控制，正确分析和判断，确定合理的调节方案。合成气生产仿真工段的温度指标见表 2-5。

表 2-5　合成气生产仿真工段的温度指标

序　号	位　号	参数名称	标准值/℃
1	TIC22L	进 101-DA/102-DA 燃料气温度	40～50
2	TRCA104	进 104-DA 温度	371
3	TRCA10	104-DA 入口温度	370
4	TRCA11	104-DB 入口温度	240
5	TRCA1238	过热蒸汽温度	445
6	TR1_105	101-B 出口温度	853
7	TI1_2	工艺蒸汽温度	327
8	TI1_3	辐射段原料入口温度	490
9	TI1_4	二段炉入口空气温度	482
10	TI1_34	汽包出口温度	314

续表

序　号	位　号	参数名称	标准值/℃
11	TIA37	原料预热盘管出口温度	232
12	TI1_57～TI1_65	辐射段烟气温度	1060
13	TR_80、TR_83	101-CB/101-CA 入口温度	1000
14	TR_81、TR_82	101-CB/101-CA 出口温度	482
15	TR1_109	高变炉底层温度	429
16	TR1_110	低变炉底层温度	251
17	TI1_1	141-C 原料气出口温度	40

合成气生产仿真工段的压力指标见表 2-6。

表 2-6　合成气生产仿真工段的压力指标

序　号	位　号	参数名称	标准值	单　位
1	PRC1	原料气入口压力	1.82	MPa
2	PR12	101-J 出口压力	3.21	MPa
3	PRC69	102-J 入口压力	1.82	MPa
4	PRC102	102-J 出口压力	3.86	MPa
5	PI63	104-C 出口压力	2.92	MPa
6	PRC1018	101-F 压力	10.6	MPa
7	PICAS103	101-BJA 出口压力	1147	kPa
8	PRCA19	101-B 压力	−50	Pa
9	PRC34	燃气进料总压力	0.8	MPa
10	PICA21	辅锅压力	−60	Pa
11	PIC13	MS 压力	3.865	MPa

合成气生产仿真工段的流量指标见表 2-7。

表 2-7　合成气生产仿真工段的流量指标

序　号	位　号	参数名称	标准值	单　位
1	FRCA1	入 101-B 原料气流量	24556	m^3/h
2	FRCA2	入 101-B 蒸汽流量	67000	m^3/h
3	FRCA3	入 103-D 空气流量	33757	m^3/h
4	FRCA4	101-J 出口总流量	33757	m^3/h
5	FIC12	102-J 防喘震流量	0	m^3/h
6	FFC2	水碳比例控制	3.5～4.2	m^3/h
7	FRC1002	辅锅燃气进量控制	2128	m^3/h
8	FIC1003	辅锅进风量控制	7611	m^3/h
9	FIC1004	过热烧嘴风量控制	15510	m^3/h
10	FIC1237	混合燃料气去过热烧嘴流量	320	m^3/h
11	FR32/FR34	燃料气流量	17482	m^3/h
12	FR33	101-F 产气量	304	t/h
13	FRA410	锅炉给水流量	3141	t/h
14	FIA1024	去锅炉给水预热盘管水量	157	t/h

合成气生产仿真工段的其他指标见表 2-8。

表 2-8 合成气生产仿真工段的其他指标

序 号	位 号	参数名称	标准值/%
1	LR1	101-F 液位	50.0
2	LICA102	156-F 液位	50.0
3	LICA23	101-U 液位	60.0
4	LRCA76	101-F 液位	50.0
5	LI9	101-F 液位	50.0
6	AICRA6	101-BU 烟气氧含量	3
7	AICRA8	101-B 氧含量	3

技能训练 3　合成气生产仿真工段的停车操作

一、停车前的准备工作

① 按要求准备好所需的盲板和垫片。

② 将引 N_2 胶带准备好。

③ 如催化剂需更换，应做好更换前的准备工作。

④ N_2 纯度 ≥99.8%（O_2 含量 ≤0.2%），压力 >0.3MPa，在停车检修中，一直不能中断。

二、停车期间分析项目

① 停工期间，N_2 纯度每 2h 分析一次，O_2 纯度 ≤0.2% 为合格。

② 系统置换期间，根据需要随时取样分析。

③ N_2 置换标准：

转化系统：　　　CH_4 <0.5%

驰放气系统：　　CH_4 <0.5%

④ 蒸汽、水系统。在 101-BU 灭火之前以常规分析为准，控制指标在规定范围内，必要时取样分析。

三、停工期间注意事项

① 停工期间要注意安全，穿戴劳保用品，防止出现各类人身事故。

② 停工期间要做到不超压、不憋压、不串压，安全平稳停车。注意工艺指标不能超过设计值，控制降压速度不得超过 0.05MPa/min。

③ 做好催化剂的保护，防止水泡、氧化等，停车期间要一直充 N_2 保护在正压以上。

四、合成气生产仿真工段的停车操作

接到调度停车命令后，先在辅操台上，把工艺联锁开关设置为"旁路"。

1. 转化工艺气停车

① 总控降低生产负荷至正常的 75%；

② 到辅操台上点"停过热烧嘴燃料气"按钮；

③ 关各过热烧嘴的考克阀 DO073～DO092；

④ 关 MIC10，停烟道烧嘴燃料气；

⑤ 关各烟道烧嘴考克阀 DO113～DO120；

⑥ 关烟道烧嘴点火枪 DO219；

⑦ 当生产负荷降到 75％左右时，切低变，开 SP5，SP5 全开后关 SP4；

⑧ 关低变出口大阀 LLV153；

⑨ 开 MIC26，关 SP5，使工艺气在 MIC26 处放空；

⑩ 到辅操台上点"停 101-J"按钮；

⑪ 逐渐开打 FRCA4，使空气在 FRCA4 放空，逐渐切除进 103-D 的空气；

⑫ 全开 MIC19；

⑬ 空气完全切除后到辅操台上点"SP3 关"按钮；

⑭ 关闭空气进气阀 LLV13；

⑮ 关闭 SIC101；

⑯ 切除空气后，系统继续减负荷，根据炉温逐个关闭烧嘴；

⑰ 在负荷降至 50％～75％时，逐渐打开事故风门 MIC30、MIC31＿1～MIC31＿4；

⑱ 停 101-BJA；

⑲ 关闭 PICAS103；

⑳ 开 101-BJ，保持 PRCA19 在 −50Pa、PICA21 在 −250Pa 以上，保证 101-B 能够充分燃烧；

㉑ 在负荷减至 25％时，FRCA2 保持在 10000m³/h，开 102-J 大副线阀 LLV15；

㉒ 停 102-J，关 PRC102；

㉓ 开 108-D 出口阀 LLV48，放空；

㉔ 当 TI1＿105 降至 600℃时，将 FRCA2 降至 50000m³/h；

㉕ TR1＿105 降至 350～400℃时，到辅操台上按"SP6 关 J"按钮，切除蒸汽；

㉖ 蒸汽切除后，关死 FRCA2；

㉗ 关 MIC19；

㉘ 在蒸汽切除的同时，在辅操台上点"停 101-B 燃料气"按钮；

㉙ 一段炉顶部烧嘴全部熄灭，关烧嘴考克阀 DO001～DO072，自然降温；

㉚ 关一段炉顶部烧嘴各点火枪 DO207～DO215。

2. 辅锅和蒸汽系统停车

① 101-B 切除原料气后，根据蒸汽情况降低辅锅 TR1＿54 温度；

② 到辅操台上点"停 101-BU 主燃料气"按钮；

③ 关主烧嘴燃料气考克阀 DO121～DO123；

④ 关点火烧嘴考克阀 DO216～DO218；

⑤ 当 101-F 的压力 PI90 降至 0.4MPa 时改由顶部放空阀 LVV02 放空；

⑥ 关过热蒸汽总阀 LVV03；

⑦ 关 LVV14，停加 Na_3PO_4；

⑧ 关 MIC27/MIC28，停 104-J/104-JB；

⑨ 关 MIC12；

⑩ 关 MIC1024，停止向 101-F 进液；

⑪ 关 LVV24，停加 DMKO；

⑫ 关 LVV23，停加 NH_3；

⑬ 关闭 LICA23，停止向 101-U 进液；

⑭ 当 101-BU 灭火后，TR1＿105＜80℃时，关 DO094，停 101-BJ；

⑮ 关闭 PRCA19；

⑯ 关闭 PICA21。

3. 燃料气系统停车

① 101-B 和 101-BU 灭火后，关 PRC34；

② 关 PRC34 的截止阀 LLV160；

③ 关闭 FIC1237；

④ 关闭 FRC1002。

4. 脱硫系统停车

① 108-D 降温至 200℃，关 LLV30，切除 108-D 加氢；

② 关闭 PRC1；

③ 关原料气入界区 NG 大阀 LLV201；

④ 当 108-D 温度降至 40℃以下时，关原料气进 108-D 大阀 LLV35；

⑤ 关 LLV204/LLV05，关进 101-DA/102-DA 的原料天然气；

⑥ 关 TIC22L，切除 141-C。

技能训练 4　合成气生产仿真工段的事故处理操作

一、 101-J 压缩机故障

1. 事故处理

① 总控立即关死 SP3，转化岗位现场检查是否关死；

② 切低变、开 SP5，SP5 全开后关 SP4，关出口大阀；

③ 总控全开 MIC19；

④ 总控视情况适当降低生产负荷，防止一段炉及对流段盘管超温；

⑤ 如空气盘管出口 TR＿4 仍超温，灭烟道烧嘴；

⑥ 如 TRC1238 超温，逐渐灭过热烧嘴；

⑦ 加氢由 103-J 段间改为一套来 H_2（103-J 如停）。与此同时，总控开 PRC5，关 MIC21、MIC20、103-J 打循环，如工艺空气不能在很短时间内恢复就应停车，以节省蒸汽、净化、保证溶液循环，防止溶液稀释。

当故障消除后，应立即恢复空气配入 103-D，空气重新引入二段炉的操作步骤同正常开车一样，防止引空气太快造成催化剂床温度飞升损坏，TI1＿108 不应超过 106℃。

2. 开车步骤

① 按正常开车程序加空气；

② 当空气加入量正常，并且高变温度正常，出口 CO 正常后，联入低变；

③ 净化联 106-D 开 MIC20；

④ 开 103-J 前，如过热火嘴已灭，应逐个点燃；

⑤ 逐渐关 MIC19，保证 FI51 量为 2.72t/h；

⑥ 合成系统正常后，加氢改至 103-J 段间；

⑦ 点燃烟道烧嘴；

⑧ 转化岗位全面在室外检查一遍设备及工艺状况，发现问题及时处理；

⑨ 总控把生产负荷逐渐提到正常水平。

二、原料气系统故障

1. 天然气输气总管事故（天然气中断）

① 关闭 SP3 电动阀，转化岗位到现场查看是否关死；

② 切低变开 SP5，SP5 全开后关 SP4、气体在 MIC26 放空，关低变出口大阀；

③ 关闭 101-B/101-BU、烟道、过热烧嘴考克阀；

④ 切 101-B、烟道及过热烧嘴驰放气；

⑤ 利用外供蒸汽置换一段转化炉内剩余气体防止催化剂结碳、时间至少 30min，接着，转化接胶带给 101-B 充 N_2 置换，在八排导淋、101-CA/CB 一侧导淋排放；

⑥ 关 PRC34 及前后阀，关 FRCA1、SP2，关 101-D 加氢阀；

⑦ 开 MIC30、MIC31 _ 1/MIC31 _ 4，按程序停 101-BJA；

⑧ 104-JA 间断开，给 101-F 冲水；

⑨ 待一段炉用 MS 置换后，接胶带置换脱 S 系统合格，关死 FRCA2、SP6 及前截止阀，关原料气入界区总阀；

⑩ 各催化剂氮气保护，高变开低点导淋排水，低变定期排水，防止水泡催化剂。

其他岗位处理是：切 106-D，关 MIC20，停合成，停四大机组，净化保压循环再生。如装置能够较快恢复开车，一段炉可采用直接蒸汽升温的办法进行，其他步骤同正常开车。如装置短期不能恢复开车，催化剂床层温度降至活性温度以下，也可以采用一段炉干烧后直接通中压蒸汽升温的开车方法开车。

2. 原料气压缩机故障

① 关 SP3；

② 切 104-DB、开 SP5，SP5 全开后关 SP4，关出口阀，气体在 MIC26 放空；

③ 关 SP34 切 101-B，烟道、过热烧嘴驰放气；

④ 灭过热烧嘴；

⑤ 灭烟道烧嘴，开风筒；

⑥ 一段炉降至 760℃ 等待投料，如时间可能超过 10h，一段炉 TR1 _ 105 降至 650℃ 以下等待，FRCA2 保持在 47t/h 左右；

⑦ 关 108-D 加氢阀，联系一套供 H_2 在 108-D 处排放；

⑧ 101-BU 减量运行，保证 MS 压力平稳；

⑨ 关死 SP2、FRCA1；

⑩ 一旦 102-J 故障消除，重新开车应按大检修开车程序进行。

三、水蒸气系统故障

1. 进汽包的锅炉水中断

如果突然发现进汽包的锅炉水中断，又不能立即恢复，则应立即紧急停车。

① 101-BU、101-B、过热烧嘴、烟道烧嘴灭火，关死考克阀；

② 关 SP3；

③ 开 108-D 出口放空阀；

④ 切 104-DB、开 SP5，SP5 全开后关 SP4，关出口大阀；

⑤ 一段炉通入 MS 在 MIC26 放空，当 TR1 _ 105 达 400℃时，切 MS，关 FRCA2 及 SP6；

⑥ 开 MIC30、MIC31 _ 1/MIC31 _ 4，停 101-BJA，调整 101-BJ 转速保持炉膛负压，继续运行；

如时间较长，104-DB、104-DA、101-B、103-D 通 N₂ 保护，如 102-J 已停，开 102-J 大副线在 108-D 出口放空或将原料气入界区阀关死，切原料气，如中压蒸汽压力下降，联系外网送汽，当恢复开车时，可用一段炉干烧至 400℃通入 MS 的办法开车。

2. 中压蒸汽（MS）故障

中压蒸汽故障有两种情况，中压蒸汽缓慢下降和突然下降。当中压蒸汽缓慢下降时，首先应保证水碳比联锁不动作，加大 101-BU 的燃料量，及时查找原因并汇报调度。如仍不行，则按停车程序停车。

当中压蒸汽突然下降时，应该采取如下措施：

① 立即停 103-J，平衡蒸汽；

② 总控降生产负荷，保证水碳比联锁不跳；

③ 迅速查明原因并与调度联系；

④ 加氢改至一套供 H₂；

⑤ 如 103-J 停后，MS 仍下降，可停 105-J，如仍下降则继续停下去；

⑥ 切 104-DB，开 SP5，SP5 全开后，关 SP4；

⑦ 切空气，关 SP3，全开 MIC19；

⑧ 灭烟道烧嘴、过热烧嘴，101-B 减火；

⑨ 切 101-B 原料气，开 108-D 出口放空，102-J 停，开 102-J 大副线阀；

⑩ FRCA2 47t/h、TR1 _ 105 760℃，等待投料；

⑪ MS 查明原因恢复后，按开车程序开车。

四、101-BJ/101-BJA 跳车或故障

如 101-BJ 故障不能运行，应立即停车，停车程序与 101-F 汽包锅炉给水中断的处理程序相同。

101-BJA 故障停车，则应按以下程序处理：

① 总控立即全开 MIC30、MIC31 _ 1/MIC31 _ 4；

② 降负荷至 70%运行；

③ 降 TR1 _ 105 防止超温；

④ 提 101-BJ 转速，使 PRC19 在 −50Pa 以上，防止 101-B/101-BU 燃烧不完全；

⑤ 监视各盘管温度，如超温，可灭过热烧嘴、烟道烧嘴，开风筒等。

五、冷却水中断

如冷却水量下降，联系调度不见好转后，可依据生产条件的变化及时做出以下调整：

停 103-J 及 105-J，气体在 MIC26 放空，如冷却水全部中断则按照天然气系统故障处理。

【项目考核评价表】

考核项目	考核要点		分数	考核标准(满分要求)	得分
技能考核	流程叙述	天然气净化与压缩工段	5	1. 能流利叙述整个工艺流程,详细讲述从原料到产品的生产过程; 2. 能正确描述每个设备的位号、名称和主要功能,并能详述反应器中发生的反应; 3. 讲述有条理,口齿清晰,逻辑合理	
		天然气蒸汽转化工段	10	1. 能流利叙述整个工艺流程,详细讲述从原料到产品的生产过程; 2. 能正确描述每个设备的位号、名称和主要功能,并能详述反应器中发生的反应; 3. 讲述有条理,口齿清晰,逻辑合理	
	DCS 控制合成气生产 3D 工厂操作		15	1. 内外操相互配合,完成岗位工作任务,配合中出现重大问题扣 3 分; 2. 能发现生产运行中的异常,能够分析、判断和采取有效措施处理问题,如未发现操作中存在的问题扣 2 分	
	合成气生产工艺仿真操作		20	1. 熟悉合成气生产工艺仿真操作的主要设备和工艺流程,并熟悉仿真操作的步骤和阀门,掌握仪表和阀门的调节方法,能正确控制工艺参数(10 分); 2. 能在规定时间内完成整个工段的开车操作,并能达到合格的分数(10 分)。95～100分:10 分;90～95 分:5～10 分;85～90 分:5分;<85 分:0 分	
	合成气生产工艺流程图的绘制		20	根据工艺流程及现场工艺管线的布局,正确规范地完成流程图的绘制(设备、管线),每错漏一处扣 2 分,工艺流程图绘制要规范、美观(设备画法、管线及交叉线画法、箭头规范要求、物料及设备的标注要求),每错漏一处扣 1 分	
知识考核	合成气生产相关理论知识		15	根据所学内容,完成老师下发的知识考核卡,每错一题扣 1 分	
态度考核	任务完成情况及课程参与度		5	按照要求,独立或小组协作及时且正确完成老师布置的各项任务;认真听课,积极思考,参与讨论,能够主动提出或者回答有关问题,迟到扣 2 分,玩手机等扣 2 分	
	工作环境清理		5	保持工作现场环境整齐、清洁,认真完成清扫,学习结束后未进行清扫扣 2 分	

续表

考核项目	考核要点	分数	考核标准(满分要求)	得分
素质考核	项目操作过程中的职业素养和综合素质	5	能够遵守课堂纪律,能与他人协作、交流,善于分析问题和解决问题,尊重考核教师;现场学习过程中,注意教师提示的生产过程中的安全和环保问题,会使用安全和环保设施,按照工作场所和岗位要求,正确穿戴服装和安全帽,未按要求穿戴扣2分	
项目总分				

【巩固训练】

一、填空题

1. 生产合成气的天然原料有( )、( )和重油等。

2. 天然气蒸汽转化炉分为两段,一段炉由( )和( )组成,二者的材质和供热方式不同。

3. 天然气脱硫的目的是防止硫化物( ),另外硫化物还会使( )中毒。

4. 干法脱硫工业生产中常用的方法有( )、( )和活性炭法。

5. 干法脱硫的优点是( )、( ),但缺点是硫容量小。

二、判断题

1. 天然气的主要成分是乙烷。( )

2. 天然气蒸汽转化反应中,转化炉分段的目的是防止转化炉超温和降低反应能耗。( )

3. 天然气蒸汽转化生产合成气的催化剂是氧化镍。( )

4. 天然气蒸汽转化生产合成气工艺中,既有内热式也有外热式反应。( )

5. 天然气蒸汽转化生产合成气的气化剂只有水蒸气。( )

三、简答题

1. 天然气蒸汽转化过程为什么要分两段进行?

2. 一段转化炉和二段转化炉的换热方式有什么异同?

3. 天然气为什么要进行脱硫?脱硫的方法有哪些?

4. 干法脱硫有哪些优缺点?

5. 以天然气为原料生成合成气的工艺中,为什么一般都采用干法脱硫?

项目三
合成气净化与精制技术

【基本知识目标】

1. 了解合成气净化的主要工艺过程，并能根据工艺不同选择合适的净化工艺路线。

2. 掌握一氧化碳变换的反应原理、催化剂选择；熟悉一氧化碳变换的各种工艺流程。

3. 掌握合成气脱碳的反应原理和工艺过程；了解不同的脱碳方法和选择原则。

4. 了解合成气精制的工业方法；掌握甲烷化法的基本反应原理、催化剂使用；了解甲烷化与天然气蒸汽转化过程的关系。

5. 掌握合成气净化与精制模型装置和 3D 虚拟仿真工厂的主要设备和工艺流程。

6. 熟悉合成气净化与精制 3D 虚拟仿真工厂和仿真工段的主要工艺参数。

7. 掌握合成气净化与精制 3D 虚拟仿真工厂和仿真工段的开、停车操作步骤；熟悉开、停车过程中常见的事故现象和原因。

【技术技能目标】

1. 能掌握合成气净化与精制的工业方法，并能根据不同的生产工艺选择合适的工艺路线。

2. 能掌握合成气净化与精制过程的工艺参数，能分析影响这些参数的因素，并根据实际情况，观察工艺参数的变化趋势，调节和控制工艺参数，使之达到标准值。

3. 能掌握合成气净化与精制过程主要设备的功能与作用，掌握设备操作方法；熟悉设备进出料平衡关系，在开、停车和正常运行操作过程中，维持设备的平稳运行。

4. 能熟练叙述合成气净化与精制模型装置的工艺流程；能识读和绘制合成气净化与精制工艺流程图。

5. 能实现内、外操协作配合，共同完成合成气净化与精制 3D 虚拟仿真工厂的开车操作；并能在开车操作过程中，发现和解决随时出现的问题。

6. 能熟练进行合成气净化与精制仿真工段的开、停车及事故处理操作；能在操作过程中观察和分析工艺参数，提高预判能力，并通过各种方法调整工艺参数，使生产平稳运行。

7. 能明确合成气净化与精制工段内、外操的岗位职责；能通过项目操作了解合成气净化与精制生产中的安全隐患，针对安全问题提出合理的解决方案。

【素质培养目标】

1. 通过项目中角色分配、任务设定，使学生充分感受行业工作氛围，认识到化工生产在国民经济中的重要地位，培养学生作为"化工人"的责任感、荣誉感和职业自信。

2. 在项目操作过程中，使学生树立遵循标准、遵守国家法律法规的意识；能够在技术技能实践中理解并遵守职业道德和规范，履行责任。

3. 通过项目操作，使学生认识到化工行业严谨求实的工作态度；通过生产过程中安全和环保问题分析，使学生具有化工生产过程中的"绿色化工、生态保护、和谐发展和责任关怀"的核心思想；通过化工安全事故案例讲解，培养学生具有关于安全、健康、环境的责任关怀理念和良好的质量服务意识。

4. 通过分组协作，使学生能够在工作中承担个体、团队成员、负责人的角色，锻炼学生进行有效沟通和交流，提高学生语言表达能力、分析和解决问题的能力。

5. 通过理论知识和实践操作的综合考核，培养学生具有良好的心理素质、诚实守信的工作态度及作风，并且形成良性竞争的意识；使学生能够经受压力和考验，面对压力保持良好和乐观的心态，从容应对。

【项目描述】

本项目教学以学生为主体，通过学生工作页给学生布置学习任务，并以行业企业实际工作情况为参考，为学生分配各种岗位角色。学生个体作为现场操作工（外操）和主控操作工（内操），以生产班组形式，借助课程在线资源及文献资料，收集技术数据，参照工艺流程图、设备图等，对合成气的净化和精制过程进行工艺分析、设备分析，选择合理的工艺条件；按照操作规程，在化工实训基地利用合成气净化与精制模型装置、3D 虚拟仿真工厂和全流程仿真进行操作训练，在操作过程中监控现场仪表、正确调节现场机泵和阀门、遇到异常现象时发现故障原因并排除，内、外操协作，共同完成装置开、停车和事故处理操作。

项目实施中要给予学生更多的自由学习空间，对于开车前的熟悉流程、设备仪表分析以及3D 虚拟仿真工厂的内、外操联合开车操作，还有合成气净化与精制工段仿真操作等，由小组自我安排学习规划和实施环境、环节，按时参加分析总结，及时完成各项任务。在项目实施过程中，培养学生具备从事化工生产操作的技术技能，提高学生的安全、环保意识，培育具备极高职业素养的化工从业人员。

【操作安全提示】

1. 进入实训现场必须穿工作服，不允许穿高跟鞋、拖鞋。

2. 实训过程中，要注意保护模型装置、管线，保障装置的正常使用。

3. 实训装置现场的带电设备，要注意用电安全，不用手触碰带电管线和设备，防止意外事故发生。

4. 不允许在电脑上连接任何移动存储设备等，注意电脑使用和操作安全，保证操作正常运行。

5. 合成气净化与精制装置现场有易燃易爆和有毒气体，真正进入作业现场需要佩戴防毒面具、空气呼吸器等防护用品，取样等操作需要佩戴橡胶手套等劳保用具。

6. 掌握合成气净化与精制现场操作的应急事故演练流程，一旦发生着火、爆炸、中毒等安全事故，要熟悉现场逃离、救护等安全措施。

任务 1
DCS 控制合成气净化与精制智能化模型装置操作

任务描述

任务名称：DCS 控制合成气净化与精制智能化模型装置操作	建议学时：8 学时

学习方法	1. 按照工厂车间实行的班组制，将学生分组，1 人担任班组长，负责分配组内成员的具体工作，小组共同制订工作计划、分析总结并进行汇报； 2. 班组长负责组织协调任务实施，组内成员按照工作计划分工协作，完成规定任务； 3. 教师跟踪指导，集中解决重难点问题，评估总结
任务目标	1. 能掌握一氧化碳变换的基本原理；能熟悉一氧化碳变换的催化剂，并能根据不同生产工艺选择合适的催化剂。 2. 能掌握脱碳的工业方法，并能根据不同生产工艺选择合适的脱碳方法；能掌握本菲尔特法脱碳的基本原理。 3. 能掌握合成气精制的工业方法，并能根据不同生产工艺选择合适的精制方法；能掌握甲烷化法的反应原理，并能区分甲烷化与甲烷蒸汽转化反应过程和催化剂。 4. 能列举合成气净化与精制模型装置的设备，并能熟悉主要设备的操作控制方法。 5. 能在合成气净化与精制模型装置现场查找主要设备和管线布置，并能熟练叙述模型装置的工艺流程；能识读和绘制现场工艺流程图；能发现生产过程中的安全和环保问题，会使用安全和环保设施。 6. 具有爱岗敬业、良好的表达、沟通交流能力，具有质量意识、安全意识、工作责任心和社会责任感、职业规范和职业道德等综合素质
岗位职责	班组长：组织和协调组员完成查找合成气净化与精制智能化模型装置的主要设备、管线布置和工艺流程组织； 组员：在班组长的带领下，共同完成合成气净化与精制智能化模型装置的主要设备、管线布置和工艺流程组织任务，完成设备种类分析任务记录单及工艺流程图绘制
工作任务	1. 合成气净化与精制的基本原理认知； 2. 合成气净化与精制智能化模型装置的设备、管线、仪表和阀门认知； 3. 合成气净化与精制智能化模型装置的工艺流程认知； 4. 合成气净化与精制智能化模型装置工艺流程图的绘制； 5. 合成气净化与精制的安全和环保问题分析

工作准备	教师准备	学生准备
	1. 准备教材、工作页、考核评价标准等教学材料； 2. 给学生分组，下达工作任务	1. 班组长分配工作，明确每个人的工作任务； 2. 通过课程学习平台预习基本理论知识； 3. 准备工作服、学习资料和学习用品

任务实施

任务名称:DCS控制合成气净化与精制智能化模型装置操作

序号	工作过程	学生活动	教师活动
1	准备工作	穿好工作服,准备好必备学习用品和学习材料	准备教材、工作页、考核评价标准等教学材料
2	任务下达	领取工作页,记录工作任务要求	发放工作页,明确工作要求、岗位职责
3	班组例会	分组讨论,各组汇报课前学习基本知识的情况,认真听老师讲解重难点,分配任务,制订工作计划	听取各组汇报,讨论并提出问题,总结并集中讲解重难点问题
4	合成气净化与精制模型装置主要设备认识	认识现场设备名称、位号,分析每个设备的主要功能,列出主要设备	跟踪指导,解决学生提出的问题,集中讲解
5	查找现场管线,理清合成气净化与精制工序工艺流程	根据主要设备位号,查找现场工艺管线布置,理清工艺流程的组织过程	跟踪指导,解决学生提出的问题,并进行集中讲解
6	工作过程分析	根据合成气净化与精制工序现场设备及管线布置,分析工艺流程组织,熟练叙述工艺流程	教师跟踪指导,指出存在的问题并帮助解决,进行过程考核
7	工艺流程图绘制	每组学生根据现场工艺流程组织,按照规范进行现场工艺流程图的绘制	教师跟踪指导,指出存在的问题并帮助解决,进行过程考核
8	工作总结	班组长带领班组总结工作中的收获、不足及改进措施,完成工作页的提交	检验成果,总结归纳生产相关知识,点评工作过程

学生工作页

任务名称		DCS控制合成气净化与精制智能化模型装置操作	
班级		姓名	
小组		岗位	
工作准备	一、课前解决问题 1. 一氧化碳变换操作的目的是什么? 2. 一氧化碳变换的基本原理是什么?该反应有什么特点?		

工作准备	3. 一氧化碳变换的催化剂是什么？目前工业上常用的催化剂是哪类？ 4. 二氧化碳脱除的方法有哪些？如何选择合适的脱碳方法？ 5. 脱碳工艺中吸收塔和再生塔的主要作用是什么？在吸收塔和再生塔中分别发生了什么反应？ 6. 本菲尔特法中半贫液是什么？它的作用是什么？ 7. 在合成气的精制过程中，什么情况下适宜采用甲烷化法？为什么？ 8. 甲烷化法的基本原理是什么？采用什么催化剂？甲烷化法的催化剂与甲烷蒸汽转化反应的催化剂有什么区别？

二、接受老师指定的工作任务后，了解模型装置实训室的环境、安全管理要求，穿好工作服。

三、安全生产及防范

学习合成气净化与精制智能化模型工作场所相关安全及管理规章制度，列出你认为工作过程中需注意的问题，并做出承诺。

_____

_____

_____

我承诺：工作期间严格遵守实训场所安全及管理规定。

承诺人：

本工作过程中需注意的安全问题及处理方法：_____

_____

_____

_____

续表

	1. 列出主要设备,并分析设备作用。

序号	位号	名称	类别	主要功能与作用

工作分析与实施

2. 按照工作任务计划,查找管线布置,分析工艺流程组织,完成工艺流程叙述及现场工艺流程图的绘制,记录工作过程中出现的问题。

_____

_____

_____

工作总结与反思

结合自身和本组完成的工作,通过交流讨论、组内点评等形式客观、全面地总结本次工作任务完成情况,并讨论如何改进工作。

_____

_____

技能训练 1　DCS 控制一氧化碳变换工段模型装置操作

一、相关知识

(一) 一氧化碳变换的基本原理

微课扫一扫

一氧化碳变换的基本原理

无论以何种原料生产的合成气中均含有一定量的一氧化碳。煤气化生产的合成气中,一般一氧化碳含量为 $28\%\sim30\%$,烃类蒸汽转化为 $12\%\sim13\%$,焦炉转化气为 $11\%\sim15\%$,重油部分氧化为 $44\%\sim48\%$。

在合成氨生产中,制取氢气在生产成本中占很大的比重,因此要尽可能设法获得更多的氢气。另外,一氧化碳对氨合成催化剂有严重毒害作用,也必须除去。通过一氧化碳变换,即可同时达到以上两个目的。一氧化碳与水蒸气在催化剂上进行变换反应,生成氢气和二氧化碳。通过对催化剂和生产工艺的改进,目前可使变换后的气体中一氧化碳含量降到 0.3% 以下,通过变换工序将一氧化碳变为氢气,也降低了生产成本,提高了企业经济效益。

一氧化碳变换反应是一个可逆的放热反应。

$$CO + H_2O \Longrightarrow CO_2 + H_2 \qquad \Delta H < 0$$

在工业生产中，一旦升温完毕转入正常生产后，即可利用其反应热，以维持生产过程的连续进行，在某些流程中，还可利用部分反应热生产蒸汽，以促进反应进行。

衡量一氧化碳变换程度的参数称为变换率，用 x 表示。定义为已变换的一氧化碳量与变换前的量的比值。当反应达到平衡时的变换率，称为平衡变换率。平衡变换率可以衡量一氧化碳变换反应进行的程度，也反应了一氧化碳变换反应的效果。

（二）一氧化碳变换的催化剂

由于一氧化碳变换反应为可逆反应过程，为了提高反应的转化率，一般要采用催化剂促进反应的进行。一氧化碳变换的催化剂也经历了悠久的发展历史，早在 20 世纪 60 年代以前，应用较多的是铁系催化剂，使用温度在 $300 \sim 550℃$，大型工厂一般称为高温变换催化剂，中小型工厂一般称为中温变换催化剂。之后，逐渐发展出低温的铜系催化剂，以及耐硫的钴钼变换催化剂。目前，工业上这几种催化剂都有应用。

1. 铁系高温变换催化剂

铁系催化剂是以氧化铁为主的催化剂，加入铬、钾、铜、锌、镍等的氧化物提高催化剂的活性，添加铝、镁等的氧化物改善催化剂的耐热及耐毒性能。这类催化剂具有选择性高，抗毒能力强的特点，但是存在操作温度高、蒸汽消耗量大的缺点。例如，广泛使用的铁铬系催化剂是以氧化铁为主体，以氧化铬为主要添加物的多成分催化剂。由于铬氧化物对环境的毒害作用，随着环保意识的加强，逐渐开发低铬或无铬的催化剂，并逐渐在工业中应用。添加氧化钾可以提高催化剂的活性，添加氧化镁和氧化铝可以增加催化剂的耐热性，且氧化镁具有良好的抗硫化氢能力。

铁系催化剂还能使有机硫转化为无机硫，其反应式为：

$$CS_2 + H_2O \longrightarrow COS + H_2S$$

$$COS + H_2O \longrightarrow CO_2 + H_2S$$

铁系催化剂中，氧化铁需还原为四氧化三铁才具有活性，生产上一般采用含氢气体或一氧化碳变换的原料气进行还原，其反应为：

$$3Fe_2O_3 + CO \Longrightarrow 2Fe_3O_4 + CO_2$$

$$3Fe_2O_3 + H_2 \Longrightarrow 2Fe_3O_4 + H_2O$$

铁系催化剂在正常操作条件下不会发生甲烷化和析炭反应，其寿命取决于操作条件、活性和使用强度，操作温度和毒物都会对催化剂的活性产生影响。因此，该类催化剂在还原和使用过程中，严禁超温、超压操作，并尽可能降低催化剂毒物的侵害。

2. 铜锌系低温变换催化剂

目前工业上应用的铜锌系催化剂有铜锌铝系和铜锌铬系两种，均以氧化铜为主体，经还原后具有活性的组分是细小的铜结晶。

铜是催化剂的活性组分，通常以氧化态形式存在，使用时须先还原使 CuO 变为 Cu。催化剂还原后，氧化锌晶粒均匀散布在铜微晶之间，将微晶有效地分隔开来，防止温度升高时微晶烧结，保证细小的、具有较大比表面铜微晶的稳定性。

与铁系催化剂比较，铜锌系催化剂对毒物更加敏感。引起催化剂中毒或活性降低的主要物质有冷凝水、硫化物和氯化物。硫化物能与催化剂中的铜微晶反应生成硫化亚铜，氧化锌变为硫化锌，属于永久性中毒，吸硫量越多，催化剂活性丧失越多。因此，变换的原料气必须经过严格的脱硫处理。氯化物对催化剂的危害更大，其毒性比硫化物大 $5\sim10$ 倍，为永久性中毒。氯化物的主要来源是工艺蒸汽或冷激用的冷凝水。因此改善工厂用水的水质是减少氯化物毒源的重要环节。

另外，铜锌系催化剂对温度也比较敏感，其升温还原要求较严格，可用氮气、天然气或过热蒸汽作为惰性气体配入适量的还原气体进行还原。生产上使用的还原性气体是含氢或一氧化碳的气体，其反应为：

$$CuO+H_2 \longrightarrow Cu+H_2O$$
$$CuO+CO \longrightarrow Cu+CO_2$$

铜锌系催化剂的操作温度为 $200\sim300℃$，参与一氧化碳可降到 0.3% 以下。

低温变换催化剂是合成氨中较关键的经济型催化剂，低温变换出口一氧化碳变换率的高低，是衡量工厂生产效率好坏的重要指标之一。

3. 钴钼系耐硫变换催化剂

铁系高温变换催化剂的活性温度高、抗硫性能相对差，铜锌系低温催化剂活性虽然较好，但活性温度范围窄，而又对硫十分敏感。为了满足重油、煤气化制氨流程中可以将含硫气体直接进行一氧化碳变换，再脱硫、脱碳的需要，逐渐开发出既耐硫、活性温度又较宽的变换催化剂。耐硫变换催化剂通常是将活性组分 Co-Mo、Ni-Mo 等负载在载体上而组成的，载体多为 Al_2O_3 等。这类催化剂的特点如下。

① 有很好的低温活性。使用温度比铁系催化剂低 130℃以上，而且有较宽的活性温度范围（$180\sim500℃$），因而被称为宽温变换催化剂。

② 有突出的耐硫和抗毒性。因为硫化物为这一类催化剂的活性组分，可耐总硫到几十克每立方米，其他有害物如少量的 NH_3、HCN、C_6H_6 等对催化剂的活性均无影响。

③ 强度高。尤以选用 γ-Al_2O_3 作载体，强度更好，遇水不粉化，催化剂硫化后的强度可提高 50% 以上，而使用寿命一般为 5 年左右，也有使用 10 年仍在继续运行的。

钴钼系催化剂的活性组分是 CoS、MoS_2，使用前必须进行硫化，为保持活性组分处于稳定状态，正常操作时，气体中应有一定含量的硫，以避免反硫化现象。

（三）一氧化碳变换的工艺条件

1. 温度

温度是一氧化碳变换最重要的工艺条件。由于一氧化碳变换为放热反应，随着变换反应的进行，温度不断升高。随着温度升高，反应速率常数 k 增加的影响比化学平衡常数 k_p 的影响更大，对反应速率有利。继续增加温度，二者的影响相互抵消，反应速率随着温度增加的增值为零。再提高温度时，k_p 的不利影响大于 k 值增加的影响，此时反应速率会随温度升高而下降。对一定类型的催化剂和一定的气体组成而言，必将出现最大的反应速率值，与其对应的温度，称为最佳温度或称最适宜温度。

图 3-1 为温度与一氧化碳变换率的关系图，如图所示，对一定初始组成的反应系统，随着 CO 变换率 x 的增加，平衡温度 T_c 及最佳温度 T_m 均降低。对同一变换率，最佳温度一般比相应的平衡温度低几十摄氏度。如果工业生产中按照最佳温度进行反应，则反应速率最大，即在相同生产能力下所需催化剂最少。

但是，在实际生产中，完全按照最佳温度曲线操作不太现实。首先，在反应前期，因距离平衡尚远，即使离开最佳温度曲线，仍有较高的反应速率。而当反应开始时的 T_m 很高，超过了催化剂的允许使用温度，如果按照最佳温度进行，则会导致催化剂损坏。在反应后期，按照最佳温度曲线，温度应该逐渐降低，需要从催化剂床层不断移除反应热。因此，变换反应过程的温度是综合各方面因素确定的，不能只考虑某一个方面的因素。对于中（高）温变换来说：

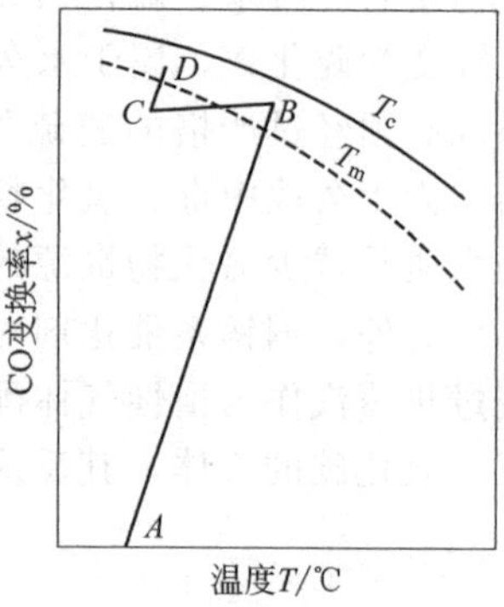

① 应在催化剂活性温度范围内操作，反应开始温度应高于催化剂起始活性温度20℃左右，热点温度低于催化剂最高活性温度，应防止超温造成催化剂活性组分烧结而降低活性。

② 随着催化剂使用年限的增长，由于中毒、老化等原因，催化剂活性降低，操作温度应适当提高。

图 3-1　一氧化碳变换过程的 T-x 图

③ 为了尽可能接近最佳温度曲线进行反应，可采用分段冷却。段数越多，则越接近最佳反应温度曲线，但流程也相对复杂。

2. 压力

压力对变换反应的平衡几乎没有影响，而反应速率却随着压力的增大而增大。故提高压力对变换反应是有利的。从能量消耗上来看，加压操作也是有利的。因为变换前干原料气的体积小于干变换气的体积，所以先压缩干原料气后再进行变换比常压变换后再压缩变换气可提高过剩蒸汽的回收价值。当然，加压变换需要压力较高的蒸汽，对设备的材料性能要求相对要高。实际操作压力应根据大型、中型、小型氨厂的工艺特点，特别是工艺蒸汽的压力及压缩机各段压力的合理配置而定。

3. 汽气比

汽气比一般指 H_2O/CO 比值或水蒸气/干原料气（摩尔比）。改变水蒸气比例是工业变换反应中最主要的调节手段。增加水蒸气用量，既有利于提高一氧化碳的变换率，又有利于提高变换反应的速率，为此，生产上均采用过量水蒸气。

但是，水蒸气过量增加了蒸汽的消耗量，因此，在实际生产中，在可能的情况下应尽可能减少水蒸气的用量。首先，采用低温高活性催化剂是降低水蒸气用量的有效措施；其次，应将一氧化碳变换与后续工序脱除残余一氧化碳的方法结合考虑，合理确定一氧化碳最终变换率。

（四）一氧化碳变换的工艺流程

工艺流程设计的依据，首先是原料气中CO含量。CO含量高则应采用中（高）温变换，因为中（高）温变换催化剂操作温度范围较宽，而且价廉易得，寿命长，大多数合成氨原料气中CO均高于10％，故都先通过中（高）变除去大部分CO。根据系统反应温度的升高，为使催化剂在允许活性温度范围操作，对CO含量高于15％的，一般应考虑将反应器分为两段或三段。其次是根据进入系统的原料气温度及湿含量，当温度及水蒸气含量低时，则应考虑气体的预热和增湿，合理利用余热。第三是将CO变换与脱除残余CO的方法结合考虑。如脱除方法允许残余CO含量较高，则仅采用中（高）变即可，否则可将中变与低变串联，以降低变换气中CO含量。

1. 中（高）变-低变串联流程

采用此流程时，一般与甲烷化方法配合。以天然气蒸汽转化法制氨流程为例，由于原料气中 CO 含量较低，中（高）变催化剂只需配置一段。如图 3-2 所示，含 13%～15% CO 的原料气经废热锅炉降温，在压力 3MPa、温度 370℃下进入高变炉，一般不需添加蒸汽。经反应后气体中 CO 降到 3% 左右，温度为 425～440℃。气体通过高变废热锅炉，冷却到 330℃，锅炉产生 10MPa 的饱和蒸汽，由于气体温度尚高，一般用来加热其他工艺气体而变换气被冷却到 220℃后进入低变炉，低变气残余 CO 降到 0.3%～0.5%。

2. 多段中变流程

以煤气化制得的合成原料气，CO 含量较高，需采用多段中温变换，而且由于进入系统的原料气温度与湿含量较低，流程中设有原料气预热及增湿装置。另外，由于中变的反应量大，反应放热多，应充分考虑反应的移热及余热回收。图 3-3 为中温变换工艺流程，即中小型氨厂的多段变换流程。

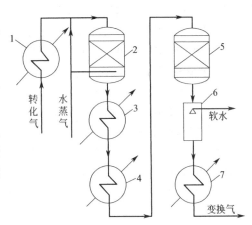

图 3-2　一氧化碳中（高）变-低变串联流程示意图

1—废热锅炉；2—高温变换炉；3,4—高变废热锅炉；5—低温变换炉；6—低变废热锅炉；7—低变气冷却器

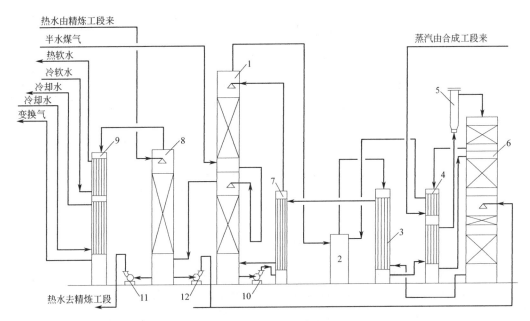

图 3-3　中温变换工艺流程

1—饱和热水塔；2—气水分离器；3—主热交换器；4—中间换热器；5—电炉；6—变换炉；7—第一水加热器；8—第二热水塔；9—变换气冷却器；10—热水泵；11—热水循环泵；12—冷凝水泵

半水煤气首先进入饱和热水塔 1，在饱和塔内气体与塔顶喷淋下来的 130～140℃的热水逆流接触，使半水煤气提温增湿。出饱和塔的气体进入气水分离器 2 分离夹带的液滴，并与蒸汽过热器（电炉）5 送来的 300～350℃的过热蒸汽相混，使半水煤气中的汽气比达到工艺条件的要求，然后进入主热交换器 3 和中间换热器 4，使气体温度升至 380℃进入变换炉，经第一段催化床层反应后气体温度升到 480～500℃，经蒸汽过热器、中间换热器与蒸汽、半水煤气换热，降温后进入第二段催化床层反应。反应后的高温气体用冷凝水冷

激降温后，进入第三段催化剂床层反应。

气体离开变换炉的温度为400℃左右，变换气依次经过主热交换器、第一水加热器、饱和热水塔、第二热水塔、第二水加热器回收热量，再经变换气冷却器9降至常温后送下一工序。

3. 全低变流程

全低变工艺是指全部使用宽温区的钴钼耐硫低温变换催化剂取代传统的铁铬系耐硫变换催化剂。并且由于催化剂的起始活性温度低，使全低变工艺变换炉的操作温度大大低于传统中变炉的操作温度，使变换系统处于较低的温度范围内操作，入炉的汽气比大大降低，蒸汽消耗量大幅度减少。但也由于入炉原料气的温度低，气体中的油污、杂质等直接进入催化床层造成催化剂的污染中毒，活性下降。

典型的全低变工艺流程即钴钼系宽温区变换工艺流程，如图3-4所示。

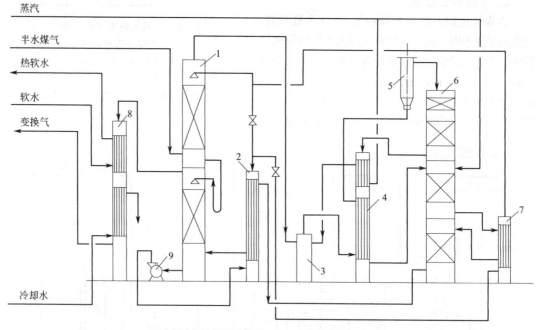

图 3-4　钴钼系宽温区变换工艺流程

1—饱和热水塔；2—水加热器；3—气水分离器；4—热交换器；5—电炉；6—变换炉；
7—调温水加热器；8—换热器；9—热水泵

半水煤气经过饱和热水塔1、气水分离器3、热交换器4增湿提温后，温度达180～220℃进入变换炉6经一段催化床反应后的气体温度在350℃左右，进入热交换器、蒸汽过热器冷却降温，并补入一定数量蒸汽后进入二段催化床层反应，反应后的气体经调温水加热器7降温后进入第三段催化床层反应，出变换炉的一氧化碳含量在1.0%～1.5%。变换气经水加热器2、锅炉给水换热器8回收热量，最后经冷却器降至常温后，送至下一工序。由于热水塔出口的变换气温度低，难以满足铜洗工段铜液再生的需要，故此种流程不必设置第二热水塔。铜液再生所需的热源由合成工段提供。

二、　DCS控制一氧化碳变换工段模型装置的主要设备

一氧化碳变换的工艺流程在加压条件下，设备材质和强度要求都比较高。一氧化碳变换工段的主要设备是变换反应器。

变换反应器有多种结构形式，它根据原料组成、压力、温度、流量、催化剂性能和要求的变换率而确定。当原料气中CO含量为45%～60%时，一般采用三段变换。三段变换可在一个变换炉内进行，也可以分为三个变换炉进行。为避免一次反应热太多，气体温升太大，每段之间要有冷却器，要尽可能使温度分步接近最佳温度曲线，否则会影响催化剂活性。如果CO含量在30%～35%，用两段变换也可以满足要求。倘若CO含量在13%左右，也可以采用一段变换。反应器设计要求气流通过时阻力尽量小，气流在同截面上分布均匀，热损失小，温度易控制，结构尽量简单，制造安装检修方便。

变换炉主要有绝热型、冷管型，最广泛的还是绝热型，这里我们介绍两种不同结构的绝热型变换炉。

1. 多段间接换热式

这是一种催化床层反应为绝热反应（忽略设备的热损），段间采用间接换热器降低变换气温度的装置。绝热反应一段、间接换热一段是这类变换炉的特点，如图 3-5（a）所示。图 3-5（b）为实际操作温度变换线。图中 E 点是入口温度，一般比催化剂的起始活性温度高约20℃，气体在第一段中绝热反应，温度直线上升。当穿过最佳温度曲线后，离平衡曲线越来越近，反应速率明显下降。所以，当反应进行到 F 点时，将反应气体引至热交换器进行冷却，变换率不变，温度降至 G 点，FG 为一平行于横轴的直线。从 G 点进入第二段床层反应，使操作温度尽快接近最佳温度。

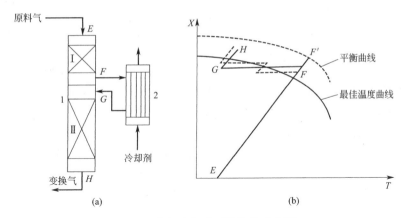

图 3-5　中间冷却式两段绝热反应器
1—反应器；2—热交换器；$EFGH$—操作温度线

床层的分段一般由半水煤气中的一氧化碳含量、转化率、催化剂的活性温度范围等因素决定。反应器分段太多，流程和设备太复杂，也不经济，一般为2～3段。

2. 多段原料气冷激式

图 3-6（a）为多段冷激式反应器示意图。它与间接换热器不同之处在于段间的冷却过程采用直接加入冷原料气的方法使反应后的气体温度降低。绝热反应一段，用冷原料气冷激一次是这类变换反应器的特点。由图 3-6（b）可看出，图中 FG 是冷激线，冷激过程虽无反应，但因添加了原料气使反应气体的变换率下降，反应后移，催化剂用量要比间接换热式多。但冷激式的流程简单，调温方便。

3. 多段水冷激式

图 3-7（a）为两段水冷激式反应器示意图。它与原料气冷激式不同之处在于冷激介质改为冷凝水。操作状况如图 3-7（b）。由于冷激前后变换率不变，所以，冷激线 FG 是一水平线。但由于冷激后气体中水蒸气含量增加，达到相同的变换率，平衡温度升高。根据最佳温度和平衡温

度的计算公式，相同变换率下的最佳温度升高。因此，二段对应的适宜温度和平衡温度上移。由于液态水的蒸发潜热很大，少量的水就可以达到降温的目的。调节灵敏、方便。并且水的加入增加了气体的湿含量，在相同的汽气比下，可减少外加蒸汽量，具有一定的节能效果。

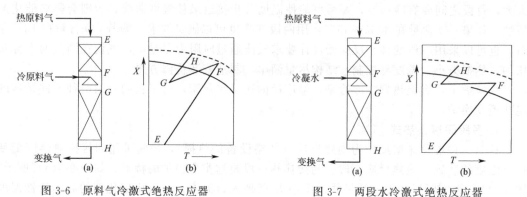

图 3-6　原料气冷激式绝热反应器　　　　图 3-7　两段水冷激式绝热反应器

三、 DCS 控制一氧化碳变换工段模型装置的工艺流程

气体从高变炉 104-DH 顶部进入，轴径向通过变换催化剂，然后气体进入高变出口气第三废热锅炉 103-C 的管侧，把热量传给来自 101-F 的锅炉水。气体从 103-C 出来，进换热器 104-C 与甲烷化炉进气换热。

一氧化碳变换工
段的工艺流程

从高温变换炉（104-DH）出来的部分变换气含有大约 3%CO 和 16%CO$_2$，被第三废热锅炉（103-C）中来自汽包（101-F）的锅炉水和甲烷化原料气加热器（104-C）中的甲烷化炉进气冷却到 227℃。回收的热量用于生产高压蒸汽和预热甲烷化炉进气。高变气体在淬冷液分离罐（1121-F）中，被工艺冷凝液淬冷。冷却后的高变气温度为 198℃，多余的淬冷水通过分离器导淋排往下水道。

高变气经并联的低温变换炉（104-DL）和小低温变换炉（104-DS）后，变换气中 CO 降至 0.21% 以下，温度在 219℃ 左右，再并联经过再生塔气体再沸器（1105-C）和低变气锅炉水换热器（1106-C）进行降温。在 1105-C 的管侧与壳层来自 CO$_2$ 再生塔的脱碳溶液进行换热，为脱碳溶液再生提供所需要的热量。经过 1105-C 和 1106-C 降温的低变气进入低变气冷却水换热器（1108-C）进一步降温后，进入变换气分离器（102-F），大部分冷凝下来的水蒸气在 102-F 中分离出去。102-F 回收的冷凝液用汽提塔泵 P-109 送到工艺冷凝液汽提塔（103-E）。变换气从 102-F 的顶部引出，直接进入 CO$_2$ 吸收塔（1101-E）底部的分布器进行气体的净化。从一氧化碳变换工段流出的变换气中大约含有 0.21% 的 CO 和 18.46% 的 CO$_2$。一氧化碳变换工段模型装置的工艺流程图如图 3-8 所示。

技能训练 2　DCS 控制脱碳和精制工段智能化模型装置操作

一、相关知识

（一）合成气脱碳的基本原理

合成气脱碳
的基本原理

1. 二氧化碳脱除的方法分类

由于二氧化碳是生产尿素、碳酸氢铵和纯碱的重要原料，应加以回收利用。工业上常用的脱除二氧化碳的方法是"溶液吸收法"。根据吸收剂性能不同，主

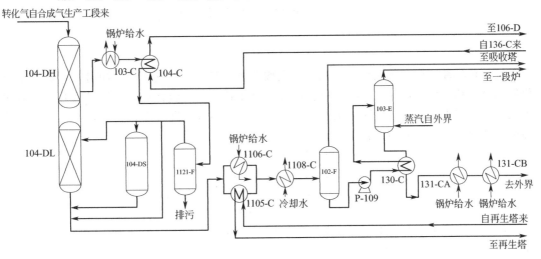

图 3-8　一氧化碳变换工段模型装置的工艺流程图

要可分为两大类。一类是物理吸收法，利用二氧化碳能溶解于水或有机溶剂这一性质完成，吸收后的溶液可以有效地用减压闪蒸使大部分二氧化碳解吸。另一类是化学吸收法，利用二氧化碳具有酸性，可与碱性化合物进行反应而实现。化学吸收法中，靠减压闪蒸解吸的二氧化碳很有限，通常都需热法再生。

工业上化学吸收法主要有：热碳酸钾吸收法、有机胺吸收法和氨水吸收法等。

热碳酸钾法有本菲尔特法（改良热碳酸钾法）和卡特卡朋法（催化热钾碱法）两种工艺。

2. 本菲尔特法（改良热碳酸钾法）

（1）吸收原理

$$CO_2(g)$$
$$\Updownarrow$$
$$CO_2(l) + K_2CO_3 + H_2O \Longleftrightarrow 2KHCO_3$$

常温下，该反应进行得较慢，提高反应温度可提高反应速率。

但在较高的反应温度下，K_2CO_3 水溶液对碳钢设备的腐蚀性很强。

在工业生产中，在 K_2CO_3 水溶液中加入活化剂既可提高反应速率，又可减少对设备的腐蚀。活化剂的加入改变了 K_2CO_3 与 CO_2 的反应机理，从而提高了反应速率。最常用的无机活化剂是亚砷酸、硼酸等，有机活化剂为有机胺类，特别是醇胺类。胺活化剂对吸收速率的增加效果见表 3-1。

表 3-1　几种胺活化剂对吸收速率的影响

胺类	相对吸收速率	胺类	相对吸收速率
不加胺	1.00	二乙醇胺	2.05
氨基乙酸	1.50	二亚乙基三胺	2.53

本菲尔特法采用的活化剂是 DEA（2,2-二羟基二乙胺，R_2NH）。

反应机理如下：

$$K_2CO_3 \Longleftrightarrow 2K^+ + CO_3^{2-}$$
$$R_2NH + CO_2(l) \Longleftrightarrow R_2NCOOH$$

$$R_2NCOOH \Longrightarrow R_2NCOO^- + H^+$$

第 3 步反应最慢，为反应的控制步骤

$$R_2NCOO^- + H_2O \Longrightarrow R_2NH + HCO_3^-$$

$$H^+ + CO_3^{2-} \Longrightarrow HCO_3^{2-}$$

$$K^+ + HCO_3^- \Longrightarrow KHCO_3$$

（2）碳酸钾溶液对其他组分的吸收　碳酸钾溶液在吸收二氧化碳的同时，还能吸收硫化氢、硫醇和氰化氢，并且能将硫氧化碳和二硫化碳转化为硫化氢，然后被吸收。硫氧化碳在纯水中很难进行上述反应，但在碳酸钾水溶液中却可以进行得很完全，其反应速率随温度升高而加快。反应如下：

$$COS + H_2O \Longrightarrow CO_2 + H_2S$$

$$CS_2 + H_2O \Longrightarrow CO_2 + H_2S$$

$$K_2CO_3 + R\text{-}SH \Longrightarrow KHCO_3 + KHS$$

$$K_2CO_3 + HCN \Longrightarrow KCN + KHCO_3$$

（3）溶液的再生及再生度　碳酸钾溶液吸收二氧化碳后，应进行再生以使溶液循环使用。再生反应为：

$$KHCO_3 \Longrightarrow K_2CO_3 + H_2O + CO_2$$

加热有利于碳酸氢钾的分解，因此，溶液的再生是在带有再沸器的再生塔中进行的。在再沸器内利用间接换热，将溶液煮沸促使大量的水蒸气从溶液中蒸发出来，水蒸气沿再生塔向上流动作为气体介质，降低了气相中二氧化碳的分压，提高了解吸的推动力，使溶液得到更好的再生。

再生后的溶液中仍残留有少量的碳酸氢钾，通常用转化度 x 表示再生进行的程度。工业上也常用再生度来表示溶液的再生程度，再生度的定义为：

$$f_C = \frac{溶液中总二氧化碳物质的量}{溶液中总氧化钾物质的量}$$

并且，$f_C = 1 + x$。

（4）本菲尔特法脱碳的工艺流程　用碳酸钾溶液脱除二氧化碳的流程很多。其中最简单的是一段吸收一段再生流程，如图 3-9（a）所示；而工业上应用较多的是二段吸收二段再生的流程，如图 3-9（b）所示。二段吸收二段再生流程的特点是：在吸收塔的中下部，

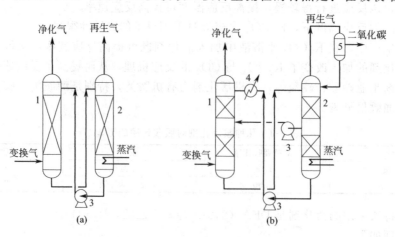

图 3-9　热碳酸钾溶液吸收二氧化碳的工艺流程

1—吸收塔；2—再生塔；3—溶液循环泵；4—冷却器；5—冷凝器

由于气相二氧化碳分压较大，用由再生塔中部取出的具有中等转化度的溶液（称为半贫液）吸收气体，就可保证有足够的吸收推动力。同时，由于温度较高，加快了二氧化碳和碳酸钾的反应速率，有利于吸收进行，可将气体中大部分二氧化碳吸收。但由于半贫液温度及转化度较高，经过洗涤后的气体中仍含有一定量的二氧化碳。为提高气体的净化度，在吸收塔的上部，用经过冷却的贫液进一步洗涤。由于贫液的温度和转化度都较低，洗涤后的气体中二氧化碳可脱至 0.1% 以下。

通常贫液量仅为溶液总量的 1/5～1/4。大部分溶液作为半贫液直接由再生塔中部引入吸收塔。因此，二段吸收二段再生的流程基本上保持了吸收和再生等温操作的优点，节省了热能，简化了流程，又使气体达到较高的净化度。

（二）合成气精制工艺

经变换和脱碳后的原料气中尚有少量或余的一氧化碳和二氧化碳。为了防止它们对氨合成催化剂的毒害，原料气在送往合成工段以前，还需要进一步净化，此过程称为原料气的精制。精制后气体中一氧化碳和二氧化碳体积分数之和，大型厂控制在小于 10×10^{-6}，中小型厂控制在小于 30×10^{-6}。

由于一氧化碳在各种无机、有机液体中的溶解度很小，所以要脱除少量一氧化碳并不容易。目前常用的方法有铜氨液洗涤法、甲烷化法和液氮洗涤法。

（1）铜氨液洗涤法　铜氨液洗涤法是 1913 年就开始采用的气体净化方法。在高压和低温条件下用铜盐的氨溶液吸收一氧化碳、二氧化碳、硫化氢和氧，然后溶液在减压和加热条件下再生，此法常用于煤间歇制气的中、小型氨厂。

（2）甲烷化法　甲烷化法是 20 世纪 60 年代开发的气体净化方法。由于甲烷化反应不仅要消耗氢气，而且生成不利于氨合成反应的甲烷。所以，此法适用于脱碳气中碳氧化物含量甚少的原料气，一般与低温变换工艺相配套。

（3）液氮洗涤法　液氮洗涤法是在低温下用液体氮把少量一氧化碳及残余的甲烷洗涤脱除。这是一个典型的物理低温分离过程，可以比铜氨液洗涤法和甲烷化法制得纯度更高的氢氮混合气，不含水蒸气，一氧化碳的体积分数低于 3×10^{-6}，甲烷体积分数低于 1×10^{-6}。此法主要用于重油部分氧化、煤富氧气化的制氨流程中。

本模型装置采用天然气原料，选用甲烷化法进行精制，下面就详细介绍一下甲烷化法。

甲烷化法是在催化剂镍的作用下将一氧化碳、二氧化碳加氢生成甲烷而达到气体精制的方法。此法可将原料气中碳氧化物的总量脱至 $10 \mu L/L$ 以下。由于甲烷化过程消耗氢气而生成无用的甲烷，仅适用于气体中一氧化碳、二氧化碳含量低于 0.5% 的工艺过程中。

1. 甲烷化法的基本原理

（1）化学平衡　碳氧化物加氢的反应如下：

$$CO + 3H_2 \Longrightarrow CH_4 + H_2O$$
$$CO_2 + 4H_2 \Longrightarrow CH_4 + 2H_2O$$

甲烷化反应的平衡常数随温度升高而下降。但工业生产上一般控制反应温度为 280～420℃，在该温度范围内，平衡常数值都很大。另外原料气中水蒸气含量很低及加压操作对甲烷化反应平衡有利，因此，甲烷化后的碳氧化物含量容易达到要求。

（2）反应速率　甲烷化反应的机理和动力学比较复杂。研究认为，甲烷化反应速率很慢，但在镍催化剂存在的条件下反应速率相当快，且对于一氧化碳和二氧化碳甲烷化可按一级反应处理。甲烷化反应速率随温度升高和压力增加而加快。

当混合气体中同时含有一氧化碳和二氧化碳时，研究表明二氧化碳对一氧化碳的甲烷化反应速率没有影响，而一氧化碳对二氧化碳的甲烷化反应速率有抑制作用，这说明二氧化碳比一氧化碳的甲烷化反应困难。

2. 甲烷化催化剂

甲烷化是甲烷转化的逆反应，因此，甲烷化催化剂和甲烷转化催化剂都是以镍作为活性组分。但两种催化剂也有区别。

第一，甲烷化炉出口气体中的碳氧化物允许含量是极小的，这就要求甲烷化催化剂有很高的活性，而且能在较低的温度下使用。

第二，碳氧化物与氢的反应是强烈的放热反应，要求催化剂能承受很大的温升。

为满足生产要求，甲烷化催化剂的镍含量比甲烷转化高，其质量分数为 $15\%\sim35\%$（以镍计），有时还加入稀土元素作为促进剂。为提高催化剂的耐热性，通常以耐火材料为载体。催化剂可压片或做成球型，粒度为 $4\sim6mm$。

通常甲烷化催化剂中的镍都可以 NiO 形式存在，使用前先以氢气或脱碳后的原料气将其还原为活性组分 Ni。在用原料气还原时，为避免床层温升过大，要尽量控制碳氧化物的含量在 1% 以下，还原后的镍催化剂易自燃，务必防止同氧化性的气体接触。而且不能用含有一氧化碳的气体升温，防止在低温时生成毒性物质羰基镍。

硫、砷、卤素是镍催化剂的毒物。在合成氨系统中最常见的毒物是硫，硫对甲烷化催化剂的毒害程度与其含量成正比。当催化剂吸附 $0.1\%\sim0.2\%$ 的硫（以催化剂质量计），其活性明显衰退，若吸附 0.5% 的硫，催化剂的活性完全丧失。

二、脱碳和精制工段模型装置的主要设备

1. 脱碳吸收塔

在合成气净化与精制工艺中，最常用的吸收塔有填料塔和板式塔。在本模型装置中采用的是填料塔。填料塔之所以会得到广泛的应用是因为它的结构简单、压力降小、耐腐蚀、不易起泡、操作弹性大等优点所决定，对于瞬间反应、快速反应和中速反应都可适用。但是填料型吸收塔也有一些缺点，易造成气体的壁流和分布不均匀，吸收效率不如板式塔，当反应热高时不能从塔中移走热量，液气比不能太低，否则会影响填料表面的润湿率。

由于采用二段吸收、二段再生流程，所以吸收塔分为上塔和下塔。由于上塔的贫液量只有吸收液的 25%，而且大部分二氧化碳已经在下塔吸收掉了，所以上塔直径比下塔直径小。

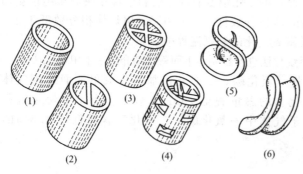

(1)　　　　　(3)　　　　　(5)

(2)　　　　　(4)　　　　　(6)

图 3-10　填料

(1)—拉西环；(2)—隔板环；(3)—十字环；(4)—鲍尔环；
(5)—贝尔鞍（弧鞍）填料；(6)—英特洛克斯鞍（矩鞍）填料

整个吸收塔内装有填料。工业填料塔所用的填料，大致可分为实体填料和网体填料。实体填料有拉西环、鲍尔环、鞍形填料以及波纹填料等，网体填料有金属丝网填料。填料必须具有较大的比表面积和较高的空隙率，较高的机械强度和较长的寿命，较强的耐腐蚀性和良好的可润湿性，且价格低廉。常用的几种填料如图 3-10 所示。

为了防止液体偏流影响吸收效果，除了在填料层上面装有液体分布器外，上下塔填料

都分成两层，每层中间另设有液体再分布器。

每层填料下面都设置支撑板。支撑板是特殊设计的，称为气体喷射式支撑板。支撑板呈波纹状，上面开有长条形孔，其自由截面与塔的横截面积相当，气液分布均匀，不易液泛，而且刚性好，承载重量大。吸收塔结构如图 3-11 所示。

吸收塔在加压下操作，而且热钾碱液具有一定的腐蚀性。因塔体既要耐压，也要耐腐蚀，因此塔的壳体和封头由含锰的低合金钢制造，其内件使用不锈钢制造。

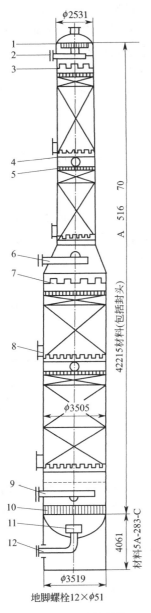

图 3-11 吸收塔结构

1—除沫器；2,6—液体分配管；3,7—液体
分布器；4—填料支撑板；5—压紧箆子板；
8—填料缸出口(4个)；9—气体分配管；
10—消泡器；11—防涡流挡板；12—富液出口

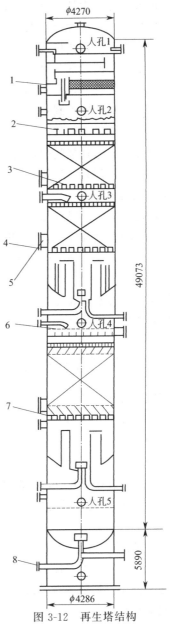

图 3-12 再生塔结构

1—除沫器；2—25.4mm(1in) 液体分配器；
3,4,7—液体再分配器；5—填料卸出口(3个)；
6—50.8mm（2min）液体分配器；8—贫液出口

2. 脱碳再生塔

再生塔也分为上塔和下塔，下塔的液体流率小，直径可以比上塔小。因为是常压，为安装方便，有些装置采用上下塔等径的。

再生塔的上下塔都装有填料。与吸收塔一样，上塔分二层，下塔只有一层，也装有液体分布器。上塔经过再生的溶液绝大部分通过半贫液泵抽出，加压后送至吸收塔下塔上部。少量溶液引入下塔继续再生。而下塔再生的气体又通过升气管进入上塔。因此，上下塔之间一般设有专门设计的导液盘，以维持再生塔的正常操作。

在上塔填料层上部设有丝网除沫器，以分离再生气中夹带的液体。丝网以上再设三层泡罩组成的洗涤段，在此再用再生气分离下来的冷凝液来洗涤再生气，进一步清除再生气中夹带的碱液，并回收部分热量。洗涤水作为再生塔的补充水加到塔的下部。

再生塔式常压设备，壳体和底盖可由碳钢或低合金钢制造。塔顶由于气相腐蚀严重，应该由不锈钢或复合钢板制成。再生塔结构如图 3-12 所示。

吸收塔和再生塔所用填料可用瓷质、碳钢质、不锈钢质和聚丙烯塑料等。必须注意，热钾碱有腐蚀性，遇到某些塑料可能引起碱液发泡，溶液的局部过热可能使塑料软化，因此对于使用的填料都有特殊的要求。

3. 甲烷化反应器

甲烷化反应器又叫甲烷化炉，其材质要考虑到气体氢腐蚀，尤其是超温时的条件。例如用 C-1/2Mo 低合金钢，设计金属耐热温度 450℃，甲烷化炉催化剂床层的下边和上边都铺一层氧化铝球，催化剂床层与氧化铝球层之间有筛网隔开，最上边放一块箅子板防止床层松动。

甲烷化炉床层不同高度都设有测温点，当温度达到给定值时发出警报，同时作用于电磁阀并将其关闭，停止进气。

三、脱碳和精制工段模型装置的工艺流程

微课扫一扫

脱碳和精制工段的工艺流程

1. 二氧化碳吸收

变换气夹带的水分大部分除去以后，进入 CO_2 吸收塔（1101-E），气体由塔底进入，向上流经二层填料，与顶部进入后向下流动的碳酸钾溶液接触，气体大部分的 CO_2 被碱液吸收。不能被吸收的气体（也称脱碳气）从 1101-E 顶部流出，经二氧化碳吸收塔分离罐（1113-F）分离出夹带凝液后，再经甲烷化进气加热器（136-C）和甲烷化原料气加热器（104-C）的壳层进行预热后进入甲烷化反应器（106-D）进一步反应。

从碳酸钾储罐（1111-F）来的碳酸钾溶液与碳酸钾再生塔（1102-E）来的贫液汇合，从上部进入 1101-E，在 1101-E 中吸收了大量 CO_2 形成碳酸氢钾溶液（也称富液），由 1101-E 底部流出，经液位调节阀用富液泵送入 1102-E 上部进行再生循环。

2. 碱液再生

富液在再生塔（1102-E）顶部填料层的上面进入塔内，经闪蒸而放出一部分 CO_2，解吸出来的 CO_2 离开 1102-E 顶部，通过再生塔顶冷凝器（1110-CA），气体中夹带的水分在此冷凝以后就在再生塔回流罐（1103-FA）中分离下来。冷凝液经液位调节阀用再生塔回流泵（P-108）打回再生塔。分离后的气体从 1103-FA 顶部流出，送入再生塔塔顶冷凝器

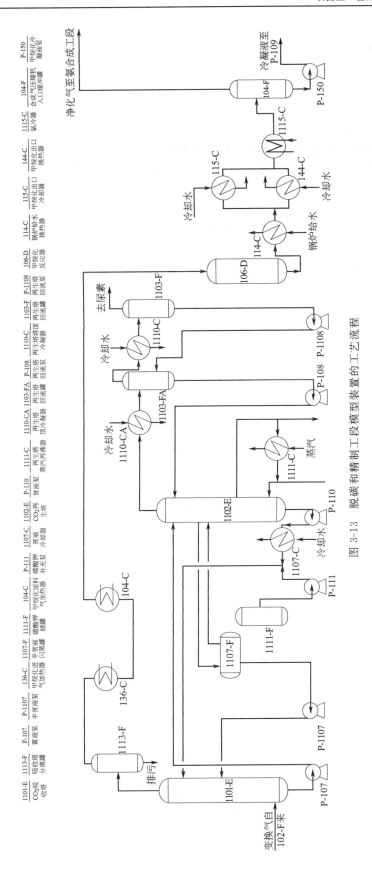

图 3-13 脱碳和精制工段模型装置的工艺流程

（1110-C）再次冷却，气体中夹带的水分再次冷凝后，在再生塔回流罐（1103-F）中分离下来，通过再生塔回流泵（P-1108）打入 1103-FA，与 1103-FA 的凝液一起打回再生塔。1103-F 顶部流出的气体是纯度较高的 CO_2 气体，可以送入尿素车间作为原料气。

溶液在 1102-E 的底部集液盘中聚集，再由此流入再生塔蒸汽再沸器（1111-C）和再生塔再沸器（1105-C），在 1111-C 中通过蒸汽加热为整个再生塔供热，在 1105-C 中用低变气为再生塔供热。贫液聚集在再生塔的底部由此送入 1101-E。

再生塔的压力通过压力调节阀进行调节。再生塔富液进口处的上面有一除沫器，用来减少气体所夹带的碳酸钾液滴，在除沫层的上面还有三层泡罩板用来洗涤气体以进一步减少带出的碳酸钾溶液。洗涤液就是从 1103-FA 打回的冷凝液。洗涤段的最下一层设有一根总的引出管，把回收下的带有脱碳溶液的冷凝液引出可送到 1102-E 底部的再沸器引出集液盘。

3. 甲烷化工艺

进入甲烷化反应器（106-D）的气体约为 316℃，由 106-D 的顶部进入，通过镍催化剂床层后由底部出来。在 106-D 内催化剂作用下完成 CO 和 CO_2 与 H_2 生成甲烷的反应，从而将（CO+CO_2）降至 $10mL/m^3$ 以下，而取得合格的净化气。此净化气约为 335℃，先经过锅炉给水换热器（114-C）被锅炉给水冷却，温度降至 144℃，再并联经甲烷化出口冷却器（115-C）和甲烷化出口换热器（144-C）进一步被循环水冷却，温度降至 38℃进入氨冷器（1115-C），在 1115-C 中再次冷却后的气体进入合成器压缩机入口缓冲罐（104-F）分离水分后进入合成氨压缩系统。

脱碳和精制工段模型装置的工艺流程如图 3-13 所示。

任务 2
DCS 控制合成气净化与精制 3D 虚拟仿真工厂操作

任务描述

任务名称：DCS 控制合成气净化与精制 3D 虚拟仿真工厂操作		建议学时：8 学时
学习方法	1. 按照工厂车间实行的班组制，将学生分组，1 人担任班组长，负责分配组内成员的具体工作，小组共同制订工作计划、分析总结并进行汇报； 2. 班组长负责组织协调任务实施，组内成员按照工作计划分工协作，完成规定任务； 3. 教师跟踪指导，集中解决重难点问题，评估总结	
任务目标	1. 能熟悉合成气净化与精制 3D 虚拟仿真工厂的主要工艺参数，分析其影响因素，并能对其进行正确调节和控制； 2. 能熟悉合成气净化与精制 3D 虚拟仿真工厂的现场工艺流程，及时准确找到阀门，配合内操开关阀门； 3. 内、外操协同合作，共同完成合成气净化与精制 3D 虚拟仿真工厂的开、停车及故障处理操作； 4. 学生能明确开车过程中内、外操各自的岗位职责，并能加以区分	

续表

岗位职责	班长:组织和协调内操作组员熟悉合成气净化与精制 3D 虚拟仿真工厂的工艺参数调节和控制方法,外操作组员完成查找合成气净化与精制 3D 虚拟仿真工厂的主要设备、管线布置和工艺流程组织; 组员:在班组长的带领下,内、外操协同合作,共同完成合成气净化与精制 3D 虚拟仿真工厂的开、停车及故障处理操作
工作任务	1. 合成气净化与精制工艺的主要设备和工艺流程认知; 2. 合成气净化与精制工艺的工艺参数及其操作控制方法认知; 3. 合成气净化与精制工艺 3D 虚拟仿真工厂的内、外操联合开、停车及故障处理操作

工作准备	教师准备	学生准备
	1. 准备教材、工作页、考核评价标准等教学材料; 2. 给学生分组,下达工作任务	1. 班组长分配工作,明确每个人的工作任务; 2. 通过课程学习平台预习基本理论知识; 3. 准备工作服、学习资料和学习用品

任务实施

任务名称:DCS 控制合成气净化与精制 3D 虚拟仿真工厂操作

序号	工作过程	学生活动	教师活动
1	准备工作	穿好工作服,准备好必备学习用品和学习材料	准备教材、工作页、考核评价标准等教学材料
2	任务下达	领取工作页,记录工作任务要求	发放工作页,明确工作要求、岗位职责
3	班组例会	分组讨论,各组汇报课前学习基本知识的情况,认真听老师讲解重难点,分配任务,制订工作计划	听取各组汇报,讨论并提出问题,总结并集中讲解重难点问题
4	3D 虚拟仿真工厂 DCS 操作界面认识	认识虚拟仿真工厂 DCS 操作界面的主要设备、仪表点和控制点,并掌握工艺参数的控制范围	跟踪指导,解决学生提出的问题,集中讲解
5	3D 虚拟仿真工厂虚拟现场装置认识	认识虚拟现场设备名称、位号,分析每个设备的主要功能,列出主要设备	跟踪指导,解决学生提出的问题,并进行集中讲解
6	工作过程分析	内操作人员:熟悉工艺参数调节和控制方法; 外操作人员:熟悉虚拟现场设备、阀门和管线布置,能配合内操进行工艺参数调节	教师跟踪指导,指出存在的问题并帮助解决,进行过程考核
7	内、外操联合开车操作	每组学生分别进行内、外操联合操作,共同完成合成气净化与精制 3D 虚拟仿真工厂的开车操作	教师跟踪指导,指出存在的问题并帮助解决,进行过程考核

续表

任务名称:DCS 控制合成气净化与精制 3D 虚拟仿真工厂操作

序号	工作过程	学生活动	教师活动
8	内、外操联合停车操作	每组学生分别进行内、外操联合操作,共同完成合成气净化与精制3D虚拟仿真工厂的停车操作	教师跟踪指导,指出存在的问题并帮助解决,进行过程考核
9	内、外操联合故障处理操作	每组学生分别进行内、外操联合操作,共同完成合成气净化与精制3D虚拟仿真工厂的停车操作	教师跟踪指导,指出存在的问题并帮助解决,进行过程考核
10	工作总结	班组长带领班组总结工作中的收获、不足及改进措施,完成工作页的提交	检验成果,总结归纳生产相关知识,点评工作过程

学生工作页

任务名称		DCS 控制合成气净化与精制 3D 虚拟仿真工厂操作	
班级		姓名	
小组		岗位	

工作准备	一、课前解决问题 1. 合成气净化与精制 3D 虚拟仿真工厂的主要工艺参数有哪些？受哪些因素影响？应如何调节？ 2. 合成气净化与精制 3D 虚拟仿真工厂的开车主要过程有哪些？停车主要过程有哪些？合成气净化与精制 3D 虚拟仿真工厂的故障有哪些？应该如何处理？ 3. 内、外操在合成气净化与精制 3D 虚拟仿真工厂操作中各自的岗位职责是什么？ 二、接受老师指定的工作任务后,了解 3D 虚拟仿真实训室的环境、安全管理要求,穿好工作服。 三、安全生产及防范 学习合成气生产 3D 虚拟仿真工厂工作场所相关安全及管理规章制度,列出你认为工作过程中需注意的问题,并做出承诺。 ——————————————— ——————————————— 我承诺:工作期间严格遵守实训场所安全及管理规定。 承诺人: 本工作过程中需注意的安全问题及处理方法:——————— ——————————————— ——————————————— ———————————————

	1. 列出主要设备,并分析设备作用。

<table>
<tr><th>序号</th><th>位号</th><th>名称</th><th>类别</th><th>主要功能与作用</th></tr>
<tr><td></td><td></td><td></td><td></td><td></td></tr>
<tr><td></td><td></td><td></td><td></td><td></td></tr>
<tr><td></td><td></td><td></td><td></td><td></td></tr>
<tr><td></td><td></td><td></td><td></td><td></td></tr>
<tr><td></td><td></td><td></td><td></td><td></td></tr>
<tr><td></td><td></td><td></td><td></td><td></td></tr>
<tr><td></td><td></td><td></td><td></td><td></td></tr>
<tr><td></td><td></td><td></td><td></td><td></td></tr>
<tr><td></td><td></td><td></td><td></td><td></td></tr>
</table>

工作分析与实施

2. 列出主要工艺参数,并分析工艺参数的影响因素和调节控制方法。

<table>
<tr><th>序号</th><th>位号</th><th>名称</th><th>类别</th><th>影响因素和调节控制方法</th></tr>
<tr><td></td><td></td><td></td><td></td><td></td></tr>
<tr><td></td><td></td><td></td><td></td><td></td></tr>
<tr><td></td><td></td><td></td><td></td><td></td></tr>
<tr><td></td><td></td><td></td><td></td><td></td></tr>
<tr><td></td><td></td><td></td><td></td><td></td></tr>
<tr><td></td><td></td><td></td><td></td><td></td></tr>
<tr><td></td><td></td><td></td><td></td><td></td></tr>
<tr><td></td><td></td><td></td><td></td><td></td></tr>
<tr><td></td><td></td><td></td><td></td><td></td></tr>
</table>

3. 按照工作任务计划,外操查找虚拟现场设备、阀门,内操熟悉工艺参数调节和控制,内、外操协作,共同完成合成气净化与精制 3D 虚拟仿真工厂的开、停车操作,并记录工作过程中出现的问题。

_____

_____

_____

工作总结与反思

结合自身和本组完成的工作,通过交流讨论、组内点评等形式客观、全面地总结本次工作任务完成情况,并讨论如何改进工作。

_____

_____

一、合成气净化与精制 3D 虚拟仿真工厂的主要设备

合成气净化与精制 3D 虚拟仿真工厂的主要设备见表 3-2。

表 3-2　合成气净化与精制 3D 虚拟仿真工厂的主要设备

序号	设备编号	设备名称	序号	设备编号	设备名称
1	1101-E	CO_2 吸收塔	14	104-C	甲烷化原料气加热器
2	1102-E	CO_2 再生塔	15	136-C	甲烷化进气加热器
3	103-E	工艺冷凝液汽提塔	16	114-C	锅炉给水换热器
4	106-D	甲烷化反应器	17	115-C	甲烷化出口冷却器
5	102-F	原料分离器	18	144-C	甲烷化出口换热器
6	104-F	合成气压缩机入口缓冲罐	19	1105-C	再生塔再沸器
7	1107-F	半贫液闪蒸罐	20	1106-C	低变气锅炉水换热器
8	1103-FA	再生塔回流罐	21	1107-C	贫液冷却器
9	1111-F	碳酸钾储罐	22	1108-C	低变气冷却器
10	1113-F	吸收塔分离罐	23	1110-C	再生塔塔顶冷凝器
11	130-C	冷凝液换热器	24	1110-CA	再生塔塔顶冷凝器
12	131-CA	冷凝液冷却器	25	1111-C	再生塔蒸汽再沸器
13	131-CB	冷凝液冷却器	26	1115-C	氨冷器

二、合成气净化与精制 3D 虚拟仿真工厂的工艺参数

合成气净化与精制 3D 虚拟仿真工厂的仪表控制点见表 3-3。

表 3-3　合成气净化与精制 3D 虚拟仿真工厂的仪表控制点

序号	位号	正常值	单位	说明
1	FIC-201	1554	m^3/h	贫液流量
2	LIC-201	50	%	原料分离器液位
3	LIC-202	50	%	CO_2 吸收塔液位
4	LIC-203	50	%	CO_2 再生塔液位
5	LIC-204	50	%	CO_2 再生塔塔顶回流罐液位
6	PIC-201	2.69	MPa	CO_2 吸收塔塔顶压力
7	PIC-202	0.14	MPa	CO_2 再生塔塔顶压力
8	FIC-201	1554	m^3/h	贫液流量
9	TIC-201	100	℃	原料分离器入口温度
10	TIC-202	71	℃	CO_2 再生塔塔顶温度
11	TIC-203	145	℃	CO_2 再生塔塔底再沸温度
12	FIC-221	71.27	t/h	合成气压缩机入口流量
13	PIC-221	2.5	MPa	103-J 入口缓冲罐罐顶压力
14	LIC-221	50	%	103-J 入口缓冲罐液位
16	TIC-221	316	℃	甲烷化反应器入口温度
17	TIC-201	100	℃	原料分离器入口温度
18	TIC-222	38	℃	甲烷化反应器出口温度
19	TI-201	38	℃	碳酸钾溶液温度
20	TI-202	70	℃	CO_2 吸收塔塔顶温度
21	TI-203	113.9	℃	CO_2 吸收塔塔底温度
22	TI-204	100.5	℃	CO_2 再生塔塔顶温度
23	TI-205	70.2	℃	CO_2 再生塔回流温度
24	TI-206	126.4	℃	CO_2 再生塔塔底温度
25	TI-221	129	℃	甲烷化入口原料换热后温度
26	TI-222	358	℃	甲烷化反应器温度
27	TI-223	335	℃	甲烷化出口温度
28	TI-224	144	℃	甲烷化出口产物换热后温度
29	TI-225	37.6	℃	水分离器底部水溶液温度

三、合成气净化与精制 3D 虚拟仿真工厂开车操作

1. 脱碳系统开车

① 打开低变气冷却器 1108-C 温度调节阀 TIC-201 前阀 XV-227。

② 打开低变气冷却器 1108-C 温度调节阀 TIC-201 后阀 XV-228。

③ 打开低变气冷却器 1108-C 温度调节阀 TIC-201 至 50%。

④ 打开 CO_2 再生塔塔顶冷凝器 1110-C 温度调节阀 TIC-202 前阀 XV-238。

⑤ 打开 CO_2 再生塔塔顶冷凝器 1110-C 温度调节阀 TIC-202 后阀 XV-237。

⑥ 打开 CO_2 再生塔塔顶冷凝器 1110-C 温度调节阀 TIC-202 至 50%。

⑦ 去现场全开 CO_2 再生塔底贫液冷却器 1107-C 手动阀 XV-214。

⑧ 去现场全开冷却器 1106-C 手动阀 XV-260。

⑨ 去现场全开冷却器 1110-CA 手动阀 XV-259。

⑩ 去现场全开锅炉给水换热器 114-C 锅炉给水手动阀 XV-221。

⑪ 打开甲烷化出口冷却器 115-C 温度调节阀 TIC-222 前阀 XV-247。

⑫ 打开甲烷化出口冷却器 115-C 温度调节阀 TIC-222 后阀 XV-248。

⑬ 打开甲烷化出口冷却器 115-C 温度调节阀 TIC-222 至 50%。

⑭ 去现场全开换热器 131-CA 冷却水手动阀 XV-501。

⑮ 去现场全开换热器 131-CB 冷却水手动阀 XV-502。

⑯ 去现场全开换热器 116-C 冷却水手动阀 XV-510。

⑰ 去现场全开碳酸钾溶液补充泵 P-111 入口手动阀 XV-210。

⑱ 启动碳酸钾溶液补充泵 P-111。

⑲ 去现场全开碳酸钾溶液补充泵 P-111 出口手动阀 XV-209。

⑳ 打开 CO_2 吸收塔液位调节阀 LIC-202 前阀 XV-236。

㉑ 打开 CO_2 吸收塔液位调节阀 LIC-202 后阀 XV-235。

㉒ 打开 CO_2 吸收塔液位调节阀 LIC-202 至 50%。

㉓ 当 CO_2 吸收塔液位 LIC-202 达到 40% 后，去现场全开富液泵 P-107 入口手动阀 XV-204。

㉔ 启动富液泵 P-107。

㉕ 去现场全开富液泵 P-107 出口手动阀 XV-205。

㉖ 打开 CO_2 再生塔液位调节阀 LIC-203 前阀 XV-233。

㉗ 打开 CO_2 再生塔液位调节阀 LIC-203 后阀 XV-234。

㉘ 打开 CO_2 再生塔液位调节阀 LIC-203 至 45%。

㉙ 当 CO_2 再生塔液位 LIC-203 达到 40% 后，去现场全开贫液泵 P-110 入口手动阀 XV-208。

㉚ 启动贫液泵 P-110。

㉛ 去现场全开贫液 P-110 出口手动阀 XV-207。

㉜ 打开贫液流量调节阀 FIC-201 前阀 XV-232。

㉝ 打开贫液流量调节阀 FIC-201 后阀 XV-231。

㉞ 打开贫液流量调节阀 FIC-201 至 50%。

㉟ 关闭 CO_2 吸收塔液位调节阀 LIC-202。

㊱ 打开再生塔塔底再沸温度调节阀 TIC-203 前阀 XV-242。

㊲ 打开再生塔塔底再沸温度调节阀 TIC-203 后阀 XV-241。

㊳ 打开再生塔塔底再沸温度调节阀 TIC-203 至 30%。

㊴（合成气生产工段开车后）调整 CO_2 再生塔塔底再沸温度调节阀 TIC-203 至 50%。

㊵ 调整 CO_2 再生塔液位调节阀 LIC-203 至 50%。

㊶ 当原料分离器 102-F 液位 LIC-201 达到 30%后，去现场全开 P-109 入口手动阀 XV-203。

㊷ 启动泵 P-109。

㊸ 去现场全开 P-109 出口手动阀 XV-202。

㊹ 打开原料分离器液位调节阀 LIC-201 前阀 XV-230。

㊺ 打开原料分离器液位调节阀 LIC-201 后阀 XV-229。

㊻ 打开原料分离器液位调节阀 LIC-201 至 50%。

㊼ 打开吸收塔塔顶压力调节阀 PIC-201 前阀 XV-226。

㊽ 打开吸收塔塔顶压力调节阀 PIC-201 后阀 XV-225。

㊾ 当 CO_2 吸收塔塔顶压力 PIC-201 达到 2.5MPa 左右时，打开塔顶压力调节阀 PIC-201 至 50%。

㊿ 打开再生塔塔顶压力调节阀 PIC-202 前阀 XV-243。

(51) 打开再生塔塔顶压力调节阀 PIC-202 后阀 XV-244。

(52) 当 CO_2 再生塔顶压力 PIC-202 达到 0.1MPa 时，打开塔顶压力调节阀 PIC-202 至 50%。

(53) 当 CO_2 再生塔塔顶回流罐液位 LIC-204 超过 30%后，去现场全开再生塔回流泵 P-108 入口手动阀 XV-212。

(54) 启动再生塔回流泵 P-108。

(55) 去现场全开再生塔回流泵 P-108 出口手动阀 XV-213。

(56) 打开 CO_2 再生塔塔顶回流罐液位调节阀 LIC-204 前阀 XV-240。

(57) 打开 CO_2 再生塔塔顶回流罐液位调节阀 LIC-204 后阀 XV-239。

(58) 打开 CO_2 再生塔塔顶回流罐液位调节阀 LIC-204 至 50%。

(59) 去现场全开泵 P-1108 入口手动阀 XV-257。

(60) 启动泵 P-1108。

(61) 去现场全开 P-1108 出口手动阀 XV-258。

(62) 去现场全开 P-1107 入口手动阀 XV-255。

(63) 启动泵 P-1107。

(64) 去现场全开 P-1107 出口手动阀 XV-256。

(65) 打开汽提塔塔顶出口阀 XV-509。

(66) 打开汽提塔蒸汽流量调节阀 FIC-502 前阀 XV-506。

(67) 打开汽提塔蒸汽流量调节阀 FIC-502 后阀 XV-507。

(68) 打开汽提塔蒸汽流量调节阀 FIC-502 至 50%。

(69) 打开汽提塔底出口流量调节阀 FIC-501 前阀 XV-503。

(70) 打开汽提塔底出口流量调节阀 FIC-501 前阀 XV-504。

(71) 打开汽提塔底出口流量调节阀 FIC-503 至 50%。

(72) 去现场全开 CO_2 吸收塔顶去甲烷化手动阀 XV-201。

(73) 关闭 CO_2 吸收塔塔顶压力调节阀 PIC-201。

(74) 关闭 CO_2 吸收塔塔顶压力调节阀 PIC-201 前阀 XV-226。

⑦ 关闭 CO_2 吸收塔塔顶压力调节阀 PIC-201 后阀 XV-225。

⑦ 去现场全开换热器 136-C 蒸汽手动阀 XV-224。

⑦ 打开甲烷化反应器入口温度调节阀 TIC-221 前阀 XV-245。

⑦ 打开甲烷化反应器入口温度调节阀 TIC-221 后阀 XV-246。

⑦ 打开甲烷化反应器入口温度调节阀 TIC-221 至 50%。

⑧ 去现场调整高变器激冷器冷凝液手动阀 XV-117 至 50%。

2. 甲烷化系统开车

① 当 103-J 入口缓冲罐液位 LIC-221 超过 30% 后，去现场全开甲烷化冷凝液泵 P-150 入口手动阀 XV-222。

② 启动甲烷化冷凝液泵 P-150。

③ 去现场全开甲烷化冷凝液泵 P-150 出口手动阀 XV-223。

④ 打开 103-J 入口缓冲罐液位调节阀 LIC-221 前阀 XV-253。

⑤ 打开 103-J 入口缓冲罐液位调节阀 LIC-221 后阀 XV-254。

⑥ 打开 103-J 入口缓冲罐液位调节阀 LIC-221 至 50%。

⑦ 打开罐顶压力调节阀 PIC-221 前阀 XV-249。

⑧ 打开罐顶压力调节阀 PIC-221 后阀 XV-250。

⑨ 当 103-J 入口缓冲罐压力达到 2.5MPa 左右时，打开罐顶压力调节阀 PIC-221 至 20%。

⑩ 调整原料分离器 102-F 入口温度 TIC-201 至 100℃ 左右时，投自动，设为 100℃。

⑪ 调整 CO_2 再生塔塔顶温度 TIC-202 至 71℃ 左右时，投自动，设为 71℃。

⑫ 调整 CO_2 再生塔塔底再沸温度 TIC-203 至 145℃ 左右时，投自动，设为 145℃。

⑬ 调整原料分离器 102-F 液位 LIC-201 至 50% 左右时，投自动，设为 50%。

⑭ 调整 CO_2 再生塔液位 LIC-203 至 50% 左右时，投自动，设为 50%。

⑮ 调整 CO_2 吸收塔液位 LIC-202 至 50% 左右时，投自动，设为 50%。

⑯ 调整 CO_2 再生塔塔顶回流罐液位 LIC-204 至 50% 左右时，投自动，设为 50%。

⑰ 调整 CO_2 吸收塔塔顶压力 PIC-201 至 2.69MPa 左右时，投自动，设为 2.69MPa。

⑱ 调整 CO_2 再生塔塔顶压力 PIC-202 至 0.14MPa 左右时，投自动，设为 0.14MPa。

⑲ 调整甲烷化反应器入口温度 TIC-221 至 316℃ 左右时，投自动，设为 316℃。

⑳ 调整甲烷化反应器出口温度 TIC-222 至 38℃ 左右时，投自动，设为 38℃。

㉑ 调整 103-J 入口缓冲罐 104-F 液位 LIC-221 至 50% 左右时，投自动，设为 50%。

㉒ 汽提塔蒸汽流量调节阀 FIC-502 投自动，设为 18m³/h。

㉓ 汽提塔塔底出口流量调节阀 FIC-503 投自动，设为 34m³/h。

㉔ 投用联锁 TSHH-222。

㉕ 投用联锁 TSLL-222。

㉖ 投用联锁 LSLL-202。

㉗ 投用联锁 LSLL-203。

四、合成气净化与精制 3D 虚拟仿真工厂停车操作

合成气净化与精制 3D 虚拟仿真工厂的停车操作，分为正常停车和紧急停车两种情况。正常停车是计划性停车，是在计划的时间停车进行设备检修，一般停车时间在一个月左

右。而紧急停车是由于异常状况进行的临时性停车，比如由于停水、停电或设备损坏等异常状况导致的非计划性停车。这两种停车操作有很大区别。

1. 正常停车

① 关闭 103-J 入口流量调节阀 FIC-221。

② 关闭 103-J 入口流量调节阀 FIC-221 前阀 XV-251。

③ 关闭 103-J 入口流量调节阀 FIC-221 后阀 XV-252。

④ 打开 103-J 入口缓冲罐罐顶压力调节阀 PIC-221 前阀 XV-249。

⑤ 打开 103-J 入口缓冲罐罐顶压力调节阀 PIC-221 后阀 XV-250。

⑥ 打开 103-J 入口缓冲罐罐顶压力调节阀 PIC-221 至 50％。

⑦ 去现场关闭高压氨分离罐 106-F 顶驰放气手动阀 XV-404。

⑧ 全开第一氨分离罐 107-F 顶压力调节阀 PIC-401。

⑨ 全开合成塔入口温度调节阀 TIC-301，合成系统降温。

⑩ 当合成塔出口温度 TI-303 降至 260℃后，去现场全开循环气放空手动阀 XV-301。

⑪ 去现场关闭原料气压缩机 103-J 出口手动阀 XV-304。

⑫ 停原料气压缩机 103-J。

⑬ 去现场关闭原料气压缩机 103-J 入口手动阀 XV-302。

⑭ 去现场关闭甲烷化反应器入 103-J 手动阀 XV-303。

⑮ 全开 107-F 出口流量调节阀 FIC-401。

⑯ 当高压氨分离罐 106-F 液位 LIC-401 降至 0 后，关闭液位调节阀 LIC-401。

⑰ 关闭高压氨分离罐 106-F 液位 LIC-401 前阀 XV-408。

⑱ 关闭高压氨分离罐 106-F 液位 LIC-401 后阀 XV-407。

⑲ 当第一氨分离罐 107-F 压力 PIC-401 降至 0 后，关闭压力调节阀 PIC-401。

⑳ 关闭第一氨分离罐 107-F 压力调节阀 PIC-401 前阀 XV-406。

㉑ 关闭第一氨分离罐 107-F 压力调节阀 PIC-401 后阀 XV-405。

㉒ 当第一氨分离罐 107-F 液位 LIC-402 降至 0 后，关闭 107-F 出口流量调节阀 FIC-401。

㉓ 关闭第一氨分离罐 107-F 出口流量调节阀 FIC-401 前阀 XV-409。

㉔ 关闭第一氨分离罐 107-F 出口流量调节阀 FIC-401 后阀 XV-410。

㉕ 关闭 110-F 液氨入口阀 XV-611。

㉖ 关闭 111-F 液氨入口阀 XV-606。

㉗ 关闭 112-F 液氨入口阀 XV-602。

㉘ 关闭 XV-612。

㉙ 关闭 110-F 液氨出口阀 XV-615。

㉚ 关闭 XV-608。

㉛ 关闭 111-F 液氨出口阀 XV-610。

㉜ 关闭 XV-607。

㉝ 关闭 XV-601。

㉞ 关闭 110-F 液氨出口阀 XV-605。

㉟ 关闭冷氨泵 P-124 出口阀 XV-622。

㊱ 停冷氨泵 P-124。

㊲ 关闭冷氨泵 P-124 入口阀 XV-621。

㊳ 停压缩机 105-J。

㊴ 关闭 110-F 氨气出口阀 XV-613。

㊵ 关闭 111-F 氨气出口阀 XV-609。
㊶ 关闭 112-F 氨气出口阀 XV-604。
㊷ 关闭压缩机 105-J 出口阀 XV-616。
㊸ 关闭 109-F 去氢回收阀 XV-617。
㊹ 关闭 110-F 热氨入口阀 XV-614。
㊺ 关闭热氨去 1115-C 阀 XV-620。
㊻ 关闭热氨泵 P-125 出口阀 XV-619。
㊼ 停热氨泵 P-125。
㊽ 关闭热氨泵 P-125 入口阀 XV-618。
㊾ 103-J 入口分离罐 104-F 压力 PIC-221。
㊿ 高压氨分离罐 106-F 液位 LIC-401。
(51) 第一氨分离罐 107-F 液位 LIC-402。
(52) 第一氨分离罐 107-F 压力 PIC-401。

2. 紧急停车

① 打开 103-J 入口缓冲罐压力调节阀 PIC-221 前阀 XV-249。
② 打开 103-J 入口缓冲罐压力调节阀 PIC-221 后阀 XV-250。
③ 打开 103-J 入口缓冲罐压力调节阀 PIC-221 至 50%。
④ 关闭 103-J 入口流量调节阀 FIC-221 前阀 XV-251。
⑤ 关闭 103-J 入口流量调节阀 FIC-221 后阀 XV-252。
⑥ 去现场全开循环气放空手动阀 XV-301。
⑦ 去现场关闭合成气压缩机 103-J 出口手动阀 XV-304。
⑧ 停合成气压缩机 103-J。
⑨ 去现场关闭合成气压缩机 103-J 入口手动阀 XV-302。
⑩ 去现场关闭合成气压缩机 103-J 入口手动阀 XV-303。

五、合成气净化与精制 3D 虚拟仿真工厂故障处理操作

合成气净化与精制 3D 虚拟仿真工厂操作中，最具典型的故障是合成气压缩机发生故障失灵，下面就以该事故为例，说明合成气净化与精制 3D 虚拟仿真工厂的故障处理操作过程。

① 打开 103-J 入口缓冲罐 104-F 压力调节阀 PIC-221 前阀 XV-249。
② 打开 103-J 入口缓冲罐 104-F 压力调节阀 PIC-221 后阀 XV-250。
③ 打开 103-J 入口缓冲罐 104-F 压力调节阀 PIC-221 至 50%。
④ 关闭 103-J 入口流量调节阀 FIC-221。
⑤ 去现场全开循环气放空手动阀 XV-301。
⑥ 去现场关闭合成气压缩机 103-J 出口手动阀 XV-304。
⑦ 启动合成气压缩机 103-J 备用。
⑧ 去现场全开合成气压缩机 103-J 出口手动阀 XV-304。
⑨ 打开 103-J 入口流量调节阀 FIC-221 至 50%。
⑩ 关闭 103-J 入口缓冲罐 104-F 压力调节阀 PIC-221。
⑪ 关闭 103-J 入口缓冲罐 104-F 压力调节阀 PIC-221 前阀 XV-249。
⑫ 关闭 103-J 入口缓冲罐 104-F 压力调节阀 PIC-221 后阀 XV-250。

⑬ 去现场关闭循环气放空手动阀 XV-301。

⑭ 打开开工加热炉燃料气流量调节阀 FIC-301 前阀 XV-312。

⑮ 打开开工加热炉燃料气流量调节阀 FIC-301 后阀 XV-313。

⑯ 打开开工加热炉燃料气流量调节阀 FIC-301 至 50%。

⑰ 去现场全开开工加热炉空气手动阀 XV-307。

⑱ 去现场按下开工加热炉点火按钮 IG-301。

⑲ 去现场全开开工加热炉入口手动阀 XV-306。

⑳ 当合成塔入口温度 TIC-301 超过 120℃后，去现场关闭开工加热炉入口手动阀 XV-306。

㉑ 关闭开工加热炉燃料气流量调节阀 FIC-301。

㉒ 关闭开工加热炉燃料气流量调节阀 FIC-301 前阀 XV-312。

㉓ 关闭开工加热炉燃料气流量调节阀 FIC-301 后阀 XV-313。

㉔ 去现场关闭开工加热炉点火按钮 IG-301。

任务 3
合成气净化与精制工段仿真操作

任务描述

任务名称:合成气净化与精制工段仿真操作		建议学时:12 学时
学习方法	1. 按照工厂车间实行的班组制,将学生分组,1 人担任班组长,负责分配组内成员的具体工作,小组共同制订工作计划、分析总结并进行汇报; 2. 班组长负责组织协调任务实施,组内成员按照工作计划分工协作,完成规定任务; 3. 教师跟踪指导,集中解决重难点问题,评估总结	
任务目标	1. 能列举合成气净化与精制仿真工段的主要设备,并熟悉设备的功能和操作方法; 2. 能列举合成气净化与精制仿真工段的主要工艺参数,并能分析影响这些参数变化的主要因素; 3. 能掌握合成气净化与精制仿真工段工艺参数指标的标准范围; 4. 能熟悉合成气净化与精制仿真工段阀门、仪表的位置; 5. 能掌握仿真软件操作的方法; 6. 能熟悉合成气净化与精制仿真工段冷态开车、停车和故障处理操作的步骤; 7. 能熟练进行合成气净化与精制仿真工段的开车、停车和故障处理操作,并能将工艺参数控制在标准范围内; 8. 能领会合成气净化与精制仿真工段内操的岗位职责和操作要领	
岗位职责	班组长:以仿真软件为载体,组织和协调组员完成合成气净化与精制工段的开、停车操作与控制,正确分析处理生产中的常见故障; 组员:在班组长的带领下,完成合成气净化与精制工段的开、停车操作与控制,正确分析处理生产中的常见故障	

续表

工作任务	1. 合成气净化与精制工艺仿真工段的主要设备和工艺流程认知； 2. 合成气净化与精制工艺仿真工段的工艺参数及其操作控制方法认知； 3. 合成气净化与精制工艺仿真工段的开车操作； 4. 合成气净化与精制工艺仿真工段的停车操作； 5. 合成气净化与精制工艺仿真工段的故障处理操作； 6. 合成气净化与精制工艺仿真工段工艺流程图的绘制	
工作准备	教师准备	学生准备
	1. 准备教材、工作页、考核评价标准等教学材料； 2. 给学生分组，下达工作任务	1. 班组长分配工作，明确每个人的工作任务； 2. 通过课程学习平台预习基本理论知识； 3. 准备工作服、学习资料和学习用品

任务实施

任务名称：合成气净化与精制工段仿真操作

序号	工作过程	学生活动	教师活动
1	准备工作	穿好工作服，准备好必备学习用品和学习材料	准备教材、工作页、考核评价标准等教学材料
2	任务下达	领取工作页，记录工作任务要求	发放工作页，明确工作要求、岗位职责
3	班组例会	分组讨论，各组汇报课前学习基本知识的情况，认真听老师讲解重难点，分配任务，制订工作计划	听取各组汇报，讨论并提出问题，总结并集中讲解重难点问题
4	熟悉仿真操作界面及操作方法	根据仿真操作界面，找出合成气生产过程中的设备及位号、工艺参数指标控制点，列出主要设备和工艺参数，理清生产工艺流程	跟踪指导，解决学生提出的问题，并进行集中讲解
5	开车操作及工作过程分析	根据开车操作规程和规范，小组完成开车操作训练，讨论交流开车过程中的问题，并找出解决方法	教师跟踪指导，指出存在的问题，解决学生提出的重难点问题，集中讲解，并进行操作过程考核
6	停车操作及工作过程分析	根据开车操作规程和规范，小组完成停车操作训练，讨论交流停车过程中的问题，并找出解决方法	教师跟踪指导，指出存在的问题，解决学生提出的重难点问题，集中讲解，并进行操作过程考核
7	常见故障处理及工作过程分析	根据仿真系统设置的合成气生产过程常见故障，小组对每个故障进行分析、判断，并进行正确的处理操作训练，讨论交流工作过程中的问题，并找出解决方法	教师跟踪指导，指出存在的问题，解决学生提出的重难点问题，集中讲解，并进行操作过程考核

续表

任务名称:合成气净化与精制工段仿真操作

序号	工作过程	学生活动	教师活动
8	工作总结	班组长带领班组总结工作中的收获、不足及改进措施,完成工作页的提交	检验成果,总结归纳生产相关知识,点评工作过程

学生工作页

任务名称		合成气净化与精制工段仿真操作	
班级		姓名	
小组		岗位	

工作准备	一、课前解决问题 1. 合成气净化与精制仿真工段的主要工艺参数有哪些?这些参数的标准值分别是多少? 2. 影响工艺参数的主要因素有哪些?应如何正确调节工艺参数? 3. 合成气净化与精制仿真工段开车操作的主要过程有哪些? 4. 合成气净化与精制仿真工段停车操作要注意哪些问题? 5. 合成气净化与精制仿真工段的主要故障有哪些?应该如何处理?
	二、接受老师指定的工作任务后,了解仿真操作实训室的环境、安全管理要求,穿好工作服。
	三、安全生产及防范 学习仿真操作实训室相关安全及管理规章制度,列出你认为工作过程中需注意的问题,并做出承诺。 我承诺:工作期间严格遵守实训场所安全及管理规定。 承诺人: 本工作过程中需注意的安全问题及处理方法:

续表

工作准备	

工作分析与实施

1. 列出主要设备,并分析设备作用。

序号	位号	名称	类别	主要功能与作用

2. 列出主要工艺参数,并分析工艺参数的影响因素和调节控制方法。

序号	位号	名称	类别	影响因素和调节控制方法

3. 按照工作任务计划,完成合成气净化与精制工段仿真操作,分析操作过程,记录工作过程中出现的问题。

工作总结与反思

结合自身和本组完成的工作,通过交流讨论、组内点评等形式客观、全面地总结本次工作任务完成情况,并讨论如何改进工作。

技能训练1　合成气净化与精制仿真工段的设备及工艺流程

一、合成气净化与精制仿真工段的主要设备

合成气净化与精制仿真工段的主要设备见表 3-4。

表 3-4　合成气净化与精制仿真工段的主要设备

序号	设备位号	设备名称	序号	设备位号	设备名称
1	101-E	CO_2 吸收塔	19	110-CA1	再生塔顶冷凝器
2	102-E	CO_2 再生塔	20	110-CA2	再生塔顶冷凝器
3	C66401	工艺冷凝液汽提塔	21	111-C	蒸汽煮沸器
4	102-F	变换气分离器	22	114-C	锅炉给水预热器
5	103-F	汽提塔回流罐	23	115-C	水冷器
6	104-F	合成压缩机吸收罐	24	134-C	甲烷化气脱盐水预热器
7	114-F	贫液贮槽	25	136-C	合成气-脱碳气换热器
8	115-F	贫液贮槽	26	107-JA	贫液泵
9	121-F	净化气分离器	27	107-JB	贫液泵
10	106-D	甲烷化反应器	28	107-JC	贫液泵
11	104-C	高变气-脱碳气换热器	29	108-J/108-JA	回流泵
12	105-CA	变换气煮沸器	30	108-JA	回流泵
13	105-CB	变换气煮沸器	31	116-J	贫液泵
14	106-C	水冷器	32	101-L	过滤器
15	109-CA1	溶液换热器	33	104-L	过滤器
16	109-CA2	溶液换热器	34	E66401	工艺冷凝液换热器
17	109-CB1	溶液换热器	35	E66402	工艺冷凝液换热器
18	109-CB2	溶液换热器			

二、合成气净化与精制工段的工艺流程

1. 脱碳系统

变换气中的 CO_2 是氨合成催化剂（铁氧化物）的一种毒物，因此，在进行氨合成之前必须从气体中脱除干净。本仿真工段合成气脱碳采用的是 MDEA 法，即采用 MDEA 作为吸收液，吸收合成气中的 CO_2 从而使之与合成气分离。合成气中大部分 CO_2 是在 CO_2 吸收塔（101-E）中用活化 MDEA 溶液进行逆流吸收脱除的。从高低温变换炉（104-D）出来的变换气（温度约为 60℃、压力约为 2.799MPa），用变换气分离器（102-F）将其中大部分水分除去以后，进入吸收塔 101-E 下部的分布器。气体在 101-E 内向上流动穿过塔内塔板，使工艺气与塔顶加入的向下流动的贫液（解吸了 CO_2 的 MDEA 溶液）充分接触，脱除工艺气中所含 CO_2，再经塔顶洗涤段除沫层后流出 101-E，出 101-E 后的净化气去往净化气分离器（121-F），在管路上由喷射器喷入从变换气分离器（102-F）来的工艺冷凝液（由 FICA17 控制），进一步洗涤，净化后的气体（温度约为 44℃，压力约为 2.764MPa）去甲烷化反应器（106-D）进一步精制。经净化气分离器（121-F）分离出喷入的工艺冷凝液，与变换冷凝液汇合液由液位控制器 LICA26 调节去工艺冷凝液处理装置。

从 101-E 出来的富液（吸收了 CO_2 的 MDEA 溶液）先经溶液换热器（109-CB1/109-CB2）加热、再经溶液换热器（109-CA1/109-CA2），在其中被 CO_2 再生塔（102-E）出来的贫液加热至 105℃（TI109），由液位调节器 LIC4 控制，进入 102-E 顶部的闪蒸段。102-

E 为筛板塔，共 10 块塔板。富液在顶部闪蒸出一部分 CO_2 后，向下流经塔下部的汽提段，与自下而上流动的蒸汽进行汽提再生。再生后的溶液进入变换气煮沸器（105-CA/105-CB）、蒸汽煮沸器（111-C），经煮沸形成气液混合物后返回 102-E 下部的汽提段，气相部分作为汽提用气，液相部分从 102-E 底部出塔。

从 102-E 底部出来的热贫液先经溶液换热器（109-CA1/109-CA2）与富液换热降温后进贫液泵，经贫液泵（107-JA/107-JB/107-JC）升压后送入溶液换热器（109-CB1/109-CB2）中，进一步冷却降温后，经溶液过滤器 101-L 除沫后，进入溶液冷却器（108-CB1/108-CB2）被循环水冷却至 40℃（TI1_24）后，冷贫液进入 CO_2 吸收塔 101-E 上部作为吸收剂。

从 102-E 顶部出来的 CO_2 气体通过 CO_2 气提塔回流罐（103-F）除沫后，从 103-F 顶部流出，或者送入尿素装置或者放空，压力由 PICA89 或 PICA24 控制。分离出来的冷凝水由回流泵（108-J/108-JA）升压后，经流量调节器 FICA15 控制返回 101-E 的上部。103-F 的液位由 LICA5 及补入的工艺冷凝液（VV043 支路）控制。脱碳系统 DCS 操作画面与现场操作画面分别如图 3-14、图 3-15 所示。

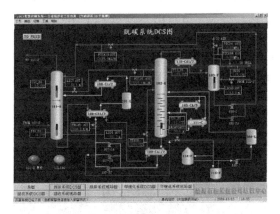

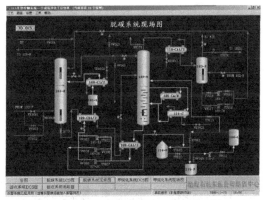

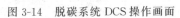

图 3-14　脱碳系统 DCS 操作画面　　　　　图 3-15　脱碳系统现场操作画面

2. 甲烷化系统

碳的氧化物是氨合成催化剂的毒物，因此在进行合成之前必须去除干净，甲烷化反应的目的是要从合成气中完全去除碳的氧化物，它是将碳的氧化物通过化学反应转化成甲烷来实现的，甲烷在合成塔中可以看成是惰性气体，可以达到去除碳的氧化物的目的。

甲烷化反应如下：

$$CO+3H_2 \Longleftrightarrow CH_4+H_2O+206.3kJ$$
$$CO_2+4H_2 \Longleftrightarrow CH_4+2H_2O+165.3kJ$$

甲烷化系统的原料气来自脱碳系统，该原料气先后经合成气-脱碳气换热器（136-C）预热至 117.5℃（TI104）、高变气-脱碳气换热器（104-C）加热到 316℃（TI105），进入甲烷化反应器（106-D），炉内装有 $18m^3$、105-J 型镍催化剂，气体自上部进入 106-D，气体中的 CO 和 CO_2 与 H_2 反应生成 CH_4 和 H_2O。系统内的压力由压力控制器 PIC5 调节。106-D 的出口温度为 363℃（TIAI1002A），依次经锅炉给水预热器（114-C）、甲烷化气脱盐水预热器（134-C）和水冷器（115-C）降温后，温度降至 40℃（TI139），甲烷化后的气体中 CO（AR2_1）和 CO_2（AR2_2）的含量降至 10mg/kg 以下，进入合成气压缩机吸收罐 104-F 进行气液分离。甲烷化系统 DCS 操作画面和现场操作画面如图 3-16、图 3-17 所示。

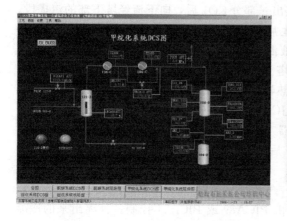

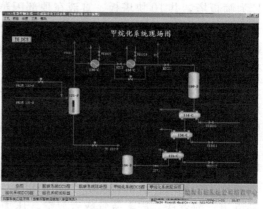

图 3-16　甲烷化系统 DCS 操作画面　　　　　图 3-17　甲烷化系统现场操作画面

3. 冷凝液回收系统

自低变反应器 104-DL 来的工艺气 260℃（TI130），经 102-F 底部冷凝液淬冷后，再经 105-C、106-C 换热至 60℃，进入 102-F，其中工艺气中所带的水分沉积下来，脱水后的工艺气进入吸收塔 101-E 脱除 CO_2。102-F 的水一部分进入 103-F，一部分经换热器 E66401 换热后进入 C66401，由管网来的 327℃（TI143）的蒸汽进入 C66401 的底部，塔顶产生的气体进入蒸汽系统，底部液体经 E66401、E66402 换热后排出。冷凝液回收系统 DCS 操作画面和现场操作画面分别如图 3-18、图 3-19 所示。

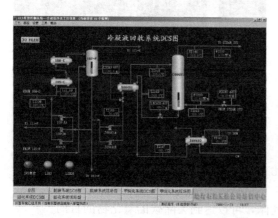

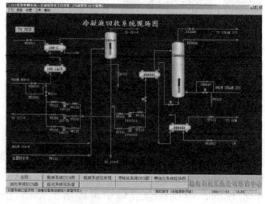

图 3-18　冷凝液回收系统 DCS 操作画面　　　　图 3-19　冷凝液回收系统现场操作画面

技能训练 2　合成气净化与精制仿真工段开车及正常运行操作

一、合成气净化与精制工段开车操作

1. 脱碳系统开车

① 打开 CO_2 再生塔 102-E 塔顶放空阀 VV075、CO_2 吸收塔 101-E 底阀 SP73。

② 将 PIC5 设定在 2.7MPa、PIC24 设定在 0.03MPa，并投自动。

③ 开充压阀 VV072、VX0049 给 CO_2 吸收塔 101-E 充压（现场图），同时全开 HIC9。

④ 现场启动 116-J，开阀给 CO_2 再生塔 102-E 充液。

a. 打开泵入口阀 VV010；

b. 现场启动泵 116-J；

c. 打开泵出口阀 VV011、VV013。

⑤ LRCA70 到 50%时，投自动，若 LRCA70 升高太快，可间断开启 VV013 来控制；启动 107-J（任选 1），开 FRCA5 给 101-E 充液。

a. 打开泵入口阀 VV003/VV005/VV007；

b. 现场启动泵 107-JA/107-JB/107-JC；

c. 打开泵出口阀 VV002/VV004/VV006；

d. 打开调节阀 FRCA5。

⑥ LIC4 到 50%后，开启 LIC4 并投自动，建立循环。

⑦ 投用 LSL104（101-E 液位低联锁）。

⑧ 投用 CO_2 吸收塔、CO_2 气提塔顶冷凝罐 108-C、110-C；现场开阀 VX0009、VX0013 进冷却水；注意 TI1 _ 21、TI1 _ 24 的温度显示。

⑨ 投用 111-C 加热 CO_2 再生塔 102-E 内液体，现场开阀 VX0021 进蒸汽。

⑩ 投用 LSH3（102-F 液位低联锁）、LSH26（121-F 液位低联锁）。

⑪ 间断开关现场阀 VV114 建立 102-F 液位（脱盐水自氢回收来）。

⑫ LICA3 达 50%后，启动 106-J（任选 1）。

a. 现场打开泵入口阀 VV103/VV105/VV107；

b. 启动泵 106-JA/106-JB/106-JC；

c. 现场打开泵出口阀 VV102/VV104/VV106。

⑬ 打开 LICA5 给 CO_2 再生塔回流液槽 103-F 充液。

⑭ LICA5 到 50%时，投自动，并启动 108-J（任选 1），开启 LICA5。

a. 现场打开泵入口阀 VV015/VV017；

b. 现场启动泵 108-JA/108-B；

c. 现场打开泵出口阀 VV014/VV016；

d. 打开调节阀 FICA15；

e. LICA5 投自动，设为 50%。

⑮ LIC7 达到 50%后，LIC7 50%投自动（LIC7 升高过快可间断开启 VV041 控制），开 FIC16 建水循环。

⑯ 投用 FICA17、LICA26，投自动，设为 50%。

⑰ 开 SP5（控制自高低变入 102-F 的工艺气流量）副线阀 VX0044，均压。

⑱ 全开变换气煮沸器 106-C 的热物流进口阀 VX0042。

⑲ 关副线阀 VX0044，开 SP5 主路阀 VX0020。

⑳ 关充压阀 VV072，开工艺气主阀旁路 VV071，均压，关闭 102-E 塔顶放空阀 VV075。

㉑ 关旁路阀 VV071 及 VX0049，开主阀 VX0001，关阀 VX0021 停用 111-C。

㉒ 开阀 MIC11，淬冷工艺气。

2. 甲烷化系统开车

① 开阀 VX0022，投用 136-C。

② 开阀 VX0019，投用 104-C。

③ 开启 TRCA12。

④ 投用甲烷化反应器 106-D 温度联锁 TISH1002。

⑤ 打开阀 VX0011 投用甲烷化气脱盐水预热器 134-C，打开阀 VX0012 投用水冷器

115-C，打开 SP71。

⑥ 稍开阀 MIC21 对甲烷化反应器 106-D 进行充压。

⑦ 打开阀 VX0010 投用锅炉给水预热器 114-C。

⑧ 全开阀 MIC21，关闭 PIC5。

3. 工艺冷凝液系统开车

① 打开阀 VX0043 投用 C66402。

② LICA3 达 50％时，启动泵 J66401（任选 1）。

a. 现场打开泵入口阀 VV109/VV111；

b. 启动泵 J66401A/B；

c. 现场打开泵出口阀 VV108/VV110。

③ 控制阀 LICA3、LICA39 设定在 50％时，投自动。

④ 开阀 VV115。

⑤ 开 C66401 顶放空阀 VX0046。

⑥ 关 C66401 顶放空阀 VX0046，开 FIC97。

⑦ 开中压蒸汽返回阀 VX0045，并入 101-B。

二、合成气净化与精制仿真工段正常运行控制

在化工装置开车成功后，即进入正常运行阶段，这个阶段的操作目标是将工艺参数调整到标准范围内，并维持生产平稳运行。主要需要调节和控制的工艺参数有温度、压力、液位和流量，其中温度、压力和液位是大部分装置主要的控制参数。

1. 温度指标

合成气净化与精制仿真工段的主要温度指标见表 3-5。

表 3-5　合成气净化与精制仿真工段的主要温度指标

序号	位号	说明	设计值/℃
1	TRCA12	106-D 入口工艺气温度控制	280
2	TI1_21	102-E 塔顶温度	90
3	TI1_22	102-E 塔底温度	110.8
4	TI1_23	101-E 塔底温度	74
5	TI1_24	101-E 塔顶温度	45
6	TI1_19	工艺气进 102-F 温度	178
7	TI140	E66401 塔底温度	247
8	TI141	C66401 热物流出口温度	64
9	TI143	蒸汽进 E66401 温度	327
10	TI144	E66401 塔顶气体温度	247
11	TI145	冷物流出 C66401 温度	212
12	TI146	冷物流入 C66401 温度	76
13	TI147	冷物流入 C66402 温度	105
14	TI104	工艺气出 136-C 温度	117
15	TI105	工艺气出 104-C 温度	316
16	TI109	富液进 102-E 的温度	105
17	TI139	甲烷化后气体出 115-C 温度	40

2. 压力指标

合成气净化与精制仿真工段的主要压力指标见表 3-6。

表 3-6　合成气净化与精制仿真工段的主要压力指标

序号	位号	说明	设计值/MPa
1	PIC24	103-F 罐顶压力控制	0.03
2	PICA89	103-F 罐顶压力控制	0.03
3	PIC5	脱碳系统压力控制	2.7
4	PI202	E66401 入口蒸汽压力	3.86
5	PI203	E66401 出口蒸汽压力	3.81

3. 液位指标

合成气净化与精制仿真工段的主要液位指标见表 3-7。

表 3-7　合成气净化与精制仿真工段的主要液位指标

序号	位号	说明	设计值/%
1	LIC4	101-E 塔底段液位控制	50
2	LIC7	101-E 塔顶段液位控制	50
3	LICA5	103-F 罐液位控制	50
4	LRCA70	102-E 罐液位控制	50
5	LICA26	121-F 罐液位控制	50
6	LICA39	C66401 液位控制	50
7	LICA3	102-F 液位控制	50

4. 流量指标

合成气净化与精制仿真工段的主要流量指标见表 3-8。

表 3-8　合成气净化与精制仿真工段的主要流量指标

序号	位号	说明	设计值	单位
1	FICA15	水洗液入 101-E 流量控制	12500	kg/h
2	FRCA5	富液流量控制	640	t/h
3	FIC16	水洗液出 101-E 流量控制	13600	kg/h
4	FICA17	106-J 到 121-F 流量控制	10000	kg/h
5	FIC97	蒸汽流量控制	9.26	t/h

技能训练 3　合成气净化与精制仿真工段停车操作

一、脱碳系统停车

① 停联锁 LSL104、LSH3、LSH26；

② 关 CO_2 去尿素截止阀 VV076（现场 103-F 顶截止阀）；

③ 关工艺气入 102-F 主阀 VX0020，关闭工艺气入 101-E 主阀 VX0001；

④ 停泵 106-J，关阀 MIC11（淬冷工艺气冷凝液阀）及 FICA17；

⑤ 停泵 J66401，关 102-F 液位调节器 LICA3；

⑥ 关 103-F 液位调节器 LICA5；

⑦ 停泵 108-J，关闭 FICA15、LIC7、FIC16；

⑧ 停泵 116-J，关闭 VV013，关进蒸汽阀 VX0021；

⑨ 关阀 FRCA5（退液阀 LRCA70 在现场图，泵 107-J 至贮槽 115-F 间）；

⑩ 开启充压阀 VV072、VX0049，全开 LIC4、LRCA70；

⑪ LIC4 降至 0 时，关闭充压阀 VV072、VX0049，关阀 LIC4；

⑫ 102-E 液位 LRCA70 降至 5% 时停泵 107-J；

⑬ 102-E 液位降至 5％后，关退液阀 LRCA70。

二、甲烷化系统停车

① 开启工艺气放空阀 VV001；
② 关闭 106-D 的进气阀 MIC21；
③ 关闭 136-C 的蒸汽进口阀 VX0022；
④ 关闭 104-C 的蒸汽进口阀 VX0019；
⑤ 停联锁 TISH1002。

三、工艺冷凝液系统停车

① 关 C66401 顶蒸汽去 101-B 截止阀 VX0045；
② 关蒸汽入口调节器 FIC97；
③ 关冷凝液去水处理截止阀 VV115；
④ 开 C66401 顶放空阀 VX0046；
⑤ 至常温，常压，关放空阀 VX0046。

技能训练 4 合成气净化与精制仿真工段事故处理操作

在合成气净化与精制仿真工段操作中，由于设备损坏或者操作不当，会导致生产中出现异常事故，操作人员在操作过程中要能够及时发现异常事故，并能进行正确的事故处理。以下，列举了合成气净化与精制操作过程中的事故及处理操作。

一、101-E 液位低联锁事故及处理

1. 事故原因

LSL-104 低联锁。

2. 事故现象

① LIC-4 回零；
② PICA89 下降，AR＿1181 上升。

3. 处理方法

等 LSL-104 联锁条件消除后，按复位按钮 101-E 复位。

二、102-F 或 121-F 液位高联锁事故及处理

1. 事故原因

LSH-3 或 LSH-26 高联锁。

2. 事故现象

102-F 液位 LICA3 或 121-F 液位 LICA26 升高。

3. 处理方法

等 LSH-3 或 LSH-26 联锁消除后，按复位按钮 SV9 复位。

三、甲烷化联锁事故及处理

1. 事故原因

TSH-1002 联锁。

2. 事故现象

① MIC21 回零；

② VX0010 回零；

③ TRA1 _ 112 升高。

3. 处理方法

等 TSH-1002 联锁消除后，按复位按钮 106-D 复位。

四、107-J 跳车事故及处理

1. 事故原因

107-J 跳车。

2. 事故现象

① FRCA5 流量下降；

② LIC4 下降；

③ AR1181 逐渐上升。

3. 处理方法

① 开 MIC26 放空，系统减负荷至 80%；

② 降 103-J 转速；

③ 迅速启动另一台备用泵；

④ 调整流量，关小 MIC26；

⑤ 按 PB-1187、PB-1002（备用泵不能启动）；

⑥ 开 MIC26，调整好压力；

⑦ 停 1-3P，关出口阀；

⑧ 105-J 降转速，冷冻调整液位；

⑨ 关闭 MIC18、MIC24，氢回收去 105-F 截止阀；

⑩ LIC13、LIC14、LIC12 手动关掉；

⑪ 关 MIC13、MIC14、MIC15、MIC16、HCV1、MIC23；

⑫ 关闭 MIC1101、AV1113、LV1108、LV1119、LV1309、FV1311、FV1218；

⑬ 切除 129-C、125-C；

⑭ 停 109-J，关出口阀。

五、106-J 跳车事故及处理

1. 事故原因

106-J 跳车。

2. 事故现象

① FICA17 流量下降；

② 102-F 液位上升。

3. 事故处理

① 启动备用泵；

② 备用泵不能启动，开临时补水阀。

六、108-J 跳车事故及处理

1. 事故原因

108-J 跳车。

2. 事故现象

FICA15 无流量。

3. 事故处理

① 启动备用泵；

② 关闭 LIC7，尽量保持 LIC7；

③ 备用泵不能启动，开临时补水阀。

七、尿素跳车事故及处理

1. 事故原因

尿素停车。

2. 事故现象

PIC24 打开，PICA89 打开。

3. 事故处理

① 调整 PIC24 压力；

② 停 1-3P-1/2。

【项目考核评价表】

考核项目	考核要点	分数	考核标准（满分要求）	得分
技能考核	流程叙述	一氧化碳变换工段	10	1. 能流利叙述整个工艺流程，详细讲述从原料到产品的生产过程； 2. 能正确描述每个设备的位号、名称和主要功能，并能详述反应器中发生的反应； 3. 讲述有条理，口齿清晰，逻辑合理	
		脱碳和甲烷化工段	10	1. 能流利叙述整个工艺流程，详细讲述从原料到产品的生产过程； 2. 能正确描述每个设备的位号、名称和主要功能，并能详述反应器中发生的反应； 3. 讲述有条理，口齿清晰，逻辑合理	
	DCS 控制合成气净化与精制 3D 工厂操作		10	1. 内、外操相互配合，完成岗位工作任务，配合中出现重大问题扣 3 分； 2. 能发现生产运行中的异常，能够分析、判断和采取有效措施处理问题，如未发现操作中存在的问题扣 2 分	

续表

考核项目	考核要点	分数	考核标准(满分要求)	得分
技能考核	合成气净化与精制工艺仿真操作	20	熟悉合成气净化与精制工艺仿真操作的主要设备和工艺流程,并熟悉仿真操作的步骤和阀门,掌握仪表和阀门的调节方法,能正确控制工艺参数(10分); 能在规定时间内完成整个工段的开车操作,并能达到合格的分数(10分)。95~100分:10分;90~95分:5~10分;85~90分:5分;<85分:0分	
	合成气净化与精制工艺流程图的绘制	20	根据工艺流程及现场工艺管线的布局,正确规范地完成流程图的绘制(设备、管线),每错漏一处扣2分,工艺流程图绘制要规范、美观(设备画法、管线及交叉线画法、箭头规范要求、物料及设备的标注要求),每错漏一处扣1分	
知识考核	合成气净化与精制相关理论知识	15	根据所学内容,完成老师下发的知识考核卡,每错一题扣1分	
态度考核	任务完成情况及课程参与度	5	按照要求,独立或小组协作及时且正确完成老师布置的各项任务;认真听课,积极思考,参与讨论,能够主动提出或者回答有关问题,迟到扣2分,玩手机等扣2分	
	工作环境清理	5	保持工作现场环境整齐、清洁,认真完成清扫,学习结束后未进行清扫扣2分	
素质考核	项目操作过程中的职业素养和综合素质	5	能够遵守课堂纪律,能与他人协作、交流,善于分析问题和解决问题,尊重考核教师;现场学习过程中,注意教师提示的生产过程中的安全和环保问题,会使用安全和环保设施,按照工作场所和岗位要求,正确穿戴服装和安全帽,未按要求穿戴扣2分	
项目总分				

【巩固训练】

一、填空题

1. 一氧化碳变换的目的是（　　　　　　），同时还能生成大量的（　　　　　　），提高了原料的氢氮比。

2. 一氧化碳变换的催化剂分为（　　　　　　）和（　　　　　　）以及（　　　　　　），尤其是最后一种催化剂是目前工业中广泛使用的。

3. 脱碳的方法有（　　　　　　）、（　　　　　　）和（　　　　　　），其中最常用的是（　　　　　　），该方法中具有代表性的是本装置中采用的（　　　　　　）。

二、判断题

1. 一氧化碳变换的高温变换催化剂活性组分主要是氧化铜。（　　　）

2. 本菲尔特法脱碳过程采用的吸收液主要成分是氢氧化钠。（　　）

3. 某些合成气净化装置将脱碳和脱硫同时进行，例如采用低温甲醇洗的方法。（　　）

4. 合成气精制操作中，甲烷化法必须与深度变换相结合。（　　）

5. 甲烷化法的催化剂与天然气蒸汽转化的催化剂成分一样。（　　）

三、简答题

1. 一氧化碳变换流程设计的原则是什么？

2. 合成气脱碳过程中，为什么要采用"两段吸收两段再生"工艺？

3. 简述本菲尔特法吸收液的组成及各部分的作用。

4. 在合成气净化与精制工艺中，有许多换热器和锅炉，这些装置的作用是什么？它们之间的区别是什么？

5. 贫液、半贫液、富液分别指的是什么？它们的主要成分是什么？

项目四
合成氨生产技术

【基本知识目标】

1. 了解氨的性质、用途和工业生产方法；掌握氨合成的基本原理、反应热效应、催化剂的使用和工艺条件；了解氨分离的几种工业方法的原理及其应用。

2. 掌握合成氨生产工艺模型装置、3D 虚拟仿真工厂和仿真工段的主要设备，并掌握其功能与作用。

3. 熟悉合成氨生产工艺模型装置、3D 虚拟仿真工厂和仿真工段的工艺流程。

4. 掌握合成氨生产 3D 虚拟仿真工厂的内、外操开、停车操作流程；掌握合成氨生产仿真工段的开、停车操作和故障处理流程。

5. 掌握氨合成塔的结构和两种不同换热方式的换热原理。

6. 了解合成氨生产工艺流程中的节能降耗措施。

7. 了解合成氨生产工艺中安全生产和环保方面的知识。

【技术技能目标】

1. 能掌握氨合成生产原理和工艺条件，并能分析影响工艺参数的因素；能掌握氨合成塔结构原理，并能分析冷激式和冷管式合成塔的换热过程。

2. 能掌握氨合成的典型工艺流程，并能初步设计一套合理的氨合成工艺流程。

3. 能掌握氨合成工艺流程中主要设备的操作控制方法，尤其是压缩机等大型动设备的开、停车程序。

4. 能熟练叙述合成氨生产模型装置的工艺流程；能识读和绘制合成氨生产工艺流程图。

5. 能实现内、外操协作配合，共同完成合成氨生产 3D 虚拟仿真工厂的开、停车操作；并能在开、停车操作过程中，发现和解决随时出现的问题。

6. 能熟练进行合成氨生产仿真工段的开、停车及事故处理操作；能在操作过程中观察和分析工艺参数，提高预判能力，并通过各种方法调整工艺参数，使生产平稳运行。

7. 能实现团队协作，共同完成氨合成塔装置的开、停车操作；能熟练进行压缩机的启、停操作；能熟练进行加热炉的平稳升温、降温操作。

8. 能明确合成氨生产工段内、外操的岗位职责；能通过项目操作了解合成氨生产中的安全隐患，针对安全问题提出合理的解决方案。

【素质培养目标】

1. 通过项目中角色分配、任务设定，使学生充分感受行业工作氛围，认识到化工生产在国民经济中的重要地位，培养学生作为"化工人"的责任感、荣誉感和职业自信。

2. 在项目操作过程中，使学生树立遵循标准、遵守国家法律法规的意识；使学生能够在技术技能实践中理解并遵守职业道德和规范，履行责任。

3. 通过项目操作，使学生认识到化工行业严谨求实的工作态度；通过生产过程中安全和环保问题分析，使学生具有化工生产过程中的"绿色化工、生态保护、和谐发展和责任关怀"的核心思想；通过化工安全事故案例讲解，培养学生具有关于安全、健康、环境的责任关怀理念和良好的质量服务意识。

4. 通过分组协作，使学生能够在工作中承担个体、团队成员、负责人的角色，锻炼学生进行有效沟通和交流，提高学生语言表达能力、分析和解决问题的能力。

5. 通过理论知识和实践操作的综合考核，培养学生具有良好的心理素质、诚实守信的工作态度及作风，并且形成良性竞争的意识；使学生能够经受压力和考验，面对压力保持良好和乐观的心态，从容应对。

【项目描述】

本项目教学以学生为主体，通过学生工作页给学生布置学习任务，学生分组并担任化工企业的操作工角色。项目采用与秦皇岛博赫科技开发有限公司联合开发的合成氨生产模型装置、3D 虚拟仿真工厂和小型氨合成塔装置为载体，另外还采用东方仿真公司开发的合成氨生产仿真软件为任务载体。通过内、外操配合协调，共同完成合成氨生产 DCS 控制模型装置操作、3D 虚拟仿真工厂和氨合成塔装置的开、停车操作，以及合成氨生产仿真操作。从设备、仪表到工艺参数的操作控制，从工艺流程叙述、工艺流程图绘制到全流程的开、停车和事故处理操作，培养学生具备从事化工生产操作的技术技能，提高学生的安全、环保意识，培育具备极高职业素养的化工从业人员。

【操作安全提示】

1. 进入实训现场必须穿工作服，不允许穿高跟鞋、拖鞋。

2. 实训过程中，要注意保护模型装置、管线，保障装置的正常使用。

3. 实训装置现场的带电设备，要注意用电安全，不用手触碰带电管线和设备，防止意外事故发生。

4. 实训装置有带压反应器，操作时要注意安全，防止超压操作。

5. 操作机泵、压缩机及鼓风机等动设备时，必须严格按照操作规程进行，避免误操作。

6. 不允许在电脑上连接任何移动存储设备等，注意电脑使用和操作安全，保证操作正常运行。

7. 合成氨生产装置现场有易燃易爆和有毒气体，真正进入作业现场需要佩戴防毒面具、空气呼吸器等防护用品，取样等操作需要佩戴橡胶手套等劳保用具。

8. 掌握合成气生产现场操作的应急事故演练流程，一旦发生着火、爆炸、中毒等安全事故，要熟悉现场逃离、救护等安全措施。

任务 1
DCS 控制合成氨生产智能化模型装置操作

任务描述

任务名称:DCS 控制合成氨生产智能化模型装置操作		建议学时:8 学时
学习方法	1. 按照工厂车间实行的班组制,将学生分组,1 人担任班组长,负责分配组内成员的具体工作,小组共同制订工作计划、分析总结并进行汇报; 2. 班组长负责组织协调任务实施,组内成员按照工作计划分工协作,完成规定任务; 3. 教师跟踪指导,集中解决重难点问题,评估总结	

续表

任务目标	1. 了解氨的性质、用途,以及生产工艺路线; 2. 掌握氨合成及分离的工艺原理; 3. 能列举合成氨生产智能化模型装置的设备,并能熟悉主要设备的操作控制方法; 4. 能熟练叙述合成氨生产智能化模型装置的工艺流程; 5. 能识读和绘制合成氨生产智能化模型装置的工艺流程图		
岗位职责	班组长:组织和协调组员完成查找合成氨生产智能化模型装置的主要设备、管线布置和工艺流程组织; 组员:在班组长的带领下,共同完成合成氨生产智能化模型装置的主要设备、管线布置和工艺流程组织任务,完成设备种类分析任务记录单及工艺流程图的绘制		
工作任务	1. 合成氨生产的基本原理认知; 2. 合成氨生产智能化模型装置的设备、管线、仪表和阀门认知; 3. 合成氨生产智能化模型装置的工艺流程认知; 4. 合成氨生产智能化模型装置工艺流程图的绘制; 5. 合成氨生产的安全和环保问题分析		
工作准备	教师准备		学生准备
	1. 准备教材、工作页、考核评价标准等教学材料; 2. 给学生分组,下达工作任务		1. 班组长分配工作,明确每个人的工作任务; 2. 通过课程学习平台预习基本理论知识; 3. 准备工作服、学习资料和学习用品

任务实施

任务名称:DCS 控制合成氨生产智能化模型装置操作

序号	工作过程	学生活动	教师活动
1	准备工作	穿好工作服,准备好必备学习用品和学习材料	准备教材、工作页、考核评价标准等教学材料
2	任务下达	领取工作页,记录工作任务要求	发放工作页,明确工作要求、岗位职责
3	班组例会	分组讨论,各组汇报课前学习基本知识的情况,认真听老师讲解重难点,分配任务,制订工作计划	听取各组汇报,讨论并提出问题,总结并集中讲解重难点问题
4	合成氨生产模型装置主要设备认识	认识现场设备名称、位号,分析每个设备的主要功能,列出主要设备	跟踪指导,解决学生提出的问题,集中讲解
5	查找现场管线,理清合成氨生产工序工艺流程	根据主要设备位号,查找现场工艺管线布置,理清工艺流程的组织过程	跟踪指导,解决学生提出的问题,并进行集中讲解

续表

任务名称:DCS控制合成气生产智能化模型装置操作

序号	工作过程	学生活动	教师活动
6	工作过程分析	根据合成氨生产工序现场设备及管线布置,分析工艺流程组织,熟练叙述工艺流程	教师跟踪指导,指出存在的问题并帮助解决,进行过程考核
7	工艺流程图绘制	每组学生根据现场工艺流程组织,按照规范进行现场工艺流程图的绘制	教师跟踪指导,指出存在的问题并帮助解决,进行过程考核
8	工作总结	班组长带领班组总结工作中的收获、不足及改进措施,完成工作页的提交	检验成果,总结归纳生产相关知识,点评工作过程

学生工作页

任务名称		DCS控制合成氨生产智能化模型装置操作	
班级		姓名	
小组		岗位	
工作准备	一、课前解决问题 1. 合成氨生产工艺流程由哪几个部分组成?每一部分流程的主要作用是什么? 2. 氨合成的基本反应是什么?反应有哪些特点? 3. 氨合成的催化剂是什么?催化剂在使用过程中要注意什么问题? 4. 新鲜气、循环气有什么异同?他们的主要成分分别是什么? 5. 合成气压缩机的主要作用是什么?一段压缩和二段压缩的主要气体有哪些? 6. 氨合成工段的主要设备有哪些? 7. 氨的分离有哪些工业方法?应如何选择?		

工作准备	8. 本模型装置中,氨的分离采用的是什么方法?该方法的分离原理是什么? 9. 冷冻压缩机的主要作用是什么? 10. 设置多级氨分离器的目的是什么? 11. 热氨和冷氨的区别是什么?分别来自哪个设备?分别送到哪里? 二、接受老师指定的工作任务后,了解模型装置实训室的环境、安全管理要求,穿好工作服。 三、安全生产及防范 学习合成氨生产智能化模型工作场所相关安全及管理规章制度,列出你认为工作过程中需注意的问题,并做出承诺。 _____ _____ 我承诺:工作期间严格遵守实训场所安全及管理规定。 承诺人: 本工作过程中需注意的安全问题及处理方法:_____ _____ _____ _____

1. 列出主要设备,并分析设备作用。

工作分析 与实施	序号	位号	名称	类别	主要功能与作用

续表

工作分析 与实施	2. 按照工作任务计划,查找管线布置,分析工艺流程组织,完成工艺流程叙述及现场工艺流程图的绘制,记录工作过程中出现的问题。
工作总结 与反思	结合自身和本组完成的工作,通过交流讨论、组内点评等形式客观、全面地总结本次工作任务完成情况,以及如何改进工作。

技能训练 1　DCS 控制氨合成工段智能化模型装置操作

一、相关知识

（一）氨合成的基本原理

1. 氨的性质和用途

氨在标准状况下是无色气体，比空气轻，有刺激性臭味。分子量为 17.03，相对密度为 0.597，沸点为 $-33.33℃$，熔点为 $-77.7℃$，爆炸极限为 $15.7\%\sim27\%$（体积分数）。氨在常温下加压易液化为液氨。氨具有强烈的刺激性和腐蚀性，长时间接触对人体有害，应采取安全措施。人类在空气中氨浓度 $>100\mu L/L$ 的环境中，每天接触 8h 会引起慢性中毒；$5000\sim10000\mu L/L$ 时，只要接触几分钟就会有致命危险。

微课扫一扫

合成氨生产
的基本原理

氨在常温下比较稳定，在高温、电火花或紫外光的作用下可分解为氢气和氮气。氨能与许多物质发生反应。在催化剂作用下，与氧气反应生成 NO，与 CO_2 反应生成氨基甲酸铵，然后脱水成尿素。氨能与无机酸反应，也能生成各种配合物。

氨在国民经济中有着重要意义，在很多领域都有广泛的应用。氨的主要用途是用于生产氮肥，氨是生产尿素的基本原料，由于对氮肥的需求量巨大，国内 80% 以上的合成氨用于生产尿素。氨也可用于生产其他化工产品，主要用于制造炸药、纤维和塑料等产品。

2. 氨合成的化学反应

（1）化学平衡　氨合成是放热和物质的量减少的可逆反应，反应式为：

$$N_2 + 3H_2 \rightleftharpoons 2NH_3(g) \qquad \Delta H = -46.22kJ/mol$$

化学平衡常数 K_p 可表示为：

$$K_p = \frac{p_{NH_3}}{(p_{N_2})^{1/2}(p_{H_2})^{3/2}} = \frac{1}{P} \times \frac{y_{NH_3}}{(y_{N_2})^{1/2}(y_{H_2})^{3/2}}$$

式中　P、p——分别为总压和组分平衡分压，MPa；

y——平衡组分的摩尔分数。

由于 $K_p = f(T)$，而加压下的化学平衡常数 K_p 不仅与温度有关，而且与压力和气体组成有关，需改用逸度表示。K_p 与 K_f 之间的关系为：

$$K_f = \frac{f_{NH_3}}{(f_{N_2})^{1/2}(f_{H_2})^{3/2}} = \frac{p_{NH_3}\gamma_{NH_3}}{(p_{N_2}\gamma_{N_2})^{1/2}(p_{N_2}\gamma_{N_2})^{3/2}} = K_p K_0$$

式中，f 和 γ 为各平衡组分的逸度和逸度系数。若已知各平衡组分的逸度系数 γ 和 K_0，则可计算出加压下的 K_p 值。有人将不同温度和压力下的 K_0 值算出并绘制成图，从而求得不同温度和压力下的 K_p。

惰性气体的平衡含量分别为 y_{NH_3} 和 y_i，原始氢气、氮气比为 r，总压为 p，则氨气、氮气、氢气组分的平衡分压为：

$$p_{NH_3} = p y_{NH_3}$$

$$p_{N_2} = p\,\frac{1}{1+r}(1 - y_{NH_3} - y_i)$$

$$p_{H_2} = p\,\frac{1}{1+r}(1 - y_{NH_3} - y_i)$$

将各分压数值代入得到：

$$\frac{y_{NH_3}}{(1 - y_{NH_3} - y_i)} = K_p p\,\frac{r^{1.5}}{(1+r)^2}$$

当 $r = 3$ 时，上式可简化为：

$$\frac{y_{NH_3}}{(1 - y_{NH_3} - y_i)} = 0.325 K_p p$$

工业生产中，反应产物为氮气、氢气、氨气及惰性气体的混合物，热效应是上述反应热与气体混合热之和。

（2）平衡氨含量及其影响因素　已知原始氢氮比为 r，总压为 p，反应平衡时氨、惰性气体的平衡含量分别为 y_{NH_3} 和 y_i，则将氨气、氢气、氮气等组分的平衡分压代入平衡常数得下式。

$$\frac{y_{NH_3}}{(1 - y_{NH_3} - y_i)} = K_p p\,\frac{r^{1.5}}{(1+r)^2}$$

由上式看出，平衡含量是温度、压力和惰性气体含量的函数。

① 温度和压力的影响。当 $r = 3$、$y_i = 0$ 时，上式可简化为：

$$\frac{y_{NH_3}}{(1 - y_{NH_3})^2} = 0.325$$

由上式可知，提高压力，降低温度，K_p 数值增大，y_{NH_3} 随之增大。

② 氢氮比的影响。如不考虑组成的影响，$r = 3$ 时平衡氨含量具有最大值。若考虑组成的影响，其值在 2.68～2.90 之间。

③ 惰性气体的影响。当氢氮混合气含有惰性气体时，就会使平衡氨含量降低。氨合成反应过程中，惰性气体的含量随反应进行而逐渐升高。随惰性气体的含量提高，平衡氨含量降低。

综上所述，提高压力、降低温度和惰性气体含量，平衡氨含量随之增加。

（3）氨合成反应速率　影响反应速率的因素如下：

① 压力。当温度和气体组成一定时，提高压力，正反应速率增大，逆反应速率减小，所以提高压力净反应速率提高。

② 氢氮比。前述反应达到平衡时，氨浓度在氢氮比为 3 时有最大值。然而比值为 3 时，反应速率并不是最快的。在反应初期，系统离平衡甚远，最佳氢氮比为 1。随着反应

的进行，氨含量不断增加，使 r_{NH_3} 保持最大值，最佳氢氮比也应随之增大。

③ 惰性气体。在其他条件一定的情况下，随着惰性气体含量的增加，反应速率下降。因此，降低惰性气体含量，反应速率加快，平衡氨含量提高。

④ 温度。氨合成反应是可逆的放热反应，存在最佳温度，其值由组成、压力和催化剂的性质决定。

⑤ 内扩散。本征反应动力学方程式未考虑外扩散、内扩散的影响。实际生产中，由于气体流量大，气流与催化剂颗粒外表面传递速率足够快，外扩散影响可忽略不计，但内扩散阻力却不容忽略。

采用小颗粒催化剂可提高出口氨含量。但颗粒过小压降增大，且小颗粒催化剂易中毒而失活。要根据实际情况，在兼顾其他工艺参数的前提下，综合考虑催化剂的粒度。

3. 氨合成反应的催化剂

（1）催化剂的化学组成和结构　长期以来，人们对氨合成催化剂做了大量的研究工作，发现对氨合成有活性的金属很多，其中以铁为主体并添加有促进剂的铁系催化剂，价廉易得、活性良好、使用寿命长，从而获得了广泛应用。

铁系催化剂活性组分为金属铁，未还原前为 FeO 和 Fe_2O_3，其中 FeO 占 $24\% \sim 38\%$（质量分数）。作为促进剂的成分有 K_2O、CaO、MgO、Al_2O_3、SiO_2 等多种。

催化剂还原后，Fe_3O_4 晶体被还原成细小的 $\alpha\text{-}Fe$ 晶体，它们疏松地处在氧化铝的骨架上。

（2）催化剂的还原和使用　氨合成催化剂的活性不仅与化学组成有关，在很大程度上还取决于制备方法和还原条件。

催化剂还原反应式为：

$$Fe_3O_4 + 4H_2 \longrightarrow 3Fe + 2H_2O(g)$$

还原温度的控制对催化剂的活性影响很大。只有达到一定温度还原反应才开始进行，提高还原温度能加快还原反应的速率、缩短还原时间，但催化剂还原过程也是纯铁结晶体形成的过程，要求 $\alpha\text{-}Fe$ 晶粒越细越好，还原温度过高会导致 $\alpha\text{-}Fe$ 晶体的长大，从而减小催化剂表面积，使活性降低。实际还原温度一般不超过正常使用温度。

降低还原气体中的 p_{H_2O}/p_{H_2} 有利于还原，为此还原气中氢含量宜高，水汽含量宜低。尤其是水汽含量的高低对催化剂活性影响很大，水蒸气的存在可以使已还原的催化剂反复氧化，造成晶粒变粗使活性降低，为此要及时除去还原生成的水分，同时尽量采用高空速以保持还原气中的低水汽含量。至于还原压力以低些为宜，但仍要维持一定的还原空速。

工业上还原过程可以在合成塔内也可以在塔外进行。还原结束后的催化剂初活性高，床层温升快，容易过热，进行一段时间的轻负荷生产可以避免催化剂早期衰老，延长其使用寿命。催化剂在使用中活性不断下降，其原因是：细结晶长大改变了催化剂的结构，催化剂中毒以及机械杂质遮盖催化剂表面。结构变化导致的活性下降是不可逆的。为此，生产中要严格控制催化剂床层温度，尽量减少温度波动，特别要避免超越催化剂所允许的使用温度范围。

此外，氨合成塔停车时降温速度不能太快，以免催化剂粉碎，卸出催化剂前一般进行钝化操作。如果对催化剂使用得当，维护保养得好，使用数年仍能保持相当高的催化活性。

（二）氨合成工段的生产工艺条件

在实际生产中，反应不可能达到平衡，合成工艺参数的选择除了考

微课扫一扫

合成氨生产
的工艺条件

虑平衡氨含量外，还要综合考虑反应速率、催化剂使用特性以及系统的生产能力、原料和能量消耗等，以期达到良好的技术经济指标。氨合成的工艺参数一般包括温度、压力、空速、氢氮比、惰性气体含量和初始氨含量等。

1. 温度

和其他可逆放热反应一样，合成氨反应存在着最适宜温 T_m（或称最佳反应温度），它取决于反应气体的组成、压力以及所用催化剂的活性。

T_m 与平衡温度 T_e 及正逆反应的活化能 E_1、E_2 的关系为：

$$T_m = \frac{T_c}{1 + \frac{RT_c}{E_2 - E_1} \ln \frac{E_2}{E_1}}$$

在一定压力下，氨含量提高，相应的平衡温度与最适宜温度下降。惰性气体含量增高，对应于一定氨含量的平衡温度下降，则相应的最适宜温度亦下降。氢氮比对最适宜温度的变化规律同对平衡温度的影响。

从理论上看，合成反应按最适宜温度曲线进行时，催化剂用量最少、合成效率最高。但由于反应初期，合成反应速率很高，故实现最适宜温度不是主要问题，而实际上受种种条件的限制不可做到这一点。此外温度分布递降的反应器在工艺实施上也不尽合理，它不能利用反应热使反应过程自热进行，需额外加高温热源预热反应气体以保证入口的温度。所以，在床层的前半段不可能按最适宜温度操作。在床层的后半段，氨含量已经比较高，反应温度沿着最适宜温度曲线操作是有可能的。

氨合成反应温度，一般控制在 400～500℃ 之间（依催化剂类型而定）。催化剂床层的出口温度比较低，大于或等于催化剂使用温度的下限，依靠反应热床层温度迅速提高，而后温度再逐渐降低。床层中温度最高点，称为"热点"，不应超过催化剂使用温度的高限。到生产后期，催化剂活性已经下降，操作温度应适度提高。

在工业生产中，除了控制热点温度，还要控制床层入口温度（"零米温度"）。

鉴于氨合成反应的最适宜温度随氨含量提高而降低，要求随反应的进行不断移出反应热。生产上按降温方法的不同，氨合成塔内件可分为内部换热式和冷激式。内部换热式内件采用催化剂床层中排列冷管或绝热层间安置中间热交换器的方法，以降低床层的反应温度，并预热未反应的气体。冷激式内件采用反应前尚未预热的低温气体进行层间冷激，以降低反应气体的温度。

2. 压力

在氨合成过程中，合成压力是决定其他工艺条件的前提，是决定生产强度和技术经济指标的主要因素。合成系统能量消耗与操作压力的关系见图 4-1。

提高操作压力有利于提高平衡氨含量和氨合成速率，增加装置的生产能力，有利于简化氨分离流程。但是，压力高时对设备材料及加工制造的技术要求较高。同时，高压下反应温度一般较高，催化剂使用寿命缩短。

生产上选择操作压力主要涉及功的消耗，即氢/氮气的压缩功耗、循环气的压缩功耗和冷冻系统的压缩功耗。提高压力，循环气压缩功和氨分离压缩功减少，而氢/氮气压缩功却大幅度增加。当操作压力在 20～30MPa，总功耗较低。综合费用是综合性的经济技术指标，它不仅取决于操作压力，还与生产流程（主要指氨分离时的冷凝级数）、装置的生产能力、操作条件、原料及动力以及设备的价格、热量的综合利用等因素有关。

通常原料气和设备的费用对过程的经济指标影响较大，在 10～35MPa 范围内，压力提高综合费用下降，主要原因在于低压下操作设备投资与原料气消耗均增加。对于不同的流程来说，低于 20MPa 时，三级冷凝流程的综合费用较低；20～28.5MPa，二级冷凝流程（一级水冷、一级氨冷）的综合费用较低；更高压力时采用一级冷凝（仅一级水冷）的流程综合费用最低。

实际生产中，以前采用往复式压缩机时，氨合成的操作压力在 30MPa 左右，现多采用蒸汽透平驱动的高压离心式压缩机，操作压力降至 15～20MPa。随着氨合成技术的进步，采用低压力的径向合成塔，装填高活性的催化剂，都会有效地提高氨合成率，降低循环机功耗，可使操作压力降至 10～15MPa。

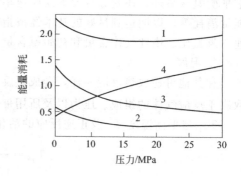

图 4-1　合成系统能量消耗与操作压力的关系
（以 15MPa 原料气的压缩功为比较的基准）
1—总能量消耗；2—循环气压缩功；
3—氨分离冷冻功；4—原料气压缩功

3. 空间速率

空间速率表示单位时间内单位体积催化剂处理的气量。

提高空速增加了合成塔生产强度，但氨净值降低。氨净值的降低，增加了氨的分离难度，使冷冻功耗增加。另外，由于空速提高，循环气量增加，系统压力降增加，循环机功耗增加。若空速过大使气体带出的热量大于反应放出的热量，会导致催化剂床层温度下降，以致不能维持正常生产。因此，采用提高空速强化生产的方法不再被推荐。

一般而言，氨合成操作压力高，反应速率快，空速要高一些；反之可低一些。例如 30MPa 的中压法氨合成塔，空速可控制在 $20000～30000h^{-1}$，15 MPa 的轴向冷激式氨合成塔，空速为 $10000h^{-1}$。

4. 合成塔进口气体组成

合成塔进口气体组成包括氢氮比、惰性气体含量和初始氨含量。

最适宜的氢氮比与反应偏离平衡的状况有关。当接近平衡时，氢氮比在 2.8～2.9 之间，而对含钴催化剂其适宜氢氮比在 2.2 左右。因氨合成反应氢与氮总是按 3：1 的比例消耗，所以新鲜气中的氢氮比应控制为 3，否则，循环气中多余的氢或氮会逐渐积累，造成氢氮比失调，使操作条件恶化。

惰性气体的存在，无论从化学平衡、反应动力学还是动力消耗的角度分析，都是不利的。但要维持较低的惰性气体含量需要大量地排出循环气，导致原料气消耗增大。生产中必须根据新鲜气中惰性气体含量、操作压力、催化剂活性等综合考虑。当操作压力较低、催化剂活性较好时，循环气中的惰性气体含量宜保持在 16%～20%。反之宜控制在 12%～16%。

在其他条件一定时，降低入塔氨含量，反应速率加快，氨净值增加，生产率提高。但进塔氨含量的高低，需综合考虑冷冻功耗以及循环机的功耗。通常操作压力为 25～30MPa 时采用一级氨冷，进塔氨含量控制在 3%～4%；而压力为 20MPa 合成时采用二级氨冷，进塔氨含量控制在 2%～3%；压力为 15MPa 左右合成时采用三级氨冷，进塔氨含量控制在 1.5%～2.0%。

二、氨合成工段模型装置的主要设备

（一）合成气压缩机

1. 压缩机的分类及使用

合成氨生产过程中，为了使气体获得必要的压力以满足各工序的需要，必须使用气体压缩机，它是合成氨生产中的关键设备。早期有的合成压力最高达 100MPa，随着工艺和催化技术的发展，已使合成压力逐步降低。现在合成压力一般为 10～15MPa。

合成气压缩机通常采用离心式压缩机，早期也有采用活塞式和离心式串联配置的气体压缩机组，低压部分采用离心式压缩机，高压部分采用活塞式压缩机。随着离心式压缩机设计和制造水平的提高，加上合成压力的降低，目前世界上大部分大型合成氨厂的气体压缩均采用离心式压缩机。

压缩机的驱动机过去一般采用电动机，考虑到工艺和热能综合利用又出现了蒸汽驱动，合成氨装置大型化后离心式压缩机多采用汽轮机驱动，对蒸汽综合利用，达到节能的目的。

2. 合成气压缩机

合成气压缩机的主要作用是将氮氢混合气（1∶3）也称新鲜气加压到合成压力，并将经氨合成塔反应的气体也称循环气补充加压。以 10 万吨/年小厂的合成气压缩机为例，天然气为原料的美国凯洛格流程合成压力为 15MPa，其进气压力为 2.47MPa，排气压力为 15.14MPa，则压缩机以两个气缸所组成，其中，低压缸进气压力为 2.47MPa，出口压力为 6.35MPa，经冷却后进入高压缸，由 6.22MPa 加压到 15.14MPa 排出。

（二）氨合成塔

氨合成塔是合成氨厂的关键设备。在工艺上，必须使氨合成反应尽可能在接近最佳温度下进行，以获得较大的生产能力和较高的氨合成率。同时，还应力求降低合成塔的压力降，以减少循环气体的动力消耗。在结构上应力求简单可靠，并满足高温和高压的要求。

1. 氨合成塔的分类

由于氨合成反应是放热反应，而氨合成最佳反应温度随氨含量增大而降低，这就要求随着反应的进行，反应温度不断下降，这与反应的放热是相互矛盾的。为了解决这一问题，必须随着反应的进行采取降温措施。工业上，按照降温方法的不同，可分为冷管冷却型、冷激型和中间换热型。冷管型氨合成塔采用在催化剂床层中设置冷却管，以排除反应热并降低反应温度；冷激型氨合成塔用反应前尚未预热的冷态合成气进行层间冷激，以降低反应气体的温度。

按照流体在塔内流动的方向可分为径向和轴向两种类型。采用径向流动能够有效降低气体流动途径的长度，能够极大降低反应的阻力降，但是径向合成塔的气体分布相对不够均匀。轴向氨合成塔的反应阻力降较大，可以通过加大塔径来降低阻力降。

2. 氨合成塔的防腐

氨合成是在高温高压条件进行的，氢/氮气对碳钢设备有明显的腐蚀作用。造成腐蚀的原因有氢脆、氢腐蚀和氮腐蚀等多方面复杂因素。氢脆，即氢溶解于金属晶格中，使钢材在缓慢变形时发生脆性破坏；氢腐蚀，是指氢渗透入金属内部，使碳化物分解并生产甲烷，甲烷聚积于晶界微孔中形成高压，导致应力集中，沿晶界出现破坏裂纹，有时还会出现鼓泡。氢腐蚀与压力、温度有关，温度超过 221℃、氢分压大于 1.43MPa，氢腐蚀开始发生。在高温高压下，氮与钢中的铁及其他很多合金元素生成硬而脆的氮化物，导致金属机械性能降低。

为合理解决上述问题，合成塔通常都由内件和外筒两部分组成，进入合成塔的气体先经过内外筒间的环隙。内件外面设有保温层，而内件与外筒之间滞气层的存在，大大降低了内件向外筒的散热。因而外筒主要承受高压，而不承受高温，可用普通低合金钢或优质低碳钢制成。在正常情况下，寿命可达 40～50 年。

内件虽然在 500℃ 以上高温下工作，但只承受高温而不承受高压。承受的压力为环隙气流和内件气流的压差，此压差一般为 0.5～2.0MPa。

内件用镍铬不锈钢制作，由于承受高温和氢腐蚀，内件寿命一般比外筒要短一些。内件设有催化剂框、热交换器和电加热器三个主要部分组成。

三、氨合成工段模型装置的工艺流程

（一）氨合成工艺流程的发展历程

氨合成工艺流程虽然不尽相同，但都包括以下几个步骤：氨的合成、氨的分离、新鲜氢/氮气的补入，未反应气体的压缩与循环，反应热的回收与惰性气体排放等。

氨合成工艺流程的设计，关键在于合理组合上述几个步骤，其中主要是合理确定循环机、新鲜气补入及惰性气体放空的位置以及氨分离的冷凝级数和热能的回收方式。

1. 传统氨合成流程

20世纪60年代前合成氨厂大都采用往复式压缩机，活塞环采用注油润滑，氢/氮气压缩机和循环气压缩机所输送的气体中常带一定量的油雾，为避免压缩机对合成塔的污染，循环机往往置于水冷与氨冷之间，以利用液氨将油雾凝集而分离。

氢/氮气压缩机补入新鲜气，补入水冷与氨冷之间的循环气的油分离器中，使其在氨冷凝过程中被液氨洗涤而最终被净化。

补入的新鲜气中还含有少量甲烷和氩气，随气体的不断补入和循环使用，循环气中甲烷和氩气的含量会不断提高。为避免惰性气体量过高而影响氨合成反应，必须进行惰性气体排放，排放点通常设置在循环机之前，工业上称为吹出气。

2. 节能型氨合成流程

节能型通过合理设置余热回收装置，使反应的热量得到充分回收。新鲜气经新鲜气氨冷器冷却，且在塔外换热器二次入口处与循环气混合，然后进入冷交换器的下分离器，利用冷凝下来的液氨除去新鲜气中的水、油污、CO 和 CO_2 等，保证了进入合成塔气体的质量。

节能型流程的主要特点是，采用先进塔后预热的流程，既提高了进催化剂床层气体量，又保证了合成塔外筒对气体温度的要求。同时，设置了废热锅炉回收热量，产生 $1.2\sim2.5MPa$ 的中压蒸汽。

3. 大型合成氨厂流程

目前国内外大型合成氨工艺基本处于少数大公司的垄断地位，主要的大型工艺有美国的 KBR 工艺、丹麦的 Topsoe 工艺、瑞士的 Casale 工艺和德国的 ICI-伍德工艺。世界上氨合成及合成回路的发展趋势为采用新型合成塔内件配以小颗粒、高活性催化剂，使合成塔及合成回路阻力下降，氨净值提高，合成反应热综合利用好。目前大型氨厂采用的塔型有卡萨利（Casale）轴径向冷激或层间换热型、托普索 S-200 径向层间换热型、Kellogg 卧式合成塔等，均取得较好效果。采用新型高效催化剂，降低氨合成和合成回路压力。

（二）氨合成工段模型装置的工艺流程

氨合成工段的工艺流程

从净化系统来的气体（一般称为新鲜气）主要成分是 H_2 和 N_2，新鲜气在合成气压缩机入口缓冲罐（104-F）分离水分后，进入合成气压缩机（103-J）低压缸进行压缩。104-F 上设有压力调节器，感测分离器内的压力，并调整压缩机的转速，以保持水分离器的压力恒定。

经过压缩的新鲜气进入合成塔预热器（121-C）的管层，与 121-C 壳层中通过的合成塔出口气体进行换热，121-C 可以手动操作旁路阀调节气体温度，使压缩气体被预热到 140℃。新鲜气进入合成塔（105-D），在催化剂的作用下进行氨合成反应，由于氨合成反应是放热反应，而且 105-D 是连续换热式氨气成塔，因此在 105-D 内设置冷却器对产物进行降温。产物气体（NH₃）和未反应气体（H₂ 和 N₂）混合物进入小合成塔（1105-D）继续反应，1105-D 是冷激式氨合成塔，通过冷激阀对混合物气体进行降温。小成塔（1105-D）出口气体温度为 377℃，被引入合成塔/锅炉给水换热器（123-CA）进行降温，使气体温度降为 330℃，同时给锅炉水加热，用于副产蒸汽。合成塔出口气体再进入锅炉给水换热器（123-C），被冷却到 157℃，最后在合成塔进、出气换热器（121-C）中被冷却到 77℃。氨合成工段模型装置的工艺流程如图 4-2 所示。

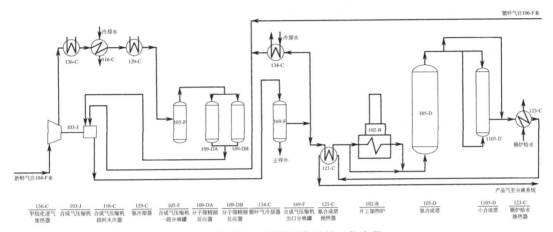

图 4-2　氨合成工段模型装置的工艺流程

技能训练 2　DCS 控制氨分离工段智能化模型装置操作

一、相关知识

（一）氨冷凝分离的工艺原理

由于氨合成是可逆反应，不能将全部氢/氮气合成为氨。为了使氨与未反应气体分离，工业上一般采用冷凝分离法，也有的采用水吸收法，尤其是针对低压系统来说，水吸收法更具经济性。目前，合成氨工业主流的分离方法还是以冷凝分离法为主。

1. "冷冻"的定义

冷凝分离法也称冷冻法，一般需要专用的冷冻剂才能达到冷冻温度要求。习惯上，实现比−100℃更冷的低温称为深度冷冻，而把温度高于−100℃的冷冻称为普通冷冻，氨的分离属于普通冷冻的范围。

所谓冷冻就是使体系的温度降低到低于周围环境温度的过程。要使体系的温度降到环境温度以下，就必须将热量从被冷冻的低温体系传至

微课扫一扫

氨分离工段的生产原理

温度比它高的环境中。由热力学第二定律知道，热是不能自动地从低温传至高温物体的，要实现这个过程必须消耗外功或其他形式的能量（如热量）。而且要选择好某种合适的冷冻剂，令它在冷冻装置中沿着"压缩—冷却—绝热膨胀—蒸发"四个步骤周而复始地进行循环，从而实现对被冷冻体系的冷冻。

氨的冷凝分离，就是利用氨气在高压下易被冷凝的原理而使液态氨分离。高压下，与

液氨呈平衡的气相氨含量，随压力增加、温度降低而下降，从而达到气液分离的目的。

2. 冷冻剂的选择

冷冻剂的性质对冷冻装置的操作压力、尺寸、结构产生直接的影响。在设计制冷装置时，必须选择适合于工艺条件的冷冻剂。冷冻剂需要具备以下基本要求：

① 大气压力下，冷冻剂的沸点低于273K。这样既保证了较低的冷冻温度，且可在一定的蒸发温度下，使蒸发压力不低于大气压力，以免空气进入冷冻装置而影响冷冻效果。

② 冷冻剂在常温下有较低的冷凝压力。这样既可以降低对设备的耐压和密封要求，且操作中的功耗也比较小。

③ 汽化潜热较大，可减少冷冻剂循环量，缩小压缩机尺寸和减少日常功耗。

④ 有较高的临界温度，使循环不在临界点附近进行，以便更有效地利用汽化潜热，提高经济性。

⑤ 液体的比热容小，这样就可减少因节流而损失的功和制冷量。

⑥ 凝固点低，以免操作过程中阻塞管路和设备。

⑦ 化学稳定性好，在操作条件下不燃烧、不分解、不聚合，对设备无腐蚀，对人体无毒，价格低廉。

工业上常用的制冷剂有氨、氟利昂等。

（二）逐级冷冻分离的工艺过程

冷冻压缩机（也称冰机）能力的大小、冷冻工序的简繁，与传热量的多少及冷冻温度的高低密切相关。在大型氨厂，为了把循环气中的氨气充分分离，并使进入合成塔气体中氨含量符合规定，就要求最末一级氨冷器需要达到足够低的蒸发温度。蒸发温度愈低，则氨气的压力也愈低，冰机的功耗就愈大，单级压缩是行不通的。为了节能降耗，可根据冷冻温度的不同要求，而采取分级冷冻的措施。凯洛格流程可采用三级氨冷或四级氨冷。

1. 三级氨冷

（1）三级氨冷工艺的基本原理　合成回路的气体温度从38℃冷却到−23℃，当采用三级降温时，温度大体划为如下三段：

一段：38～22℃；

二段：22～1℃；

三段：1～−23℃。

由于氨冷器的最小传热温差要保持8～10℃，液氨的蒸发温度当然要更低些。于是，确定各级氨冷器的蒸发温度分别为：13.3℃、−7.2℃、−33℃。据此，可查得三级氨冷流程的蒸发压力分别为0.69MPa、0.326MPa以及0.104MPa。在各级氨冷器中蒸发出来的氨气，最终需要加压到一定的压力，用水就可以使氨冷凝。假定冷却水温度为34℃，传热温差为8℃，则冷凝温度为42℃，相应的冷凝压力应当是1.65MPa。

合成回路分出来的产品氨可以和冷冻用氨分成两个独立的系统，但也可以合并。使产品氨的净化与冷冻回路合并是凯洛格法冷冻流程的一个特点。产品氨送入相应的氨冷器作为冷源，同时又从适当的地点取出所需温度的冷氨产品或热氨产品。

（2）三级氨冷工艺的流程设计　冰机系统氨贮槽的液氨能满足整个冷冻系统的需要量，即先减压进入一级闪蒸罐，一级闪蒸罐液氨进入二级闪蒸罐，二级闪蒸罐的液氨进入三级闪蒸罐，各个氨冷器从相应的闪蒸罐取得液氨，由此蒸发出来的氨气再通过相应的闪蒸罐返回冰机去压缩，完成了整个循环。

凯洛格流程的特点之一就是把液氨产品的提纯过程亦纳入冷冻流程。合成氨回路生产出来的液氨由高压氨分离罐送往低压氨分离罐时，压力由 14.7MPa 左右降到 1.687MPa，原来溶解于液氨中的气体（H_2、N_2、CH_4、Ar）当即会闪蒸出一些，同时也有一些液氨蒸发，这一股弛放气可送作燃料。低压氨分离罐的液氨可根据需要送入二闪罐和三闪罐，从而将产品氨送入了冷冻系统而得到净化。

产品氨经过这样的净化后，从冷冻系统排出。产品氨可以有不同的温度等级，正常情况下，送往氨加工车间的液氨温度可以高一些（一般 40℃），叫作热氨，从能量利用上看比较合理。热氨泵从冰机系统氨贮槽抽出 42℃的液氨，冷氨泵从第三闪蒸罐抽出少量－33℃的液氨，配成 40℃产品送出去，抽出氨加工车间需要的液氨也用冷氨泵直接送往氨储罐。

2. 四级氨冷

为了节能降耗，凯洛格工艺还有四级氨冷工艺，即先用 32℃水将氨合成塔出口气体从 68℃冷却到 38℃，然后用 13℃的液氨将出口气从 38℃冷却到 22℃，第三级采用－7℃的液氨将出口气体从 22℃冷却到 10℃，最后一级用－33℃液氨将出口气从 10℃冷却到－23℃。这样的流程设计，目的是为了减小冷冻过程的不可逆性，能耗相比三级氨冷要降低很多。

二、氨分离工段模型装置的主要设备

1. 氨冷器

三级氨冷流程中有 3 个大的氨冷器，即通常所说的一级氨冷器、二级氨冷器和三级氨冷器。此外，还有三只小的氨冷器也需要低温液氨，它们是合成回路放空气的氨冷器、冰机系统贮缸气的氨冷器以及合成气压缩机级间氨冷器，它们也纳入相应的级。

2. 闪蒸罐

流程中有 3 个液氨闪蒸罐（一级闪蒸罐、二级闪蒸罐、三级闪蒸罐）作为每一冷冻级的贮槽。液氨由此送入相应的氨冷器，同时各氨冷器蒸发出来的氨气又都进入压力相当的闪蒸罐，然后统一送往冰机。

三、氨分离工段模型装置的工艺流程

从氨合成塔预热器（121-C）出来的合成气在合成气压缩机出口冷却器（124-CA/CB）中被冷却水冷却到 35℃，从 124-CA/CB 出来的气体 45.8%流过合成气换热器（120-C）的壳侧，约 56%的合成气流过串联的合成一级氨冷器（117-C）和合成二级氨冷器（118-C），这两个换热器和 120-C 并联操作，两股气体在合成三级氨冷器（119-C）的入口汇合，进入三级氨冷器，被冷却到－23℃。合成气被冷却到－23℃后，转变为气液混合物状态，进入高压氨分离罐（106-F）内，－23℃的不凝循环气（主要是未反应的 H_2 和 N_2）进入 120-C 的管侧，在 120-C 的管侧被合成塔出口气加热到 29℃，进入合成气压缩机（103-J）的最末一级叶轮，在 103-J 的高压段被压缩到 14.1MPa，重新返回氨合成塔进行反应，完成一次循环。

氨分离工段模型
装置的工艺流程

高压氨分离罐（106-F）分离下来的液氨，经过液位调节阀调节液位后去低压氨分离罐（107-F）。107-F 的闪蒸压力为 1.62MPa，可以把大部分惰性气体和不溶性气体闪蒸出来。从 107-F 出来的闪蒸气送入氢回收单元。低压氨分离罐（107-F）分离出的液氨分别送到一级氨闪蒸罐（110-F）、二级氨闪蒸罐（111-F）和三级氨闪蒸罐

（112-F）中。

在一、二、三级闪蒸罐中，液氨经过闪蒸分离出的气体都送入冷冻气压缩机（105-J）中进行压缩，经过压缩降温后，一部分气体转化为液态，气液混合物一起送入冷冻气回收罐（109-F）。在冷冻气回收罐中，分离出的气体送入氢回收单元。分离出的液体主要是液氨产品，由于温度相对较高，这部分液氨称为"热氨"，"热氨"一部分作为最终产品送出装置，另一部分再补送到一、二级闪蒸罐。

一级闪蒸罐中分离出的液氨一部分作为合成一级氨冷器（117-C）的冷源，对产品气进行降温后返回一级闪蒸罐，另一部分送入二级闪蒸罐继续进行闪蒸。二级闪蒸罐中分离出的液氨一部分作为合成二级氨冷器（118-C）的冷源，对产品气进行降温后返回二级闪蒸罐，另一部分送入三级闪蒸罐继续进行闪蒸。三级闪蒸罐分离出的液氨由于温度相对较低，一般称为"冷氨"，"冷氨"一部分作为产品送出装置，另一部分返回三级闪蒸罐稳定液位。

氨分离工段模型装置的工艺流程如图 4-3 所示。

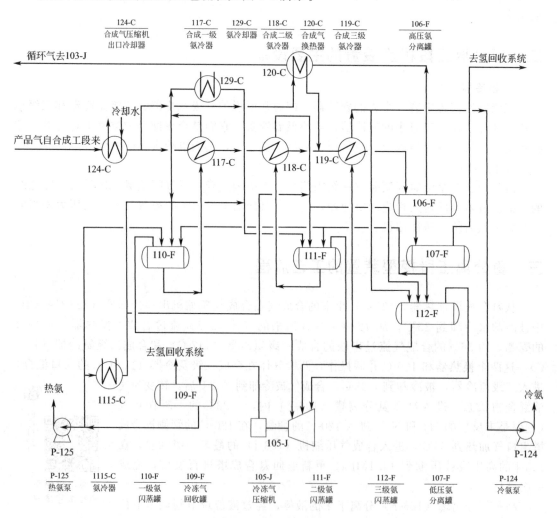

图 4-3　氨分离工段模型装置的工艺流程

合成氨生产模型装置的工艺总流程如图 4-4 所示。

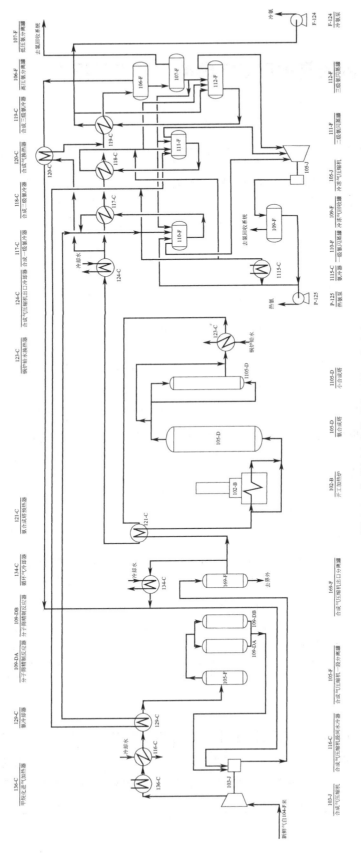

图 4-4 合成氨生产模型装置的工艺总流程

任务 2
DCS 控制合成氨生产 3D 虚拟仿真工厂操作

任务描述

任务名称:DCS 控制合成氨生产 3D 虚拟仿真工厂操作	建议学时:8 学时

学习方法	1. 按照工厂车间实行的班组制,将学生分组,1 人担任班组长,负责分配组内成员的具体工作,小组共同制订工作计划、分析总结并进行汇报; 2. 班组长负责组织协调任务实施,组内成员按照工作计划分工协作,完成规定任务; 3. 教师跟踪指导,集中解决重难点问题,评估总结
任务目标	1. 内操能熟悉 3D 虚拟仿真工厂的主要工艺参数,分析其影响因素,并能对其进行正确调节和控制; 2. 外操能熟悉合成氨生产 3D 虚拟仿真工厂的现场工艺流程,及时准确找到阀门,配合内操开关阀门; 3. 内、外操协同合作,共同完成 3D 虚拟仿真工厂的开、停车操作;并能发现操作过程中的问题,并及时解决; 4. 学生能明确开车过程中内、外操各自的岗位职责,并能加以区分
岗位职责	班组长:组织和协调内操作组员熟悉合成氨生产 3D 虚拟仿真工厂的工艺参数调节和控制方法,外操作组员完成查找合成氨生产 3D 虚拟仿真工厂的主要设备、管线布置和工艺流程组织; 组员:在班组长的带领下,内、外操协同合作,共同完成合成氨生产 3D 虚拟仿真工厂的开车操作
工作任务	1. 合成氨生产 3D 虚拟仿真工厂的主要设备和工艺流程认知; 2. 合成氨生产 3D 虚拟仿真工厂的工艺参数及其操作控制方法认知; 3. 合成氨生产 3D 虚拟仿真工厂的内、外操联合开、停车操作

	教师准备	学生准备
工作准备	1. 准备教材、工作页、考核评价标准等教学材料; 2. 给学生分组,下达工作任务	1. 班组长分配工作,明确每个人的工作任务; 2. 通过课程学习平台预习基本理论知识; 3. 准备工作服、学习资料和学习用品

任务实施

任务名称:DCS 控制合成氨生产 3D 虚拟仿真工厂操作			
序号	工作过程	学生活动	教师活动
1	准备工作	穿好工作服,准备好必备学习用品和学习材料	准备教材、工作页、考核评价标准等教学材料

续表

任务名称:DCS 控制合成氨生产 3D 虚拟仿真工厂操作

序号	工作过程	学生活动	教师活动
2	任务下达	领取工作页,记录工作任务要求	发放工作页,明确工作要求、岗位职责
3	班组例会	分组讨论,各组汇报课前学习基本知识的情况,认真听老师讲解重难点,分配任务,制订工作计划	听取各组汇报,讨论并提出问题,总结并集中讲解重难点问题
4	3D 虚拟仿真工厂 DCS 操作界面认识	认识虚拟仿真工厂 DCS 操作界面的主要设备、仪表点和控制点,并掌握工艺参数的控制范围	跟踪指导,解决学生提出的问题,集中讲解
5	3D 虚拟仿真工厂虚拟现场装置认识	认识虚拟现场设备名称、位号,分析每个设备的主要功能,列出主要设备	跟踪指导,解决学生提出的问题,并进行集中讲解
6	工作过程分析	内操作人员:熟悉工艺参数调节和控制方法; 外操作人员:熟悉虚拟现场设备、阀门和管线布置,能配合内操进行工艺参数调节	教师跟踪指导,指出存在的问题并帮助解决,进行过程考核
7	内、外操联合开车操作	每组学生分别进行内、外操联合操作,共同完成合成气生产 3D 虚拟仿真工厂的开车操作	教师跟踪指导,指出存在的问题并帮助解决,进行过程考核
8	内、外操联合停车操作	每组学生分别进行内、外操联合操作,共同完成合成氨生产 3D 虚拟仿真工厂的停车操作	教师跟踪指导,指出存在的问题并帮助解决,进行过程考核
9	内、外操联合故障处理操作	每组学生分别进行内、外操联合操作,共同完成合成氨生产 3D 虚拟仿真工厂的停车操作	教师跟踪指导,指出存在的问题并帮助解决,进行过程考核
9	工作总结	班组长带领班组总结工作中的收获、不足及改进措施,完成工作页的提交	检验成果,总结归纳生产相关知识,点评工作过程

学生工作页

任务名称		DCS 控制合成氨生产 3D 虚拟仿真工厂操作	
班级		姓名	
小组		岗位	
工作准备	一、课前解决问题 　1. 合成氨生产 3D 虚拟仿真工厂的主要工艺参数有哪些?受哪些因素影响?应如何调节?		

工作准备	2. 合成氨生产 3D 虚拟仿真工厂的开车主要过程有哪些？ 3. 内、外操在合成氨生产 3D 虚拟仿真工厂操作中各自的岗位职责是什么？ 二、接受老师指定的工作任务后，了解 3D 虚拟仿真实训室的环境、安全管理要求，穿好工作服。 三、安全生产及防范 学习合成氨生产 3D 虚拟仿真工厂工作场所相关安全及管理规章制度，列出你认为工作过程中需注意的问题，并做出承诺。 　 　 　 我承诺：工作期间严格遵守实训场所安全及管理规定。 承诺人： 本工作过程中需注意的安全问题及处理方法：＿＿＿＿＿＿＿ 　 　
工作分析 与实施	1. 列出主要设备，并分析设备作用。 | 序号	位号	名称	类别	主要功能与作用 | |---|---|---|---|---| |				| |				| |				| |				| |				| |				| |				| |				| |				| |				| 2. 列出主要工艺参数，并分析工艺参数的影响因素和调节控制方法。

续表

序号	位号	名称	类别	影响因素和调节控制方法

工作分析与实施

3. 按照工作任务计划，外操查找虚拟现场设备、阀门，内操熟悉工艺参数调节和控制，内、外操协作，共同完成合成氨生产3D虚拟仿真工厂的开车操作，并记录工作过程中出现的问题。

工作总结与反思

结合自身和本组完成的工作，通过交流讨论、组内点评等形式客观、全面地总结本次工作任务完成情况，并讨论如何改进工作。

一、合成氨生产 3D 虚拟仿真工厂的主要设备

1. 氨合成工段 3D 虚拟仿真工厂的主要设备

合成氨生产3D虚拟仿真工厂可以分为氨合成和氨分离两个工段，氨合成工段的设备见表4-1。

表 4-1　氨合成工段 3D 虚拟仿真工厂的设备列表

序号	设备位号	设备名称	序号	设备位号	设备名称
1	103-J	合成气压缩机	8	105-F	合成气压缩机一段分离罐
2	136-C	甲烷化进气加热器	9	169-F	合成气压缩机出口分离罐
3	116-C	合成气压缩机段间水冷器	10	109-DA/DB	分子筛精制反应器
4	129-C	氨冷却器	11	105-D	氨合成塔
5	134-C	循环气冷却器	12	1105-D	小氨合成塔
6	121-C	氨合成塔预热器	13	102-B	开工加热炉
7	123-C	锅炉给水换热器			

2. 氨分离工段 3D 虚拟仿真工厂的主要设备

氨分离工段 3D 虚拟仿真工厂的设备见表 4-2。

表 4-2　氨分离工段 3D 虚拟仿真工厂的设备列表

序号	设备位号	设备名称	序号	设备位号	设备名称
1	124-C	合成器压缩机出口冷却器	9	109-F	冷冻气回收罐
2	120-C	合成气换热器	10	110-F	一级氨闪蒸罐
3	117-C	合成一级氨冷器	11	111-F	二级氨闪蒸罐
4	118-C	合成二级氨冷器	12	112-F	三级氨闪蒸罐
5	119-C	合成三级氨冷器	13	105-J	冷冻气压缩机
6	1115-C	氨冷器	14	P-124	冷氨泵
7	106-F	高压氨分离罐	15	P-125	热氨泵
8	107-F	低压氨分离罐			

二、合成氨生产 3D 虚拟仿真工厂的工艺参数

1. 合成氨生产 3D 虚拟仿真工厂的主要仪表参数

合成氨生产 3D 虚拟仿真工厂的主要仪表参数见表 4-3。

表 4-3　合成氨生产 3D 虚拟仿真工厂的仪表参数列表

序号	位号	标准值	单位	名称
1	TI-301	37	℃	合成塔入口温度
2	TI-302	63	℃	合成塔出口温度
3	TI-303	346	℃	合成塔出口温度
4	TI-304	347	℃	合成塔顶部温度
5	TI-305	480	℃	合成塔上部温度
6	TI-306	480	℃	合成塔中部温度
7	TI-307	480	℃	合成塔下部温度
8	TI-308	140	℃	合成塔入口温度
9	TI-309	167	℃	123-C 出口温度
10	TI-310	77	℃	121-C 出口温度
11	TI-311	35	℃	124-C 出口温度
12	PI-301	14.1	MPa	合成气压缩机出口压力
13	PI-401	13.13	MPa	高压氨分离罐顶压力
14	TI-401	−1	℃	120-C 出口温度
15	TI-402	−26	℃	119-C 出口温度
16	TI-403	29	℃	循环气压缩入口温度
17	TI-404	26	℃	117-C 出口温度
18	TI-405	3	℃	118-C 出口温度
19	TI-406	−25	℃	低压氨分离罐出口温度

2. 合成氨生产 3D 虚拟仿真工厂的主要控制点

合成氨生产 3D 虚拟仿真工厂的主要控制点见表 4-4。

表 4-4　合成氨生产 3D 虚拟仿真工厂的控制点列表

序号	位号	标准值	单位	名称
1	FIC-301			开工加热炉燃料气流量
2	TIC-301	140	℃	合成塔入口温度
3	TIC-302	377	℃	小合成塔出口温度
4	FIC-401	62.57	t/h	液氨流量
5	LIC-401	50	%	高压氨分离罐液位
6	LIC-402	50	%	低压氨分离罐液位
7	PIC-401	1.62	MPa	低压氨分离罐压力

三、合成氨生产 3D 虚拟仿真工厂的开车操作

① 去现场全开 134-C 冷却水手动阀 XV-320；

② 去现场全开 123-C 锅炉给水手动阀 XV-308；

③ 去现场全开 124-C 冷却水手动阀 XV-309；

④ 打开合成气压缩机 103-J 入口流量调节阀 FIC-221 前阀 XV-251；

⑤ 打开合成气压缩机 103-J 入口流量调节阀 FIC-221 后阀 XV-252；

⑥ 打开合成气压缩机 103-J 入口流量调节阀 FIC-221 至 50%；

⑦ 关闭 103-J 入口缓冲罐压力调节阀 PIC-221；

⑧ 关闭 103-J 入口缓冲罐压力调节阀 PIC-221 前阀 XV-249；

⑨ 关闭 103-J 入口缓冲罐压力调节阀 PIC-221 后阀 XV-250；

⑩ 去现场全开合成气压缩机 103-J 入口手动阀 XV-303；

⑪ 启动合成气压缩机 103-J；

⑫ 去现场全开合成气压缩机 103-J 出口手动阀 XV-304；

⑬ 打开合成塔入口温度调节阀 TIC-301 前阀 XV-311；

⑭ 打开合成塔入口温度调节阀 TIC-301 后阀 XV-310；

⑮ 打开合成塔入口温度调节阀 TIC-301 至 50%；

⑯ 去现场全开开工加热炉入口手动阀 XV-306；

⑰ 当高压氨分离罐 106-F 顶压力 PI-401 达到 10MPa 后，去现场全开弛放气手动阀 XV-404；

⑱ 去现场打开循环气放空手动阀 XV-301 至 50%；

⑲ 去现场全开循环气手动阀 XV-302；

⑳ 去现场全开开工加热炉空气手动阀 XV-307；

㉑ 打开开工加热炉燃料气流量调节阀 FIC-301 前阀 XV-312；

㉒ 打开开工加热炉燃料气流量调节阀 FIC-301 后阀 XV-313；

㉓ 打开开工加热炉燃料气流量调节阀 FIC-301 至 20%；

㉔ 去现场按下开工加热炉点火按钮 IG-301；

㉕ 打开开工加热炉燃料气流量调节阀 FIC-301 至 50%；

㉖ 打开小合成塔出口温度调节阀 TIC-302 前阀 XV-314；

㉗ 打开小合成塔出口温度调节阀 TIC-302 后阀 XV-315；

㉘ 打开小合成塔出口温度调节阀 TIC-302 至 50%；

㉙ 去现场全开一级液氨手动阀 XV-401；

㉚ 去现场全开二级液氨手动阀 XV-402；

㉛ 去现场全开三级液氨手动阀 XV-403；

㉜ 当合成塔入口温度 TIC-301 达到 110℃后，去现场全开开工加热炉旁路手动阀 XV-305；

㉝ 调整开工加热炉燃料气流量调节阀 FIC-301 至 20%；

㉞ 关闭开工加热炉燃料气流量调节阀 FIC-301；

㉟ 关闭开工加热炉燃料气流量调节阀 FIC-301 前阀 XV-312；

㊱ 关闭开工加热炉燃料气流量调节阀 FIC-301 后阀 XV-313；

㊲ 去现场关闭开工加热炉点火按钮 IG-301；

㊳ 去现场关闭开工加热炉入口手动阀 XV-306；

㊴ 去现场关闭开工加热炉空气手动阀 XV-307；

㊵ 关闭循环气放空手动阀 XV-301；

㊶ 打开液位调节阀 LIC-401 前阀 XV-408；

㊷ 打开液位调节阀 LIC-401 后阀 XV-407；

㊸ 当高压氨分离罐 106-F 液位 LIC-401 超过 40%后，打开液位调节阀 LIC-401 至 50%；

㊹ 打开压力调节阀 PIC-401 前阀 XV-406；

㊺ 打开压力调节阀 PIC-401 后阀 XV-405；

㊻ 当低压氨分离罐 107-F 压力 PIC-401 达到 1.5MPa 左右时，打开压力调节阀 PIC-401 至 50%；

㊼ 打开出口流量调节阀 FIC-401 前阀 XV-409；

㊽ 打开出口流量调节阀 FIC-401 后阀 XV-410；

㊾ 当低压氨分离罐 107-F 液位 LIC-402 超过 40%后，打开出口流量调节阀 FIC-401 至 50%；

㊿ 打开 110-F 液氨入口阀 XV-611；

(51) 打开 111-F 液氨入口阀 XV-606；

(52) 打开 112-F 液氨入口阀 XV-602；

(53) 打开 XV-612；

(54) 打开 110-F 液氨出口阀 XV-615；

(55) 打开 XV-608；

(56) 打开 111-F 液氨出口阀 XV-610；

(57) 打开 XV-607；

(58) 打开 XV-601；

(59) 打开 112-F 液氨出口阀 XV-605；

(60) 打开冷氨泵 P-124 入口阀 XV-621；

(61) 启动冷氨泵 P-124；

(62) 打开冷氨泵 P-124 出口阀 XV-622；

(63) 打开压缩机 105-J 出口阀 XV-616；

(64) 打开 110-F 氨气出口阀 XV-613；

(65) 打开 111-F 氨气出口阀 XV-609；

(66) 打开 112-F 氨气出口阀 XV-604；

(67) 启动压缩机 105-J；

(68) 打开 109-F 去氢回收阀 XV-617；

(69) 打开 110-F 热氨入口阀 XV-614；

(70) 打开热氨去 1115-C 阀 XV-620；

(71) 打开热氨泵 P-125 入口阀 XV-618；

(72) 启动热氨泵 P-125；

(73) 打开热氨泵 P-125 出口阀 XV-619；

(74) 调整 103-J 入口缓冲罐 104-F 压力 PIC-221 至 2.5MPa 左右时，投自动，设为 2.5MPa；

(75) 调整合成塔入口温度 TIC-301 至 140℃左右时，投自动，设为 140℃；

⑦ 调整小合成塔出口温度 TIC-302 至 377℃左右时，投自动，设为 377℃；

⑦ 调整高压氨分离罐 106-F 液位 LIC-401 至 50％左右时，投自动，设为 50％；

⑱ 调整低压氨分离罐 107-F 液位 LIC-402 至 50％左右时，投自动，设为 50％；

⑲ 液氨出口流量 FIC-401 投串级；

⑳ 调整低压氨分离罐 107-F 压力 PIC-401 至 1.62MPa 左右时，投自动，设为 1.62MPa。

四、合成氨生产 3D 虚拟仿真工厂的停车操作

合成氨生产 3D 虚拟仿真工厂的停车操作，分为正常停车和紧急停车两种情况。

1. 合成氨生产 3D 虚拟仿真工厂的正常停车操作

① 关闭 103-J 入口流量调节阀 FIC-221；

② 关闭 103-J 入口流量调节阀 FIC-221 前阀 XV-251；

③ 关闭 103-J 入口流量调节阀 FIC-221 后阀 XV-252；

④ 打开 103-J 入口分离罐顶压力调节阀 PIC-221 前阀 XV-249；

⑤ 打开 103-J 入口分离罐顶压力调节阀 PIC-221 后阀 XV-250；

⑥ 打开 103-J 入口分离罐顶压力调节阀 PIC-221 至 50％；

⑦ 去现场关闭高压氨分离罐 106-F 顶驰放气手动阀 XV-404；

⑧ 全开低压氨分离罐 107-F 顶压力调节阀 PIC-401；

⑨ 全开合成塔入口温度调节阀 TIC-301，合成系统降温；

⑩ 当合成塔出口温度 TI-303 降至 260℃后，去现场全开循环气放空手动阀 XV-301；

⑪ 去现场关闭原料气压缩机 103-J 出口手动阀 XV-304；

⑫ 停原料气压缩机 103-J；

⑬ 去现场关闭原料气压缩机 103-J 入口手动阀 XV-302；

⑭ 去现场关闭甲烷化入 103-J 手动阀 XV-303；

⑮ 全开 107-F 出口流量调节阀 FIC-401；

⑯ 当高压氨分离罐 106-F 液位 LIC-401 降至 0 后，关闭液位调节阀 LIC-401；

⑰ 关闭高压氨分离罐 106-F 液位 LIC-401 前阀 XV-408；

⑱ 关闭高压氨分离罐 106-F 液位 LIC-401 后阀 XV-407；

⑲ 当低压氨分离罐 107-F 压力 PIC-401 降至 0 后，关闭压力调节阀 PIC-401；

⑳ 关闭低压氨分离罐 107-F 压力调节阀 PIC-401 前阀 XV-406；

㉑ 关闭低压氨分离罐 107-F 压力调节阀 PIC-401 后阀 XV-405；

㉒ 当低压氨分离罐 107-F 液位 LIC-402 降至 0 后，关闭 107-F 出口流量调节阀 FIC-401；

㉓ 关闭低压氨分离罐 107-F 出口流量调节阀 FIC-401 前阀 XV-409；

㉔ 关闭低压氨分离罐 107-F 出口流量调节阀 FIC-401 后阀 XV-410；

㉕ 关闭 110-F 液氨入口阀 XV-611；

㉖ 关闭 111-F 液氨入口阀 XV-606；

㉗ 关闭 112-F 液氨入口阀 XV-602；

㉘ 关闭 XV-612；

㉙ 关闭 110-F 液氨出口阀 XV-615；

㉚ 关闭 XV-608；

㉛ 关闭 111-F 液氨出口阀 XV-610；

㉜ 关闭 XV-607；

㉝ 关闭 XV-601；

㉞ 关闭 110-F 液氨出口阀 XV-605；

㉟ 关闭冷氨泵 P-124 出口阀 XV-622；

㊱ 停冷氨泵 P-124；

㊲ 关闭冷氨泵 P-124 入口阀 XV-621；

㊳ 停压缩机 105-J；

㊴ 关闭 110-F 氨气出口阀 XV-613；

㊵ 关闭 111-F 氨气出口阀 XV-609；

㊶ 关闭 112-F 氨气出口阀 XV-604；

㊷ 关闭压缩机 105-J 出口阀 XV-616；

㊸ 关闭 109-F 去氢回收阀 XV-617；

㊹ 关闭 110-F 热氨入口阀 XV-614；

㊺ 关闭热氨去 1115-C 阀 XV-620；

㊻ 关闭热氨泵 P-125 出口阀 XV-619；

㊼ 停热氨泵 P-125；

㊽ 关闭热氨泵 P-125 入口阀 XV-618。

2. 合成氨生产 3D 虚拟仿真工厂的紧急停车操作

① 打开 103-J 入口分离罐压力调节阀 PIC-221 前阀 XV-249；

② 打开 103-J 入口分离罐压力调节阀 PIC-221 后阀 XV-250；

③ 打开 103-J 入口分离罐压力调节阀 PIC-221 至 50%；

④ 关闭 103-J 入口流量调节阀 FIC-221 前阀 XV-251；

⑤ 关闭 103-J 入口流量调节阀 FIC-221 后阀 XV-252；

⑥ 去现场全开循环气放空手动阀 XV-301；

⑦ 去现场关闭合成气压缩机 103-J 出口手动阀 XV-304；

⑧ 停合成气压缩机 103-J；

⑨ 去现场关闭合成气压缩机 103-J 入口手动阀 XV-302；

⑩ 去现场关闭合成气压缩机 103-J 入口手动阀 XV-303。

五、合成氨生产 3D 虚拟仿真工厂的故障处理操作

在合成氨生产 3D 虚拟仿真工厂的操作中，合成气压缩机 103-J 故障失灵事故是最具典型的一个异常事故，该故障的处理操作如下：

① 打开 103-J 入口缓冲罐 104-F 压力调节阀 PIC-221 前阀 XV-249；

② 打开 103-J 入口缓冲罐 104-F 压力调节阀 PIC-221 后阀 XV-250；

③ 打开 103-J 入口缓冲罐 104-F 压力调节阀 PIC-221 至 50%；

④ 关闭 103-J 入口流量调节阀 FIC-221；

⑤ 去现场全开循环气放空手动阀 XV-301；

⑥ 去现场关闭合成气压缩机 103-J 出口手动阀 XV-304；

⑦ 启动合成气压缩机 103-J 备用；

⑧ 去现场全开合成气压缩机 103-J 出口手动阀 XV-304；

⑨ 打开 103-J 入口流量调节阀 FIC-221 至 50%；

⑩ 关闭 103-J 入口缓冲罐 104-F 压力调节阀 PIC-221；

⑪ 关闭 103-J 入口缓冲罐 104-F 压力调节阀 PIC-221 前阀 XV-249；

⑫ 关闭 103-J 入口缓冲罐 104-F 压力调节阀 PIC-221 后阀 XV-250；

⑬ 去现场关闭循环气放空手动阀 XV-301；

⑭ 打开开工加热炉燃料气流量调节阀 FIC-301 前阀 XV-312；

⑮ 打开开工加热炉燃料气流量调节阀 FIC-301 后阀 XV-313；

⑯ 打开开工加热炉燃料气流量调节阀 FIC-301 至 50%；

⑰ 去现场全开开工加热炉空气手动阀 XV-307；

⑱ 去现场按下开工加热炉点火按钮 IG-301；

⑲ 去现场全开开工加热炉入口手动阀 XV-306；

⑳ 当合成塔入口温度 TIC-301 超过 120℃后，去现场关闭开工加热炉入口手动阀 XV-306；

㉑ 关闭开工加热炉燃料气流量调节阀 FIC-301；

㉒ 关闭开工加热炉燃料气流量调节阀 FIC-301 前阀 XV-312；

㉓ 关闭开工加热炉燃料气流量调节阀 FIC-301 后阀 XV-313；

㉔ 去现场关闭开工加热炉点火按钮 IG-301。

任务 3
DCS 控制典型氨合成塔装置操作

任务描述

任务名称:DCS 控制典型氨合成塔装置操作	建议学时:8 学时
学习方法	1. 按照工厂车间实行的班组制,将学生分组,1 人担任班组长,负责分配组内成员的具体工作,小组共同制订工作计划、分析总结并进行汇报； 2. 班组长负责组织协调任务实施,组内成员按照工作计划分工协作,完成规定任务； 3. 教师跟踪指导,集中解决重难点问题,评估总结
任务目标	1. 了解冷激式和冷管式氨合成塔的分类和定义； 2. 掌握冷激式氨合成塔和冷管式氨合成塔的换热方式和塔内部结构； 3. 掌握 DCS 控制典型氨合成塔装置的主要设备、工艺参数和工艺流程； 4. 掌握 DCS 控制典型氨合成塔装置中动设备的启停方法； 5. 掌握 DCS 控制典型氨合成塔装置的开、停车步骤； 6. 内、外操配合,共同完成氨合成塔装置的开车和停车操作； 7. 掌握 DCS 控制典型氨合成塔装置的维护和保养措施
岗位职责	班长:组织和协调组员完成 DCS 控制典型氨合成塔装置操作； 组员:在班组长的带领下,对 DCS 控制典型氨合成塔装置进行正确的操作控制
工作任务	1. 冷激式和冷管式氨合成塔的换热原理认知； 2. DCS 控制典型氨合成塔装置的主要设备和工艺参数认知； 3. DCS 控制典型氨合成塔装置的工艺流程认知； 4. DCS 控制典型氨合成塔装置的开、停车操作

续表

工作准备	教师准备	学生准备
	1. 准备教材、工作页、考核评价标准等教学材料； 2. 给学生分组，下达工作任务； 3. 准备手套等劳保用品	1. 班组长分配工作，明确每个人的工作任务； 2. 通过课程学习平台预习基本理论知识； 3. 准备工作服、学习资料和学习用品

任务实施

任务名称：DCS 控制典型氨合成塔装置操作

序号	工作过程	学生活动	教师活动
1	准备工作	穿戴好工作服、劳保用品；准备好必备学习用品和学习材料	准备教材、工作页、考核评价标准等教学材料
2	任务下达	领取工作页，记录工作任务要求	发放工作页，明确工作要求、岗位职责
3	班组例会	分组讨论，各组汇报课前学习基本知识的情况，认真听老师讲解重难点，分配任务，制订工作计划	听取各组汇报，讨论并提出问题，总结并集中讲解重难点问题
4	DCS 控制典型氨合成塔装置认识	认识现场设备名称，分析其功能，列出主要设备；熟悉装置操作面板和操作方法	跟踪指导，解决学生提出的问题，集中讲解
5	查找装置管线，理清工艺流程	根据主要设备，工艺管线及阀门等布置，理清工艺流程的组织过程，能够打通工艺流程，并绘制工艺流程图	跟踪指导，解决学生提出的问题，并进行集中讲解
6	DCS 控制典型氨合成塔装置开车操作	根据操作规程，每组学生进行生产操作模拟训练，完成典型氨合成塔装置开车操作，工作过程中组内进行讨论交流，分析工作过程中的问题	在班组讨论过程中进行跟踪指导，帮助解决问题，并进行过程考核
7	DCS 控制典型氨合成塔装置停车操作	根据操作规程，每组学生进行生产操作模拟训练，完成典型氨合成塔装置停车操作，工作过程中组内进行讨论交流，分析工作过程中的问题	在班组讨论过程中进行跟踪指导，帮助解决问题，并进行过程考核
8	工作总结	班组长带领班组总结工作中的收获、不足及改进措施，完成工作页的提交	检验成果，总结归纳生产相关知识及操作注意问题，点评工作过程

学生工作页

任务名称		DCS 控制典型氨合成塔装置操作	
班级		姓名	
小组		岗位	

工作准备	一、课前解决问题
	1. 根据换热方式不同,氨合成塔的类型有哪些？每一个类型的特点是什么？
	2. 冷管式氨合成塔和绝热式氨合成塔的换热原理分别是什么？二者有什么异同？
	3. 冷激式氨合成塔的结构有什么特点？
	4. 冷管式氨合成塔的结构有什么特点？
	5. 冷激式氨合成塔的温度控制方法是什么？
	6. 冷管式氨合成塔的温度控制方法是什么？
	7. DCS 控制典型氨合成塔装置中,动设备的启、停注意事项有哪些？
	8. 影响氨合成塔温度变化的因素有哪些？
	9. 如何调节两个氨合成塔的温度和压力？
	二、接受老师指定的工作任务后,了解工作场地的环境、安全管理要求,穿好符合劳保要求的服装。
	三、安全生产及防范 学习 DCS 控制典型氨合成塔装置工作场所相关安全及管理规章制度,列出你认为工作过程中需注意的问题,并做出承诺。 _____ _____ _____ 我承诺:工作期间严格遵守实训场所安全及管理规定。 承诺人:

工作准备	本工作过程中需注意的安全问题及处理方法:＿＿＿＿＿＿＿＿＿＿＿＿＿＿＿＿＿＿＿＿

工作分析
与实施

1. 列出现场设备,并分析设备作用。

序号	设备名称	设备类别	主要功能与作用

2. 按照 DCS 控制典型氨合成塔装置操作规程,进行开车和停车操作,记录操作过程中出现的问题。

工作总结
与反思

结合自身和本组完成的工作,通过交流讨论、组内点评等形式客观、全面地总结本次工作任务完成情况,并讨论如何改进工作。

技能训练 1 DCS 控制典型氨合成塔装置的认识

一、相关知识

大型合成氨装置中,氨合成塔一般都采用固定床反应器。固定床反应器按照催化剂床是否与外界换热,以及如何与外界换热来分类,可将其分为绝热式固定床反应器、多段换热式固定床反应器、连续换热式固定床反应器以及外供热管式固定床反应器等几种类型。

（一）绝热式氨合成塔

绝热式氨合成塔的基本特征是反应在绝热条件下进行，无论是催化床还是反应物料，在反应过程中都与外界交换热量。在实际生产中，难以实现零换热，当反应器热损失很小且与外界无热交换时，一般均可作为绝热反应处理。单段是反应物料在绝热条件下反应一次，多段是反应物料多次在绝热条件下进行反应，各段反应之间通过换热移走热量。

目前，工业生产很少采用单段合成塔，一般都采用多段氨合成塔。

（二）多段换热式氨合成塔

对于可逆放热反应，为使反应过程接近最佳温度曲线进行，反应过程中需移走热量。多段换热式合成塔是实现最佳温度曲线的一种方式，凯洛格型合成塔，托普索型合成塔都是多段换热式合成塔的应用实例，目前生产上常用的段数是 2～5 段。多段换热式合成塔的共同特点是每段催化床中为绝热反应，段间采用间接或直接换热。按照段间换热方式的不同，可分为以下两类：

① 间接换热式。

② 直接换热式，又分两种：原料气冷激式和非原料气冷激式。

1. 多段间接换热式氨合成塔

原料气经反应器外与段间换热器预热后，进入第一段反应。反应绝热进行，温度升高值与原料气组成和转化率有关。第一段出来的气体经换热器降温，再进入第二段反应。冷却介质就是原料气本身，一方面可使反应后气体降温，另一方面又使原料预热，以达到催化剂所要求的温度。经过多段反应与换热后，产品气经塔外预热器回收热量，送入下一设备。反应一段，间接换热一段，这就是这类反应器的特点。

由图 4-5 可见，整个反应过程中，只有三个点在最佳温度曲线上，要使整个反应过程都完全沿着最佳温度进行，段数要无限多才能实现，这在工业上无法实现。因此，工业上只能接近最佳温度曲线进行设计，段数采用 3～5 段。

段数会影响最终转化率，段数越多转化率越高，但是，最终转化率的选定与全流程各工序的工艺条件、经济因素及所采用的催化剂特性有关，需要综合考虑。

2. 多段原料气冷激式氨合成塔

图 4-6 为多段原料气冷激式氨合成塔及其操作情况的示意图，它与间接换热式氨合成塔的不同之处，在于段间的冷却过程是采用直接补加冷原料气的方法，从而使反应后物料的温度降低。原料气中大部分经预热器达到反应温度，其余部分作冷激用。经预热的原料气进入第一段催化床反应，反应后的气体与原料气相混合使其温度降低，再进入第二段反应，依此类推。最后一段流出的气体用以加热进第一段的冷原料气，回收热量后送入下一设备。总之，绝热反应一段，用冷原料气直接冷激一次是这类反应器的特点。

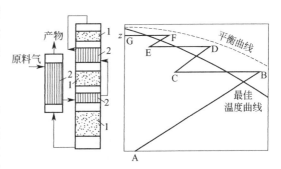

图 4-5　多段中间间接换热式氨合成塔及其操作情况
1—催化床；2—换热器

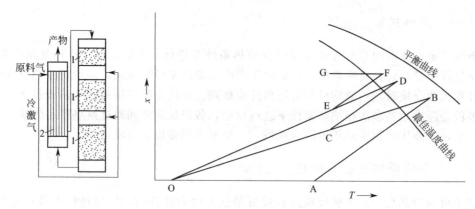

图 4-6 多段原料气冷激式氨合成塔及其操作情况

（三）连续换热式氨合成塔

在氨合成塔中，凯洛格型、托普索型、Amonia-Casale 型等采用多段换热式氨合成塔，也有不少氨合成塔，如 Chemical 型、TVA 型、日本 JCI 型等及国内广泛使用的冷管型合成塔，采用连续换热式合成塔。

连续换热式氨合成塔的反应特点是在催化床内进行化学反应的同时，还与外界进行热量交换，传热速率的快慢直接影响催化床内的温度分布，因此也影响床内的反应速率。

连续换热式氨合成塔按照其反应管的型式（单管、双套管或三分管）、热源（自热或外热）、流向（并流与逆流）、催化剂的放置（管内或管外）等的不同，可有不同的类型。其主要类型为多管外冷却式和内冷管式等。

1. 多管外冷却式氨合成塔

图 4-7 为多管外冷却式氨合成塔结构及温度分布，其结构与单程列管式换热器类似，管内填充催化剂，原料自管子上部流入催化床层，而在下部流出，管外是冷却介质，可用水或者冷原料气作为冷却介质。

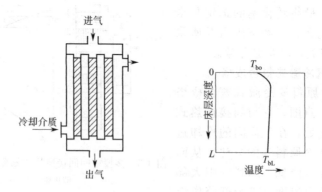

图 4-7 多管外冷却式氨合成塔结构及温度分布

2. 内冷管式氨合成塔

连续换热式氨合成塔大部分都采用内冷管式。依据冷管结构的不同，可分为单管逆流式、单管并流式、双套管并流式及三套管并流式，如图 4-8～图 4-11。

连续换热式氨合成塔催化床上部大多有一绝热段，以使反应气体温度尽快地升高而接

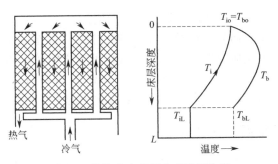

图 4-8　单管逆流式氨合成塔催化床

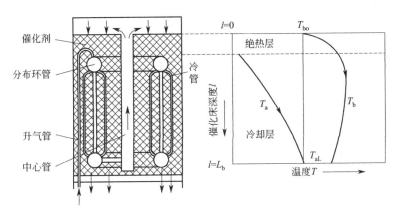

图 4-9　单管并流式氨合成塔催化床

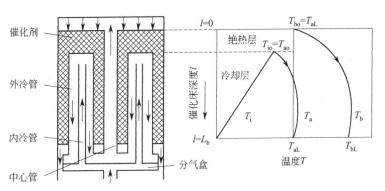

图 4-10　双套管并流式氨合成塔催化床

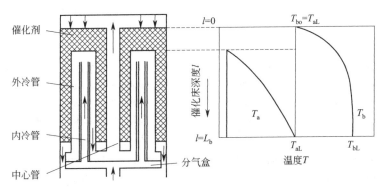

图 4-11　三套管并流式氨合成塔催化床

近最佳温度曲线。在冷却段中过程的实际温度分布决定于单位体积床层中反应放热量与冷管排热量之间的相对大小，而后者由单位体积催化床的冷管面积（即比冷管面积）、催化床与冷管间传热系数和催化床温度与冷管中冷气体温度之间的传热温度差等因素所确定。对于不同的冷管结构，在不同的催化床高度，传热温度差的数值不同，这就影响催化床实际温度分布与最佳温度曲线间的偏离，因而影响催化床的生产强度。

（四）大型氨厂常用的氨合成塔

大型氨厂合成塔种类繁多，这里主要介绍常见的几种形式及其特点。

1. 凯洛格氨合成塔

20 世纪 70 年代，中国引进的以天然气为原料的大型氨厂中，使用的是凯洛格公司的多层轴向冷激式塔。

图 4-12 所示为 15MPa 的四段式冷激型凯洛格氨合成塔。此塔的优点是运行稳定、结构简单。但由于受床层压降的限制，需填充大颗粒的催化剂，因而催化剂的活性较低，又因冷激降低了氨的浓度，因此，此类氨合成塔氨的净值不高，仅约 10％。

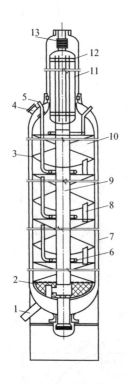

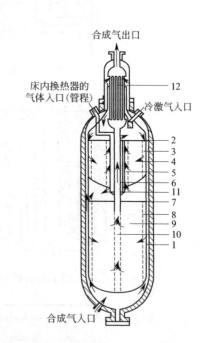

图 4-12　四段式冷激型凯洛格氨合成塔

1—塔底封头接管；2—氧化铝球；3—筛板；
4—人孔；5—冷激气接管；6—冷激管；7—下筒体；
8—卸料管；9—中心管；10—催化剂筐；
11—换热器；12—上筒体；13—波纹连接管

图 4-13　用于现场改造的 S-200 合成塔

1—入口环隙；2—第一床顶盖；3—第一床入口分配盘；
4—第一床催化剂；5—第一床出口环隙；6—床内换热器；
7—第二床盖；8—第二床入口分配盘；9—第二床催化剂；
10—第二床出口管；11—出口管；12—顶部换热器

随着能源价格升高，这种四段式冷激塔，在 20 世纪 80 年代中期已被卡萨里公司的轴径向床层改造和托普索 S-200 现场改造（结构如图 4-13 所示）所替代。

近些年，凯洛格公司提出了三段中间换热卧式塔，其结构如图 4-14 所示，这种塔得到了较多的工业应用。由图可见，两个中间换热器并联，分别由一冷气线和二冷气线来控制，当升温还原时，此一冷线和二冷线可以关闭，于是三段催化剂就成为绝热段。这种情况对还原过程极为有利，可以缩短还原时间，并可以达到极限还原温度，以获得较高的还原活性。但是，卧式塔占地面积大，结构较为复杂，造价较高。

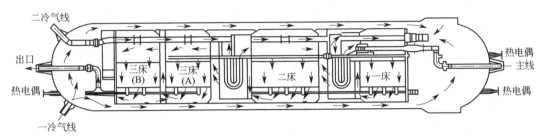

图 4-14　三段中间换热式氨合成塔

2. 托普索氨合成塔

托普索公司最早推出双层径向冷激型塔，即 S-100 型塔，其结构如图 4-15 所示。气体从塔顶接口进入，向下流经内、外筒之间的环隙，再进换热器管间；冷副线由塔底封头接口进入，二者混合后沿中心管进入第一段催化剂床层。气体沿径向呈辐射状，自内向外流经催化剂层后进入环形通道，在此与塔顶接口来的冷激气相结合，再进入第二段催化剂床层，从外部径向向内流动。然后，由中心管外环形通道集气并下流，经换热器管内由塔底接口流出塔外。

20 世纪 70 年代后期，托普索公司引进了两段径向结构设计，用冷气提温换热的托普索 S-200 型内件，代替原有层间冷激的 S-100 型内件。

由于取消了层间冷激，不存在因冷激而降低氨含量的不利因素，使合成塔出口氨含量提高 $1.5\% \sim 2\%$，节约合成气循环功和冷冻功的消耗。使用 S-200 型内件比原 S-100 型内件可节能 $0.6GJ/t$（NH_3）。

托普索公司还提出使用现场改造的 S-200 型塔结构用于改造凯洛格冷激轴向塔。原一、二床改造成第一径向床，原三、四床改造成第二径向床，并在第一径向床中部安置换热器。改造后，合成回路压力降低 $1.8MPa$，塔阻力降低 $0.8MPa$，氨净值提高 2%，吨氨节能 $0.6\sim 1.1GJ$。托普索现场改造的 S-200 型氨合成塔结构如图 4-13 所示。

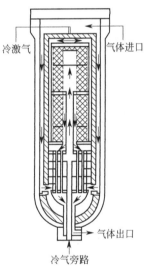

图 4-15　托普索 S-100 型
氨合成塔结构

3. 卡萨里氨合成塔

瑞士卡萨里公司开发了双层轴径向合成塔，层间为中间换热式，结构如图 4-16 所示。这种氨合成塔，取消了原有传统的径向层催化剂密封装置，采用中心集气管上端部分不开孔，以迫使气体在顶部处于轴径向混合流动的状态，下部则仍处于纯径向流动状态，称为"轴径向流动"。上述轴径向流动工艺，既简化了原有径向层密封结构，又充分利用了所有催化剂的活性（原纯径向流动时，催化剂密封处是无效的）。此种结构的催化剂筐易于装拆，对于多层结构十分方便。

对于三段冷激型凯洛格塔，卡萨里公司推出了冷激和中间换热复合式改造方案。该方案，第一段自内向外轴径向流动，出口仍为冷激；第二段自外向内流动，出口气经中间换热器冷却后进入第三段，反应后由中心管上升，经顶部换热器回收热量后从顶部出口流出。中间换热所需的冷气体系利用原第二段出口冷激线来提供，经中间换热器管内加热后与顶部换热器来的气体相混合，然后一并进入第一段进行反应。此改造已应用于国内多家化工厂原三段式凯洛格塔的改造。改造后，塔压降低了 0.28MPa，氨净值增加 2%，吨氨节能 0.84GJ，结构如图 4-17。

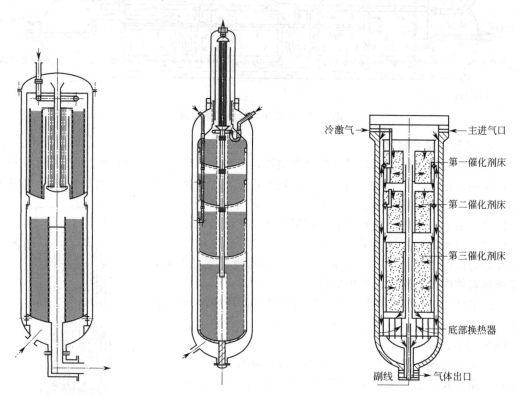

图 4-16　两段中间换热式卡萨里塔　图 4-17　卡萨里改造的凯洛格塔　图 4-18　卡萨里改造的 S-100 型塔

卡萨里公司还将三床轴径向冷激式技术应用于 S-100 型塔的改造，获得氨净值增加 2%，每年可节约蒸汽 7.8 万吨的效果，结构如图 4-18 所示。

二、DCS 控制典型氨合成塔装置的主要设备

DCS 控制典型氨合成塔装置的主要设备见表 4-5。

表 4-5　DCS 控制典型氨合成塔装置的设备列表

序号	设备位号	设备名称	序号	设备位号	设备名称
1	V-101	原料罐	7	R-101	绝热式氨合成塔（绝热式反应器）
2	V-102	产品罐	8	R-102	冷管式氨合成塔（等温式反应器）
3	V-103	循环水箱	9	P-101	循环水泵
4	E-101A/B	原料与产品热交换器	10	101-J	空气压缩机
5	E-102	产品后冷器	11	102-J	增压鼓风机
6	F-101	原料预热炉			

三、DCS 控制典型氨合成塔装置的主要工艺参数

DCS 控制典型氨合成塔装置的主要工艺参数见表 4-6。

表 4-6　DCS 控制典型氨合成塔装置的工艺参数列表

序号	位号	工艺参数名称	序号	位号	工艺参数名称
1	TIV-101	产品后冷器冷却水温度	13	TIC-101	产品后冷器出口温度
2	TIV-102	绝热式氨合成塔二床温度	14	TIC-102	绝热式氨合成塔二床温度
3	TIV-103	绝热式氨合成塔三床温度	15	TIC-103	绝热式氨合成塔三床温度
4	TIV-104	冷管式氨合成塔中部温度	16	TIC-104	冷管式氨合成塔下部温度
5	FIV-101	绝热式氨合成塔进口流量	17	TI-108	冷管式氨合成塔中部温度
6	FIV-102	冷管式氨合成塔进口流量	18	TIC-105	原料预热器出口温度
7	FIC-101	绝热式氨合成塔进口流量	19	TI-103	绝热式氨合成塔进口温度
8	FIC-102	冷管式氨合成塔进口流量	20	TI-104	绝热式氨合成塔一床温度
9	FI-101	绝热式氨合成塔冷风流量	21	TI-105	冷管式氨合成塔进口温度
10	FI-102	冷管式氨合成塔冷风流量	22	TI-106	冷管式氨合成塔出口温度
11	TI-101	E101 原料出口温度	23	TI-107	冷管式氨合成塔冷器风出口温度
12	TI-102	E101 合成气出口温度	24	TI-109	冷管式氨合成塔床层上部温度

四、DCS 控制典型氨合成塔装置的工艺流程

DCS 控制典型氨合成塔装置主要由两个典型氨合成塔构成，分别是绝热冷激式氨合成塔和等温冷管式氨合成塔。装置可采用单塔和双塔并联、串联等多种形式操作，不同的操作形式对应的工艺流程有一定差别。

基于安全和环保因素，本装置以水和空气模拟反应的液相和气相操作，空气模拟反应的原料和产物气体。

1. 绝热冷激式氨合成塔装置的工艺流程

原料气体自原料罐（V-101）经过压缩机（P-102）的压缩，达到反应所需压力后，在原料与产品热交换器（E-101）中与热产物气体换热后，温度升高。换热后的原料气分成两路：一路进入原料预热炉（F-101）继续加热到反应所需温度后，从绝热式氨合成塔（R-101）的顶部进入；另一路原料气分别进入 R-101 催化剂床层之间的两个冷激室。

从顶部进入绝热式氨合成塔的原料气是反应气，进入合成塔后首先与一段催化剂床层接触，在催化剂的作用下，原料气发生反应，由于反应是放热的，因此产物在一段床层内温度逐渐上升，一段出口的产物气体温度较高，需要降温才能继续反应。

从侧面进入冷激室的原料气作为冷却介质，在一段床层和二段床层中间的冷激室内，与一段出口产物气体进行热量交换，产物气体被降温后进入二段催化剂床层。

在二段床层内，在催化剂的作用下，气体继续反应，生成大量产物气体，温度上升。产物气体自二段床层流出，在二段与三段床层间的冷激室内与另一路冷原料气换热，温度降低后进入三段床层继续反应，最终温度较高的产物气体自 R-101 底部流出。在 E-101 内与之前的冷原料气换热，降温后的产物气体进入产品后冷器（E-102）中，用冷却水对其继续冷却，降至常温的产物气体进入产品罐（V-102）。

自冷激室换热后的原料气返回原料罐（V-101），重复使用。

2. 等温冷管式氨合成塔装置的工艺流程

原料气体自原料罐（V-101）经过压缩机（P-102）的压缩，达到反应所需压力后，在原料与产品热交换器（E-101）中与热产物气体换热后，温度升高。换热后的原料气分成两路：一路进入原料预热炉（F-101）继续加热到反应所需温度后，从冷管式氨合成塔（R-102）的顶部进入；另一路原料气进入 R-102 的冷管内。

从顶部进入 R-102 的原料气是反应气，进入合成塔后与催化剂床层接触，在催化剂的作用下，原料气发生反应，由于反应是放热的，为了维持合成塔的等温操作，需要不断对产物进行降温。在 R-102 内部设置了冷管管束，冷管内通入另一路原料气作为冷却介质。冷管内的冷却气体不断吸收反应释放的热量，使整个合成塔维持等温操作。

反应结束后，产物气体自 R-102 的底部流出，在 E-101 内与之前的冷原料气换热，降温后的产物气体进入产品后冷器（E-102）中，用冷却水对其继续冷却，降至常温的产物气体进入产品罐（V-102）。

自冷管换热后的原料气返回原料气罐（V-101），重复使用。

3. 双塔并联的工艺流程

双塔并联的操作同单塔操作流程类似，只是绝热式合成塔和等温式合成塔同时操作，原料气分别进入 R-101 和 R-102 的顶部，冷却气体也是分别进入冷激室和冷管进行换热。反应后的产物气体分别从 R-101 和 R-102 的底部流出，经过 E-101 和 E-102 降温后返回 V-102 内。

4. 双塔串联的工艺流程

双塔串联的操作是 R-101 和 R-102 的接续操作，原料首先进入 R-101 进行反应，反应结束后，产物自 R-101 塔底进入 R-102 的塔顶，在 R-102 内继续反应，最终产物气体自 R-102 底部流出，经过 E-101 和 E-102 冷却后，送入 V-102。DCS 控制典型氨合成塔装置的工艺流程如图 4-19 所示。

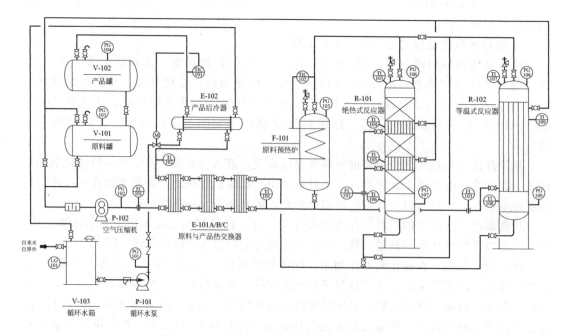

图 4-19　DCS 控制典型氨合成塔装置的工艺流程

技能训练 2　DCS 控制典型氨合成塔装置的操作

一、　DCS 控制典型氨合成塔装置的开车操作

① 开循环水泵，开循环水自动阀，循环水经循环水泵升压，经产品后冷器管程，回到循环水箱。

② 开空压机及风机，开自动阀 FIV101、FIV102，压缩空气经原料与产品热交换器、原料预热炉、等温式反应器和绝热式反应器、原料与产品热交换器、产品后冷器回到产品罐。

③ 开产品罐与原料罐互通阀门，产品罐内空气进入原料罐内。

④ 开原料预热炉加热，通过调节加热功率来控制炉内温度为 55℃。

⑤ 等待冷管式氨合成塔及绝热式氨合成塔升温，观察两塔填料温度梯度的变化。体会预热炉温度、风量、温度梯度之间的关系。

⑥ 开 TIV102、TIV103，冷空气进入绝热式氨合成塔床层与热原料混合，观察冷空气进入后流量与温度梯度之间的关系。开 TIV104，冷空气进入冷管式氨合成塔壳程内，观察冷空气进入后流量与温度梯度之间的关系。

⑦ 调节循环水自动阀 TIV101，控制产品后冷器温度在 20℃左右。

⑧ 将绝热式氨合成塔与冷管式氨合成塔串联，观察串、并联之间温度的变化情况。

⑨ 调节进出口物料流量和温度，保证两塔平稳运行。

二、　DCS 控制典型氨合成塔装置的停车操作

① 停原料预热炉加热，使体系逐渐降温（由于装置系统较大，降温时间较长，可适当提高压缩机和鼓风机出口流量）。

② 两塔温度降至常温后，关闭增压鼓风机及压缩机。

③ 停循环水泵，将所有 DCS 控制阀开度调节为 0，将装置现场阀门全部关闭。

④ 关主电源。

⑤ 对装置的设备进行维护和保养。

知识加油站

————DCS 控制典型氨合成塔装置的维护与保养

设备的维护保养是保持设备经常处于完好状态的重要手段，是积极的预防工作，也是设备正常运行的客观要求。设备在使用过程中，由于物质运动、化学反应以及人为因素等，难免会造成损耗，如松动、摩擦、腐蚀等，如不及时处理，将会造成设备寿命缩短，甚至造成严重的事故，所以设备的维护与保养是维持设备良好状态、延长设备使用寿命、防范事故的有效措施，必须做好设备的日常维护与保养。

1. 在实验前、后，对装置周围环境要进行认真清洁；

2. 经常检查设备各连接部件有无松动，及时紧固调整；

3. 压缩机的气体不能含有杂物，太脏时应过滤，避免杂物堵塞压缩机；

4. 冬季停用时，停车后要将管线机设备的水排干净防止冻裂；

5. 检查设备腐蚀、变形、裂纹及各部分焊接情况。

任务 4
合成氨生产工艺仿真操作

任务描述

任务名称:合成氨生产工艺仿真操作	建议学时:24 学时
学习方法	1. 按照工厂车间实行的班组制,将学生分组,1 人担任班组长,负责分配组内成员的具体工作,小组共同制订工作计划、分析总结并进行汇报; 2. 班组长负责组织协调任务实施,组内成员按照工作计划分工协作,完成规定任务; 3. 教师跟踪指导,集中解决重难点问题,评估总结
任务目标	1. 能熟悉合成氨生产仿真工段的设备和工艺流程。 2. 能掌握合成氨生产工段工艺参数指标的标准范围。 3. 能熟悉合成氨生产工段阀门、仪表的位置。 4. 能熟悉合成氨生产工艺仿真工段的开、停车操作流程。 5. 能分析影响工艺参数变化的主要因素,并能调节工艺参数达到标准范围;能维持仿真工段开车操作之后的平稳运行。 6. 能熟悉合成氨生产工艺仿真工段的停车操作流程。 7. 能掌握合成氨生产工艺仿真工段停车操作中工艺参数的操作和控制。 8. 能熟练判断事故现象,并正确进行事故处理
岗位职责	班组长:以仿真软件为载体,组织和协调组员完成合成氨生产工段的开、停车操作与控制,正确分析处理生产中的常见故障; 组员:在班组长的带领下,完成合成氨生产工段的开、停车操作与控制,正确分析处理生产中的常见故障
工作任务	1. 合成氨生产工艺仿真工段的主要设备和工艺流程认知; 2. 合成氨生产工艺仿真工段开、停车操作步骤认知; 3. 合成氨生产工艺仿真工段的工艺参数指标范围及其影响因素分析; 4. 合成氨生产工艺仿真工段工艺参数的调节; 5. 合成氨生产工艺仿真工段事故处理操作
工作准备	**教师准备** 1. 准备教材、工作页、考核评价标准等教学材料; 2. 给学生分组,下达工作任务	**学生准备** 1. 班组长分配工作,明确每个人的工作任务; 2. 通过课程学习平台预习基本理论知识; 3. 准备工作服、学习资料和学习用品

任务实施

任务名称:合成氨生产工艺仿真操作

序号	工作过程	学生活动	教师活动
1	准备工作	穿好工作服,准备好必备学习用品和学习材料	准备教材、工作页、考核评价标准等教学材料
2	任务下达	领取工作页,记录工作任务要求	发放工作页,明确工作要求、岗位职责
3	班组例会	分组讨论,各组汇报课前学习基本知识的情况,认真听老师讲解重难点,分配任务,制订工作计划	听取各组汇报,讨论并提出问题,总结并集中讲解重难点问题
4	熟悉仿真操作界面及操作方法	根据仿真操作界面,找出合成氨生产过程中的设备及位号,工艺参数指标控制点,列出主要设备和工艺参数,理清生产工艺流程	跟踪指导,解决学生提出的问题,并进行集中讲解
5	开车操作及工作过程分析	根据开车操作规程和规范,小组完成开车操作训练,讨论交流开车过程中的问题,并找出解决方法	教师跟踪指导,指出存在的问题,解决学生提出的重难点问题,集中讲解,并进行操作过程考核
6	停车操作及工作过程分析	根据开车操作规程和规范,小组完成停车操作训练,讨论交流停车过程中的问题,并找出解决方法	教师跟踪指导,指出存在的问题,解决学生提出的重难点问题,集中讲解,并进行操作过程考核
7	常见故障处理及工作过程分析	根据仿真系统设置的合成氨生产过程常见故障,小组对每个故障进行分析、判断,并进行正确的处理操作训练,讨论交流工作过程中的问题,并找出解决方法	教师跟踪指导,指出存在的问题,解决学生提出的重难点问题,集中讲解,并进行操作过程考核
8	工作总结	班组长带领班组总结工作中的收获、不足及改进措施,完成工作页的提交	检验成果,总结归纳生产相关知识,点评工作过程

学生工作页

任务名称		合成氨生产工艺仿真操作	
班级		姓名	
小组		岗位	
工作准备	一、课前解决问题 1. 合成氨生产仿真工段的主要工艺参数有哪些? 这些参数的标准值分别是多少? 2. 影响工艺参数的主要因素有哪些? 应如何正确调节工艺参数?		

续表

工作准备	3. 合成氨生产仿真工段开车操作的主要过程有哪些？ 4. 合成氨生产仿真工段停车操作要注意哪些问题？ 5. 合成氨生产仿真工段的主要故障有哪些？应该如何处理？ 二、接受老师指定的工作任务后，了解仿真操作实训室的环境、安全管理要求，穿好工作服。 三、安全生产及防范 　学习仿真操作实训室相关安全及管理规章制度，列出你认为工作过程中需注意的问题，并做出承诺。 我承诺：工作期间严格遵守实训场所安全及管理规定。 承诺人： 本工作过程中需注意的安全问题及处理方法：

1. 列出主要设备，并分析设备作用。

序号	位号	名称	类别	主要功能与作用

工作分析
与实施

2. 列出主要工艺参数，并分析工艺参数的影响因素和调节控制方法。

续表

	序号	位号	名称	类别	影响因素和调节控制方法
工作分析 与实施					

3. 按照工作任务计划,完成合成氨生产工段仿真操作,分析操作过程,记录工作过程中出现的问题。

_____

_____

_____

工作总结 与反思	结合自身和本组完成的工作,通过交流讨论、组内点评等形式客观、全面地总结本次工作任务完成的情况,并讨论如何改进工作。 _____ _____

技能训练 1　合成氨生产工艺仿真工段的设备及工艺流程

一、合成氨生产工艺仿真工段的主要设备

合成氨生产工艺仿真工段的主要设备见表 4-7。

表 4-7　合成氨生产工艺仿真工段的设备列表

序号	设备位号	设备名称	序号	设备位号	设备名称
1	105-D	氨合成塔	14	123-C	锅炉给水换热器
2	102-B	开工加热炉	15	124-C	合成系统水冷器
3	103-J	合成气压缩机	16	125-C	弛放气氨冷器
4	105-J	冷冻压缩机	17	126-C	闪蒸气氨冷器
5	109-J	冷氨产品泵	18	127-C	氨冷凝器
6	1-3P	热氨产品泵	19	128-C	冷冻压缩机中间冷却器
7	106-C	甲烷化进料气冷却器	20	129-C	段间氨冷器
8	116-C	段间水冷器	21	104-F	压缩前分离罐
9	117-C	新鲜气/循环气一级氨冷器(第一氨冷器)	22	105 F	中间分离罐
10	118-C	新鲜气/循环气二级氨冷器(第二氨冷器)	23	106-F	高压氨分离器
11	119-C	新鲜气/循环气三级氨冷器(第三氨冷器)	24	107-F	低压氨分离器(冷冻中间闪蒸槽)
12	120-C	合成塔进气/循环气换热器	25	108-F	高压吹出气分离缸
13	121-C	合成塔进气/出气换热器	26	109-F	液氨接收槽

序号	设备位号	设备名称	序号	设备位号	设备名称
27	110-F	一级液氨闪蒸罐	29	112-F	三级液氨闪蒸罐
28	111-F	二级液氨闪蒸罐			

二、合成氨生产工艺仿真工段的工艺流程

1. 合成系统的工艺流程

从甲烷化来的新鲜气（40℃、2.6MPa、$H_2/N_2 = 3:1$）先经压缩前分离罐（104-F）进合成气压缩机（103-J）低压段，在低压缸内，将新鲜气体压缩到合成所需要最终压力的二分之一左右，出低压段的新鲜气先经甲烷化进料气冷却器（106-C）用甲烷化进料气冷却至93.3℃，再经段间水冷器（116-C）冷却至38℃，最后经段间氨冷器（129-C）冷却至7℃，后与回收来的氢气混合进入中间分离罐（105-F），从105-F出来的氢/氮气再进103-J的高压段。

合成回路来的循环气与经高压段压缩后的氢/氮气混合进103-J的循环段，从循环段出来的合成气进入合成系统水冷器（124-C）进行冷却。高压合成气自124-C出来后，分两路继续冷却，第一路串联通过新鲜气/循环气一级氨冷器（117-C）和新鲜气/循环气二级氨冷器（118-C）的管侧，冷却介质都是冷冻用液氨，另一路通过就地的MIC23节流后，在合成塔进气/循环气换热器（120-C）的壳侧冷却。冷却后的两路会合，在新鲜气/循环气三级氨冷器（119-C）中用三级液氨闪蒸槽（112-F）来的冷冻用液氨进行冷却，冷却至 −23.3℃。冷却后的气体经过水平分布管进入高压氨分离器（106-F），在前几个氨冷器中冷凝下来的循环气中的液氨就从106-F中分离出来，分离出来的液氨送往低压氨分离器（107-F）。从107-F出来后，循环气就进入120-C的管侧，从壳侧的工艺气体中取得热量，然后又进入合成塔进气/出气换热器（121-C）的管侧，再由HCV11控制进入合成塔（105-D），在121-C管侧的出口处分析气体成分。

SP-35是一专门的双向降爆板装置，是用来保护121-C的换热器，防止换热器的一侧卸压导致压差过大而引起破坏。

合成气进气由合成塔105-D的塔底进入，自下而上地进入合成塔，经由MIC13直接到第一层催化剂的入口，用以控制该处的温度，另外还有一个冷激管线（经由MIC14），和两个进层间换热器副线（经由MIC15和MIC16）可以控制第二、第三层的入口温度。气体经过最底下一层催化剂床层后，又自下而上地把气体导入内部换热器的管侧，把热量传给进来的气体，再由105-D的顶部出口引出。

合成塔出口气体进入锅炉给水换热器（123-C）的管侧，把热量传给锅炉给水，接着又在121-C的壳侧，与进塔气体换热而进一步被冷却，最后回到103-J高压缸循环段（最后一个叶轮）而完成了整个合成回路。

合成塔出来的气体有一部分是从高压吹出气分离缸（108-F）经MIC18调节并用FI63指示流量后，送往氢回收装置或送往一段转化炉燃料气系统。从合成回路中排出气是为了控制气体中的甲烷和氩的浓度，甲烷和氩在系统中积累多了会使氨的合成率降低。吹出气在进入108-F以前先在弛放气氨冷器（125-C）中冷却，由108-F分出的液氨送至低压氨分离器107-F进行回收。

合成塔备有一台开工加热炉（102-B），它是用于开工时把合成塔升温至反应温度，开工加热炉的原料气流量由FI62指示，另外，它还设有一低流量报警器FAL85与FI62配合使用，MIC17调节102-B燃料气量。合成系统的DCS和现场操作界面如图4-20和图4-21所示。

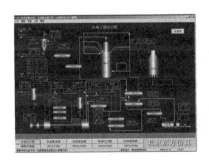

图 4-20　合成系统 DCS 操作界面

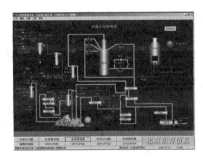

图 4-21　合成系统现场操作界面

2. 冷冻系统

合成来的液氨进入低压氨分离器（107-F），闪蒸出的不凝性气体通过 PICA8 排出作为燃料气送往一段炉燃烧。107-F 装有液面指示器 LI12。液氨减压后由液位调节器 LI-CA12 调节进入三级液氨闪蒸罐（112-F）进一步闪蒸，闪蒸后作为冷冻用的液氨进入系统中。冷冻的一、二、三级闪蒸罐操作压力分别为：0.4MPa（G）、0.16MPa（G）、0.0028MPa（G），三台闪蒸罐与合成系统中的第一、二、三氨冷器相对应，它们是按热虹吸原理进行冷冻蒸发循环操作的。液氨由各闪蒸罐流入对应的氨冷器，吸热后的液氨蒸发形成的气液混合物又回到各闪蒸罐进行气液分离，气氨分别进冷冻压缩机（105-J）各段气缸，液氨分别进各氨冷器。

由液氨接收槽（109-F）来的液氨逐级减压后补入各闪蒸罐。一级液氨闪蒸罐（110-F）出来的液氨除送第一氨冷器（117-C）外，另一部分作为合成气压缩机 103-J 一段出口的段间氨冷器（129-C）和闪蒸气氨冷器（126-C）的冷源。129-C 和 126-C 蒸发的气氨进入二级液氨闪蒸罐（111-F），110-F 多余的液氨送往 111-F。111-F 的液氨除送第二氨冷器（118-C）和弛放气氨冷器（125-C）作为冷冻剂外，其余部分送往三级液氨闪蒸罐（112-F）。112-F 的液氨除送 119-C 外，还可以由冷氨产品泵（109-J）作为冷氨产品送液氨贮槽贮存。

由 112-F 出来的气氨进入 105-J 一段压缩，一段出口与 111-F 来的气氨汇合进入二段压缩，二段出口气氨先经冷冻压缩机中间冷却器（128-C）冷却后，与 110-F 来的气氨汇合进入三段压缩，三段出口的气氨经氨冷凝器（127-CA/CB），冷凝的液氨进入液氨接收槽（109-F）。109-F 中的闪蒸气去闪蒸罐氨冷器 126-C，冷凝分离出来的液氨流回 109-F，不凝气作为燃料气送往一段炉燃烧。109-F 中的液氨一部分减压后送至一级液氨闪蒸罐 110-F，另一部分作为热氨产品经热氨产品泵（1-3P-1/2）送往尿素装置。冷冻系统的 DCS 和现场操作界面如图 4-22 和图 4-23 所示。

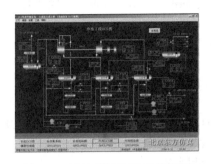

图 4-22　冷冻系统 DCS 操作界面

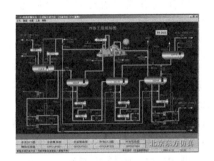

图 4-23　冷冻系统现场操作界面

技能训练 2 合成氨生产工艺仿真工段开车操作

一、合成氨生产工艺仿真工段开车操作

1. 合成系统开车

① 投用 LSH109（104-F 液位高联锁）、LSH111（105-F 液位高联锁）（辅助控制盘画面）。

② 打开 SP71（合成工段现场），把工艺气引入 104-F，PIC182（合成工段 DCS）设置在 2.6MPa，投自动。

③ 显示合成塔压力的仪表换为低量程表（合成工段现场合成塔旁）。

④ 投用 124-C（合成工段现场开阀 VX0015 进冷却水）、123-C（合成工段现场开阀 VX0016 进锅炉水预热合成塔塔壁）、116-C（合成工段现场开阀 VX0014），打开阀 VV077、VV078 投用 SP35（合成工段现场合成塔底）。

⑤ 按 103-J 复位按钮（辅助控制盘画面），然后启动 103-J（合成工段现场启动按钮），开泵 117-J 注液氨（冷冻系统现场画面）。

⑥ 开 MIC23、HCV11，把工艺气引入合成塔 105-D，合成塔充压（合成工段现场画面）。

⑦ 逐渐关小防喘振阀 FIC7、FIC8、FIC14。

⑧ 开 SP1 副线阀 VX0036，均压后（10s），开 SP1，开 SP72（在合成塔现场图画面）及 SP72 前旋塞阀 VX0035（合成塔现场画面）。

⑨ 当合成塔压力达到 1.4MPa 时换高量程压力表Ⓗ（合成现场画面）。

⑩ 关 SP1 副线阀 VX0036，关 SP72 及前旋塞阀 VX0035，关 HCV11。

⑪ 开 PIC194 设定在 10.5MPa，投自动（108-F 出口调节阀）。

⑫ 开入 102-B 旋塞阀 VV048，开 SP70。

⑬ 开 SP70 前旋塞阀 VX0034，使工艺气循环起来。

⑭ 打开 108-F 顶 MIC18 阀，开度为 100（合成现场画面）。

⑮ 投用 102-B 联锁 FSL85（辅助控制盘画面）。

⑯ 全开 MIC17（开度 100%）进燃料气，102-B 点火（合成现场图），合成塔开始升温。

⑰ 开阀 MIC14 调节合成塔中层温度，开阀 MIC15、MIC16，控制合成塔下层温度（合成现场画面）。

⑱ 停泵 117-J，停止向合成塔注液氨。

⑲ PICA8 设定在 1.68MPa，投自动（冷冻 DCS 画面）。

⑳ LICA14 投自动，设定在 50%，LICA13 投自动，设定在 40%。

㉑ 当合成塔入口温度达到反应温度 380℃时，关 MIC17，102-B 熄火，同时打开阀门 HCV11 预热原料气。

㉒ 关入 102-B 旋塞阀 VV048，现场打开氢气补充阀 VV060。

㉓ 开 MIC13 进冷激气调节合成塔上层温度。

㉔ 106-F 液位 LICA13 达 50%时，开阀 LCV13，把液氨引入 107-F。

2. 冷冻系统开车

① 投用 LSH116（110-F 液位高联锁）、LSH118（111-F 液位高联锁），LSH120（112-F 液位高联锁）、PSH840、PSH841 联锁（辅助控制盘）。

② 投用 127-C（冷冻系统现场开阀 VX0017 进冷却水）。

③ 打开 109-F 充液氨阀门 VV066，建立 80%液位（LICA15 至 80%）后关充液阀。

④ PIC7 设定值为 1.4MPa，投自动。

⑤ 开三个制冷阀（在现场开阀 VX0005、VX0006、VX0007）。

⑥ 按 105-J 复位按钮，然后启动 105-J（在现场启动按钮），开出口总阀 VV084。

⑦ 开 127-C 壳侧排放阀 VV067。

⑧ 开阀 LCV15（打开 LICA15）建立 110-F 液位。

⑨ 开出 129-C 的截止阀 VV086。

⑩ 开阀 LCV16（打开 LICA16）建立 111-F 液位，开阀 LCV18（LICA18）建立 112-F 液位。

⑪ 投用 125-C（打开阀门 VV085）。

⑫ 当 107-F 有液位时开 MIC24，向 111-F 送氨。

⑬ 开 LCV12（开 LICA12）向 112-F 送氨。

⑭ 关制冷阀（在现场关阀 VX0005、VX0006、VX0007）。

⑮ 当 112-F 液位达 20% 时，启动 109-J/JA 向外输送冷氨。

⑯ 当 109-F 液位达 50% 时，启动 1-3P-1/2 向外输送热氨。

二、合成氨生产仿真工段正常运行控制

在化工装置开车成功后，即进入正常运行阶段，这个阶段的操作目标是将工艺参数调整到标准范围内，并维持生产平稳运行。一般在正常运行阶段，会根据生产实际情况，进行负荷的调整，调整负荷过程中要注意调整的顺序和操作要点。

1. 温度指标

合成氨生产仿真工段的温度指标见表 4-8。

表 4-8　合成氨生产仿真工段的温度指标

序号	位号	说明	设计值/℃
1	TR6_15	出 103-J 二段工艺气温度	120
2	TR6_16	入 103-J 一段工艺气温度	40
3	TR6_17	工艺气经 124-C 后温度	38
4	TR6_18	工艺气经 117-C 后温度	10
5	TR6_19	工艺气经 118-C 后温度	-9
6	TR6_20	工艺气经 119-C 后温度	-23.3
7	TR6_21	入 103-J 二段工艺气温度	38
8	TI1_28	工艺气经 123-C 后温度	166
9	TI1_29	工艺气进 119-C 温度	-9
10	TI1_30	工艺气进 120-C 温度	-23.3
11	TI1_31	工艺气出 121-C 温度	140
12	TI1_32	工艺气进 121-C 温度	23.2
13	TI1_35	107-F 罐内温度	-23.3
14	TI1_36	109-F 罐内温度	40
15	TI1_37	110-F 罐内温度	4
16	TI1_38	111-F 罐内温度	-13
17	TI1_39	112-F 罐内温度	-33
18	TI1_46	合成塔一段入口温度	401
19	TI1_47	合成塔一段出口温度	480.8
20	TI1_48	合成塔二段中温度	430
21	TI1_49	合成塔三段入口温度	380
22	TI1_50	合成塔三段中温度	400
23	TI1_84	开工加热炉 102-B 炉膛温度	800

续表

序号	位号	说明	设计值/℃
24	TI1_85	合成塔二段中温度	430
25	TI1_86	合成塔二段入口温度	419.9
26	TI1_87	合成塔二段出口温度	465.5
27	TI1_88	合成塔二段出口温度	465.5
28	TI1_89	合成塔三段出口温度	434.5
29	TI1_90	合成塔三段出口温度	434.5
30	TR1_113	工艺气经102-B后进塔温度	380
31	TR1_114	合成塔一段入口温度	401
32	TR1_115	合成塔一段出口温度	480
33	TR1_116	合成塔二段中温度	430
34	TR1_117	合成塔三段入口温度	380
35	TR1_118	合成塔三段中温度	400
36	TR1_119	合成塔塔顶气体出口温度	301
37	TRA1_120	循环气温度	144
38	TR5_(13-24)	合成塔105-D塔壁温度	140.0

2. 压力指标

合成氨生产仿真工段的压力指标见表4-9。

表4-9　合成氨生产仿真工段的压力指标

序号	位号	说明	设计值/MPa
1	PI59	108-F 罐顶压力	10.5
2	PI65	103-J 二段入口流量	6.0
3	PI80	103-J 二段出口流量	12.5
4	PI58	109-J/JA 后压	2.5
5	PR62	1-3P-1/2 后压	4.0
6	PDIA62	103-J 二段压差	5.0

3. 流量指标

合成氨生产仿真工段的流量指标见表4-10。

表4-10　合成氨生产仿真工段的流量指标

序号	位号	说明	设计值/(kg/h)
1	FR19	104-F 的抽出量	11000
2	FI62	经过开工加热炉的工艺气流量	60000
3	FI63	弛放氢气量	7500
4	FI35	冷氨抽出量	20000
5	FI36	107-F 到 111-F 的液氨流量	3600

技能训练3　合成氨生产工艺仿真工段停车操作及故障处理

一、合成氨生产工艺仿真工段停车操作

1. 合成系统停车

① 关阀 MIC18 弛放气。

② 停泵 1-3P-1/2。

③ 工艺气由 MIC25 放空，103-J 降转速（此处无需操作）。

④ 依次打开 FCV14、FCV8、FCV7，注意防喘振。

⑤ 逐渐关闭 MIC14、MIC15、MIC16，给合成塔降温。

⑥ 106-F 液位 LICA13 降至 5％时，关 LCV-13。

⑦ 108-F 液位 LICA14 降至 5％时，关 LCV-14。

⑧ 关 SP1，关 SP70。

⑨ 停 125-C、129-C（关阀 VV085、VV086）。

⑩ 停 103-J。

2. 冷冻系统停车

① 渐关阀 FV11，105-J 降转速（此处无需操作）。

② 关 MIC24。

③ 107-F 液位 LICA12 降至 5％时关 LCV12。

④ 现场开三个制冷阀 VX0005、VX0006、VX0007，提高温度，蒸发剩余液氨。

⑤ 待 112-F 液位 LICA19 降至 5％时，停泵 109-JA/B。

⑥ 停 105-J。

二、合成氨生产工艺仿真工段事故处理

合成氨生产工艺仿真操作中的常见事故，主要是几个压缩机和泵的跳车事故。

（一）　105-J 跳车

1. 事故原因

105-J 跳车。

2. 事故现象

① FIC9、FIC10、FIC11 全开。

② LICA15、LICA16、LICA18、LICA19 逐渐下降。

3. 处理方法

① 停 1-3P-1/2，关出口阀。

② 全开 FCV14、FCV7，FCV8，开 MIC25 放空，103-J 降转速（此处无需操作）。

③ 按 SP1A、SP70A。

④ 关 MIC18、MIC24，氢回收去 105-F 截止阀。

⑤ LCV13、LCV14、LCV12 手动关掉。

⑥ 关 MIC13、MIC14、MIC15、MIC16、HCV1、MIC23。

⑦ 停 109-J，关出口阀。

⑧ LCV15、LCV16A/B、LCV18A/B、LCV19 置手动关。

（二）　1-3P-1/2 跳车

1. 事故原因

1-3P-1/2 跳车。

2. 事故现象

109-F 液位 LICA15 上升。

3. 处理方法

① 打开 LCV15，调整 109-F 液位。

② 启动备用泵。

（三） 109-J 跳车

1. 事故原因

109-J 跳车。

2. 事故现象

112-F 液位 LICA19 上升。

3. 处理方法

① 关小 LCV18A/B、LCV12。

② 启动备用泵。

（四） 103-J 跳车

1. 事故原因

103-J 跳车。

2. 事故现象

① SP1、SP70 全关。

② FIC7、FIC8、FIC14 全开。

③ PCV182 开大。

3. 处理方法

① 打开 MIC25，调整系统压力。

② 关闭 MIC18、MIC24、氢回收去 105-F 截止阀。

③ 105-J 降转速，冷冻调整液位。

④ 停 1-3P，关出口阀。

⑤ 关 MIC13、MIC14、MIC15、MIC16、HCV1、MIC23。

⑥ 切除 129-C、125-C。

⑦ 停 109-J，关出口阀。

知识加油站

——合成氨生产工艺仿真工段自动保护系统

在装置发生紧急事故，无法维持正常生产时，为控制事故的发展，避免事故蔓延发生恶性事故，确保装置安全，并能在事故排除后及时恢复生产，

① 在装置正常生产过程中，自保切换开关应在"AUTO"位置，表示自保投用。

② 开车过程中，自保切换开关在"BP（Bypass）"位置，表示自保摘除。

自保名称	自保值	自保名称	自保值
LSH109	90	LSH120	60
LSH111	90	PSH840	25.9
LSH116	80	PSH841	25.9
LSH118	80	FSL85	25000

【项目考核评价表】

考核项目	考核要点		分数	考核标准(满分要求)	得分
技能考核	流程叙述	氨合成工段	5	1. 能流利叙述整个工艺流程,详细讲述从原料到产品的生产过程; 2. 能正确描述每个设备的位号、名称和主要功能,并能详述反应器中发生的反应; 3. 讲述有条理,口齿清晰,逻辑合理	
		氨分离工段	5	1. 能流利叙述整个工艺流程,详细讲述从原料到产品的生产过程; 2. 能正确描述每个设备的位号、名称和主要功能,并能详述反应器中发生的反应; 3. 讲述有条理,口齿清晰,逻辑合理	
	DCS 控制合成氨生产 3D 工厂操作		10	1. 内、外操相互配合,完成岗位工作任务,配合中出现重大问题扣 3 分; 2. 能发现生产运行中的异常,能够分析、判断和采取有效措施处理问题,如未发现操作中存在的问题扣 2 分	
	DCS 控制典型氨合成塔装置操作		10	1. 内、外操相互配合,完成岗位工作任务,配合中出现重大问题扣 3 分; 2. 能发现生产运行中的异常,能够分析、判断和采取有效措施处理问题,如未发现操作中存在的问题扣 2 分	
	合成氨生产工艺仿真操作		30	1. 熟悉合成氨生产工艺仿真操作的主要设备和工艺流程,并熟悉仿真操作的步骤和阀门,掌握仪表和阀门的调节方法,能正确控制工艺参数(10 分); 2. 能在规定时间内完成整个工段的开车操作,并能达到合格的分数(10 分)。95~100 分:10 分;90~95 分:5~10 分;85~90 分:5 分;<85 分:0 分	
	合成氨生产工艺流程图的绘制		20	根据工艺流程及现场工艺管线的布局,正确规范地完成流程图的绘制(设备、管线),每错漏一处扣 2 分,工艺流程图绘制要规范、美观(设备画法、管线及交叉线画法、箭头规范要求、物料及设备的标注要求),每错漏一处扣 1 分	
知识考核	合成氨生产相关理论知识		5	根据所学内容,完成老师下发的知识考核卡,每错一题扣 1 分	
态度考核	任务完成情况及课程参与度		5	按照要求,独立或小组协作及时且正确完成老师布置的各项任务;认真听课,积极思考,参与讨论,能够主动提出或者回答有关问题,迟到扣 2 分,玩手机等扣 2 分	
	工作环境清理		5	保持工作现场环境整齐、清洁,认真完成清扫,学习结束后未进行清扫扣 2 分	

续表

考核项目	考核要点	分数	考核标准（满分要求）	得分
素质考核	职业综合素质	5	能够遵守课堂纪律，能与他人协作、交流，善于分析问题和解决问题，尊重考核教师；现场学习过程中，注意教师提示的生产过程中的安全和环保问题，会使用安全和环保设施，按照工作场所和岗位要求，正确穿戴服装和安全帽，未按要求穿戴扣2分	

【巩固训练】

一、填空题

1. 氨合成的反应是可逆、（　　　　）热、（　　　　）温、（　　　　）压的反应。

2. 氨合成反应催化剂的主要成分是（　　　　），在使用前需要进行（　　　　）操作。

3. 目前工业生产中，合成氨生产中使用的压缩机一般采用（　　　　）式压缩机，其驱动一般采用（　　　　）驱动。

4. 工业生产上，氨合成塔内件按降温方法的不同，分为冷管式和（　　　　）。

5. 在合成氨生产中，目前技术条件下，氨的分离采用的主要方法是（　　　　）。

6. 氨冷凝分离的原理，就是利用在高压下，氨易被冷凝为（　　　　），从而使氨分离。

二、不定项选择题

1. 生产合成氨的原料气是（　　　）。

A. H_2、O_2　　　　　B. H_2、N_2　　　　　C. N_2、O_2　　　　　D. He、H_2

2. 新鲜气的主要成分是（　　　），循环气的主要成分除了新鲜气外，还含有（　　　）。

A. H_2、N_2；NH_3、惰性气体　　　　　B. H_2、N_2；惰性气体

C. H_2、O_2；NH_3、惰性气体　　　　　D. H_2、O_2；惰性气体

3. 氨分离常用的工业方法有（　　　）和（　　　）。

A. 冷凝分离；水溶液分离　　　　　　B. 变压吸附；水溶液分离

C. 冷凝分离；变压吸附　　　　　　　D. 冷凝分离；酸碱分离

4. 目前国内外大型合成氨厂，采用的氨合成塔工艺有（　　　）。

A. Kellogg（凯洛格）　　B. Topsoe（托普索）　　C. Casari（卡萨里）　　D. Uhde（伍德）

5. 下列属于合成氨生产工艺中易燃易爆气体的是（　　　）

A. H_2　　　　　　　B. N_2　　　　　　　C. CO_2　　　　　　　D. CO

三、判断题

1. 平衡氨含量是评价氨合成反应转化率的主要参考指标。（　　　）

2. 压力不影响氨合成反应的化学平衡，但是提高压力会提高氨合成反应速率，所以氨合成反应要提高压力。（　　　）

3. 循环气压缩与新鲜气压缩一般采用同一台压缩机。（　　　）

4. 氨的冷凝采用逐级冷却的方式，级数越高冷凝效果越好，工业生产中一般采用五级以上冷凝。（　　　）

5. 对于氨合成塔的腐蚀主要是由于氢气与金属材质的反应造成的。（　　　）

四、简答题

1. 合成氨生产工艺过程主要由哪几部分组成？每一部分的主要作用是什么？

2. 合成氨生产的基本原理是什么？催化剂的组成是什么？使用中的注意事项有哪些？

3. 氨冷凝分离的基本原理是什么？应如何选择冷冻剂？

4. 合成氨生产工艺流程中，主要设备有哪些类型？每一类设备的主要作用是什么？

5. 合成氨生产工艺流程经历了哪些发展历程？每一阶段流程的主要优缺点是什么？

项目五
尿素生产技术

【基本知识目标】

1. 了解尿素的性质、用途和工业生产路线；掌握尿素生产的基本原理和工艺条件。

2. 掌握尿素生产的典型工艺流程；了解水溶液全循环法生产尿素的工艺过程；掌握二氧化碳气提法的工艺过程。

3. 掌握尿素生产工艺模型装置的主要设备及其作用；掌握尿素生产工艺模型装置的工艺流程。

4. 掌握尿素生产 3D 虚拟仿真工厂的开、停车操作；掌握尿素生产 3D 虚拟仿真工厂的主要工艺参数指标，并能调节和控制这些工艺参数达到标准值。

5. 了解尿素生产过程中的安全和环保知识。

【技术技能目标】

1. 能掌握二氧化碳气提法生产尿素的工艺参数，能分析影响工艺参数的因素，观察工艺参数的变化趋势，并能有针对性地进行调节和控制。

2. 能掌握尿素生产模型装置主要设备的功能与作用，掌握设备操作方法；熟悉设备进出料平衡关系，在开、停车和正常运行操作过程中，维持设备的平稳运行。

3. 能熟练叙述尿素生产模型装置的工艺流程；能识读和绘制尿素生产模型装置的工艺流程图。

4. 能实现内、外操协作配合，共同完成尿素生产 3D 虚拟仿真工厂的开、停车操作；并能在开、停车操作过程中，发现和解决随时出现的问题。

5. 能明确尿素生产工段内、外操的岗位职责；能通过项目操作了解合成气生产中的安全隐患，能够针对安全问题提出合理的解决方案。

【素质培养目标】

1. 通过项目中角色分配、任务设定，使学生充分感受行业工作氛围，认识到化工生产在国民经济中的重要地位，培养学生作为"化工人"的责任感、荣誉感和职业自信。

2. 在项目操作过程中，使学生树立遵循标准、遵守国家法律法规的意识；能够在技术技能实践中理解并遵守职业道德和规范，履行责任。

3. 通过项目操作，使学生认识到化工行业严谨求实的工作态度；通过生产过程中安全和环保问题分析，使学生具有化工生产过程中的"绿色化工、生态保护、和谐发展和责任关怀"的核心思想；通过化工安全事故案例讲解，培养学生具有关于安全、健康、环境的责任关怀理念和良好的质量服务意识。

4. 通过分组协作，使学生能够在工作中承担个体、团队成员、负责人的角色，锻炼学生进行有效沟通和交流，提高学生语言表达能力、分析和解决问题的能力。

5. 通过理论知识和实践操作的综合考核，培养学生具有良好的心理素质、诚实守信的工作态度及作风，并且形成良性竞争的意识；使学生能够经受压力和考验，面对压力保持良好和乐观的心态，从容应对。

【项目描述】

本项目教学以学生为主体，通过学生工作页给学生布置学习任务。项目任务基于工业上尿素生产和使用的职业情境，学生个体作为尿素生产现场操作工（外操）和主控操作工（内操），以生产班组形式，通过课程在线资源辅助，收集技术数据，参照工艺流程图、设备图等，对尿素的生产过程进行工艺分析、设备分析，选择合理的工艺条件。在化工实训基地利用尿素生产模型装置和 3D 虚拟仿真工厂进行内、外操联合开、停车操作，在操作过程中监控仪表、正确调节现场机泵和阀门，遇到异常现象时发现故障原因并排除，完成开、停车操作任务。

项目实施中要给予学生更多的自由学习空间，对于开车前的导流程，设备仪表分析，虚拟装置搭建以及尿素生产装置的开、停车等，由学生或小组自我安排学习规划和实施环境、环节，按时参加分析总结，书写报告。

【操作安全提示】

1. 进入实训现场必须穿工作服，不允许穿高跟鞋、拖鞋。

2. 实训过程中，要注意保护模型装置、管线，保障装置的正常使用。

3. 实训装置现场的带电设备，要注意用电安全，不用手触碰带电管线和设备，防止意外事故发生。

4. 实训装置有带压反应器，操作时要注意安全，防止超压操作。

5. 操作机泵、压缩机及鼓风机等动设备时，必须严格按照操作规程进行，避免误操作。

6. 不允许在电脑上连接任何移动存储设备等，注意电脑使用和操作安全，保证操作正常运行。

7. 尿素生产装置现场有易燃易爆和有毒气体，真正进入作业现场需要佩戴防毒面具、空气呼吸器等防护用品，取样等操作需要佩戴橡胶手套等劳保用具。

8. 掌握尿素生产现场操作的应急事故演练流程，一旦发生着火、爆炸、中毒等安全事故，要熟悉现场逃离、救护等安全措施。

任务 1
DCS 控制尿素生产工艺智能化模型装置操作

任务描述

任务名称：DCS 控制尿素生产智能化模型装置操作	建议学时：8 学时

学习方法	1. 按照工厂车间实行的班组制，将学生分组，1 人担任班组长，负责分配组内成员的具体工作，小组共同制订工作计划、分析总结并进行汇报； 2. 班组长负责组织协调任务实施，组内成员按照工作计划分工协作，完成规定任务； 3. 教师跟踪指导，集中解决重难点问题，评估总结
任务目标	1. 能掌握尿素合成的基本原理、催化剂和工艺条件； 2. 能掌握尿素高压分离的基本原理和工艺条件； 3. 能掌握尿素回收的基本原理和工艺条件； 4. 能掌握尿素生产工艺模型装置中的设备名称、位号及功能； 5. 能流利叙述模型装置的工艺流程； 6. 能绘制模型装置的工艺流程图

续表

岗位职责	班组长:组织和协调组员完成查找尿素生产智能化模型装置的主要设备、管线布置和工艺流程组织; 组员:在班组长的带领下,共同完成尿素生产智能化模型装置的主要设备、管线布置和工艺流程组织任务,完成设备种类分析任务记录单及工艺流程图绘制	
工作任务	1. 尿素合成、气提与回收工艺的基本原理认知; 2. 尿素生产工艺模型装置的设备、管线、仪表和阀门认知; 3. 尿素生产工艺模型装置的工艺流程认知; 4. 尿素生产工艺模型装置工艺流程图的绘制; 5. 尿素生产的安全和环保问题分析	
工作准备	教师准备	学生准备
	1. 准备教材、工作页、考核评价标准等教学材料; 2. 给学生分组,下达工作任务	1. 班组长分配工作,明确每个人的工作任务; 2. 通过课程学习平台预习基本理论知识; 3. 准备工作服、学习资料和学习用品

任务实施

任务名称:DCS 控制尿素生产智能化模型装置操作

序号	工作过程	学生活动	教师活动
1	准备工作	穿好工作服,准备好必备学习用品和学习材料	教材、工作页、考核评价标准等教学材料准备
2	任务下达	领取工作页,记录工作任务要求	发放工作页,明确工作要求、岗位职责
3	班组例会	分组讨论,各组汇报课前学习基本知识的情况,认真听老师讲解重难点,分配任务,制订工作计划	听取各组汇报,讨论并提出问题,总结并集中讲解重难点问题
4	尿素生产模型装置主要设备认识	认识现场设备名称、位号,分析每个设备的主要功能,列出主要设备	跟踪指导,解决学生提出的问题,集中讲解
5	查找现场管线,理清尿素生产工序工艺流程	根据主要设备位号,查找现场工艺管线布置,理清工艺流程的组织过程	跟踪指导,解决学生提出的问题,并进行集中讲解
6	工作过程分析	根据尿素生产工序现场设备及管线布置,分析工艺流程组织,熟练叙述工艺流程	教师跟踪指导,指出存在的问题并帮助解决,进行过程考核
7	工艺流程图绘制	每组学生根据现场工艺流程组织,按照规范进行现场工艺流程图的绘制	教师跟踪指导,指出存在的问题并帮助解决,进行过程考核

续表

任务名称:DCS 控制尿素生产智能化模型装置操作

序号	工作过程	学生活动	教师活动
8	工作总结	班组长带领班组总结工作中的收获、不足及改进措施,完成工作页的提交	检验成果,总结归纳生产相关知识,点评工作过程

学生工作页

任务名称		DCS 控制尿素生产智能化模型装置操作	
班级		姓名	
小组		岗位	

<table>
<tr><td rowspan="10">工作准备</td><td>

一、课前解决问题

1. 尿素合成的基本反应是什么? 反应有哪些特点?

2. 尿素生产的工业方法有哪些?

3. 二氧化碳气提法的基本生产过程有哪些?

4. 气提法分离尿素的基本原理是什么? 气提气有哪些?

5. 尿素生产模型装置的主要设备有哪些? 每个设备的主要功能和作用是什么?

</td></tr>
<tr><td>

二、接受老师指定的工作任务后,了解模型装置实训室的环境、安全管理要求,穿好工作服。

</td></tr>
<tr><td>

三、安全生产及防范

学习尿素生产智能化模型工作场所相关安全及管理规章制度,列出你认为工作过程中需注意的问题,并做出承诺。

_____

_____

我承诺:工作期间严格遵守实训场所安全及管理规定。

承诺人:

本工作过程中需注意的安全问题及处理方法:_____

_____

_____

_____

</td></tr>
</table>

| | 1. 列出主要设备,并分析设备作用。 |

	序号	位号	名称	类别	主要功能与作用
工作分析					
与实施					

2. 按照工作任务计划,查找管线布置,分析工艺流程组织,完成工艺流程叙述及现场工艺流程图的绘制,记录工作过程中出现的问题。

_____

_____

_____

_____

工作总结与反思　　结合自身和本组完成的工作,通过交流讨论、组内点评等形式客观、全面地总结本次工作任务完成情况,并讨论如何改进工作。

_____

_____

_____

技能训练 1　DCS 控制尿素合成与气提工段智能化模型装置操作

一、相关知识

（一）尿素生产工艺简介

1. 尿素的性质

尿素,学名为碳酰二胺,分子式为 $CO(NH_2)_2$,分子量为 60.06。因最早由人类及哺乳动物的尿液中发现,故称尿素。

（1）物理性质　纯净的尿素为无色、无味、无臭的针状或棱柱状结晶体,含氮量为 46.6%,工业尿素因含有杂质而呈白色或浅黄色。

常压下尿素熔点为 132.6℃,超过熔点则分解。

尿素较易吸湿,吸湿性次于硝酸铵而大于硫酸铵,在包装、贮存中要注意防潮。

尿素易溶于水和液氨,其溶解度随温度升高而增大,在 20℃时 100mL 水中可溶解 105g,水溶液呈中性。还能溶于一些有机溶剂,如甲醇、苯等。

（2）化学性质　①水解反应。常温时,尿素在水中缓慢地进行水解,最初转化为氨基甲酸铵,然后形成碳酸铵,最后分解为氨和二氧化碳。随着温度的升高,水解加快,水解程度也增大,在145℃以上尿素的水解速率剧增。这对尿素的生产有实际影响,故在循环和蒸发工序应注意。但在60℃以下,尿素在酸性、碱性或中性溶液中不发生水解。

② 缩合反应。高温下可以进行缩合反应,生成缩二脲、缩三脲和三聚氰酸。缩二脲会烧伤作物的叶和嫩枝,故应控制产品中缩二脲的含量。往尿素中加入硝铵,对尿素能起到稳定作用。

尿素的分解缩合反应:

$$2CO(NH_2)_2 \longrightarrow NH_2(CONH)_2CONH_2 + NH_3$$
$$NH_2CONHCONH_2 + CO(NH_2)_2 \longrightarrow NH_2(CONH)_2CONH_2 + NH_3$$
$$NH_2(CONH)_2CONH_2 \longrightarrow (HCNO)_3 + NH_3$$

③ 与酸反应。尿素在强酸溶液中呈弱碱性,能与酸生成盐类,如尿素与硝酸生成能微溶于水的硝酸尿素 $CO(NH_2)_2 \cdot HNO_3$。

④ 与盐反应。尿素与盐类相互作用可生成配合物,如尿素与磷酸一钙作用时生成磷酸尿素 $CO(NH_2)_2 \cdot H_3PO_4$ 配合物和磷酸氢钙 $CaHPO_4$,即:

$$Ca(H_2PO_4)_2 + CO(NH_2)_2 \longrightarrow CO(NH_2)_2 \cdot H_3PO_4 + CaHPO_4 + H_2O$$

尿素能与酸或盐相互作用的这一性质,常被用于复混肥料生产中。

2. 尿素的用途

尿素的用途非常广泛,不仅可以用作肥料,而且还可以用作工业原料以及反刍动物的饲料。

(1) 用作肥料　尿素是目前使用的固体氮肥含氮量最高的化肥,其含氮量为硝酸铵的1.3倍,氯化铵的1.8倍,硫酸铵的2.2倍,碳酸氢铵的2.6倍,利用尿素可制得掺混肥料及复混肥料。

(2) 用作工业原料　在有机合成工业中,尿素可用来制取高聚物合成材料,尿素甲醛树脂可用于生产塑料、漆料和胶合剂等;在医药工业中,尿素可作为生产利尿剂、镇静剂、止痛剂等的原料。在石油、纺织纤维素、造纸、炸药、制革、染料和选矿等生产中也都需用尿素。

(3) 用作饲料　尿素可作牛、羊等反刍动物的辅助饲料,反刍动物胃中的微生物将尿素的胺态氮转变为蛋白质,使肉、奶增产。

3. 尿素的工业生产方法

1922年首先在德国法本公司奥堡工厂实现了以 NH_3 和 CO_2 直接合成尿素的工业化生产,从而奠定了现代工业生产尿素的基础。

总的来说,NH_3 和 CO_2 合成尿素的反应为放热的可逆反应,其产率受到化学平衡的限制,只能部分地转化为尿素,转化率为50%~70%。因而,按转化物的循环利用程度,尿素生产方法可分为不循环法、半循环法和全循环法三种。由于不循环法、半循环法能耗高,生产成本大,现代尿素生产基本都采用全循环法工艺。

全循环法是将未转化成尿素的氨和二氧化碳经多段蒸馏和分离后,全部返回合成系统循环利用,原料氨利用率达97%以上。

全循环法依照分离回收方法的不同又可分为热气循环法、气体分离循环法、浆液循环法、水溶液全循环法、气提法和等压循环法等。其中,水溶液全循环法和气提法发展最快,也是现代尿素生产工业常用的方法。

无论采用哪种全循环法工艺,现代尿素生产工艺过程大致相同,具体过程如图5-1所示。

(1) 水溶液全循环法生产工艺　水溶液全循环法是在四五十年代最早实现全循环的尿

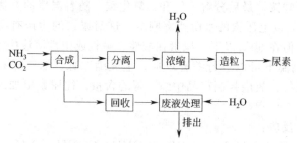

图 5-1　现代尿素生产工艺过程

素生产流程，中国采用水溶液全循环法的中型尿素厂有几十家，小型尿素厂也有几十家。

水溶液全循环法的整个生产过程分为：二氧化碳压缩、氨的净化和输送、尿素合成、系统循环、尿素溶液的蒸发、尿素造粒以及吸收解吸等几个工序。

① 二氧化碳压缩。原料二氧化碳气体通常来自合成氨厂，温度一般为 40℃ 左右，压力一般为常压，进压缩机之前，先与氧气或空气混合，加氧目的是为了防止设备腐蚀。加氧后的二氧化碳由总管进入压缩机，经几段压缩之后最终压力为 20MPa，温度为 125℃，进入尿素合成塔。

② 氨的净化和输送。原料氨通常来自合成氨厂的液氨贮罐，进入氨过滤器，通过高压氨泵送入液氨预热器预热到 45～55℃，再送入尿素合成塔。

③ 尿素合成。尿素合成塔的进料由三部分组成，气相二氧化碳、液氨以及氨基甲酸铵溶液，三股物料从合成塔底进入。在合成塔内，氨基甲酸铵脱水生成尿素，物料在合成塔内停留 1h 左右，从塔顶排出。二氧化碳转化率一般约为 60% 左右，出口温度约为 190℃ 左右。

④ 循环系统。设置循环系统的目的是回收未反应的氨和二氧化碳。

a. 中压循环（一段循环）。从合成塔出来的反应混合物（含尿素、水、未反应的二氧化碳和氨）通过减压阀自控减压到 1.7MPa，闪蒸为气液两相，进入分离器分离尿素溶液与未反应的原料。

b. 低压循环（二段循环）。低压循环系统压力为 0.3 MPa，进一步分离尿素溶液和未反应物。

c. 甲铵液冷凝。

⑤ 尿素溶液的蒸发。

a. 尿素溶液的闪蒸和贮存。从低压循环系统来的尿素溶液，还溶有一些氨和二氧化碳，进入闪蒸罐分离出氨和二氧化碳。

b. 蒸发。对尿素溶液进行蒸发，得到熔融态的尿素。

⑥ 造粒与粒状尿素的贮存。

⑦ 吸收与解吸。

（2）二氧化碳气提法生产工艺　二氧化碳气提法是斯塔米卡邦公司的专利技术，在许多国家建立了二氧化碳气提法尿素工厂。二氧化碳气提工艺特点是合成压力低，氨碳比低，反应率高而不设中压回收系统，流程短。缺点是由于氨碳比低，反应物料为酸性介质腐蚀性较强，为防腐蚀在二氧化碳气中添加氧多达 0.6%～0.8%，如操作不当在合成塔顶排气中会产生过量氧与氢的爆炸性气体，故在高压洗涤器设有防爆板。后期，该公司对二氧化碳气提法又进行了多次改进，目前，这种尿素生产方法的工业应用十分广泛。

二氧化碳气提法尿素生产工艺主要包括：二氧化碳压缩和脱氢、液氨升压、合成和气提、循环、蒸发造粒、产品贮存和包装、解吸和水解等工序。

当代尿素生产，不论是采用哪种流程，基本上仍是由三个阶段组成。即由液氨和二氧化碳反应生成尿素，二氧化碳转化率在 50%～75% 范围，此过程称为合成工序；把未转化为尿素的氨和二氧化碳从溶液中分离出来，并回收返回合成工序，称为循环工序；最后，把 70%～75% 的尿素溶液经浓缩加工为固体产品，称为最终加工工序。

众所周知，无论采用哪种尿素生产流程，出合成塔（或高压圈）的溶液在分离出未反应物之后，得到温度为 90～105℃、浓度为 68%～75%（质量分数）的尿素水溶液。其中 NH_3 和 CO_2 含量总和少于 1%，要得到固体尿素产品，必须将水分除去，根据结晶尿素产品和粒状尿素产品的要求，尿素蒸发浓度也不一样，一般结晶法尿素只需将尿液蒸发浓缩至 80% 即可，而在造粒法尿素生产中必须将尿液蒸发浓缩至 99% 以上，熔融物方可造粒。

目前国内采用的固体尿素成品的制取方法主要有蒸发造粒法、结晶造粒法及母液结晶法。

蒸发造粒法是将尿素溶液蒸浓至 99.7% 的熔融体造粒成型，产品中缩二脲含量在 0.8%～0.9% 之间。将尿素溶液蒸浓到 80% 后送往结晶器结晶，将所得结晶尿素快速熔融后造粒成型，此为结晶造粒法。此法用于缩二脲＜0.3% 的粒状尿素，全循环改良 C 法，即采用结晶造粒法。母液结晶法是将尿素溶液蒸浓至 80% 后在结晶器中于 40℃ 下析出结晶。

目前大多数尿素工厂采用蒸发造粒法，采用造粒塔进行尿素造粒操作。塔式造粒的特点是工艺简单，易于操作管理。造粒工艺流程仅由熔融物的喷洒、熔融物造粒和粒状尿素收集三部分所组成。

（二）尿素合成与气提的基本原理

1. 尿素合成的基本原理

合成氨生产为 NH_3 和 CO_2 直接合成尿素提供了原料。由 NH_3 和 CO_2 合成尿素的总反应式为：

微课扫一扫

尿素合成与气提的基本原理

$$2NH_3 + CO_2 \Longrightarrow CO(NH_2)_2 + H_2O \qquad \Delta H < 0$$

反应分两步进行：

（1）甲铵生成反应　首先是 NH_3 和 CO_2 混合物形成液相，并大部分以氨基甲酸铵（以下简称甲铵）形式存在，气态 NH_3 和 CO_2 形成液态的氨基甲酸铵是一个多相且大量放热的反应。

$$2NH_3(g) + CO_2(g) \longrightarrow NH_4COONH_2(l) \qquad \Delta H < 0$$

（2）甲铵脱水反应　氨基甲酸铵的脱水是在液相进行的吸热反应。

$$NH_4COONH_2(l) \Longrightarrow NH_2CONH_2(l) + H_2O(l) \qquad \Delta H > 0$$

这个反应只有在较高温度（140℃以上）下，其反应速率才较快而具有工业生产意义。

2. 尿素气提的基本原理

气提就是利用一种气体通入尿素合成出口溶液中，降低气相中氨或二氧化碳的分压，从而促使液相甲铵分解和过剩氨的解吸。因而气提气可以为氨、二氧化碳或其他惰性气体，如用氨气提叫氨气提法，用二氧化碳气提叫二氧化碳气提法，用合成氨的变换气或合成气气提，统称为联尿法。从世界范围来看，氨气提法发展迅速，但从国内来看，二氧化碳气提法应用较多，所以，主要介绍二氧化碳气提法。

分解甲铵的基本气提过程是一个在高压下操作的带有化学反应的解吸过程。在高压下的物系是非理想体系，由于缺少气液平衡数据，可以借助化学平衡原理和亨利定律，对气提过程作一般分析。

在气提过程中合成反应液中的甲铵分解为 NH_3 和 CO_2：

$$NH_4COONH_2 \rightleftharpoons 2NH_3 + CO_2 \qquad \Delta H > 0$$

这是一个吸热、体积增大的可逆反应，其平衡常数 $K_p = (p^*_{NH_3})^2 p^*_{CO_2}$。只要能够供给热量，降低气相中 NH_3 与 CO_2 中某一组分分压，都可使反应向右进行，以达到分解甲铵之目的。气提法就是在保持合成塔等压条件下，在供热的同时采用降低气相中 NH_3 或 CO_2 中某一组分（或都降低）分压的办法来分解甲铵的过程。

$$K_p = (p^*_{NH_3})^2 p^*_{CO_2} = (py_{NH_3})^2 (py_{CO_2}) = p^3 y^2_{NH_3} y_{CO_2}$$

式中　　$p^*_{NH_3}$、$p^*_{CO_2}$——分别表示平衡时气相 NH_3 和 CO_2 的分压；

p——总压；

y_{NH_3}、y_{CO_2}——分别表示平衡时气相和 CO_2 的摩尔数。

纯甲铵在某一固定温度下的离解压力是个常数，在一定温度下，当操作压力小于 p 时，则甲铵完全分解。当用纯 CO_2（或纯 NH_3）气提时，都能使 p 值无穷大，亦即取任何操作压力都能使甲铵分解。

由此而知：在任何温度下，只要 NH_3 或 CO_2 有任一个组分充分过量，则甲铵的平衡压力就可以升到很高，甚至趋于无穷大，这样采取任何操作压力都一定小于甲铵的平衡压力。因此，从理论上讲，在任何压力和温度范围内，用气提的方法都可以把溶液中未转化的甲铵分解完全。但在实际上由于要求过程在一定速度下进行，所以对温度有一定的要求。

在 CO_2 气提法中，由合成塔来的合成反应液在气提塔中沿管内壁呈膜状下流，与底部通入的足够量的纯二氧化碳气体在管内逆流接触，管外用蒸汽加热。在加热和气提双重作用下，能促使合成反应液中甲铵分解，并使氨从液相中逸出。

CO_2 之所以能溶解在液相中，主要是由于与氨作用生成铵盐的缘故。随着液相中 NH_3 浓度减小，CO_2 溶解度也就随之减小，因而尿液中的 CO_2 一定能逸出，故气提剂 CO_2 先溶解后驱出。这就是用 CO_2 气提不仅能逐出溶液中 NH_3 而且还能逐出溶液中 CO_2 的缘故。

（三）尿素合成和气提的工艺条件

1. 尿素合成的工艺条件

尿素合成的工艺条件，不仅要满足液相反应和自热平衡，而且要满足在较短的反应时间内达到较高的转化率。根据前述尿素合成的基本原理可知，影响尿素合成的主要因素有温度、原料的配比、压力、反应时间等。

（1）温度　尿素合成的控制反应是甲铵脱水，它是一个微吸热反应，故提高温度，甲铵脱水速度加快。温度每升高 $10℃$，反应速率约增加一倍，因此从反应速率角度考虑，高温是有利的。由实验或热力学表明，平衡转化率开始时随温度升高而增大。若继续升温平衡转化率逐渐下降，所以出现一个最大值，最高平衡转化率所对应的温度一般为 $190 \sim 200℃$ 之间。

由此可见，在一定的温度范围内，提高温度，不但可以加快甲铵的脱水速度，且有利于提高平衡转化率。但温度过高会带来不良影响：如平衡转化率反而下降，这是因为甲铵在液相中分解成氨和二氧化碳；尿素水解缩合等副反应加剧，其中缩合反应还会使产品质量下降；合成系统平衡压力增加而使压力相应提高，压缩功耗增大；合成溶液对设备的腐蚀加剧，因而对材料的性能要求提高。

综合进行考虑，目前应选择略高于最高平衡转化率时的温度，故尿素合成塔上部通常为 $185 \sim 200℃$；在合成塔下部，气、液两相间的平衡对反应温度起着决定性作用，操作温度只能等于或略低于操作压力下物系平衡的温度。

（2）氨碳比　氨碳比是指原始反应物料中 NH_3/CO_2（摩尔比），常用符号 a 表示。"氨过量率"是指原料中氨量超过化学反应式的理论量的摩尔百分数。两者是有联系的，如当原料 $a＝2$ 时氨过量率为 0%，而原料 $a＝4$ 时氨过量率为 100%。

经研究表明，NH_3 过量能提高尿素的转化率，因为过剩的 NH_3 促使 CO_2 转化，同时能与脱出的 H_2O 结合成 NH_4OH，使 H_2O 排除于反应之外，这就等于移去部分产物，促使平衡向生成尿素的方向移动。再者，过剩氨还会抑制甲铵的水解和尿素的缩合等有害副反应，也有利于提高转化率。所以过量氨增多，平衡转化率增大，故工业上都采用氨过量操作，即氨碳比必须大于 2。

采用过量氨除提高尿素转化率外，还能加快甲铵的脱水速度。因为过量氨脱去了生成尿素时产生的游离水，生成化合态氢氧化铵，降低了水的活度，从而降低了甲铵脱水反应的逆反应速率。

另外，氨过量还有利于合成塔内自热平衡，使尿素合成能在适宜的温度下进行。氨过量还可减轻溶液对设备的腐蚀，抑制缩合反应的进行，对提高尿素的产量和质量均有利。

工业生产上，通过综合考虑，一般水溶液全循环法氨碳比选择在 4 左右，若利用合成塔副产蒸汽，则氨碳比取 3.5 以下，CO_2 气提法尿素生产流程中设有高压甲铵冷凝器移走热量和副产蒸汽，不存在超温问题，而从相平衡及合成系统压力考虑，其氨碳比选择在 2.8～2.9。

（3）水碳比　水碳比是指合成塔进料中 H_2O/CO_2（摩尔比），常用符号 b 表示。水的来源有两方面：一是尿素合成反应的产物，二是现有各种全循环法中，一定量的水会随同未反应的 NH_3 和 CO_2 返回合成塔中。从平衡移动原理可知，水量增加，不利于尿素的形成，它将导致尿素平衡转化率下降。事实上，在工业生产中，如果返回水量过多还会影响合成系统的水平衡，从而引起合成、循环系统操作条件的恶性循环。工业生产中，总是力求控制水碳比降低到限度，以提高转化率。

水溶液全循环法中，水碳比一般控制在 0.6～0.7；气提法中，CO_2 气提分解气在高压下冷凝，返回合成塔系统的水量较少，水碳比一般在 0.3～0.4 之间。

（4）操作压力　尿素合成总反应是一个体积减小的反应，因而提高压力对尿素合成有利，尿素转化率随压力增加而增大。但合成压力也不能过高，因压力与尿素转化率的关系并非直线关系，在足够的压力下，尿素转化率逐步趋于一个定值，压力再升高，压缩的动力增大，生产成本提高，同时，高压下甲铵对设备的腐蚀也加剧。由于在一定温度和物料比的情况下，合成物系有一个平衡压力，因此，工业生产的操作压力一定要高于物系的平衡压力，以保证物系基本以液相存在，这样，才有利于甲铵的脱水反应，有利气相 NH_3 和 CO_2 转移至液相。

一般情况下，生产的操作压力要高于合成塔顶物料组成和该温度下的平衡压力 1～3MPa。对于水溶液全循环法，当温度为 190℃和 NH_3/CO_2 等于 4.0 时，相应的平衡压力为 18 MPa 左右，故其操作压力一般为 20 MPa 左右。对于 CO_2 气提法，为降低动力消耗，采用了一定温度最低平衡压力下的氨碳比，CO_2 气提法操作压力一般为 14MPa 左右。

（5）反应时间　在一定条件下，甲铵生成反应速率极快，而且反应比较完全，但甲铵脱水反应速率很慢，而且反应很不完全。所以尿素合成反应时间主要是指甲铵脱水生成尿素反应时间。从甲铵脱水生成尿素的速率线看出，脱水速率随温度和氨碳比加大而加快，反应速率开始较快，随转化率的增加而减慢。为了使甲铵脱水反应进行得比较完全，就必须使物料在合成塔内有足够的停留时间。但是，反应时间过长，设备容积要相应增大，或生产能力下降，同时在高温下，反应时间过长，甲铵的不稳定性增加，尿素缩合反应加剧，且甲铵对设备的腐蚀也加剧，操作控制比较困难。另外，反应时间过长，转化率增加很少，甚至不变，停留时间对转化率有明显的影响，反应时间太短，转化率明显下降。但物料停留时间超过 1h，转化率几乎不再变化。

工业上确定反应时间：对于反应温度为 180～190℃ 的装置，一般反应时间为 40～60min，其转化率可达平衡转化率的 90%～95%。对于反应温度为 200℃ 或更高一些的装置，一般反应时间为 30min，其转化率也接近平衡转化率。

2. 气提法分离未反应物的工艺条件

(1) 温度 因为甲铵的分解反应，过量 NH_3 及游离 CO_2 的解吸都是大量吸热的过程。应尽量提高气提操作温度，一般选为 190℃ 左右。通常用 2.1MPa 蒸汽加热，维持塔内温度。

(2) 压力 从气提的要求来看，采用较低的气提操作压力，有利于甲铵的分解和过量氨的解吸，这样能减少低压循环分解的负荷，同时提高气提效率。实际生产中二氧化碳气提采用与合成操作等压的条件进行。这样有利于热量的回收，同时能降低冷却水和能量消耗。

(3) 液气比 气提塔的液气比是指进入气提塔的尿素熔融物与二氧化碳的质量比。它是由尿素合成反应本身的加料组成确定的，不可以任意改变。从理论上计算，气提塔中的液气比值为 3.87，生产上通常控制在 4 左右。

(4) 停留时间 尿素熔融液在气提塔内停留时间太短，甲铵和过量氨来不及分解，达不到气提的要求；但停留时间过长，气提塔生产强度降低，同时副反应加剧，影响产品产量和质量。一般气提塔内尿液停留时间以 1min 为宜。

二、尿素合成与气提工段模型装置的主要设备

（一） CO_2 压缩机和高压液氨泵

尿素的合成是在高温、高压下进行的，未反应物的回收是在中、低压下进行的。由此决定了在尿素工业中需要用压缩机和泵对原料二氧化碳气体、液氨、循环液氨、回收的甲铵溶液进行升压并输送到合成高压系统。因此，压缩机和泵是尿素生产中必不可少的重要设备。

微课扫一扫

尿素合成与气提
工段的主要设备

因为尿素的合成压力在 15MPa 以上，所以二氧化碳压缩机的类型均为多段往复式压缩机或多段离心式压缩机。

1. CO_2 压缩机

由于压缩比较大，二氧化碳离心式压缩机都要分成几段，段间设置气体冷却装置。另外，压缩机气缸分为低压缸和高压缸，每个缸包含若干个段，每段中又包含若干个级。

离心式压缩机具有输气量大、运转平稳、机组成本较低、运行周期长等优点。另外，该压缩机也有缺点，比如压缩效率稍低，只适用于中、低压操作，会产生喘振等。

由于尿素反应的压力较高，压缩机一般由几部分组成，包括压缩机本体、段间气体流程和驱动机（蒸汽透平或电机）。

2. 高压液氨泵

尿素生产过程中所接触的介质有腐蚀性强烈、易挥发、易结晶等特点，为了保证正常生产，对尿素工业泵的机械结构、材料选择及使用寿命等方面有其特殊要求。尿素生产中的关键工业泵是高压液氨泵、高压甲铵泵和熔融尿素泵。

随着尿素工厂的大型化发展，高压液氨泵和高压甲铵泵已经普遍采用离心式高压泵，

也有的采用柱塞式高压泵。

（二）高压甲铵冷凝器

在 CO_2 气提法工艺中，高压回收过程是以冷凝为主，主要在高压甲铵冷凝器内完成。斯太米卡邦 CO_2 气提法流程的高压甲铵冷凝器采用立式换热器，高压甲铵冷凝器的结构如图 5-2 所示。

气提气由顶部 N_1 进入，由高压液氨喷射泵送来的 NH_3 和甲铵混合液从 N_2 进入。以上气液混合液经分布器后进入冷凝管，在管内气相的 NH_3 和 CO_2 反应生成甲铵，反应放出的热量传给壳侧热水，副产低压蒸汽。

壳侧热水由下部 N_5 进入，汽水混合物从上部 N_6 排出，在低压汽包内经汽液分离后，蒸汽送入低压蒸汽系统，液体由汽包返回热水进口。

冷凝反应生成的甲铵及部分未反应 NH_3 和 CO_2 分别经下部 N_3、N_4 排出，进入尿素合成塔。

甲铵冷凝率取决于热量的移出，热量移出多，甲铵冷凝率高。热量移出多少可以通过副产蒸汽的压力调节。甲铵冷凝率控制在 80% 左右，留一部分未冷凝的 NH_3 和 CO_2 气体进入尿素合成塔，用以维持合成反应的热平衡。

下部 N_7 为蒸汽补入口，当合成塔短停封塔时，须由此补入蒸汽以维持汽包压力。保持冷凝器内甲铵液温度。同时可使壳侧热水循环运动，防止局部温度降低。从传热过程分析看，管内的甲铵液温度上部略高于下部。因为上部冷凝的甲铵液含水量较高。而在壳侧，由于液位引起沸点升高，下部水温略高于上部，因而刚进壳侧的热水不处于沸腾

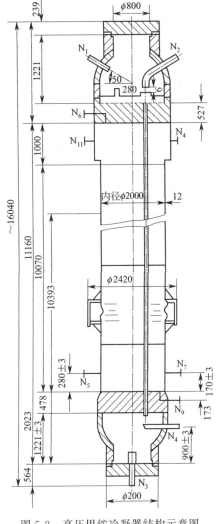

图 5-2　高压甲铵冷凝器结构示意图

状态。在未沸腾区内，传热效率很低。补入蒸汽能加速进入沸腾状态，提高传热效率。

高压甲铵冷凝器管内走的介质为二氧化碳、氨、甲铵液，因具有腐蚀性，一般材质要采用尿素级含钼不锈钢。壳程为水蒸气，材质采用普通碳钢即可达到要求。

（三）尿素合成塔

合成塔是合成尿素生产中的关键设备之一，由于合成尿素是在高温、高压下进行的，而且溶液又具有强烈的腐蚀性，所以，尿素合成塔应符合高压容器的要求，并应具有良好的耐腐蚀性能。

目前我国采用的合成塔多为衬里式，主要由高压外筒和不锈钢衬里两大部分构成，不锈钢衬里直接衬在塔壁上，它的作用是防止塔筒体腐蚀。水溶液全循环法不锈钢衬里合成塔的结构如图 5-3 所示。

塔内装有 10 多块多孔筛板，塔板的作用在于防止物料返混，每两块筛板之间物料的

浓度和温度几乎相等，因而提高了转化率，提高了合成塔的生产强度。

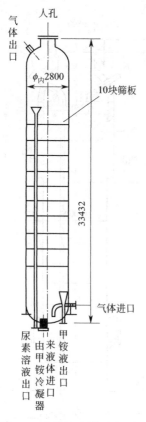

图 5-3　水溶液全循环法不锈
钢衬里合成塔结构示意图

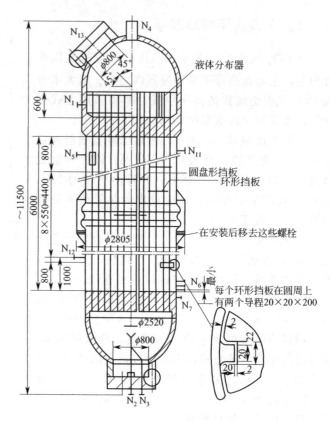

图 5-4　气提塔设备结构示意图

（四）高压洗涤器

高压洗涤器由以下三部分组成。

1. 上部空腔

合成塔导入的气体，先进入上部空腔，作为防爆的惰性气体（NH_3 和 CO_2 浓度之和不小于 89%）。

2. 中部吸收段

下部冷凝段未能冷凝的气体，进到中部鼓泡吸收段。经鼓泡吸收后的气体，尚含有一定数量的 NH_3 和 CO_2，送往惰性气体放空管网进行放空。

3. 下部冷凝段

上部空腔的气体，导入下部浸没式冷凝段，与中心管流下的甲铵液在底部混合，在列管内并流上升并进行吸收。其所以采用并流上升的冷凝方式，是为了使塔底不会形成太浓的溶液而析出结晶。吸收作用是生成甲铵的放热反应，反应热由管间冷却水带走，管内得到约 160℃ 的浓甲铵液（水为 23%，NH_3/CO_2 值为 2.5）。

（五）气提塔

气提过程是在气提塔内进行的，而气提塔的结构对气提效率有极大影响。气提塔采用降膜式传质分离设备，实际上是一个立式的列管换热器。管外走加热蒸汽，管内进行气提分解过程。合成液顺着管壁形成一层液膜，由于重力作用自上而下流动，气提气以一定的速率逆流而上，两相在管壁的液膜中进行传质过程。气提过程所需的热量通过管壁传给物料，这样使气提管基本上保持等温情况下进行气提分解过程。

气提塔主要由以下几部分组成：

（1）液体分布器 在塔上部，将进入的合成液均匀分布于各管并形成膜状沿管壁下流。

（2）气体分布器 在塔下部，使 CO_2 气体均匀分布于各管，由下分布器和上限流孔板组成。

（3）加热器和气提管 和一般蒸汽加热器一样，蒸汽由上部进入，冷凝液由底部排出。加热器外壳有膨胀节，不凝性气体在加热器的中下部排出。气提加热管及液体分布器材质为低碳不锈钢，其使用温度不允许超过 220℃，其余接触反应介质的材料为 316L 不锈钢。气提塔的结构如图 5-4 所示。

压缩机来的 CO_2 气体由底部 N_3 进入，通过喇叭形的下分布器进入气提管内和合成液液膜逆流接触，气提分解后通过升气管和限流孔板，由 N_4 出塔去高压甲铵冷凝器。

合成液由 N_1 进入，经液体分布器均匀分布于各管成液膜状，向下流到塔底后由 N_2 出塔，去精馏塔。塔底由液位计控制液位，防止 CO_2 气体由 N_2 排出。

加热用的饱和蒸汽由 N_5 进加热室，蒸汽冷凝液由 N_6 排出，不凝气由 N_{12} 排放。加热室上方装有防爆板 N_{11}，当气提管破裂，高压气漏入加热室时，防爆板泄压，以保护加热室。

气提塔采用降膜式结构的重要原因之一是为了控制液体在气提塔内的停留时间，按照设计要求应小于 1min，否则缩二脲的生成及尿素水解均将比较严重。

三、尿素合成与气提工段模型装置的工艺流程

1. 甲铵生成

液氨来自合成氨车间，加压到 2.5MPa，又经氨预热器升温到 40℃送入高压液氨泵加压到 18MPa，经氨加热器加热到 70℃后，送入高压喷射器，作为喷射物料，经喷射送入高压甲铵冷凝器（2101-C）。

微课扫一扫

尿素合成与气提工段的工艺流程

同样从合成氨车间来的 CO_2 气体，加入一定量防腐空气后，进入 CO_2 压缩机，经过两段压缩到 14MPa 后，从底部进入 CO_2 气提塔（2102-E），之后，与气提塔顶部产品气体一起自塔顶排出，送入高压甲铵冷凝器（2101-C）。

在高压甲铵冷凝器内，气相的 NH_3 和 CO_2 反应生成甲铵，反应速率很快，是强放热反应。为了回收反应热量，在高压甲铵冷凝器冷管内通入冷水，利用反应热副产蒸汽。

2. 尿素合成

合成塔、气提塔、高压冷凝器和高压洗涤器这四个设备组成高压圈，这是二氧化碳气提法的核心部分。这四个设备的操作条件是统一考虑的，以期达到尿素的最大产率和最大限度的热量回收，以副产蒸汽。

从高压甲铵冷凝器（2101-C）底部导出的液体甲铵和少量未冷凝的 NH_3 和 CO_2，分别用两条管线送入尿素合成塔（2101-E）塔底。液相加气相总 NH_3/CO_2（摩尔比）值约为 2.9，温度为 165~170℃。

尿素合成塔内设有八块筛板，形成类似几个串联的反应器，筛板的作用是防止物料在塔内返混。物料从塔底升到塔顶，停留时间约为 1h，转化率可达到 58%，相当于平均转

化率的 90% 以上。

从合成塔顶排出的气体，温度约为 183~185℃，进入高压洗涤器（2101-F）。在高压洗涤器内，用加压后的低压吸收段甲铵液，将气体中的 NH_3 和 CO_2 冷凝吸收，吸收液经高压冷凝器再返回合成塔内。不能冷凝的惰性气体和一定数量的氨气，自高压洗涤器排出高压系统，经惰性气体放空管网防空。

从合成塔至高压洗涤器的管道，除设有安全阀外，还装有分析取样阀。通过气相的分析，测得气相中氨、二氧化碳和惰性气体含量，从而判断合成塔的操作是否正常。

从高压洗涤器中部溢流出来的甲铵液，其压力与合成塔顶部的压力相等。为将其引入较高压力的高压冷凝器，必须将其送入高压喷射器。

尿素合成反应液从塔内上升到正常液位，温度上升到 183~185℃，经过溢流管从塔下出口排出。经过液位控制阀进入气提塔（2102-E）上部。

3. 气提

自尿素合成塔来的液体，经气提塔内液体分配器均匀分配到每根气提管中，沿管壁成液膜下降。各气提管内流量通过分配器的液位调节阀串级调节。液体的均匀分配，以及在内壁成膜是非常重要的，否则气提塔将遭到腐蚀。由塔下部导入的 CO_2 气体，在管内与合成反应液逆流相遇。管间以蒸汽加热，合成反应液中过剩 NH_3 及未转化的甲铵将被气提蒸出和分解，从塔顶排出。尿液及少量未分解的甲铵从塔底排出，送入精馏塔内进行尿素的精制。

在气提塔内，氨蒸出率约为 85%，甲铵分解率约为 75%。现有工艺条件下，从气提塔排出的尿素溶液，约含有 15% 的氨和 25% 的二氧化碳，含缩二脲 0.4%。在气提过程中，大约有 4% 的尿素水解。尿素合成与气提工段模型装置的工艺流程如图 5-5 所示。

技能训练2　DCS控制尿素回收工段智能化模型装置操作

一、相关知识

1. 尿素回收工段的基本原理

三种分解未反应物的方法有：等压加热法、减压加热法、气提分解法。减压加热法是应用最为普遍的一种，每种尿素流程都需要使用该法。尤其在尿素工业化初期的五六十年代，尿素甲铵溶液的强腐蚀性使一般不锈钢经受不了高温的腐蚀，传统的尿素流程只能采用多级减压加热法来实现未反应物的完全分解。气提分解法是最为理想的高效分解方法，可以在高压和相对低的温度下逐渐分解出未反应物，从而使尿素工艺中潜在的热量得到了利用。

微课扫一扫

尿素回收工段
的基本原理

现代工艺生产多数采用三种方法的综合形式。

由分解原理可知，减压加热有利于尿素合成液中甲铵分解和过剩氨的蒸出，将尿素合成液从合成压力直接减至常压，可在不太高的温度下，将未反应物中的 NH_3 和 CO_2 几乎全部从液相中分离为气相。但是，由回收原理可知，欲使回收物以溶液形式逐级返回的先决条件是，回收系统点必须处于溶液区，且溶液沸点必须大于熔点 10℃ 以上。

回收溶液的水含量过多，是不能用一次减压实现全循环的主要原因。同时，可以认识到尿素工艺中的水平衡是分段回收的关键所在，也是各段压力确定的主要依据。

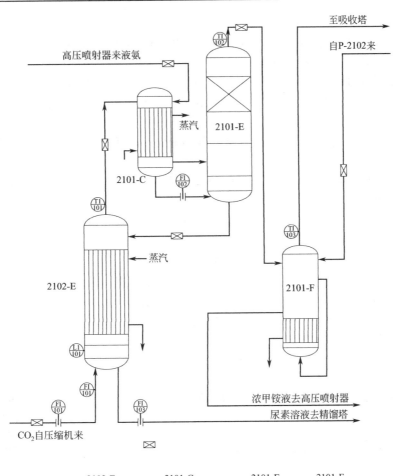

图 5-5 尿素合成与气提工段模型装置的工艺流程

系统水平衡问题，确定了尿素工艺必须采用多段回收，才能实现对尿素合成液中未反应物的有效回收。并且，每段必须用尽可能少的水，回收分解气中的未反应物，生成浓的甲铵溶液，逐级返回尿素合成单元。

工业生产上亦不能使用太多的减压段，因为这将使设备投资大为增加。在传统的水溶液全循环法中，是采用三段压力等级（$p=1.77\text{MPa}$、$0.3\sim0.4\text{MPa}$、$\sim0.1\text{MPa}$）而解决的，为了得到比较浓的甲铵液及回收过剩氨，第一段（中压段）选用 1.77MPa，第二段（低压段）选用 0.39MPa 是最为恰当的。

实际上，上述的加少量水制成浓甲铵液回收原则和中压段、低压段的压力确定原则对于尿素工艺是普遍宜用的。

在本模型装置的生产工艺中，未反应物的分解和吸收采用 CO_2 气提的方式，将未反应的 CO_2 和 NH_3 从尿素溶液中初步分离出来，之后尿素溶液进一步经过精馏、吸收和解吸，最终得到纯度较高的尿素溶液。

2. 尿素回收工段的工艺参数

（1）温度 当低压分解气和解吸气进入低压回收工段后，在气提吸收时，放出大量反应热和冷提热，为保持冷提吸收溶液的温度一定，必须用冷却水或调温水移走热量。

因而在操作 CO_2 气提法低压回收时，需用温度为 $55\sim60℃$ 的调温水，而不能用常温的冷却水移热。

调温水或冷却水温过高，移走热量减少，气相中的 NH_3 和 CO_2 不能完全吸收，造成吸收溶液温度升高，系统压力升高。

若调温水温度过低的情况下操作是很危险的，因一旦析出结晶，不仅引起吸收率下降，还可能堵塞设备管道。这时必须提高调温水的温度使管壁结晶熔化，然后再逐步恢复到正常操作。

（2）压力　在低压下，压力的少量波动都会造成压力百分比的很大变化，从而影响分解率的变化。

保持进入低压分解系统的物料流量稳定和中压分离器液位的正常和稳定是保证低压系统压力稳定的重要因素。

（3）加水量　低压回收溶液的加水量，可根据低压分解和解吸情况以及甲铵液浓度来进行调节，如果加水量太少，溶液太浓，吸收不好，压力会上升；反之如加水过多，溶液变稀，会使操作压力下降，还会影响全系统水平衡。

（4）液位　液位控制的目的是保持系统中正常的水平衡，送入前一级的水量可用甲铵泵的转速加以调整。如对于 CO_2 气提法，送入高压洗涤器甲铵液的水量，用改变甲铵泵转速来调整，以维持低压洗涤塔液位在正常范围。

如果生产系统中水平衡已经严重失调，则为了保持低压回收液位，则必须将部分低压甲铵液排入液氨水槽，然后再逐步进行调整。

二、尿素回收工段模型装置的主要设备

微课扫一扫

尿素回收工段
的主要设备

1. 精馏塔

传统法和 CO_2 气提法尿素低压分解段的主要设备是低压精馏塔，它们的结构相同。

低压精馏塔由两部分组成，如图 5-6 所示。上段为精馏段（填料段），下段为分离段（溶液槽）。上下段之间由一锥形隔板分开，中间有一风帽管使两部分连通。

（1）精馏段　精馏段组成：①宝塔形喷嘴，它的作用是使气提液进入时流速大，有利于溶液的喷洒；②喷淋器，它是一块格栅桩，中间有一个圆极，作用是使喷淋下来的液体得到冲击反射，使溶液分成很小的液滴均匀分布进入填料层；③填料层，是由铝环或不锈钢环组成，使溶液在每个环内、外表面形成一层液膜，使与低压分解气得到充分的接触面积，进行质量和热量传递；④除沫器，是由很细的含钼不锈钢丝网组成，除去气相中夹带的液雾滴。

（2）分离段　分离段组成：①风帽管，它的作用是使加热后的分解气进入精馏段；②视镜（板式玻璃视镜），具有观察分离器内实际液位高低的作用；③玻璃旋涡板，是由两块锥形板组成十字架形，用来破坏液体的旋涡，提高分离效率。

精馏塔筒体及各部件都是采用含钼不锈钢材料或 316L 低碳不锈钢制成。

2. 吸收塔

吸收塔采用填料塔，结构如图 5-7 所示。填料塔的主要部件有鼓泡器、底部加热器、精洗段、喷淋盘、混合器和接管几部分。

（1）鼓泡器　气体由一个大弯头管进入鼓泡器。气体由一个三通管分成两股进入气体分布器，气体分布器是由两个弓形半圆筒组成，筒下边缘是锯齿形出口，使气体均匀流出。

（2）底部加热器　底部加热器是一个"U"形管换热器，"U"形管浸没在塔底鼓泡段溶液中，加热器的封头中有一隔板，蒸汽从隔板上方进入"U"形管，蒸汽冷凝液从隔板下方"U"形管流出，由冷凝液管流出。

（3）精洗段　由一个不锈钢箅子板与3m高的不锈钢环组成的填料层。

（4）喷淋盘　盘上排列着气体上升管和液体分布管，气体上升管高于液体分布管，上升管内装有三块隔板，当气体流速过大时填料环不会被吹出。液体分布管上分布的锯齿触口使喷淋液均匀流出淋洒在填料上，保证精洗段喷淋密度，使气液接触良好。

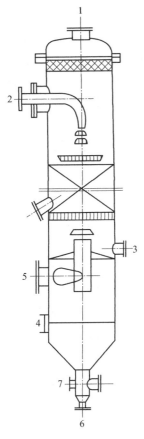

图 5-6　精馏塔设备示意图

1—气体出口；2—中压分解液进口；

3—液体出口；4—视镜；5—气液混合物进口；

6—低压分解液出口；7—测温点

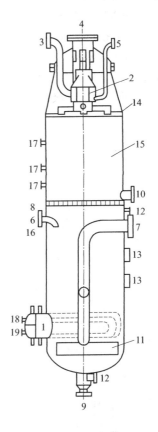

图 5-7　吸收塔结构示意图

1—底部加热器；2—混合器；3—顶部回流氨入口；

4—气体出口；5—氨水进口；6—底部回流入口；

7—中压分解气入口；8—低压回收液进口；

9—甲铵液出口；10—手孔；11—鼓泡器；

12—液位传送器孔；13—玻璃液位计；

14—喷淋板；15—填料；16—甲铵泵大副线管；

17—温度测量点；18—蒸汽进口；19—冷凝液出口

（5）混合器　精洗段的氨水与顶部回流氨分别由两个管呈切线方向进入混合器，然后溢流至喷淋盘，气体经过混合器挡液板后进入塔顶气体出口管。

（6）接管　在鼓泡段有甲铵液出口至甲铵泵的接管，在此管上有测温口、液位传送器的液相法兰口。在鼓泡段还有低压回收液进口管、甲铵泵副线接管、底部回流氨进口管、玻璃液位计接管，在鼓泡段上方有液位传送器气相法兰口。在精洗段有填料层的上、中、下三个测温点。

3. 低压甲铵冷凝器

CO_2 气提法尿素的低压回收主要设备是低压甲铵冷凝器，结构如图 5-8 所示，该设备是一个带"U"型冷却管的换热器，调温冷却水气管内，反应介质走管外，低压分解气和解吸气由 N_1 进入，鼓泡通过充满甲铵液的冷凝器，气相中大部分 NH_3 和 CO_2 被冷凝吸收，甲铵液和未被吸收的气体由 N_3 出，进低压洗涤器液位槽进行气液分离。低压洗涤器填料段来的稀甲铵液和液位槽的一部分溶液，由于重力差作用自动由 N_2 流入低压甲铵冷凝器。

4. 低压甲铵洗涤器

CO_2 气提塔尿素低压回收段的另一设备是低压洗涤器，它是由塔体和液位槽两部分组成。塔体位于液位槽上面，塔内充填 1m 高 $\phi25×20×1$ 金属鲍尔环填料，塔底有溢流管，使洗涤塔底部保持恒液位，生成的甲铵液经溢流管流入下部液位槽漏斗，与部分循环液混合，依靠重力差自然循环至低压甲铵冷凝器，另一部分甲铵液至冷却器冷却后返回塔顶（与中压吸收液一起）作吸收液。液位槽外用蒸汽保温，以防甲铵结晶。

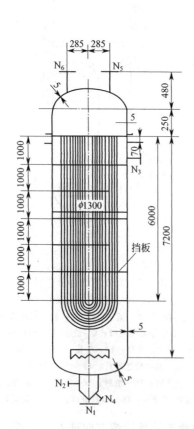

图 5-8　低压甲铵冷凝器设备示意图

N_1—气体入口；N_2—液体入口；

N_3—去贮槽出口；N_4—导淋；

N_5—循环水入口；N_6—循环水出口

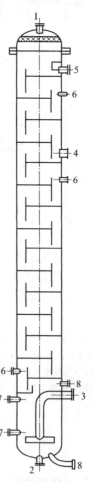

图 5-9　解吸塔结构示意图

1—气相出口管；2—废液出口管；3—加热蒸汽进口管；

4—热混进口管；5—冷混进口管；6—测温点；

7—液位计；8—液位测量口

5. 解吸塔

解吸塔一般均采用浮阀型塔，结构如图 5-9 所示。它是由塔体（$\phi600～700$），浮阀板

（15块），蒸汽分布器，液位指示器，上、中、下三个测温点，蒸汽进口管，冷热流溶液进口管，解吸废液及气相出口管组成。

解吸液从第11块塔板（从下往上数）进料，第15块（从下往上数）进冷流用以调节塔顶气相出口温度。11～15块共五块为精馏板。第11块塔板以下，共10块浮阀板起提馏作用。浮阀塔板由塔板、溢流堰降液管、浮阀等部件组成，在塔板上开有圆孔，从第11块塔板开始以下每块塔板上的开孔数大于第12块以上塔板的开孔数，这是因为从第12块起开始起精馏和使气相中的蒸汽冷凝作用，同时进来的冷流量小（解吸总量的1/4），而第11块以下起提馏作用，进来的热流量大（总量的3/4），所以下面开孔多，开孔面积大，上面开孔小，开孔面积小，每个孔上都盖有2mm厚的弧形阀片（浮阀），导向气体，有利于气液相充分接触，传热传质，使板上液相中 NH_3 和 CO_2 蒸出，气相中水被冷凝。所以从上往下流的液相中 NH_3 和 CO_2 浓度越来越小，上升气体中 NH_3 和 CO_2 浓度越来越高，水蒸气含量越来越小。在浮阀板阀片的外圆上三等分处冲三个凸台，使阀片与塔板成点接触，在停止解吸时，阀片与塔板还有约2mm缝隙，防止阀片开启时与塔板的贴紧力大。

三、尿素回收工段模型装置的工艺流程

微课扫一扫

尿素回收工段
的工艺流程

1. 吸收

未被吸收的气体自高压洗涤器（2101-F）顶部引出，经自动减压阀后进入吸收塔下部。气体经过吸收塔两段填料与液体逆流接触处理后，将所含的 NH_3 和 CO_2 几乎全部吸收，惰性气体自吸收塔顶放空。

吸收塔的吸收剂由两部分组成，一部分来自解吸塔，解吸塔（2105-E）塔底的解吸液，经吸收剂泵（P-2107）抽出后，在吸收剂冷却器（2108-C）内冷却后，打入吸收塔顶部作为一部分吸收剂。吸收塔的另一部分吸收剂来自氨水槽（2104-F），吸收剂自氨水槽（2104-F）底部经氨水槽吸收泵（P-2105）增压后，与吸收塔底经过循环冷凝器（2104-C）冷却的循环液汇合，一并进入吸收塔的顶部作为另一部分吸收剂。

吸收塔底部的吸收液经吸收塔底泵（P-2101）抽出，一部分作为循环液冷却后返回吸收塔，另一部分送入吸收器循环冷却器（2106-C）冷却，之后与吸收器（2103-F）的冷却循环液一起进入循环器（2103-F）顶部作为吸收剂。

2. 精馏

来自气提塔底部的尿素-甲铵溶液，经过气提塔（2102-E）的液位控制阀减压到0.25～0.35MPa（绝）。溶液中41.5％的二氧化碳和69％的氨得到闪蒸，并使溶液温度从170℃降到107℃，气-液混合物喷到精馏塔（2103-E）顶部。精馏塔上部为填料塔，起着气体精馏作用，下部为分离器。经过填料段下落的尿素-甲铵液流入循环加热器2103-C。此加热器分为两段，下部以高压洗涤器的循环冷却水加热，上部用高压冷凝器副产的0.4MPa（绝）蒸汽加热。温度升高到135℃，甲铵进一步分解，而后进入精馏塔下部的分离器分离。在精馏塔底得到难挥发组分尿素和水含量多的溶液，经液位控制阀流入后续工序，最终生产出尿素颗粒产品。

3. 低压冷凝

由精馏塔（2103-E）顶引出的气体和解吸塔（2105-E）顶出来的气体一并进入低压甲铵冷凝器（2102-C），同低压甲铵冷凝器液位槽（2102-F）的部分溶液在管内相遇，冷凝并吸收，其冷凝热和生成热用循环泵和冷凝器强制循环冷却。然后气、液混合物进入低压甲铵冷凝器液位槽（2102-F）进行分离。被分离的气体进入吸收器（2103-F）的鲍尔环填

料层，由吸收塔（2104-E）来的部分循环液作为一部分吸收剂，另一部分吸收剂是吸收器本身的部分循环液，经由吸收器循环泵（P-2104）和吸收器循环冷凝器（2106-C）冷却后喷洒在填料层上。气、液在填料层逆流接触将气体中 NH_3 和 CO_2 吸收，未吸收的惰性气体由塔顶放空。吸收后的一部分甲铵液由液位槽（2102-F）底部排出，经高压甲铵抽出泵（P-2102）打入高压洗涤器（2101-F）作吸收剂。高压甲铵抽出泵是五柱塞泵，经过变矩器以电机驱动，因而泵的速度能根据液位槽的液位自行调节（即调节甲铵流量）。另一部分甲铵液靠重力流入低压甲铵冷凝器（2102-C）内，流速加快，提高低压甲铵冷凝器的气、液混合效果。

4. 解吸

闪蒸冷凝液和各段蒸发冷凝液，均含有一定量的 NH_3、少量 CO_2 和少量尿素，流入氨水槽 2104-F。氨水槽内用隔板分为三个间隔（二小一大），各间隔之间在下部有孔连通。因此，液位相同但不完全相混。大间隔用来贮存工厂排放液或冲洗的工艺液体。闪蒸冷凝液流入第一小间隔，因为含 NH_3 和 CO_2 较多，用泵送至低压甲铵冷凝吸收系统。

蒸发冷凝液流入第二小间隔后，一路用氨水槽吸收泵（P-2105）送往吸收塔（2104-E）；另一路由氨水槽抽出泵（P-2106）引出，经过解吸塔热交换器（2107-C）加热到 117℃后，送到解吸（2105-E）上部，解吸出 NH_3 和 CO_2，解吸塔的操作压力为 0.3MPa。

从液相中解吸出来的 NH_3、CO_2 和水蒸气，与精馏塔顶的气体一起送到低压甲铵冷凝器（2102-C）进行气、液混合。尿素回收工段模型的工艺流程如图 5-10 所示。

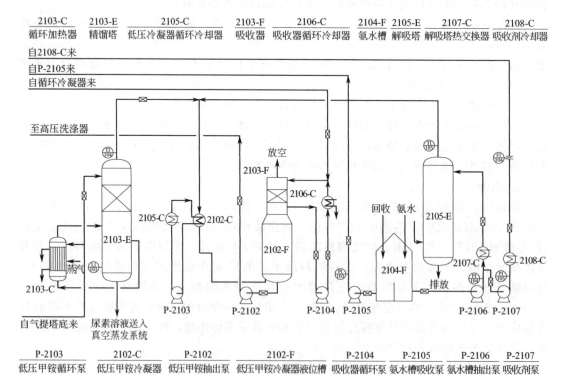

图 5-10　尿素回收工段模型的工艺流程

尿素生产工艺模型装置的工艺流程如图 5-11 所示。

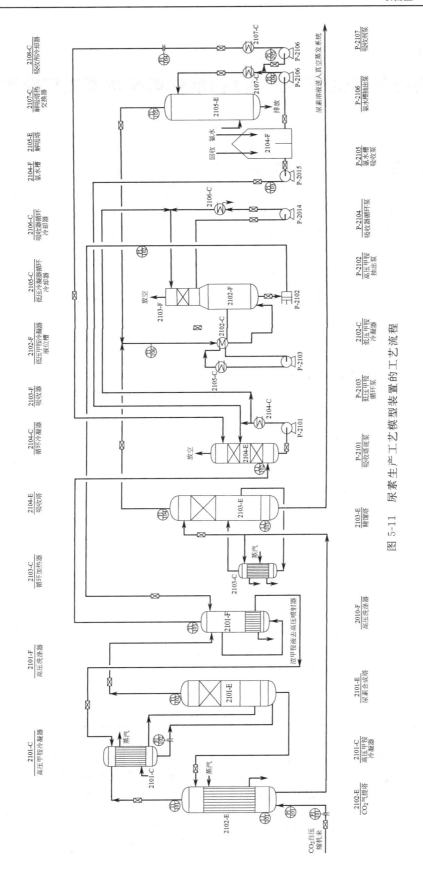

图 5-11 尿素生产工艺模型装置的工艺流程

任务 2
DCS 控制尿素生产工艺 3D 智能化虚拟仿真工厂操作

任务描述

任务名称:DCS 控制尿素生产 3D 虚拟仿真工厂操作		建议学时:8 学时
学习方法	1. 按照工厂车间实行的班组制,将学生分组,1 人担任班组长,负责分配组内成员的具体工作,小组共同制订工作计划、分析总结并进行汇报; 2. 班组长负责组织协调任务实施,组内成员按照工作计划分工协作,完成规定任务; 3. 教师跟踪指导,集中解决重难点问题,评估总结	
任务目标	1. 能熟悉尿素生产 3D 虚拟仿真工厂的主要工艺参数,分析其影响因素,并能对其进行正确调节和控制; 2. 能熟悉尿素生产 3D 虚拟仿真工厂的现场工艺流程,及时准确找到阀门,配合内操开关阀门; 3. 内、外操协同合作,共同完成尿素生产 3D 虚拟仿真工厂的开、停车操作; 4. 学生能明确开车过程中内、外操各自的岗位职责,并能加以区分	
岗位职责	班组长:组织和协调内操作组员熟悉合成气生产 3D 虚拟仿真工厂的工艺参数调节和控制方法,外操作组员完成查找合成气生产 3D 虚拟仿真工厂的主要设备、管线布置和工艺流程组织; 组员:在班组长的带领下,内、外操协同合作,共同完成合成气生产 3D 虚拟仿真工厂的开、停车操作	
工作任务	1. 尿素生产 3D 虚拟仿真工厂的主要设备和工艺流程认知; 2. 尿素生产 3D 虚拟仿真工厂的工艺参数及其操作控制方法认知; 3. 尿素生产 3D 虚拟仿真工厂的开、停车操作	
工作准备	教师准备	学生准备
	1. 准备教材、工作页、考核评价标准等教学材料; 2. 给学生分组,下达工作任务	1. 班组长分配工作,明确每个人的工作任务; 2. 通过课程学习平台预习基本理论知识; 3. 准备工作服、学习资料和学习用品

任务实施

任务名称:DCS 控制尿素生产 3D 虚拟仿真工厂操作			
序号	工作过程	学生活动	教师活动
1	准备工作	穿好工作服,准备好必备学习用品和学习材料	准备教材、工作页、考核评价标准等教学材料
2	任务下达	领取工作页,记录工作任务要求	发放工作页,明确工作要求、岗位职责

续表

任务名称:DCS 控制尿素生产 3D 虚拟仿真工厂操作

序号	工作过程	学生活动	教师活动
3	班组例会	分组讨论,各组汇报课前学习基本知识的情况,认真听老师讲解重难点,分配任务,制订工作计划	听取各组汇报,讨论并提出问题,总结并集中讲解重难点问题
4	3D 虚拟仿真工厂 DCS 操作界面认识	认识虚拟仿真工厂 DCS 操作界面的主要设备、仪表点和控制点,并掌握工艺参数的控制范围	跟踪指导,解决学生提出的问题,集中讲解
5	3D 虚拟仿真工厂虚拟现场装置认识	认识虚拟现场设备名称、位号,分析每个设备的主要功能,列出主要设备	跟踪指导,解决学生提出的问题,并进行集中讲解
6	工作过程分析	内操作人员:熟悉工艺参数调节和控制方法; 外操作人员:熟悉虚拟现场设备、阀门和管线布置,能配合内操进行工艺参数调节	教师跟踪指导,指出存在的问题并帮助解决,进行过程考核
7	内、外操联合开车操作	每组学生分别进行内、外操联合操作,共同完成尿素生产 3D 虚拟仿真工厂的开车操作	教师跟踪指导,指出存在的问题并帮助解决,进行过程考核
8	内、外操联合停车操作	每组学生分别进行内、外操联合操作,共同完成尿素生产 3D 虚拟仿真工厂的停车操作	教师跟踪指导,指出存在的问题并帮助解决,进行过程考核
9	工作总结	班组长带领班组总结工作中的收获、不足及改进措施,完成工作页的提交	检验成果,总结归纳生产相关知识,点评工作过程

学生工作页

任务名称		DCS 控制尿素生产 3D 虚拟仿真工厂操作	
班级		姓名	
小组		岗位	
工作准备	一、课前解决问题 　1. 尿素生产 3D 虚拟仿真工厂的主要工艺参数有哪些?受哪些因素影响?应如何调节? 　2. 尿素生产 3D 虚拟仿真工厂的开车主要过程有哪些?停车主要过程有哪些? 　3. 内、外操在尿素生产 3D 虚拟仿真工厂操作中各自的岗位职责是什么?		

工作准备	二、接受老师指定的工作任务后,了解 3D 虚拟仿真实训室的环境、安全管理要求,穿好工作服。
	三、安全生产及防范 学习尿素生产 3D 虚拟仿真工厂工作场所相关安全及管理规章制度,列出你认为工作过程中需注意的问题,并做出承诺。 ——————————————————— ——————————————————— 我承诺:工作期间严格遵守实训场所安全及管理规定。 承诺人: 本工作过程中需注意的安全问题及处理方法:_____ ——————————————————— ——————————————————— ———————————————————

工作分析与实施

1. 列出主要设备,并分析设备作用。

序号	位号	名称	类别	主要功能与作用

2. 列出主要工艺参数,并分析工艺参数的影响因素和调节控制方法。

序号	位号	名称	类别	影响因素和调节控制方法

工作分析 与实施	3. 按照工作任务计划,外操查找虚拟现场设备、阀门,内操熟悉工艺参数调节和控制,内、外操协作,共同完成尿素生产 3D 虚拟仿真工厂的开、停车操作,并记录工作过程中出现的问题。 _____ _____ _____
工作总结 与反思	结合自身和本组完成的工作,通过交流讨论、组内点评等形式客观、全面地总结本次工作任务完成情况,并讨论如何改进工作。 _____ _____ _____ _____

一、尿素生产工艺 3D 虚拟仿真工厂的主要设备

　　尿素生产工艺 3D 虚拟仿真工厂的主要设备见表 5-1。

表 5-1　尿素生产工艺 3D 虚拟仿真工厂的设备列表

序号	设备位号	设备名称	序号	设备位号	设备名称
1	2101-F	高压洗涤器	13	2104-C	循环冷凝器
2	2102-F	低压甲铵冷凝器液位槽	14	2105-C	低压冷凝器循环冷却
3	2103-F	吸收器	15	2106-C	吸收器循环冷却器
4	2104-F	氨水槽	16	2107-C	解吸塔热交换器
5	2101-E	尿素合成塔	17	2108-C	吸收剂冷却器
6	2102-E	CO_2 气提塔	18	P-2101	吸收塔底泵
7	2103-E	精馏塔	19	P-2102	低压甲铵抽出泵
8	2104-E	吸收塔	20	P-2103	低压甲铵循环泵
9	2105-E	解吸塔	21	P-2104	吸收器循环泵
10	2101-C	高压甲铵冷凝器	22	P-2105	氨水槽吸收泵
11	2102-C	低压甲铵冷凝器	23	P-2106	氨水槽抽出泵
12	2103-C	循环加热器	24	P-2107	吸收剂泵

二、尿素生产工艺 3D 虚拟仿真工厂的工艺参数

　　尿素生产工艺 3D 虚拟仿真工厂的主要工艺参数见表 5-2。

表 5-2　尿素生产工艺 3D 虚拟仿真工厂的工艺参数列表

序号	位号	正常值	单位	说明
1	FI-2101	71.6	t/h	CO_2 进料流量
2	FI-2102	67.5	t/h	高压氨进料流量
3	FI-2103	18.2	t/h	气提塔底出口流量
4	FI-2104	8.14	t/h	解吸塔入口流量
5	LI-2101	50	%	气提塔液位
6	LI-2102	50	%	吸收塔液位

序号	位号	正常值	单位	说明
7	LI-2103	50	％	精馏塔液位
8	TI-2101	183	℃	气提塔顶出口温度
9	TI-2102	145	℃	尿素合成塔顶出口温度
10	TI-2103	130	℃	高压洗涤器顶出口温度
11	TI-2104	105	℃	精馏塔顶出口温度
12	TI-2105	65	℃	解吸塔顶出口温度
13	TI-2106	110	℃	低压甲铵抽出泵出口温度
14	PI-2101	16	MPa	CO_2 压缩机出口压力
15	PI-2102	2	MPa	吸收塔底泵出口压力
16	PI-2103	2.5	MPa	低压甲铵抽出泵出口压力
17	PI-2104	3	MPa	氨水槽抽出泵出口压力
18	PI-2105	3.2	MPa	吸收剂泵出口压力

三、尿素生产工艺 3D 虚拟仿真工厂的开车操作

① 打开氨水槽抽出泵 P-2106 入口阀 XV-2116。

② 启动氨水槽抽出泵 P-2106。

③ 打开吸收剂泵 P-2107 入口阀 XV-2118。

④ 启动吸收剂泵 P-2107。

⑤ 打开吸收剂泵 P-2107 出口阀 XV-2119。

⑥ 打开吸收塔底泵 P-2101 入口阀 XV-2120。

⑦ 启动吸收塔底泵 P-2101。

⑧ 打开吸收塔底泵 P-2101 出口阀 XV-2121。

⑨ 打开尿素合成塔 2101-E 液氨入口阀 XV-2101。

⑩ 打开尿素合成塔 2101-E 顶出口阀 XV-2104。

⑪ 打开尿素合成塔 2101-E 液位调节阀 LIC-2104 前阀 XV-2123。

⑫ 打开尿素合成塔 2101-E 液位调节阀 LIC-2104 前阀 XV-2124。

⑬ 半开尿素合成塔 2101-E 液位调节阀 LIC-2104。

⑭ 打开 CO_2 气提塔 2102-E 底 CO_2 入口阀 XV-2102。

⑮ 打开 CO_2 气提塔 2102-E 顶出口阀 XV-2103。

⑯ 打开 CO_2 气提塔 2102-E 蒸汽阀 XV-2106。

⑰ 打开 CO_2 气提塔 2102-E 底出口阀 XV-2107。

⑱ 打开精馏塔 2103-E 顶出口阀 XV-2108。

⑲ 打开低压甲铵循环泵 P-2103 入口阀 XV-2127。

⑳ 启动低压甲铵循环泵 P-2103。

㉑ 打开低压甲铵循环泵 P-2103 出口阀 XV-2128。

㉒ 打开吸收器循环泵 P-2104 入口阀 XV-2112。

㉓ 启动吸收器循环泵 P-2104。

㉔ 打开吸收器循环泵 P-2104 出口阀 XV-2113。

㉕ 当精馏塔 2103-E 液位 LI-2103 达 50％，打开精馏塔 2103-E 底出口阀 XV-2109。

㉖ 打开低压甲铵抽出泵 P-2102 入口阀 XV-2110。

㉗ 启动低压甲铵抽出泵 P-2102。

㉘ 打开低压甲铵抽出泵 P-2102 出口阀 XV-2111。

㉙ 打开氨水槽吸收泵 P-2105 入口阀 XV-2114。

㉚ 启动氨水槽吸收泵 P-2105。

㉛ 打开氨水槽吸收泵 P-2105 出口阀 XV-2115。

㉜ 打开浓甲铵液去高压喷射器阀 XV-2105。

㉝ 当吸收塔 2104-E 液位 LI-2102 到 50%，打开出装置阀 XV-2122。

㉞ 打开氨水槽抽出泵 P-2106 出口阀 XV-2117。

㉟ 打开解吸塔 2105-E 底出口阀 XV-2126。

㊱ 当合成塔液位 LIC-2104 达 50%，尿素合成塔 2101-E 液位调节阀 LIC-2101 投自动，设为 50%。

㊲ 尿素合成塔 2101-E 液位 LIC-2104。

㊳ 精馏塔 2103-E 液位 LI-2103。

四、尿素生产工艺 3D 虚拟仿真工厂的停车操作

① 关闭尿素合成塔 2101-E 液氨入口阀 XV-2101。

② 当合成塔 2101-E 液位 LIC-2104 降为 0，关闭尿素合成塔 2101-E 液位调节阀 LIC-2101。

③ 关闭尿素合成塔 2101-E 液位调节阀 LIC-2104 前阀 XV-2123。

④ 关闭尿素合成塔 2101-E 液位调节阀 LIC-2104 后阀 XV-2124。

⑤ 关闭尿素合成塔 2101-E 顶出口阀 XV-2104。

⑥ 闭 CO_2 气提塔 2102-E 蒸汽阀 XV-2106。

⑦ 关闭 CO_2 气提塔 2102-E 底 CO_2 入口阀 XV-2102。

⑧ 当气提塔 2102-E 液位 LI-2101 降为 0，关闭 CO_2 气提塔 2102-E 底出口阀 XV-2107。

⑨ 关闭 CO_2 气提塔 2102-E 顶出口阀 XV-2103。

⑩ 当精馏塔 2103-E 液位 LI-2103 降为 0%，关闭精馏塔 2103-E 底出口阀 XV-2109。

⑪ 关闭精馏塔 2103-E 顶出口阀 XV-2108。

⑫ 关闭氨水槽吸收泵 P-2105 出口阀 XV-2115。

⑬ 停氨水槽吸收泵 P-2105。

⑭ 关闭氨水槽吸收泵 P-2105 入口阀 XV-2114。

⑮ 关闭吸收剂泵 P-2107 出口阀 XV-2119。

⑯ 停吸收剂泵 P-2107。

⑰ 关闭吸收剂泵 P-2107 入口阀 XV-2118。

⑱ 关闭氨水槽抽出泵 P-2106 出口阀 XV-2117。

⑲ 停氨水槽抽出泵 P-2106。

⑳ 关闭氨水槽抽出泵 P-2106 入口阀 XV-2116。

㉑ 当吸收塔 2104-E 液位 LI-2102 降为 0，关闭出装置阀 XV-2122。

㉒ 关闭吸收塔底泵 P-2101 出口阀 XV-2121。

㉓ 停吸收塔底泵 P-2101。

㉔ 关闭吸收塔底泵 P-2101 入口阀 XV-2120。

㉕ 关闭吸收器循环泵 P-2104 出口阀 XV-2113。

㉖ 停吸收器循环泵 P-2104。

㉗ 关闭吸收器循环泵 P-2104 入口阀 XV-2112。

㉘ 关闭低压甲铵抽出泵 P-2102 出口阀 XV-2111。

㉙ 停低压甲铵抽出泵 P-2102。

㉚ 关闭低压甲铵抽出泵 P-2102 入口阀 XV-2110。

㉛ 关闭低压甲铵循环泵 P-2103 出口阀 XV-2128。

㉜ 停低压甲铵循环泵 P-2103。

㉝ 关闭低压甲铵循环泵 P-2103 入口阀 XV-2127。

㉞ 关闭解吸塔 2105-E 底出口阀 XV-2126。

㉟ 关闭浓甲铵液去高压喷射器阀 XV-2105。

【项目考核评价表】

考核项目	考核要点		分数	考核标准(满分要求)	得分
技能考核	流程叙述	尿素合成与气提工段	20	1. 能流利叙述整个工艺流程,详细讲述从原料到产品的生产过程; 2. 能正确描述每个设备的位号、名称和主要功能,并能详述反应器中发生的反应; 3. 讲述有条理,口齿清晰,逻辑合理	
		尿素精制工段	20	1. 能流利叙述整个工艺流程,详细讲述从原料到产品的生产过程; 2. 能正确描述每个设备的位号、名称和主要功能,并能详述反应器中发生的反应; 3. 讲述有条理,口齿清晰,逻辑合理	
	DCS 控制尿素生产 3D 工厂操作		10	1. 内、外操相互配合,完成岗位工作任务,配合中出现重大问题扣 3 分; 2. 能发现生产运行中的异常,能够分析、判断和采取有效措施处理问题,如未发现操作中存在的问题扣 2 分	
	尿素生产工艺流程图的绘制		20	根据工艺流程及现场工艺管线的布局,正确规范地完成流程图的绘制(设备、管线),每错漏一处扣 2 分,工艺流程图绘制要规范、美观(设备画法、管线及交叉线画法、箭头规范要求、物料及设备的标注要求),每错漏一处扣 1 分	
知识考核	尿素生产相关理论知识		15	根据所学内容,完成老师下发的知识考核卡,每错一题扣 1 分	
态度考核	任务完成情况及课程参与度		5	按照要求,独立或小组协作及时且正确完成老师布置的各项任务;认真听课,积极思考,参与讨论,能够主动提出或者回答有关问题,迟到扣 2 分,玩手机等扣 2 分	
	工作环境清理		5	保持工作现场环境整齐、清洁,认真完成清扫,学习结束后未进行清扫扣 2 分	

考核项目	考核要点	分数	考核标准(满分要求)	得分
素质考核	职业综合素质	5	能够遵守课堂纪律,能与他人协作、交流,善于分析问题和解决问题,尊重考核教师;现场学习过程中,注意教师提示的生产过程中的安全和环保问题,会使用安全和环保设施,按照工作场所和岗位要求,正确穿戴服装和安全帽,未按要求穿戴扣2分	

【巩固训练】

一、填空题

1. 生产尿素的原料是（　　　　　）和（　　　　　）。

2. 尿素生产的工艺过程主要由尿素合成、气提、回收和（　　　　　）、（　　　　　）组成,最终得到尿素颗粒产品。

3. 尿素合成反应主要分两步进行:第一步是（　　　　　）反应,该反应是（　　　　　）热反应;第二步是（　　　　　）反应,该反应是（　　　　　）热反应。

4. 尿素合成反应中间产物的化学式是（　　　　　）。

5. 尿素生产中,未反应物的分离方法有减压加热法、等压加热法和（　　　　　）。

二、不定项选择题

1. 工业生产中,气提法的气提气常用的有（　　　）。

A. CO_2　　　　　　B. NH_3　　　　　　C. 惰性气体　　　　　D. N_2

2. 尿素的主要工业用途有（　　　）。

A. 用作化肥　　　B. 用作工业原料　　　C. 用作饲料　　　D. 用作燃料

3. 影响尿素转化率的因素有（　　　）。

A. 温度和压力　　　B. 氨碳比　　　　　C. 水碳比　　　　D. 惰性气体含量

4. 尿素回收工段的主要工艺过程有（　　　）。

A. 吸收　　　　　　B. 解吸　　　　　　C. 气提　　　　　D. 精馏

5. 常见尿素结晶或造粒方法有（　　　）。

A. 蒸发造粒　　　B. 结晶造粒　　　C. 母液结晶　　　D. 以上都不是

三、判断题

1. 纯净的尿素为无色、无味、无臭的针状或棱柱状结晶体。（　　　）

2. 甲铵生成反应是尿素合成反应的控制步骤。（　　　）

3. 提高压力,有利于尿素的合成反应,但是不可过高,应综合考虑。（　　　）

4. 尿素合成反应中的水全部来自反应产物。（　　　）

5. 氨气提法比二氧化碳气提法应用更加广泛。（　　　）

四、简答题

1. 水溶液全循环法的基本生产过程有哪些?

2. 在尿素合成中,氨过量的好处有哪些?

3. 气提法分离未反应物的基本原理是什么?

4. 尿素回收工段中,吸收塔、解吸塔的主要作用是什么?

5. 尿素回收工段中,精馏塔的主要作用是什么?

项目六
乙酸生产技术

【基本知识目标】

1. 了解乙酸的物理及化学性质、乙酸的用途；了解乙酸生产过程的安全和环保知识。
2. 理解乙酸的工业生产方法及原理；理解乙醛氧化法的反应特点和催化剂使用。
3. 掌握乙醛氧化法生产乙酸的基本原理；理解生产中典型设备的结构特点及作用。
4. 掌握乙酸生产过程中的影响因素及工艺流程的组织。
5. 掌握乙醛氧化工段开、停车步骤和生产过程中的影响因素如温度、压力、原料配比等工艺参数的控制方法；掌握乙醛氧化工段的常见故障现象及原因。
6. 掌握乙酸精制工段的影响因素、各工艺参数的控制方法及开车步骤。

【技术技能目标】

1. 能根据氧化反应特点的分析，正确选择氧化反应器。
2. 能分析氧化过程中各工艺参数对生产的影响，并进行正确的操作与控制。
3. 能识读和绘制生产工艺流程图；能按照生产中岗位操作规程与规范，正确对生产过程进行操作与控制；能发现生产过程中的安全和环保问题，会使用安全和环保设施。
4. 能发现生产操作过程中的异常情况，并对其进行分析和正确的处理；能初步制定开车和停车操作程序。

【素质培养目标】

1. 通过生产中乙醛、乙酸、氧气、乙酸锰等物料性质，生产过程的尾气处理，安全和环保问题分析等，培养学生化工生产过程中的"绿色化工、生态保护、和谐发展和责任关怀"的核心思想。
2. 通过食用醋由来的传说故事，培养学生对中华传统文化的热爱，增强学生民族自信心和自豪感。
3. 通过仿真操作中严格的岗位规程及规范要求，工艺参数的严格标准要求，生产操作过程中工艺参数对生产安全及产品质量的影响，培养学生良好的质量意识、安全意识，规范意识、标准意识，较强的工作责任心，严谨求实、精益求精的"工匠精神"等职业规范和职业道德的综合素质。
4. 通过讲述实际装置操作中工艺参数控制的重要性，生产操作过程中的异常情况分析和处理过程，控制不当会产生的严重后果以及化工生产中频发的各类重大事故案例，培养学生爱岗敬业、科学严谨的工作作风和事故防范、救助意识。
5. 通过小组讨论汇报及仿真操作训练，提高学生的表达、沟通交流、分析问题和解决问题能力；通过操作考核和知识考核，培养学生良好的心理素质、诚实守信的工作态度及作风。

【项目描述】

在本项目教学任务中，以学生为主体，通过学生工作页给学生布置学习任务，让学生借助课程网络资源及相关文献资料，获得乙酸生产相关知识。本项目实施过程中采用北京东方仿真技术有限公司开发的"乙醛氧化制乙酸工艺仿真软件"为载体，通过仿真操作模拟乙酸生产实际过程，训练学生乙酸生产运行过程中的操作控制能力，达到化工生产中"内、外操"岗位工作能力要求和职业综合素质培养的目的。

【操作安全提示】

1. 进入实训现场必须穿工作服。

2. 不允许在电脑上连接任何移动存储设备等，注意电脑使用和操作安全，保证软件操作正常运行。

3. 乙酸生产装置现场有易燃易爆等气体，真正进入作业现场需要正确使用劳保用具，做好相关安全防护。

4. 掌握乙酸生产现场操作的应急事故演练流程，一旦发生着火、爆炸、中毒等安全事故，要熟悉现场逃离、救护等安全措施。

任务 1
乙醛氧化制乙酸氧化工段仿真操作

任务描述

任务名称:乙醛氧化制乙酸氧化工段仿真操作	建议学时:12学时

学习方法	1. 按照工厂车间实行的班组制,将学生分组,1人担任班组长,负责分配组内成员的具体工作,小组共同制订工作计划、分析总结并进行汇报; 2. 班组长负责组织协调任务实施,组内成员按照工作计划分工协作,完成规定任务; 3. 教师跟踪指导,集中解决重难点问题,评估总结
任务目标	1. 了解乙酸的物理及化学性质、用途;了解乙酸生产过程的安全和环保知识。 2. 掌握乙醛氧化的基本原理;理解生产中典型设备的结构特点及作用;掌握乙醛氧化工段冷态开车、正常停车的基本步骤和操作方法。 3. 掌握乙醛氧化工段开车生产过程中的工艺参数如温度、压力、原料配比等的控制方法;能分析氧化过程中各工艺参数对生产的影响,并进行正确的操作与控制。 4. 能识读和绘制乙醛氧化工段生产工艺流程图;能按照生产中岗位操作规程与规范,利用仿真软件正确对生产过程进行操作与控制;能发现生产中的异常情况,并对其进行分析和正确的处理;能初步制定开、停车和紧急处理预案;能发现生产过程中的安全和环保问题,会使用安全和环保设施
岗位职责	班组长:以仿真软件为载体,组织和协调组员完成乙醛氧化过程的开、停车操作与控制,并能进行常见故障的处理; 组员:在班组长的带领下,完成乙醛氧化过程的开、停车操作与控制,正确分析处理生产中的常见故障

续表

工作任务	1. 乙醛法生产乙酸的基本原理认知； 2. 乙醛氧化过程主要工艺指标及控制方法认知； 3. 乙醛法生产乙酸的典型设备认知； 4. 乙醛氧化过程的工艺流程认知； 5. 乙醛氧化工段冷态开车、停车和故障处理操作； 6. 氧化工段生产工艺流程图的绘制	
工作准备	教师准备	学生准备
	1. 准备教材、工作页、考核评价标准等教学材料； 2. 给学生分组，下达工作任务	1. 班组长分配工作，明确每个人的工作任务； 2. 通过课程学习平台预习基本理论知识； 3. 准备工作服、学习资料和学习用品

任务实施

任务名称：乙醛氧化制乙酸氧化工段仿真操作

序号	工作过程	学生活动	教师活动
1	准备工作	穿好工作服，准备好必备学习用品和学习材料	准备教材、工作页、考核评价标准等教学材料
2	任务下达	领取工作页，记录工作任务要求	发放工作页，明确工作要求、岗位职责
3	班组例会	分组讨论，各组汇报课前学习基本知识的情况，认真听老师讲解重难点，分配任务，制订工作计划	听取各组汇报，讨论并提出问题，总结并集中讲解重难点问题
4	熟悉仿真操作界面及操作方法	根据仿真操作界面，找出乙醛氧化生产过程中的设备及位号、工艺参数指标控制点，列出主要设备和工艺参数，理清生产工艺流程	跟踪指导，解决学生提出的问题，并进行集中讲解
5	开车操作及工作过程分析	根据开车操作规程和规范，小组完成开车操作训练，讨论交流开车过程中的问题，并找出解决方法	教师跟踪指导，指出存在的问题，解决学生提出的重难点问题，集中讲解，并进行操作过程考核
6	停车操作及工作过程分析	根据停车操作规程和规范，小组完成停车操作训练，讨论交流停车过程中的问题，并找出解决方法	教师跟踪指导，指出存在的问题，解决学生提出的重难点问题，集中讲解，并进行操作过程考核
7	常见故障处理及工作过程分析	根据仿真系统设置的乙醛氧化过程常见故障，小组对每个故障进行分析、判断，并进行正确的处理操作训练，讨论交流工作过程中的问题，并找出解决方法	教师跟踪指导，指出存在的问题，解决学生提出的重难点问题，集中讲解，并进行操作过程考核
8	工作总结	班组长带领班组总结仿真操作中的收获、不足及改进措施，完成工作页的提交	检验成果，总结归纳生产相关知识及注意问题，点评工作过程

学生工作页

任务名称		乙醛氧化制乙酸氧化工段仿真操作	
班级		姓名	
小组		岗位	

工作准备	一、课前解决问题 1. 乙醛氧化法生产乙酸的基本原理是什么？反应的主要特点是什么？生产中采用什么催化剂？ 2. 乙醛氧化生产乙酸分为哪两个基本过程？各受哪些因素影响？ 3. 氧化工段的主要设备有哪些？氧化反应器是什么类型的,结构特点是什么？ 4. 氧化工段冷态开车过程的主要步骤有哪些？ 5. 乙酸生产氧化工段停车的主要步骤有哪些？ 6. 乙酸生产氧化工段常见的异常情况有哪些？
	二、接受老师指定的工作任务后,了解仿真操作实训室的环境、安全管理要求,穿好工作服。
	三、安全生产及防范 学习仿真操作实训室相关安全及管理规章制度,列出你认为工作过程中需注意的问题,并做出承诺。 _____ _____ _____ 我承诺:工作期间严格遵守实训场所安全及管理规定。 承诺人: 本工作过程中需注意的安全问题及处理方法:_____ _____ _____ _____

	1. 列出主要设备,并分析设备作用。

序号	设备位号	设备名称	设备类别	主要功能与作用

2. 列出主要工艺参数,并分析工艺参数控制方法及影响因素。

序号	仪表位号	仪表名称	控制范围	工艺参数的控制方法及影响因素分析

工作分析与实施

3. 按照工作任务计划,完成乙醛氧化过程生产仿真操作,分析操作过程,记录工作过程中出现的问题。

_____
_____
_____
_____

工作总结与反思

结合自身和本组完成的工作,通过交流讨论、组内点评等形式客观、全面地总结本次工作任务完成情况,并讨论如何改进工作。

_____
_____
_____
_____

一、相关知识

（一）乙酸的性质及用途

1. 乙酸的性质

乙酸（acetic acid）分子式 CH_3COOH，分子量 60.6，俗称醋酸。很早以前，中国就已经用粮食酿造食醋。食醋中含有 3%～5% 的乙酸。乙酸是无色透明液体，有特殊的刺激性气味，具有腐蚀性。其沸点为 391.1K，凝固点为 289.8K，冬季纯乙酸会凝固成像冰一样的固体，所以，纯乙酸又称为冰乙酸。乙酸是重要的有机酸之一，其主要物理常数见表 6-1。

表 6-1　乙酸的主要物理常数

凝固点 /K	沸点 /K	临界温度 /K	临界压力 /MPa	比热容 /[kJ/(kg·℃)]	汽化热 /(kJ/kg)	爆炸范围（体积分数）/%
289.8	391.1	594.5	5.78	1.98	405.3	4.0～17

乙酸是良好的溶剂，能与水、醇、酯、氯仿、苯等有机溶剂以任何比例混合，不溶于二硫化碳。乙酸蒸气刺激呼吸道及黏膜（特别对眼睛的黏膜），浓乙酸可灼伤皮肤。

乙酸具有羧酸的典型性质，主要表现在以下两方面。

① 酸性。乙酸是一种弱酸，在水溶液里能电离出氢离子。乙酸具有酸的通性。如它能使蓝色石蕊试纸变红；能跟金属反应，也能和碱、碳酸钠和碳酸氢钠等反应。

② 化学性质。乙酸和醇在无机酸催化剂下发生酯化反应生产酯。能中和碱金属氧化物，能与活泼金属生成盐。生成的乙酸酐能和纤维素反应。

2. 乙酸的用途

乙酸是一种重要的有机化工原料，在有机酸中产量最大。乙酸的最大用途是生产乙酸乙烯酯，其次是用于生产乙酸纤维素、乙酸酐、乙酸酯，并可用作对二甲苯生产对苯二甲酸的溶剂。此外，纺织、涂料、医药、农药、照相试剂、染料、食品、黏结剂、化妆品、皮革等行业的生产都离不开乙酸。

（二）乙醛氧化法生产乙酸原理

微课扫一扫

乙醛氧化生产乙酸原理

1. 主、副反应

（1）主反应　以重金属乙酸盐为催化剂，乙醛在常压或加压下与氧气或空气进行液相氧化反应生成乙酸的主反应方程式为：

$$CH_3CHO + O_2 \longrightarrow 2CH_3COOH$$

（2）副反应　在主反应进行的同时，还伴随有以下主要副反应：

$$CH_3CHO + O_2 \longrightarrow CH_3COOOH （过氧乙酸）$$

$$CH_3COOH \longrightarrow CH_3OH + CO_2$$

$$CH_3OH + O_2 \longrightarrow HCOOH + H_2O$$

$$CH_3COOH + CH_3OH \longrightarrow CH_3COOCH_3 + H_2O$$

$$CH_3CHO + O_2 \longrightarrow CH_3CH(OCOCH_3)_2 （二乙酸亚乙酯） + H_2O$$

$$CH_3CH(OCOCH_3)_2 \longrightarrow (CH_3CO)_2O （乙酸酐） + CH_3CHO$$

所以，主要副产物有甲酸、乙酸甲酯、甲醇、二氧化碳等。

乙醛氧化制乙酸可以在气相或液相中进行，且气相氧化较液相氧化容易进行，不必使用催化剂。但是，由于乙醛的爆炸极限范围宽，生产不安全，而且乙醛氧化是强放热反应，气相氧化不能保证反应热的均匀移出，会引起局部过热，使乙醛深度氧化等副反应增多，乙酸收率低等原因，工业生产中大都采用液相氧化法。

在氧化剂选择方面，原则上采用空气或氧气均可。当用空气作为氧化剂时，大量氮气易在气液接触面上形成很厚的气膜，阻止氧的有效扩散和吸收，从而降低了设备的利用率。若用氧气氧化，应充分保证氧气和乙醛在液相中反应，以避免反应在气相进行；且在塔顶应引入氮气以稀释尾气，使尾气组成不致达到爆炸范围。目前生产中采用氧气作氧化剂的较多。

2. 催化剂

乙醛氧化生产乙酸的反应机理比较复杂，认识不完全统一，一般都认为自由基链反应机理较为成熟。自由基链反应理论认为，乙醛氧化反应存在诱导期，在诱导期时，乙醛以很慢的速度吸收氧气，从而生成过氧乙酸。过氧乙酸是一种不稳定的具有爆炸性的化合物，在363~383K 下能发生爆炸。当过氧乙酸积累过多时，即使在低温下也能导致爆炸性分解。采用催化剂不仅能加快链反应的引发，缩短诱导期，加速过氧乙酸的生成，更有利于加快过氧乙酸的分解，避免由于过氧乙酸的积累可能引起的爆炸，从而使乙醛氧化生产乙酸得以工业化。

作为乙醛氧化生产乙酸的催化剂，应既能加速过氧乙酸的生成，又能促使其迅速分解，使反应系统中过氧乙酸的浓度维持在最低限度。由于乙醛氧化生产乙酸的反应是在液相中进行的，因而催化剂应能充分溶解于氧化液中，才能施展其催化作用。实践证明，可变价金属（如锰、镍、钴、铜、铁）的乙酸盐或它们的混合物均可作为乙醛氧化法生产的催化剂。

研究发现，对乙醛氧化生产乙酸，各种可变价金属盐的催化活性高低：Co＞Ni＞Mn＞Fe。虽然乙酸钴在乙醛氧化生成乙酸的反应中活性最高，即钴盐催化剂对过氧乙酸的生成有较强的加速作用，但它不能同时满足使过氧乙酸迅速分解的条件，会造成过氧乙酸在反应系统中积累，故不适用。采用乙酸锰为催化剂，不仅能使乙醛氧化为过氧乙酸的反应加速，而且能保证过氧乙酸生成与分解速率基本相同，其乙酸收率也远远高于其他金属的催化剂。所以，工业上采用乙酸锰作为催化剂，有时也可适量加入其他金属的乙酸盐。乙酸锰的用量为原料乙醛量的 0.1％~0.3％（质量分数）。

知识加油站

自由基反应是通过化合物分子中的共价键均裂成自由基而进行的反应。反应大致分为三个阶段：

（1）链引发：通过热辐射、光照、单电子氧化还原法等手段使分子的共价键发生均裂产生自由基的过程称为链引发。（2）链增长：引发阶段产生的自由基与反应体系中的分子作用，产生一个新的分子和一个新的自由基，新产生的自由基再与体系中的分子作用又产生一个新的分子和一个新的自由基，如此周而复始、反复进行的反应过程。（3）链终止：两个自由基互相结合形成分子的过程称为链终止。

（三）乙醛氧化生产乙酸的工艺参数确定

乙醛液相氧化生产乙酸的过程是一个气液非均相反应，可分为两个基本过程：一是氧气扩散到乙醛的乙酸溶液界面，继而被溶液吸收的传质过程；二是在催化剂作用下，乙醛转化为乙酸的化学反应过程。

1. 气液传质（氧的吸收与扩散）的影响因素

影响氧的扩散和吸收的主要因素有以下三个方面。

乙醛氧化生产乙酸工艺条件选择

（1）氧的通入速度　通入氧气速率越快，气液接触面积越大，氧气的吸收率越高，设备的生产能力也就会增大，但是，通氧速率并非是可以无限制增加的，因为氧气的吸收速率与通入氧气的速率不是简单的线性关系。当通入氧气速率超过一定值后，氧气的吸收率反而会降低，氧气的损耗相应地加大，甚至还会把大量的乙醛与乙酸液带出。此外，氧气吸收不完全会引起尾气中氧的浓度增加，造成生产不安全因素。所以，氧气的通入速率受到经济性和安全性的制约，存在一适宜值。工业生产中氧气的通入速率可用氧化的空速来描述。

$$S_V = \frac{Q}{V_B}$$

式中　S_V——氧化的空速，h^{-1}；

　　　Q——氧气的流量，m^3/h；

　　　V_B——反应器内液体的滞留量，m^3。

（2）氧气分布板的孔径　为防止局部过热，生产中氧气分段通入氧化塔，各段氧气通入处还设置有氧气分布板，以使氧气均匀分布成适当大小的气泡，加快氧的扩散和吸收。氧气分布板的孔径与氧的吸收率成反比，孔径小可增加气泡的数量和气液两相接触面积，但孔径过小则造成流体流动阻力增加，使氧气的输送压力增高。如果孔径过大则会造成气液接触面积降低，并会加剧液相物料的带出，破坏正常的操作。

（3）氧气通过的液柱高度　在一定的通氧速率条件下，氧的吸收率与其通过的液柱高度成正比。液柱高，气液两相接触时间长，吸收效果好，吸收率也增加。此外，气体的溶解性能也与压力有关，液柱高则静压高，有利于氧气的溶解和吸收。氧气的吸收率与液柱高度之间的关系见表6-2。

表6-2　氧气的吸收率与液柱高度的关系

液柱高度/m	氧气的吸收率/%	液柱高度/m	氧气的吸收率/%
1.0	70	4.0	97～98
1.5	90	4.0以上	大于98
2.0	95～96		

从表6-2中数据可以看出，当液柱超过4m时，氧的吸收率可达98%以上，液柱再增加，氧的吸收率无明显变化。因此，在工业生产中，氧气进入反应器的进料口位置应设置在液面下4.0m或更深的位置处，否则氧气的吸收不充分。

2. 乙醛氧化速率的影响因素

乙醛氧化生产乙酸的速率与催化剂的性质和用量、反应温度、反应压力、原料纯度、氧化液的组成等诸多因素有关。其中催化剂的性质和用量前已讨论，此处从略。

（1）反应温度　温度在乙醛的氧化过程中是一个非常重要的因素，乙醛氧化成过氧乙酸及过氧乙酸分解的速率都随温度的升高而加快。但温度不宜太高，过高的温度会使副反应加剧，导致如甲酸等低碳数有机物大量生成，并且尾气中一氧化碳、二氧化碳含量显著增多，严重时甚至可能导致反应失控。同时，为使乙醛保持液相，必须提高系统压力，否则，在氧化塔顶部空间乙醛与氧气的浓度会增加，增加了爆炸的危险性。但温度也不宜过低，温度过低会降低乙醛氧化为过氧乙酸以及过氧乙酸分解的速率，易导致过氧乙酸的积累，同样存在不安全因素。因此，用氧气氧化时，适宜温度控制为343～353K，还必须及时连续地除去反应热，并且须在系统内通入氮气。

（2）反应压力　操作压力对乙醛氧化过程的影响从两个方面体现。一是乙醛氧化反应是一个气体体积减小的反应，增加反应压力有利于反应向生成乙酸的方向进行。由于乙醛氧化是气液相反应，提高反应压力，既可促进氧向液体界面扩散，又有利于氧被反应液吸收。二是反应物乙醛的沸点随着压力的增加而增大，从而减少乙醛的挥发损失。但是，升高压力会增加设备投资费用和操作费用。实际生产中操作压力控制在0.15MPa（表压）左右。

（3）原料纯度　乙醛氧化生成乙酸反应的特点是自由基为链载体，所以凡是能夺取反应链中自由基的杂质，称为阻化剂。阻化剂的存在，会使反应速率显著下降。水是一种典型的能阻抑链反应进行的阻化剂，故要求原料乙醛含量（质量分数）>99.7%，其中水分含量<0.03%。乙醛原料中三聚乙醛可使乙醛氧化反应的诱导期增长，并易被带入成品乙酸中，影响产品质量，故要求原料乙醛中三聚乙醛含量<0.01%。

（4）氧化液的组成　在一定条件下，乙醛液相氧化所得的反应液称为氧化液。其主要成分有乙酸锰、乙酸、乙醛、氧、过氧乙酸，此外还有原料带入的水分及副反应生成的乙酸甲酯、甲酸、二氧化碳等。

氧化液中乙酸和乙醛浓度的改变对氧的吸收能力有较大影响。当氧化液中乙酸含量（质量分数）为82%～95%时，氧的吸收率保持在98%左右，超出此范围，氧的吸收率下降。当氧化液中乙醛含量为5%～15%时，氧的吸收率也保持在98%左右，超出此范围，氧的吸收率下降。从产品的分离角度考虑，一般氧化液中，乙醛含量不应超过2%～3%。

二、技能训练——乙醛氧化工段冷态开车操作与控制

（一）氧化工段的主要设备

1. 氧化反应典型设备

乙醛氧化生产乙酸的主要设备是氧化反应器。与其他液相氧化反应相同，乙醛氧化生产乙酸的主要特点是：反应为一气液非均相的强放热反应，介质有强腐蚀性，反应潜伏着爆炸的危险性。所以，对氧化反应器相应的要求是：能提供充分的相接触界面；能有效移走反应热；设备材质必须耐腐蚀；确保安全防爆；同时流动形态要满足反应要求（全混型）。

微课扫一扫

乙醛氧化反应
典型设备

工业生产中采用的氧化反应器为全混型鼓泡床塔式反应器，简称氧化塔。按照移除热量的方式不同，氧化塔有两种形式，即内冷却型和外冷却型。如图6-1所示。

（1）内冷却型氧化塔　内冷却型氧化塔结构如图6-1（a）所示，氧化塔底有原料乙醛和催化剂的入口。塔身分为多节，各节设有冷却盘管，盘管中通入冷却水移走反应热以控制反应温度。氧气分段通入，各段设有氧气分配管，氧气由分配管上小孔吹入塔中（也有采用泡罩或喷射装置的），塔身之间装有花板，通过花板，达到氧气均匀分布。在氧化塔上部设有扩大空间部分，目的是使废气在此缓冲减速，减少乙酸和乙醛的夹带量。塔的顶部设有面积适当的防爆口，并有氮气通入塔中稀释降低气相中乙醛和氧气的浓度，以保证氧化过程的安全操作。内冷却型氧化塔可以分段控制冷却水和通氧量，但传热面积太小，生产能力受到限制。

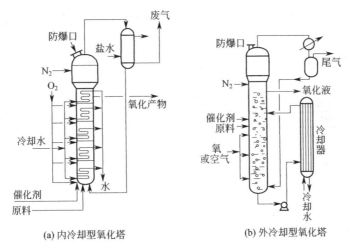

(a) 内冷却型氧化塔　　　　　　(b) 外冷却型氧化塔

图 6-1　氧化反应器示意图

（2）外冷却型氧化塔　在大规模生产中常采用外冷却型鼓泡床氧化塔，其结构如图 6-1(b)所示。该塔是一个空塔，设备结构简单，位于塔外的冷却器为列管式换热器，制造检修远比内冷却型氧化塔方便。乙醛和催化剂乙酸锰是在塔上部加入的，氧气分三段加入。氧化液由塔底部抽出送入塔外冷却器冷却，移走反应热后再循环回到氧化塔。氧化液溢流口高于循环液进口约 1.5m，循环液进口略高于原料乙醛进口，安全设施与内冷却型氧化塔相同。

为使氧化塔耐腐蚀，减少因腐蚀引起的停车检修次数，乙醛氧化塔选用含镍、铬、钼、钛的不锈钢。

2. 氧化工段主要设备列表

氧化工段所用到的主要设备见表 6-3。

表 6-3　氧化工段主要设备一览表

序号	设备编号	设备名称	序号	设备编号	设备名称
1	T101	第一氧化塔	8	V103	洗涤液贮罐
2	T102	第二氧化塔	9	V105	碱液贮罐
3	T103	尾气洗涤塔	10	P101A/B	氧化液循环泵
4	E101A	第一氧化塔尾气冷凝器	11	P102	粗产品泵
5	E101B	第二氧化塔尾气冷凝器	12	P103A/B	洗涤液循环泵
6	E102A/B	氧化液换热器	13	P104A/B	碱液循环泵
7	V102	氧化液中间贮罐			

（二）氧化工段操作控制主要工艺指标

1. 氧化工段工艺参数控制指标

氧化工段主要工艺参数控制指标见表 6-4。

表 6-4　氧化工段主要工艺参数控制指标一览表

序号	名称	仪表信号	单位	控制指标
1	T101 压力	PIC109A/B	MPa	0.19±0.01
2	T102 压力	PIC112A/B	MPa	0.10±0.02
3	T101 底温度	TI103A	℃	77±1

续表

序号	名称	仪表信号	单位	控制指标
4	T101 中温度	TI103B	℃	73±2
5	T101 上部液相温度	TI103C	℃	68±3
6	T101 气相温度	TI103E	℃	与上部液相温差大于 13
7	E102 出口温度	TIC104A/B	℃	60±2
8	T102 底温度	TI106A	℃	83±2
9	T102 温度	TI106B	℃	85~70
10	T102 温度	TI106C	℃	85~70
11	T102 温度	TI106D	℃	85~70
12	T102 温度	TI106E	℃	85~70
13	T102 温度	TI106F	℃	85~70
14	T102 温度	TI106G	℃	85~70
15	T102 气相温度	TI106H	℃	与上部液相温差大于 15
16	T101 液位	LIC101	%	35±15
17	T102 液位	LIC102	%	35±15
18	T101 加氮量	FIC101	m^3/h	150±50
19	T102 加氮量	FIC105	m^3/h	75±25

2. 分析项目控制指标

氧化工段主要分析项目控制指标见表 6-5。

表 6-5　氧化工段主要分析项目控制指标一览表

序号	名称	位号	单位	控制指标
1	T101 出料含乙酸	AIAS102	%	92~95
2	T101 出料含醛	AIAS103	%	<4
3	T102 出料含乙酸	AIAS104	%	>97
4	T102 出料含醛	AIAS107	%	>0.3
5	T101 尾气含氧	AIAS101A、B、C	%	<5
6	T102 尾气含氧	AIAS105	%	<5
7	T103 出料含乙酸	AIAS106	%	<80

（三）氧化工段的工艺流程

微课扫一扫

乙醛氧化工段
工艺流程

乙醛氧化生产乙酸的氧化工段工艺流程如图 6-2 所示。

本工段采用双塔串联氧化流程，乙醛和氧气按配比流量进入第一氧化塔（T101），氧气分两个入口入塔，上口和下口通氧量比约为 1:2，氮气通入塔顶气相部分，以稀释气相中氧和乙醛。

乙醛与催化剂全部进入第一氧化塔，第二氧化塔不再补充。氧化反应的反应热由氧化液换热器（E102A/B）移去，氧化液从塔下部用循环泵（P101A/B）抽出，经过换热器（E102 A/B）循环回塔中，循环比（循环量：出料量）约为（110~140）:1。冷却器出口氧化液温度为 60℃，塔中最高温度为 75~78℃，塔顶气相压力为 0.2MPa（表），出第一氧化塔的氧化液中乙酸浓度在 92%~95%，从塔上部溢流去第二氧化塔（T102）。

第二氧化塔为内冷式，塔底部补充氧气，塔顶也加入保安氮气，塔顶压力为 0.1MPa（表），塔中最高温度约为 85℃，出第二氧化塔的氧化液中乙酸含量为 97%~98%。

第一氧化塔和第二氧化塔的液位显示设在塔上部，显示塔上部的部分液位（全塔高 90% 以上的液位）。

出氧化塔的氧化液一般直接去蒸馏系统，也可以放到氧化液中间贮罐（V102）暂存。中间贮罐的作用是：正常操作情况下作氧化液缓冲罐，停车或事故时存氧化液，乙酸成品不合格需要重新蒸馏时，由成品泵（P402）送来中间贮存，然后用泵（P102）送蒸馏系统回炼。

两台氧化塔的尾气分别经循环水冷却的冷凝器（E101A/B）冷却，凝液主要是乙酸，带少量乙醛，回到塔顶，尾气最后经过尾气洗涤塔（T103）吸收残余乙醛和乙酸后

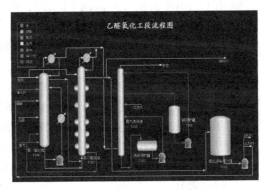

图 6-2　氧化工段工艺流程图

放空，洗涤塔下部为新鲜工艺水，上部为碱液，分别用泵（P103、P104）循环。洗涤液温度为常温，洗涤液含乙酸达到一定浓度后（70%～80%），送往精馏系统回收乙酸，碱洗段定期排放至中和池。

（四）冷态开车操作与控制

1. 开车准备（酸洗反应系统）

① 开启尾气吸收塔 T103 的放空阀 V45（50%）；

② 开启氧化液中间贮罐 V102 的现场阀 V57（50%），向其中注酸；

③ 开启 V102 的输液泵 P102，向第一氧化塔 T101 注酸；

> "快速灌液"说明：向 T101 灌乙酸时，选择"快速灌液"按钮，在 LIC101 有液位显示之前，灌液速度加速 10 倍，有液位显示之后，速度变为正常；对 T102 灌酸时类似。使用"快速灌液"只是为了节省操作时间，但并不符合工艺操作原则，由于是局部加速，有可能会造成液体总量不守衡，为保证正常操作，将"快速灌液"按钮设为一次有效性，即：只能对该按钮进行一次操作，操作后，按钮消失；如果一直不对该按钮操作，则在循环建立后，该按钮也消失。该加速过程只对"酸洗"和"建立循环"有效。

④ 打开 T101 进酸控制阀 FIC112；

⑤ V102 的液位 LIC103 超过 50%后，关闭阀 V57，停止向 V102 注入酸；

⑥ T101 的液位 LIC101 大于 2%后，关闭泵 P102，停止向 T101 进酸；

⑦ 关闭 T101 注酸控制阀 FIC112；

⑧ 开启 T101 循环泵 P101A/B 的前阀 V17；

⑨ 开启泵 P101A，酸洗第一氧化塔 T101；

⑩ 打开酸洗回路阀 V66；

⑪ 打开酸洗回路的流量控制阀 FIC104（20%）；

⑫ 关闭泵 P101A，停止酸洗；

⑬ 关闭酸洗回路的流量控制阀 FIC104；

⑭ 打开 T101 的氮气控制阀 FIC101，将酸压至第二氧化塔 T102；

⑮ 开启 T101 底阀 V16，向 T102 压酸；

⑯ 开启 T102 底阀 V32，由 T101 向 T102 压酸；

⑰ 开启 T102 底部控制阀 V33，由 T101 向 T102 压酸；

⑱ T102 液位 LIC102 大于 0后，关闭 T101 的进氮阀 FIC101；

⑲ 开启 T102 的氮气控制阀 FIC105，向 V102 压酸；

⑳ 开启 V102 的回酸阀 V59，将 T101、T102 中的酸打回 V102；

㉑ 压酸结束后，关闭 T102 的进氮气控制阀 FIC105；

㉒ 压酸结束后，关闭 T101 的底阀 V16；

㉓ 压酸结束后，关闭 T102 的底阀 V33；

㉔ 压酸结束后，关闭 T102 的底部控制阀 V33；

㉕ 压酸结束后，关闭 V102 的回酸阀 V59；

㉖ 开启 T101 的压力调节阀 PIC109A，放空 T101 内的气体；

㉗ 开启 T101 的压力调节阀 PIC112A，放空 T102 内的气体。

2. 建立循环

① 开启泵 P102，由 V102 向 T101 注酸；

② 全开 T101 注酸控制阀 FIC112；

③ 当 LIC101 大于 30% 时，开启 LIC101（开度约为 50%），根据 LIC101 液位随时调整；

④ 开启 T102 底阀 V32，由 T101 向 T102 进酸；

⑤ 当 LIC102 大于 30% 时，开启 LIC102（开度约为 50%），根据 LIC102 液位随时调整；

⑥ 开启 T102 的现场阀 V44，向精馏系统出料，建立循环。

3. 配制氧化液

① 将 LIC101 调至 30% 左右，停泵 P102；

② 关闭 T101 注酸控制阀 FIC112；

③ 关闭 T101 的液位控制器 LIC101；

④ 开启乙醛进料调节阀 FICSQ102（缓加，根据乙醛含量 AIAS103 来调整），使 AIAS103 约为 7.5%；

⑤ 开启催化剂进料调节阀 FIC301（缓加，使其流量约为 FICSQ102 的 1/6），向第一氧化塔 T101 注入催化剂；

⑥ 开启 T101 顶部冷却水的进水阀 V12；

⑦ 开启 T101 顶部冷却水的出水阀 V13；

⑧ 开启泵 P102A，将酸打循环；

⑨ 打开 FIC104，将流量控制在 700000kg/h；

⑩ 开换热器 E102 的入口调节阀 V20（开度为 50%），为循环氧化液加热；

⑪ 关闭 T102 的液位控制器 LIC102；

⑫ 关闭 T102 的现场阀 V44；

⑬ 当 T101 的乙醛含量 AIAS103 约为 7.5%，停止进醛阀 FICSQ102；

⑭ 停止进催化剂阀 FIC301；

⑮ 通氧前将 T101 塔底的温度 TI103A 控制在 70~76℃。

4. 第一氧化塔投氧

① 开车前，将联锁投入自动；

② 开启 FIC101，使进氮气量为 120m³/h；

③ 将 T101 的塔顶压力调节器 FIC109A 投自动，设为 0.19MPa；

④ 投氧前将 T101 的液位 LIC101 调至 20%~30%；

⑤ 关闭 T101 的液位控制器 LIC101；

⑥ 当 T101 的液相温度 TI103A 高于 70℃，开启进氧气控制阀 FIC110，初始投氧量小于 100m³/h；

⑦ 开启 FICSQ102，根据投氧量来调整其开度；

⑧ 开启 FIC301，根据投乙醛量来调整其开度；

⑨ 逐渐增大 FIC110 到 320m³/h，并开 FIC114 投氧（开度小于 50%）；

⑩ 逐渐增大 FIC114 到 620m³/h，关闭小投氧阀 FIC110；

⑪ 逐渐增大 FIC114 到 1000m³/h，开启 FIC113，使其流量为 FIC114 的 1/2；

⑫ 当换热器 E102 的出口温度上升至 85℃时，关闭 V20，停止蒸汽加热；

⑬ 当投氧量达到 1000m³/h 时，且液相温度达到 90℃时，投冷却水，提高循环量；

⑭ LIC101 超过 60% 且投氧正常后，将 LIC101 投自动设为 35%，向 T102 出料。

5. 第二氧化塔投氧

① 开启 T102 顶部冷却水的进水阀 V39；

② 开启 T102 顶部冷却水的出水阀 V40；

③ 开启 FIC105，使进氮气量为 90m³/h；

④ 将 T102 的塔顶压力调节器 FIC112A 投自动，设为 0.1MPa；

⑤ 开启蒸汽阀 TIC107 和 V65，使 TI106B 保持在 70～85℃；

⑥ 开启 T102 的进氧控制阀 FICSQ106，投氧；

⑦ 开启 TIC106 和 V61，使 TI106F 保持在 70～85℃；

⑧ 开启 TIC105 和 V62，使 TI106E 保持在 70～85℃；

⑨ 开启 TIC108 和 V64，使 TI106D 保持在 70～85℃；

⑩ 开启 TIC109 和 V67，使 TI106C 保持在 70～85℃。

6. 吸收塔投用

① 打开 T103 的进水调节阀 V49（50%），将 LIC107 维持在 50% 左右；

② 开启阀 V50，向 V103 中备工艺水，将 LIC104 维持在 50% 左右；

③ 氧化塔投氧前，开启泵 P103A；

④ 开启调节阀 V54，投用工艺水；

⑤ 开启排水阀 V55；

⑥ 开启阀 V48，向碱液贮罐 V105 中备料（碱液）；

⑦ 当碱液贮罐 V105 中的液位超过 50% 时，关闭 V48；

⑧ 投氧后开 P104A，向 T103 中投用吸收碱液；

⑨ 开启调节阀 V47，投用碱吸收液；

⑩ 开启调节阀 V46，回流洗涤塔 T103 内的碱液。

7. 氧化系统出料

① 将 TIC102 的液位 LIC102 投自动，设为 35%；

② 打开 T102 的现场阀 V44，向精馏系统出料。

8. 调至平衡

① 将 FICSQ102 投自动，设为 9582m³/h；

② 将 FIC301 投自动，设为 1702m³/h，约为进酸量的 1/6；

③ 将 FIC114 投自动，设为 1914m³/h；为投醛量的 0.35～0.4 倍；

④ 将 FIC113 投自动，设为 957m³/h；约为 FIC114 流量的 1/2；

⑤ 将 FIC101 投自动，设为 120m³/h；

⑥ 将 FIC104 投自动，设为 1518000m³/h；

⑦ 将 TIC104A 投自动，设为 60℃；

⑧ 将 TIC107 投自动，设为 84℃；

⑨ 将 FIC105 投自动，设为 90m³/h；

⑩ 将 FICSQ106 投自动，设为 122m³/h。

（五）仿真操作界面

在乙醛氧化工段生产乙酸的操作控制中涉及的仿真操作控制界面如图 6-3～图 6-8 所示。

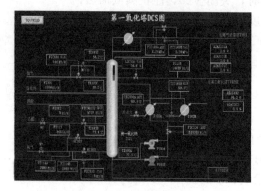

图 6-3　第一氧化塔 DCS 图

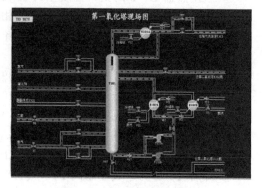

图 6-4　第一氧化塔现场图

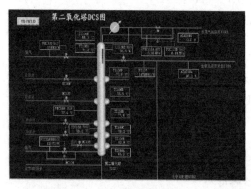

图 6-5　第二氧化塔 DCS 图

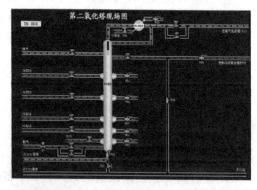

图 6-6　第二氧化塔现场图

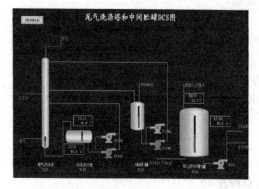

图 6-7　尾气洗涤塔 DCS 图

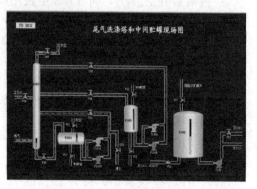

图 6-8　尾气洗涤塔现场图

三、技能训练——氧化工段正常停车操作与控制

1. 氧化塔停车操作与控制

① 关闭 T101 的进醛阀 FICSQ102；

② 减小 T101 和 T102 进氧量；

③ 关闭 T101 的进催化剂控制阀 FIC301；

④ 当 T101 中醛的含量 AIAS103 降到 0.1% 以下时，关闭其主进氧阀 FIC114；

⑤ 关闭 T101 的副进氧阀 FIC113；

⑥ 关闭 T102 的进氧阀 FICSQ106；

⑦ 关闭 T102 的蒸汽 TIC107 和阀 V65。

⑧ 醛被氧化完后，开启 T101 塔底阀门 V16；

⑨ 开启 T102 塔底阀门 V33，逐步退料到 V102 中；

⑩ 开启氧化液中间贮罐 V102 的回料阀 V59；

⑪ 开泵 P102；

⑫ 开阀 V58，送精馏处理；

⑬ 将 T101 的循环控制阀 FIC104 设为手动，并关闭；

⑭ 关闭 T101 的泵 P101A，停循环；

⑮ 将 T101 的换热器 E102 冷却水控制阀 TIC104 设为手动，并关闭；

⑯ 将 T101 的液位控制阀 LIC101 设为手动，并关闭；

⑰ 将 T102 的液位控制阀 LIC102 设为手动，并关闭；

⑱ 关闭 V44；

⑲ 关闭 T102 的冷却水控制阀 TIC106 和 V61；

⑳ 关闭 T102 的冷却水控制阀 TIC105 和 V62；

㉑ 关闭 T102 的冷却水控制阀 TIC109 和 V63；

㉒ 关闭 T102 的冷却水控制阀 TIC108 和 V64；

㉓ 将 T101 的进氮气阀 FIC101 设为手动，关闭；

㉔ 将 T101 压力控制阀 PIC109A 设为手动，关闭；

㉕ 将 T102 的进氮气阀 FIC105 设为手动，关闭；

㉖ 将 T101 压力控制阀 PIC112A 设为手动，关闭；

㉗ 将联锁打向"BP"。

2. 洗涤塔停车操作与控制

① 关工艺水入口阀 V49；

② 关阀 V54；

③ 关阀 V55；

④ 停泵 P103A；

⑤ 开阀 V53，将洗涤液送至精制工段；

⑥ T103 排空后，关阀 V50；

⑦ T103 和 V103 都排空后，关闭阀 V53；

⑧ 关闭阀 V47，停止碱循环；

⑨ 关泵 P104A；

⑩ T103 中碱液全排至 V105 后，关闭阀 V46。

四、技能训练——氧化工段故障处理

乙醛氧化生产乙酸过程中氧化工段主要的常见故障现象分析和处理方法如下。

1. T101 进醛流量降低

原因：进醛压力降低。

事故现象：进醛流量减小。

处理方法：开大进醛阀门，使流量正常；如果无法调至正常流量，则降负荷或按正常停车处理。

2. P101A 坏

原因：泵内有部件坏掉。

事故现象：P101A 出口压力低，流量变小。

处理方法：开备用泵 P101B。

3. T101 顶压力升高

原因：塔顶出气阀阀卡。

事故现象：塔顶压力升高。

处理方法：开旁路。

4. T102 顶压力升高

原因：塔顶出气阀阀卡。

事故现象：塔顶压力升高。

处理方法：开旁路。

5. T101 塔内温度升高

原因：长时间没有清理。

事故现象：换热效率降低。

处理方法：切换为 TIC104B 调节。切换至备用换热器。

6. T101 氮气进量波动

原因：氮气进气阀堵塞。

事故现象：氮气进量减少。

处理方法：开旁路。

7. T101 塔顶管路不畅

事故原因：塔顶出气阀阀卡。

事故现象：塔顶压力升高。

处理方法：开旁路。

8. T102 塔顶管路不畅

事故原因：塔顶出气阀堵塞。

事故现象：塔顶压力升高。

处理方法：开旁路。

9. E102 结垢

事故原因：长时间没有清理或水质有问题。

事故现象：换热效率降低。

处理方法：切换至备用换热器。

10. 乙醛入口压力升高

事故原因：进醛压力升高。

事故现象：进醛流量增大。

处理方法：关小进醛阀门，使流量正常。

11. 催化剂入口压力升高

事故原因：进催化剂压力升高。

事故现象：进催化剂流量增大。

处理方法：关小进催化剂阀门，使流量正常。

12. T102 N_2 入口压力升高

事故原因：进氮气压力升高。

事故现象：进氮气流量增大。

处理方法：关小进氮气阀门，使流量正常。

任务 2
乙酸精制工段仿真操作

任务描述

任务名称：乙酸精制工段仿真操作	建议学时：8 学时

学习方法	1. 按照工厂车间实行的班组制，将学生分组，1 人担任班组长，负责分配组内成员的具体工作，小组共同制订工作计划、分析总结并进行汇报； 2. 班组长负责组织协调任务实施，组内成员按照工作计划分工协作，完成规定任务； 3. 教师跟踪指导，集中解决重难点问题，评估总结
任务目标	1. 了解乙酸精制过程的安全和环保知识；掌握乙酸精制过程的基本原理；精制过程的影响因素、各工艺参数的控制方法。 2. 掌握乙酸精制过程中典型设备的结构特点及作用；掌握乙酸精制过程的工艺流程及精制工段开车步骤。 3. 能根据乙酸粗产品的组成及特点设计乙酸精制分离的方案；能分析精制过程中各工艺参数对生产的影响，并进行正确的操作与控制；能识读和绘制精制工段工艺流程图；能按照生产中岗位操作规程与规范，正确对生产过程进行操作与控制并发现精操作过程中的异常情况，对其进行分析和正确的处理
岗位职责	班组长：以仿真软件为载体，组织和协调组员完成乙酸精制过程的开、停车操作与控制，并能进行常见故障的处理； 组员：在班组长的带领下，完成乙酸精制过程的开车操作与控制，正确分析处理生产中的常见故障
工作任务	1. 乙酸粗产品的组成分析及分离方案设计； 2. 乙酸精制工段的基本原理及生产工艺参数的操作控制方法认知； 3. 乙酸精制工段典型设备及工艺流程认知； 4. 乙酸精制工段冷态开车操作训练； 5. 精制工段生产工艺流程图的绘制

续表

工作准备	教师准备	学生准备
	1. 准备教材、工作页、考核评价标准等教学材料； 2. 给学生分组，下达工作任务	1. 班组长分配工作，明确每个人的工作任务； 2. 通过课程学习平台预习基本理论知识； 3. 准备工作服、学习资料和学习用品

任务实施

任务名称：乙酸精制工段仿真操作

序号	工作过程	学生活动	教师活动
1	准备工作	穿好工作服，准备好必备学习用品和学习材料	准备教材、工作页、考核评价标准等教学材料
2	任务下达	领取工作页，记录工作任务要求	发放工作页，明确工作要求、岗位职责
3	班组例会	分组讨论，各组汇报课前学习基本知识的情况，认真听老师讲解重难点，分配任务，制订工作计划	听取各组汇报，讨论并提出问题，总结并集中讲解重难点问题
4	熟悉仿真操作界面及操作方法	根据仿真操作界面，找出乙酸精制生产过程中的设备及位号、工艺参数指标控制点，列出主要设备和工艺参数，理清生产工艺流程	跟踪指导，解决学生提出的问题，并进行集中讲解
5	开车操作及工作过程分析	根据开车操作规程和规范，小组完成开车操作训练，讨论交流开车过程中的问题，并找出解决方法	教师跟踪指导，指出存在的问题，解决学生提出的重难点问题，集中讲解，并进行操作过程考核
6	工作总结	班组长带领班组总结仿真操作中的收获、不足及改进措施，完成工作页的提交	检验成果，总结归纳生产相关知识及注意问题，点评工作过程

学生工作页

任务名称		乙酸精制工段仿真操作	
班级		姓名	
小组		岗位	
工作准备	一、课前解决问题 1. 乙酸粗产品主要由哪些物质组成？ 2. 乙酸精制过程的基本原理是什么？ 3. 乙酸精制工段冷态开车的主要步骤有哪些？		

工作准备	二、接受老师指定的工作任务后,了解仿真操作实训室的环境、安全管理要求,穿好工作服。 三、安全生产及防范 学习仿真操作实训室相关安全及管理规章制度,列出你认为工作过程中需注意的问题,并做出承诺。 ──────────────── ──────────────── ──────────────── ──────────────── 我承诺:工作期间严格遵守实训场所安全及管理规定。 承诺人: 本工作过程中需注意的安全问题及处理方法:_____ ──────────────── ──────────────── ──────────────── ────────────────

1. 列出主要设备,并分析设备作用。

序号	设备位号	设备名称	设备类别	主要功能与作用

2. 列出主要工艺参数,并分析工艺参数控制方法及影响因素。

序号	仪表位号	仪表名称	控制范围	工艺参数的控制方法 及影响因素分析

（左侧分类：工作分析与实施）

续表

工作分析 与实施	3. 按照工作任务计划,完成乙酸精制过程生产仿真操作,分析操作过程,记录工作过程中出现的问题。
工作总结 与反思	结合自身和本组完成的工作,通过交流讨论、组内点评等形式客观、全面地总结本次工作任务完成情况,并讨论如何改进工作。

一、精制工段的主要设备

精制工段所用到的主要设备见表 6-6。

表 6-6 精制工段主要设备一览表

序号	设备编号	设备名称	序号	设备编号	设备名称
1	T201	高沸塔	14	V204	成品乙酸贮罐
2	T202	低沸塔	15	V205	脱水塔顶回流罐
3	T203	脱水塔	16	V206	混合酸贮罐
4	E201	氧化液蒸发器	17	V209	脱水塔低贮罐
5	E202	高沸塔再沸器	18	P201	高沸塔回流泵
6	E203	高沸塔顶冷凝器	19	P202	高沸物泵
7	E204	低沸塔再沸器	20	P203	低沸物回流泵
8	E205	低沸塔顶冷凝器	21	P204	成品乙酸回流泵
9	E206	成品乙酸蒸发器	22	P205	脱水塔回流泵
10	E209	脱水塔再沸器	23	P206	混合酸泵
11	V201	高沸塔顶回流罐	24	P209	污水泵
12	V202	高沸物贮罐	25	P303	重组分泵
13	V203	低沸塔顶回流罐			

二、精制工段操作控制主要工艺指标

1. 精制工段工艺参数控制指标

精制工段主要工艺参数控制指标见表 6-7。

表 6-7　精制工段工艺参数控制指标一览表

序号	名称	仪表信号	单位	控制指标
1	E201 压力	PI202	MPa	0.05±0.01
2	E206 压力	PI215	MPa	0±0.01
3	E201 温度	TR201	℃	122±3
4	T201 顶温度	TIC202	℃	115±3
5	T201 底温度	TI2016	℃	131±3
6	T202 顶温度	TIC205	℃	109±2
7	T202 底温度	TI2043	℃	131±2
8	T203 顶温度	TIC212	℃	82±2
9	T203 侧线温度	TI2072	℃	100±2
10	T203 底温度	TI2073	℃	130±2
11	T202 釜出料含酸		g/kg	＞99.5
12	T203 顶出料含酸		g/kg	＜8.0

2. 分析项目控制指标

精制工段主要分析项目控制指标见表 6-8。

表 6-8　精制工段分析项目控制指标一览表

序号	名称	单位	控制指标
1	回收乙酸	%	＞98.5
2	T203 侧采含乙酸	%	50～70
3	T204 顶采出料含乙醛	%	12.75
4	T204 顶采出料含乙酸甲酯	%	86.21
5	成品乙酸出口含乙酸	%	＞99.5

三、乙酸精制工段工艺流程

微课扫一扫

乙酸精制工段
工艺流程

精制工段生产乙酸的工艺流程如图 6-9 所示，该流程采用先脱高沸物，后脱低沸物的流程。

从第二氧化塔溢流出的粗乙酸连续进入蒸发器，用少量乙酸自塔顶喷淋洗涤。蒸发器的作用是蒸发除去一些难挥发性物质，如催化剂乙酸锰、多聚物和

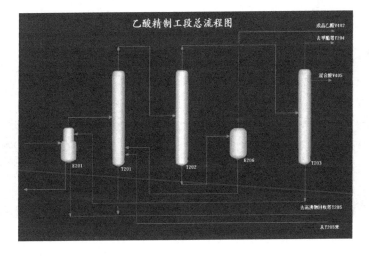

图 6-9　乙酸精制工段生产工艺流程图

部分高沸物及机械杂质。它们作为蒸发器釜液被排放到催化剂配制系统，经分离后催化剂可循环使用。而乙酸、水、乙酸甲酯、醛等易挥发的液体，加热汽化后进入脱高沸物塔。

由蒸发器顶部来的蒸汽进入脱高沸物塔，脱高沸物塔的作用是分离除去沸点高于乙酸的物质，塔釜为含有二乙酸亚乙酯及微量催化剂的乙酸混合物，塔顶蒸出的低沸物和乙酸进入脱低沸物塔，在低沸塔中进行精馏分离，低沸物塔顶分出的低沸物由脱水塔回收，塔顶分离出含量 3.5% 左右的稀乙酸废水，并含微量醛类、乙酸甲酯、甲酸和水等，其数量不多，经过中和及生化处理后排放；塔中部抽出含水的甲、乙混合酸；塔釜为含量大于98.5% 的回收乙酸，用作蒸发器的喷淋乙酸。低沸物塔底得到纯度高于 99% 的成品乙酸，进入成品蒸发器。

四、技能训练——冷态开车操作与控制

① 进酸前各台换热器均投入循环水。

② 开各塔加热蒸汽，预热到 45℃，开始由 V102 向氧化液蒸发器 E201 进酸，当 E201液位达 30% 时，开大加热蒸汽，出料到高沸塔 T201。

③ 当 T201 液位达 30% 时，开大加热蒸汽，当高沸塔凝液罐 V201 液位达 30% 时启动高沸塔回流泵 P201 建立回流，稳定各控制参数并向低沸塔 T202 出料。

④ 当 T202 液位达 30% 时，开大加热蒸汽，当低沸塔凝液罐 V203 液位达 30% 时启动低沸物回流泵 P203 建立回流，并适当向脱水塔 T203 出料。

⑤ 当 T202 塔各操作指标稳定后，向成品乙酸蒸发器 E206 出料，开大加热蒸汽，当乙酸贮罐 V204 液位达 30% 时启动成品乙酸回流泵 P204 建立 E206 喷淋，产品合格后向罐区出料。

⑥ 当 T203 液位达 30% 后，开大加热蒸汽，当脱水塔顶回流罐 V205 液位达 30% 时启动脱水塔回流泵 P205 全回流操作，关闭侧线采出及出料。塔顶要在 82℃±2℃ 时向外出料。侧线在 110℃±2℃ 时取样分析出料。

五、仿真操作界面

在精制工段的操作控制中涉及的仿真操作控制界面如图 6-10～图 6-19 所示。

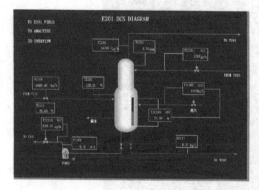
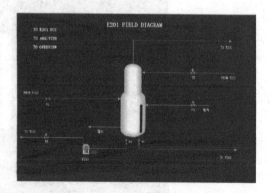

图 6-10　氧化液蒸发器 DCS 图　　　　　图 6-11　氧化液蒸发器现场图

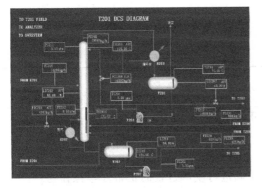

图 6-12　高沸塔 DCS 图

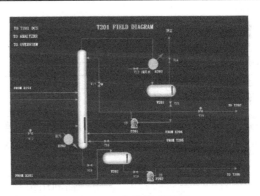

图 6-13　高沸塔现场图

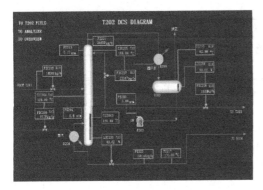

图 6-14　低沸塔 DCS 图

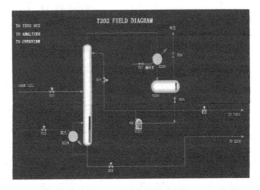

图 6-15　低沸塔现场图

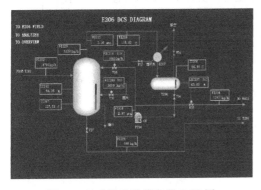

图 6-16　成品乙酸蒸发器 DCS 图

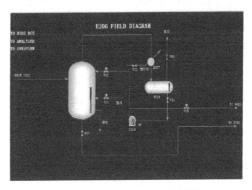

图 6-17　成品乙酸蒸发器现场图

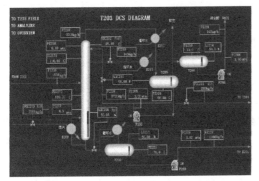

图 6-18　脱水塔 DCS 图

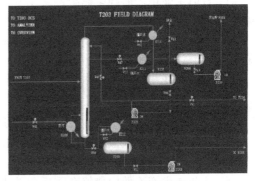

图 6-19　脱水塔现场图

【项目考核评价表】

考核项目	考核要点	分数	考核标准(满分要求)	得分
技能考核	冷态开车操作	30	能利用仿真软件正确进行生产过程的开车操作与控制,并使各项工艺参数达到生产过程中的指标要求(电脑系统打分)	
	正常停车	10	能利用仿真软件正确进行生产过程的正常停车操作与控制,并使各项工艺参数达到生产过程中的指标要求(电脑系统打分)	
	异常故障处理	15	能利用仿真软件发现生产运行过程中的异常,并能够分析、判断和解决问题,采取有效的措施进行处理(电脑系统打分)	
	工艺流程图识读与绘制	10	按照工艺流程组织,能正确叙述工艺流程,正确规范地完成流程图的绘制,工艺流程图绘制要规范、美观(设备画法、管线及交叉线画法、箭头规范要求、物料及设备的标注要求),每错漏一处扣1分	
知识考核	乙酸生产相关理论知识	20	根据所学内容,完成老师下发的知识考核卡,根据评分标准评阅	
态度考核	任务完成情况	5	按照要求,独立或小组协作及时完成老师布置的各项任务	
	课程参与度	5	认真听课,积极思考,参与讨论,能够主动提出或者回答有关问题,迟到扣2分,玩手机等扣2分	
素质考核	职业综合素质	5	能够遵守课堂纪律,能与他人协作、交流,善于分析问题和解决问题,尊重考核教师;现场学习过程中,注意教师提示的生产过程中的安全和环保问题,按照工作场所和岗位要求,正确穿戴服装,未按要求穿戴扣2分	

【巩固训练】

一、填空题

1. 目前工业中乙酸的主要生产方法有(　　　　)、(　　　　)、(　　　　)和(　　　　)。

2. 乙醛法生产乙酸所用的氧化反应器根据其换热方式的不同,可分为(　　　　)和(　　　　)两种形式。

3. 乙醛氧化法生产乙酸由(　　　　)和(　　　　)两个基本过程组成。

4. 乙醛法生产乙酸的反应机理是(　　　　),其主要是由(　　　　)、(　　　　)和(　　　　)三个基本过程组成的。

5. 乙酸生产中,气液传质过程的影响因素主要有(　　　　)、(　　　　)和(　　　　)三个方面。

6. 乙醛法生产乙酸中能够夺取反应链中自由基的杂质称为(　　　　),其中比较典型的杂质是(　　　　)。

7. 乙酸生产过程中氧化塔上部通入氮气的作用是（　　　　　）。

8. 化工生产中常用的催化剂通常有（　　　　）和（　　　　）两种。

9. 乙酸蒸发器的作用是（　　　　　）。

10. 乙酸生产的工艺流程主要由（　　　　　）工段和（　　　　　）工段组成。

二、选择题

1. 催化剂的活性随运转时间变化的曲线可分为（　　）三个时期。

A. 成熟期、稳定期、衰老期　　　　　　B. 成熟期、衰老期、稳定期

C. 衰老期、成熟期、稳定期　　　　　　D. 稳定期、成熟期、衰老期

2. 乙醛氧化制乙酸采用的催化剂是（　　）。

A. 乙酸钴　　　　B. 乙酸铁　　　　C. 乙酸锰　　　　D. 乙酸镍

3. 目前工业中乙醛氧化制乙酸生产一般采用的主要反应器是（　　）。

A. 固定床　　　　B. 流化床　　　　C. 管式反应器　　　D. 塔式反应器

三、判断题

1. 乙酸是无色透明液体，有特殊的刺激性气味，具有腐蚀性。（　　）

2. 工业生产中乙醛氧化制乙酸常采用液相氧化法，以氧气为氧化剂。（　　）

3. 乙醛氧化制乙酸过程，气液传质过程中，氧气的通入速度越快，气液接触面积越大，氧气的吸收速率越小。（　　）

4. 乙醛氧化制乙酸过程，气液传质过程中，氧气分布板的孔径越大，越有利于传质的进行。（　　）

5. 乙醛氧化制乙酸过程，气液传质过程中，氧气通过的液柱越高，氧气的吸收率也越大。（　　）

6. 乙醛氧化制乙酸过程中，水是一种典型的阻化剂。（　　）

7. 乙醛氧化制乙酸过程中，增加压力有利于反应向生成乙酸的方向进行。（　　）

8. 乙酸生产仿真操作中，采用的氧化反应塔是两个串联的内冷型反应器。（　　）

9. 乙酸生产的尾气采用碱液和工艺水在吸收塔中进行吸收。（　　）

10. 乙酸生产过程中第一氧化塔和第二氧化塔的操作条件完全相同。（　　）

四、分析与设计

1. 根据乙醛法生产乙酸原理，写出主反应方程式，并分析氧化液的主要成分，设计氧化工段的工艺流程，并画出工艺流程简图。

2. 乙酸生产仿真操作中，当第一氧化塔温度发生波动时，是由于什么原因引起的，如何处理？

3. 乙酸生产仿真操作中，当第二氧化塔压力发生波动时，是由于什么原因引起的，如何处理？

4. 乙酸生产过程中，第一和第二氧化塔尾气中氧含量明显超标是由于什么原因引起的，如何处理？

5. 在乙酸生产仿真操作中，当出现第二氧化塔醛含量过高的情况，如何进行处理？

五、计算题

乙醛氧化制乙酸生产中，加入反应器中的乙醛原料量为 9760kg/h，反应结束后，剩余乙醛 680kg/h，生成浓度为 97% 的乙酸为 12500kg/h，求该过程中乙醛的转化率和选择性以及乙酸的收率各是多少？

项目七
甲基丙烯酸甲酯生产技术

【基本知识目标】

1. 了解丙酮氰醇、硫酸和甲醇等物料的性质；了解甲基丙烯酸甲酯的性质、用途及生产情况；了解甲基丙烯酸甲酯生产中的安全和环保知识；了解甲基丙烯酸甲酯生产装置现场的管路、阀门、仪表、泵等组成、结构特点及仪表、泵等使用方法。

2. 掌握丙酮氰醇法生产甲基丙烯酸甲酯的基本原理。

3. 掌握甲基丙烯酸甲酯各工段开车步骤和生产过程中的影响因素如温度、压力、原料配比、液位、流量等工艺参数的控制方法。

4. 掌握甲基丙烯酸甲酯生产装置的工艺流程；掌握甲基丙烯酸甲酯生产装置现场主要设备结构及特点；掌握甲基丙烯酸甲酯各工段的常见故障现象及原因。

5. 掌握各工段内、外操岗位工作职责和工作内容；掌握各工段内、外操联合操作岗位工作步骤及方法。

【技术技能目标】

1. 能利用各种资源查阅关于甲基丙烯酸甲酯生产方面的信息并进行加工处理；能正确分析生产中的安全和环保问题，会使用安全和环保设施；能认识甲基丙烯酸甲酯生产装置现场的各类管路、阀门、仪表、泵，并会对仪表和阀门进行操作。

2. 能正确分析和查找现场的设备和工艺管线；能够根据现场的设备和管线绘制生产工艺流程图；能够独立完成各工段的仿真操作；能够小组协作由内、外操联合完成各工段的操作。

3. 能发现生产操作过程中的异常情况，并能对各工段生产中常见的故障进行分析、判断和正确处理；能初步制定开车操作程序。

【素质培养目标】

1. 通过生产中丙酮氰醇、硫酸、甲醇、甲基丙烯酸甲酯等物料性质、生产过程的"三废"处理、安全和环保问题分析，培养学生"绿色化工、生态保护、和谐发展和责任关怀"的核心思想。

2. 通过介绍国内甲基丙烯酸甲酯（MMA)的生产发展状况，培养学生对国内化工企业发展光明前景的自信心，并进一步激发创新意识。

3. 通过现场装置和设备的认识，生产安全问题分析，各工段内、外操联合操作，培养学生良好的团队协作意识、质量意识、安全意识，严谨求实、科学规范、精益求精的"工匠精神"等职业规范和职业道德的综合素质。

4. 通过讲述实际装置操作中工艺参数控制的重要性，生产操作过程中的异常情况分析和处理过程，控制不当会产生的严重后果以及化工生产中重大事故案例，培养学生爱岗敬业精神，工作责任心，规范意识，法律常识，科学严谨的工作作风和事故防范、救助意识。

5. 通过小组讨论汇报、操作考核和知识考核，培养学生的表达、沟通交流、分析问题和解决问题能力，良好的心理素质，诚实守信的工作态度及作风。

【项目描述】

在本项目教学任务中，以学生为主体，通过学生工作页给学生布置学习任务，让学生借助课程网络资源及相关文献资料，获得甲基丙烯酸甲酯生产相关知识。本项目实施过程中以大型"甲基丙烯酸甲酯"半实物仿真工厂装置为载体，通过中控室仿真软件和现场实物装置进行"内外操"联合操作，模拟甲基丙烯酸甲酯生产实际过程，训练学生甲基丙烯酸甲酯生产运行过程中的操作控制能力以及故障分析处理能力，在真实的企业工作环境中使学生达到化工生产中"内、外操"岗位工作能力要求和职业综合素质培养的目的。

【操作安全提示】

1. 进入生产现场必须穿工作服，戴安全帽。

2. 现场装置距离地面较高，注意不要倚靠栏杆，防止坠落，上下楼梯注意安全。

3. 注意装置现场管线不要碰头或使人跌倒，注意开关现场阀门不要伤手。

4. 进入生产装置现场，女生必须将长发挽起，不允许穿高跟鞋，不允许将手机带入装置现场。

5. 装置现场禁止烟火，现场设备带电，注意用电安全。

6. 不允许在控制室电脑上连接任何移动存储设备等，保证软件操作正常运行。

7. 在企业实际生产装置现场有易燃易爆和有毒气体，真正进入作业现场需要佩戴防毒面具、空气呼吸器等防护用品，取样等操作需要佩戴橡胶手套等劳保用具；掌握生产现场操作的应急事故演练流程，一旦发生着火、爆炸、中毒等安全事故，要熟悉现场逃离、救护等安全措施。

任务 1
酰胺化工段的操作与控制

任务描述

任务名称：酰胺化工段的操作与控制		建议学时：4 学时
学习方法	1. 按照工厂车间实行的班组制，将学生分组，1 人担任班组长，负责分配组内成员的具体工作，小组共同制订工作计划、分析总结并进行汇报； 2. 班组长负责组织协调任务实施，组内成员分别担任内操和外操，进行联合操作，完成规定任务； 3. 教师跟踪指导，集中解决重难点问题，评估总结	
任务目标	1. 掌握酰胺化工段的基本原理、主要设备及工艺流程。 2. 能够根据酰胺化工段现场的设备和管线布置，识读和绘制酰胺化工段工艺流程图；按照生产中岗位操作规程与规范，内、外操能够联合正确对生产过程进行操作与控制。 3. 能发现生产操作过程中的异常情况，并对其进行分析和正确处理；能初步制定开车操作程序	

续表

岗位职责	班组长：组织和协调内、外操完成酰胺化工段联合操作； 内操：掌握酰胺化工段工艺参数及其操作控制方法，完成工艺参数分析任务记录单； 外操：掌握酰胺化工段设备、管路、阀门及工艺流程，完成设备种类分析任务记录单	
工作任务	1. MMA 生产中酰胺化的基本原理认知； 2. 酰胺化工段的现场主要设备认知； 3. 酰胺化工段的工艺流程认知及现场管线查找； 4. 酰胺化工段内外操联合操作； 5. 酰胺化工段生产安全和环保问题分析	
工作准备	**教师准备**	**学生准备**
	1. 准备教材、工作页、考核评价标准等教学材料； 2. 给学生分组，下达工作任务； 3. 准备安全帽、手套等劳保用品	1. 班组长分配工作，明确每个人的工作任务； 2. 通过课程学习平台预习基本理论知识； 3. 准备工作服、学习资料和学习用品

任务实施

任务名称：酰胺化工段的操作与控制

序号	工作过程	学生活动	教师活动
1	准备工作	穿戴好工作服、安全帽；准备好必备学习用品和学习材料	准备教材、工作页、考核评价标准等教学材料
2	任务下达	领取工作页，记录工作任务要求	发放工作页，明确工作要求、岗位职责
3	班组例会	分组讨论，各组汇报课前学习基本知识的情况，认真听老师讲解重难点，分配任务，制订工作计划	听取各组汇报，讨论并提出问题，总结并集中讲解重难点问题
4	酰胺化工段主要设备认识	认识现场设备名称、位号，列出主要设备	跟踪指导，解决学生提出的问题，集中讲解
5	查找现场管线，理清酰胺化工艺流程	根据主要设备位号，查找现场工艺管线及阀门布置，理清工艺流程的组织过程	跟踪指导，解决学生提出的问题，并进行集中讲解
6	内、外操联合操作工作过程分析	根据操作规程，内操分析主要工艺参数及控制方法，列出工艺参数；外操分析每个设备的主要功能，完成设备功能列表	在班组讨论过程中进行跟踪指导，指出设备和工艺参数列表中存在的问题并帮助解决
7	内、外操联合操作	每组学生进行内、外操联合操作的训练，完成各自岗位工作任务并进行内、外操的轮换	教师跟踪指导并进行过程考核
8	工作总结	班组长带领班组总结工作中的收获、不足及改进措施，完成工作页的提交	检验成果，总结归纳生产相关知识，点评工作过程

学生工作页

任务名称		酰胺化工段的操作与控制	
班级		姓名	
小组		岗位	

<table>
<tr><td rowspan="1">工作准备</td><td>

一、课前解决问题

1. 甲基丙烯酸甲酯生产的主要原料有哪些？

2. 甲基丙烯酸甲酯生产中酰胺化的基本原理是什么？

3. 甲基丙烯酸甲酯生产中所涉及的一些主要物料通常用简式表示,写出下列简式所代表的物料名称。

ACH：

MMA：

MAA：

PMMA：

SIBA：

MASA：

4. 酰胺化反应分几步进行？在第一步的一、二级循环系统中,硫酸和 ACH 按什么比例进行混合反应？

5. 硫酸和 ACH 反应生成 SIBA 的过程为放热反应,所释放的热量是如何进行热交换的？

6. 酰胺加热器的结构形式及作用是什么？采用什么物质作为加热介质的？

</td></tr>
</table>

二、接受老师指定的工作任务后,了解工作场地的环境、设备管理要求,穿好符合劳保要求的服装。

三、安全生产及防范

学习本工段实训工作场所相关安全及管理规章制度,列出你认为工作过程中需注意的问题,并做出承诺。

_____

_____

_____

_____

工作准备	我承诺:工作期间严格遵守实训场所安全及管理规定。 承诺人: 本工作过程中需注意的安全问题及处理方法:＿＿＿＿＿＿＿＿ ＿＿＿＿＿＿＿＿＿＿＿＿＿＿＿＿＿＿＿＿ ＿＿＿＿＿＿＿＿＿＿＿＿＿＿＿＿＿＿＿＿ ＿＿＿＿＿＿＿＿＿＿＿＿＿＿＿＿＿＿＿＿ ＿＿＿＿＿＿＿＿＿＿＿＿＿＿＿＿＿＿＿＿
工作分析 与实施	1. 外操列出现场设备,并分析设备作用。 2. 内操列出主要工艺参数,并分析工艺参数控制方法及影响因素。 3. 按照岗位操作规程,进行内、外操联合操作,记录操作过程中出现的问题。
工作总结 与反思	结合自身和本组完成的工作,通过交流讨论、组内点评等形式客观、全面地总结本次工作任务完成情况,并讨论如何改进工作。

1. 外操列出现场设备,并分析设备作用。

序号	设备位号	设备名称	设备类别	主要功能与作用

2. 内操列出主要工艺参数,并分析工艺参数控制方法及影响因素。

序号	仪表位号	仪表名称	控制范围	工艺参数的控制方法及 影响因素分析

一、相关知识

（一）甲基丙烯酸甲酯的性质及用途

1. 甲基丙烯酸甲酯的性质

甲基丙烯酸甲酯（methyl methacrylate）是一种有机化合物，又称 MMA，简称甲甲酯，分子式 $C_5H_8O_2$，分子量 100.12。

甲基丙烯酸甲酯是无色易挥发液体，并具有强辣味，有中等毒性，应避免长期接触。甲基丙烯酸甲酯溶于乙醇、乙醚、丙酮等多种有机溶剂，微溶于乙二醇和水。易燃，在光、热、电离辐射和催化剂存在下易聚合。与空气混合可形成爆炸性混合物，遇明火、高温、氧化剂易燃；燃烧产生刺激烟雾，与氧化剂、酸类发生化学反应，不宜久储，以防聚合反应。

甲基丙烯酸甲酯是重要的酯类之一，其主要物理常数见表 7-1。

表 7-1 甲基丙烯酸甲酯的主要物理常数

蒸气压 /kPa/25	沸点 /℃	熔点 /℃	闪点 /℃	相对密度 /(20/4)	折射率	爆炸范围 （体积分数)/%
5.33	100～101	−48	10	0.9440	1.4142	2.1～12.5

2. 甲基丙烯酸甲酯的用途

甲基丙烯酸甲酯主要用作有机玻璃的单体，也用于制其他塑料、涂料等。

① 用于制造有机玻璃、涂料、润滑油添加剂、木材浸润剂、纸张上光剂等。

② 甲基丙烯酸甲酯既是一种有机化工原料，又可作为一种化工产品直接应用。作为有机化工原料，主要应用于有机玻璃（聚甲基丙烯酸甲酯，PMMA）的生产，也用于聚氯乙烯助剂 ACR 的制造以及作为第二单体应用于腈纶生产。此外，在胶黏剂、涂料、树脂、纺织、造纸等行业也得到了广泛的应用。作为一种化工产品，可直接应用于皮革、离子交换树脂、纸张上光剂、纺织印染助剂、皮革处理剂、润滑油添加剂、原油降凝剂、木材和软木材的浸润剂、电机线圈的浸透剂、绝缘灌注材料和塑料型乳液的增塑剂、地板抛光、不饱和树脂改性、甲基丙烯酸高级酯类等许多领域。

③ 有机合成单体。也用于制造其他树脂、塑料、涂料、胶黏剂、阻垢分散剂、润滑剂、木材浸润剂、电机线圈浸透剂、纸张上光剂、印染助剂和绝缘灌注材料。

知识加油站

我国 MMA 的工业生产始于 20 世纪 50 年代末期，当时采用国内自行开发的 ACH 法技术，装置规模小，发展较为缓慢。1990 年，黑龙江省龙新化工有限公司与香港的公司合资，通过全套引进意大利泰克蒙尼特公司的先进技术和设备，建成一套生产能力为 2 万吨/a 的 MMA 生产装置，我国 MMA 行业才开始工业化生产。目前我国 MMA 总产能已超过 100 万吨，规划和在建的 MMA 产能超过 100 万吨。

（二）丙酮氰醇法生产甲基丙烯酸甲酯酰胺化反应原理

甲基丙烯酸甲酯（MMA）由丙酮氰醇（ACH）、硫酸（100% H_2SO_4）和甲醇（CH_3OH）的酰胺化作用和酯化作用生成。为了避免 MMA 的聚合作用，在 MMA 工艺中引入不同的阻聚剂（对苯二酚、吩

微课扫一扫

酰胺化工序
基本原理

噻嗪、Topanol A 和 Naugard I-4701)。

用丙酮氰醇（ACH）和 100% 硫酸合成甲基丙烯酰胺硫酸盐按下面的两步反应进行：

第一步：反应在 ACH 与 H_2SO_4 混合中进行，生成 α-甲酰胺基异丙基硫酸氢酯（SIBA）。

$$HO-C(CH_3)_2-CN+H_2SO_4 \xrightarrow{95\sim105℃} HO-SO_3-C(CH_3)_2-CONH_2(SIBA)+205kJ/mol$$

这个反应是一个高效放热反应，在带有换热器的两级循环管路中按一定的比例混合迅速发生反应，其反应热由循环管路的换热器用循环水移出。

在两级循环管路中 ACH 通过与硫酸在 95～105℃ 和常压下反应，转化成甲基丙烯酰胺硫酸盐中间产物 SIBA（α-甲酰胺基异丙基硫酸氢酯）。ACH 和硫酸在两级循环混合系统中混合，由于 ACH 与硫酸反应具有放热性，因此必须用换热设备去除反应的热量。

第二步：在二级酰胺化加热器中用高压蒸汽将反应混合物加热到 140～165℃，使 SIBA（α-甲酰胺基异丙基硫酸氢酯）在浓硫酸的作用下，发生分子内部转位重排生成甲基丙烯酰胺，甲基丙烯酰胺与过量的浓硫酸作用生成甲基丙烯酰胺硫酸盐（MASA）。

$$HOSO_2O-C(CH_3)_2-CONH_2 \xrightarrow{150\sim165℃} 2H_2C=C(CH_3)-C(NH_2)=O \cdot H_2SO_4$$

此反应是吸热的。反应温度保持在 140～170℃ 范围内，最佳值为 145～165℃。

二、技能训练——酰胺化工段内、外操联合操作与控制

（一）酰胺化工段主要设备

酰胺化工段所用到的主要设备见表 7-2。

表 7-2 酰胺化工段主要设备一览表

序号	设备编号	设备名称	序号	设备编号	设备名称
1	V-1101	一级气体分离器	8	S-1101	一级 ACH 混合器
2	V-1102	二级气体分离器	9	S-1102	硫酸混合器
3	V-1103	酰胺加热器气体分离器1	10	S-1103	二级 ACH 混合器
4	V-1104	酰胺加热器气体分离器2	11	P-1101	一级酰胺循环泵
5	E-1101	一级酰胺冷却器	12	P-1102	二级酰胺循环泵
6	E-1102	二级酰胺冷却器	13	P-1103	酰胺升压泵
7	E-1103	酰胺加热器			

（二）酰胺化工段主要工艺指标

酰胺化工段的主要工艺指标见表 7-3。

表 7-3 酰胺化工段主要工艺指标一览表

序号	位号	正常值	单位	说明
1	FIC-1101	6000	kg/h	丙酮氰醇总流量
2	FIC-1102	4410	kg/h	一级循环系统丙酮氰醇流量
3	FIC-1103	10000	kg/h	硫酸流量
4	FI-1102	300	m^3/h	一级循环系统循环流量
5	FI-1103	1100	kg/h	酰胺加热器蒸汽流量

续表

序号	位号	正常值	单位	说明
6	FI-1104	300	m^3/h	二级循环系统循环流量
7	TI-1101	70	℃	一级酰胺冷却器循环水回水温度
8	TI-1102	70	℃	二级酰胺冷却器循环水回水温度
9	TI-1103	148	℃	酰胺加热器一级盘管出口温度
10	TI-1104	200	℃	酰胺加热器温度
11	TIC-1101	96	℃	一级酰胺混合物温度
12	TIC-1102	105	℃	二级酰胺混合物温度
13	TIC-1103	165	℃	酰胺加热器二级盘管出口温度
14	PI-1101	110	kPa	一级气体分离器压力
15	PI-1102	110	kPa	二级气体分离器压力
16	PI-1103	110	kPa	酰胺加热器压力
17	PI-1104	110	kPa	酰胺加热器气体分离器1压力
18	PI-1105	110	kPa	酰胺加热器气体分离器2压力

（三）酰胺化工段的工艺流程

微课扫一扫

酰胺化
工艺流程

甲基丙烯酸甲酯（MMA）生产的工艺流程主要由酰胺化反应工段、酯化反应工段、萃取回收工段、低沸精馏工段、高沸精馏工段等组成。其中酰胺化反应工段主要由两个过程组成，具体如下。

1. 混合丙酮氰醇（ACH）和硫酸（100%的硫酸）

硫酸储罐（V-3101）中的硫酸进入一级循环系统，丙酮氰醇由界区外送到一级循环系统，两者按照一定的比例加入，硫酸与ACH总量的75%混合反应，硫酸与ACH的摩尔比为2:1，剩下的25%ACH在二级循环系统中混合反应，硫酸与ACH的摩尔比为1.5:1.0。硫酸储罐为系统供应硫酸，硫酸以10000kg/h满负荷的平均流量进入硫酸混合器（S-1102）。来自界区外的丙酮氰醇以6000kg/h的流量进入酰胺混合系统，丙酮氰醇以4410kg/h的平均流量进入第一级丙酮氰醇混合器（S-1101）。通过阻聚剂E泵（P-3101）将来自R-3101的阻聚剂加到一级气体分离器中。通过一级酰胺循环泵（P-1101），使酰胺混合物在一级混合系统中以大约300m^3/h循环量进行循环，循环回路中的流体从一级气体分离器（V-1101）的底部到硫酸混合器（S-1102），然后再到一级酰胺循环泵（P-1101）的吸入口，流体继续从泵到冷却器再到一级丙酮氰醇混合器，并回到一级气体分离器。硫酸和丙酮氰醇反应生成甲基丙烯酰胺硫酸盐的过程为放热反应，所释放的热量在一级酰胺冷却器（E-1101）中通过循环的冷却水移除。一级酰胺混合物从一级气体分离器溢流到二级酰胺循环泵（P-1102）的吸入口，该泵从二级气体分离器（V-1102）抽取混合物，并以大约300m^3/h的流速循环二级混合物。循环流体从二级气体分离器的底部到二级酰胺循环泵的吸入口，并从二级酰胺循环泵到二级酰胺冷却器（E-1102），流体继续流到二级丙酮氰醇混合器（S-1103），并回到二级气体分离器。丙酮氰醇通过二级丙酮氰醇混合器以1590kg/h的平均流量进入二级混合系统。硫酸和ACH反应生成甲基丙烯酰胺硫酸盐的过程为放热反应，所释放的热量在二级酰胺冷却器中通过循环的冷却水移除。

2. 在酰胺加热器中完成酰胺混合物到甲基丙烯酰胺硫酸盐的转化

从二级混合系统中排出的酰胺混合物从二级气体分离器进入酰胺加热器（E-1103），酰胺加热器内部由两级盘管组成，利用高压蒸汽同时对两级酰胺混合物进行加热。酰胺混

合物流过第一级加热盘管时被加热到 148℃左右，之后进入酰胺加热器气体分离器 1
（V-1103）中，再通过酰胺升压泵（P-1103）升压进入二级加热盘管中，混合物在此被加
热到 165℃左右，然后进入酰胺加热器气体分离器 2（V-1104）中，最后进入酯化釜
R-1201。从酰胺加热器出来的混合物中含有甲基丙烯酰胺硫酸盐、过量的硫酸和副反应生
成的若干杂质。在酰胺混合系统和加热升温系统中放出的气体杂质和分解反应生成的气体
产物用气体分离器（V-1101、V-1102、V-1103、V-1104）分别除去。来自混合和加热系
统的排放气体为混合气体，此气体通过管道进入粗 MMA 塔（T-1201）底部。酰胺化工段
的具体工艺流程如图 7-1 所示。

（四）内、外操联合冷态开车操作与控制

① （循环水、冷冻水）全开一级酰胺冷却器 E-1101 循环水回水阀门 XV1115。
② 全开一级酰胺冷却器 E-1101 循环水上水阀门 XV1114。
③ 稍开一级酰胺冷却器 E-1101 循环水调节阀 TIC-1101，开度设为 30%。
④ 全开二级酰胺冷却器 E-1102 循环水回水阀门 XV1128。
⑤ 全开二级酰胺冷却器 E-1102 循环水上水阀门 XV1127。
⑥ 稍开二级酰胺冷却器 E-1102 循环水调节阀 TIC-1102，开度设为 30%。
⑦ 启动丙酮氰醇进料阀 KIV1101。
⑧ 全开一级循环系统进料手阀 XV1101。
⑨ 全开一级循环系统混合器 S-1101 后阀门 XV1102。
⑩ 全开一级气体分离器 V-1101 阀门 XV1104。
⑪ 打开酮氰醇总流量阀 FIC-1101，开度设为 50%。
⑫ 全开二级循环系统进料手阀 XV1117。
⑬ 全开二级循环系统混合器 S-1103 后阀门 XV1119。
⑭ 全开二级气体分离器 V-1102 阀门 XV1120。
⑮ 打开二级循环系统流量阀 FIC-1102，开度设为 50%，控制一级循环系统流量。
⑯ 全开一级气体分离器 V-1101 底部阀门 XV1107。
⑰ 全开一级气体分离器 V-1101 溢流阀门 XV1103。
⑱ （V-1101 有溢流时）全开循环泵 P-1101 入口阀门 XV1111。
⑲ 启动循环泵 P-1101。
⑳ 全开循环泵 P-1101 出口阀门 XV1112。
㉑ 全开一级酰胺冷却器 E-1101 出口阀门 XV1116。
㉒ 全开一级酰胺冷却器 E-1101 入口阀门 XV1113。
㉓ 调节一级酰胺冷却器 E-1101 循环水调节阀 TIC-1101，开度设为 50%。
㉔ 启动硫酸自 V-3101 加入电磁阀 KIV1102。
㉕ 打开硫酸自 V-3101 加入流量阀 FIC-1103，开度设为 50%（控制硫酸与丙酮氰醇的
摩尔比 FICZ-1101 为 2 左右）。
㉖ 全开一级气体分离器 V-1101 顶排气至酯化釜阀门 XV1105。
㉗ 全开二级气体分离器 V-1102 底部阀门 XV1123。
㉘ （V-1102 有溢流时）全开循环泵 P-1102 入口阀门 XV1124。
㉙ 启动循环泵 P-1102。
㉚ 全开循环泵 P-1102 出口阀门 XV1125。
㉛ 全开二级酰胺冷却器 E-1102 出口阀门 XV1129。

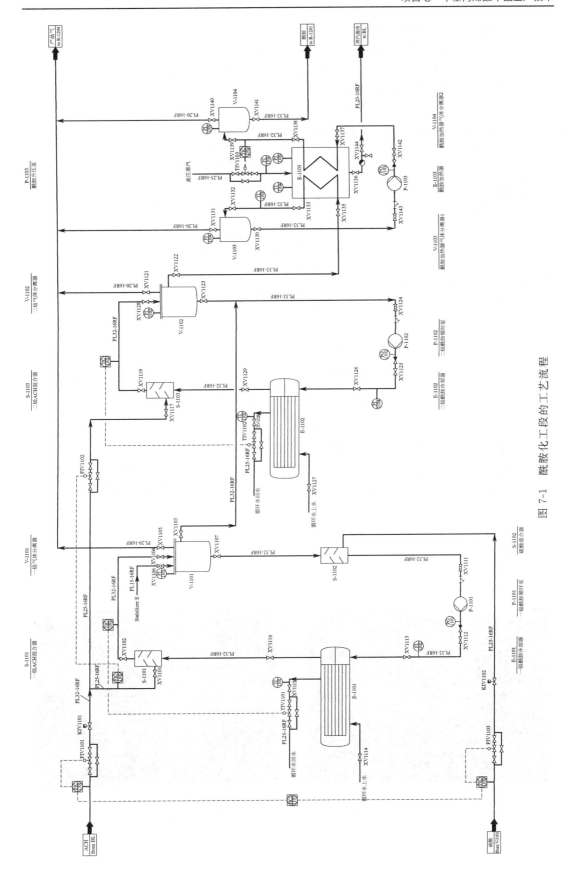

图 7-1 酰胺化工段的工艺流程

㉜ 全开二级酰胺冷却器 E-1102 入口阀门 XV1126。
㉝ 调节二级酰胺冷却器 E-1102 循环水调节阀 TIC-1102，开度设为 50%。
㉞ 全开二级气体分离器 V-1102 顶排气至酯化釜阀门 XV1121。
㉟ 全开二级气体分离器 V-1102 溢流阀门 XV1122。
㊱ 全开酰胺加热器 E-1103 一级盘管进口阀门 XV1135。
㊲ 全开酰胺加热器 E-1103 一级盘管出口阀门 XV1133。
㊳ 全开酰胺加热器气体分离器 1 V-1103 进口阀门 XV1132。
㊴ 全开酰胺加热器气体分离器 1 V-1103 底部阀门 XV1130。
㊵ 全开泵 P-1103 入口阀门 XV1143。
㊶ 启动泵 P-1103。
㊷ 全开泵 P-1103 出口阀门 XV1142。
㊸ 全开酰胺加热器 E-1103 二级盘管进口阀门 XV1137。
㊹ 全开酰胺加热器 E-1103 二级盘管出口阀门 XV1138。
㊺ 全开酰胺加热器气体分离器 2 V-1104 进口阀门 XV1139。
㊻ 全开酰胺加热器气体分离器 2 V-1104 底部阀门 XV1141。
㊼ 打开酰胺加热器 E-1103 蒸汽调节阀 TIC-1103，开度设为 50%。
㊽ 全开酰胺加热器疏水阀前阀 XV1136。
㊾ 全开酰胺加热器疏水阀后阀 XV1144。
㊿ 全开酰胺加热器气体分离器 1 V-1103 罐顶排气阀门 XV1131。
(51) 全开酰胺加热器气体分离器 2 V-1104 罐顶排气阀门 XV1140。
(52) 全开一级气体分离器 V-1101 阻聚剂 E 加入阀 XV1106。
(53) 将一级气体分离器 V-1101 进口温度 TIC-1101，投自动，设为 96℃。
(54) 将一级气体分离器 V-1102 进口温度 TIC-1102，投自动，设为 105℃。
(55) 将酰胺加热器气体分离器 2 进口温度 TIC-1103，投自动，设为 165℃。

（五） DCS 操作画面

在酰胺化工段内、外操联合操作与控制中涉及的仿真操作控制界面如图 7-2～图 7-5 所示。

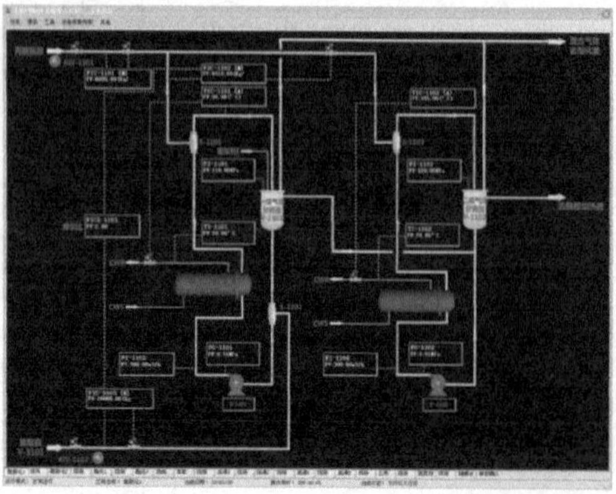

图 7-2　酰胺化工段 1 DCS 图

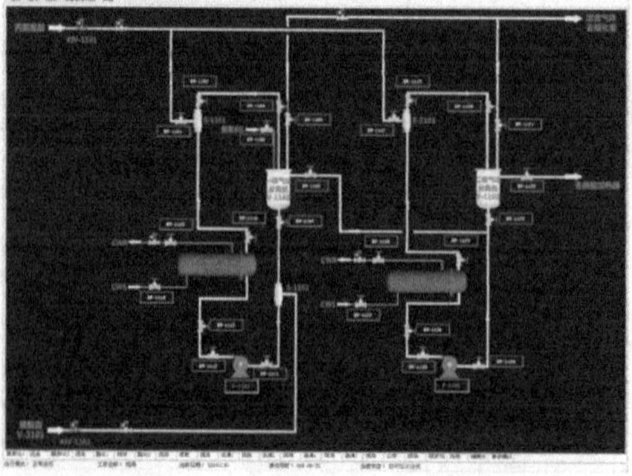

图 7-3　酰胺化工段 1 现场图

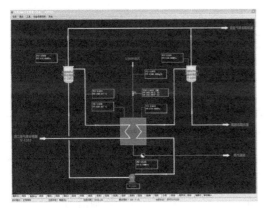

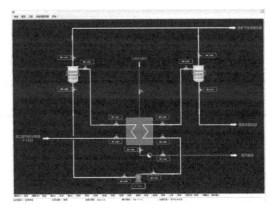

图 7-4　酰胺化工段 2 DCS 图　　　　　　图 7-5　酰胺化工段 2 现场图

任务 2
酯化工段操作与控制

任务描述

任务名称:酯化工段的操作与控制	建议学时:4 学时

学习方法	1. 按照工厂车间实行的班组制,将学生分组,1 人担任班组长,负责分配组内成员的具体工作,小组共同制订工作计划、分析总结并进行汇报; 2. 班组长负责组织协调任务实施,组内成员分别担任内操和外操,进行联合操作,完成规定任务; 3. 教师跟踪指导,集中解决重难点问题,评估总结
任务目标	1. 掌握酯化工段的基本原理、主要设备及工艺流程。 2. 能够根据酯化工段现场的设备和管线布置,识读和绘制酯化工段工艺流程图;按照生产中岗位操作规程与规范,能够内、外操联合正确对生产过程进行操作与控制。 3. 能发现生产操作过程中的异常情况,并对其进行分析和正确的处理;能初步制定开车操作程序
岗位职责	班组长:组织和协调内、外操完成酯化工段联合操作; 内操:掌握酯化工段工艺参数及其操作控制方法,完成工艺参数分析任务记录单; 外操:掌握酯化工段设备、管路、阀门及工艺流程,完成设备种类分析任务记录单
工作任务	1. MMA 生产中酯化的基本原理认知; 2. 酯化工段的现场主要设备认知; 3. 酯化工段的工艺流程认知及现场管线查找; 4. 酯化工段内外操联合操作; 5. 酯化工段生产安全和环保问题分析

续表

	教师准备	学生准备
工作准备	1. 准备教材、工作页、考核评价标准等教学材料； 2. 给学生分组，下达工作任务； 3. 准备安全帽、手套等劳保用品	1. 班组长分配工作，明确每个人的工作任务； 2. 通过课程学习平台预习基本理论知识； 3. 准备工作服、学习资料和学习用品

任务实施

任务名称：酯化工段的操作与控制

序号	工作过程	学生活动	教师活动
1	准备工作	穿戴好工作服、安全帽；准备好必备学习用品和学习材料	准备教材、工作页、考核评价标准等教学材料
2	任务下达	领取工作页，记录工作任务要求	发放工作页，明确工作要求、岗位职责
3	班组例会	分组讨论，各组汇报课前学习基本知识的情况，认真听老师讲解重难点，分配任务，制订工作计划	听取各组汇报，讨论并提出问题，总结并集中讲解重难点问题
4	酯化工段主要设备认识	认识现场设备名称、位号，列出主要设备	跟踪指导，解决学生提出的问题，集中讲解
5	查找现场管线，理清酯化工艺流程	根据主要设备位号，查找现场工艺管线及阀门布置，理清工艺流程的组织过程	跟踪指导，解决学生提出的问题，并进行集中讲解
6	内、外操联合操作工作过程分析	根据操作规程，内操分析主要工艺参数及控制方法，列出工艺参数；外操分析每个设备的主要功能，完成设备功能列表	在班组讨论过程中进行跟踪指导，指出设备和工艺参数列表中存在的问题并帮助解决
7	内、外操联合操作	每组学生进行内、外操联合操作的训练，完成各自岗位工作任务并进行内、外操的轮换	教师跟踪指导并进行过程考核
8	工作总结	班组长带领班组总结工作中的收获、不足及改进措施，完成工作页的提交	检验成果，总结归纳生产相关知识，点评工作过程

学生工作页

任务名称		酯化工段的操作与控制	
班级		姓名	
小组		岗位	
工作准备	一、课前解决问题 1. 甲基丙烯酸甲酯生产中酯化的基本原理是什么？		

工作准备	2. 进入酯化釜 R-1201 的主要物料有哪些？ 3. 酯化釜 R1201～R1204 中反应温度分别控制在多少范围内？温度的控制方法是什么？ 4. 粗 MMA 塔的主要作用是什么？ 二、接受老师指定的工作任务后，了解工作场地的环境、设备管理要求，穿好符合劳保要求的服装。 三、安全生产及防范 　　学习本工段实训工作场所相关安全及管理规章制度，列出你认为工作过程中需注意的问题，并做出承诺。 _____ _____ _____ _____ 我承诺：工作期间严格遵守实训场所安全及管理规定。 承诺人： 本工作过程中需注意的安全问题及处理方法：_____ _____ _____ _____ _____
工作分析 与实施	1. 外操列出现场设备，并分析设备作用。 <table><tr><th>序号</th><th>设备位号</th><th>设备名称</th><th>设备类别</th><th>主要功能与作用</th></tr><tr><td></td><td></td><td></td><td></td><td></td></tr><tr><td></td><td></td><td></td><td></td><td></td></tr><tr><td></td><td></td><td></td><td></td><td></td></tr><tr><td></td><td></td><td></td><td></td><td></td></tr><tr><td></td><td></td><td></td><td></td><td></td></tr><tr><td></td><td></td><td></td><td></td><td></td></tr><tr><td></td><td></td><td></td><td></td><td></td></tr><tr><td></td><td></td><td></td><td></td><td></td></tr></table>

续表

	2. 内操列出主要工艺参数,并分析工艺参数控制方法及影响因素。

<table>
<tr><th>序号</th><th>仪表位号</th><th>仪表名称</th><th>控制范围</th><th>工艺参数的控制方法及
影响因素分析</th></tr>
<tr><td></td><td></td><td></td><td></td><td></td></tr>
<tr><td></td><td></td><td></td><td></td><td></td></tr>
<tr><td></td><td></td><td></td><td></td><td></td></tr>
<tr><td></td><td></td><td></td><td></td><td></td></tr>
<tr><td></td><td></td><td></td><td></td><td></td></tr>
</table>

工作分析 与实施

3. 按照岗位操作规程,进行内、外操联合操作,记录操作过程中出现的问题。

_____

_____

_____

_____

工作总结 与反思

结合自身和本组完成的工作,通过交流讨论、组内点评等形式客观、全面地总结本次工作任务完成情况,并讨论如何改进工作。

_____

_____

_____

_____

一、相关知识

酯化反应基本原理如下。

微课扫一扫

酯化工序
基本原理

1. 主反应

当将水和甲醇加入甲基丙烯酰胺硫酸盐、硫酸的混合物中时,生成MMA具有两种反应途径:甲醇分解作用和水解作用。甲醇分解反应速率极快,大约相当于水解(酯化作用)途径的四倍。反应方程式如下:

甲醇分解作用:$MASA + H_2SO_4 + CH_3OH \longrightarrow MMA + NH_4HSO_4$

水解作用:$\qquad MASA + H_2SO_4 + H_2O \longrightarrow MAA + NH_4HSO_4$

酯化作用:$\qquad\qquad MAA + CH_3OH \longrightarrow MMA + H_2O$

丙酮氰醇(ACH)与100%硫酸反应生成甲基丙烯酰胺硫酸盐(酰胺)。然后甲基丙烯酰胺硫酸盐通过与水、甲醇的混合物反应转化成甲基丙烯酸甲酯。大多数甲基丙烯酸甲酯是通过甲基丙烯酰胺硫酸盐直接的甲醇分解作用生成的,少部分的甲基丙烯酰胺硫酸盐是通过水解、酯化作用的途径转化成甲基丙烯酸甲酯的。通过连续地去除产品甲基丙烯酸甲酯,反应平衡向生成甲基丙烯酸甲酯的方向进行。

在特定条件下,甲基丙烯酸和甲基丙烯酰胺硫酸盐可以在酰胺和甲醇分解/水解阶段聚合,为了避免聚合物的形成,在酰胺化循环回路中加入吩噻嗪作为酰胺化阶段聚合作用的阻聚剂,在后段工序中将对苯二酚和Naugard I-4701的稀释溶液加入酯化釜、粗MMA

塔和冷凝设备及冷却设备中，以减少和防止物料聚合。

2. 副反应

在酯化反应过程中，除了生成甲基丙烯酸甲酯的主反应以外，还有一些生成低沸物和高沸物的副反应发生，主要副反应如下。

（1）甲醚（低沸物）

$$CH_3OH + H_2SO_4 \longrightarrow CH_3OSO_3H + H_2O$$
$$CH_3OSO_3H + CH_3OH \longrightarrow CH_3-O-CH_3 + H_2SO_4$$

（2）丙烯酸甲酯（由丙烯腈带入的低沸物）

$$H_3COH + HCN \xrightarrow{NaOH} HO-CH(CH_3)-CN \longrightarrow CH_2=CH-COOCH_3$$

（3）甲酸甲酯（低沸物）

$$HCN + H_2O \longrightarrow HCOOH + CH_3OH \xrightarrow{H_2SO_4} HCOOCH_3 + H_2O$$

（4）α-羟基异丁酸甲酯（高沸物）

$$HO-C(CH_3)_2-CN + H_2SO_4 \longrightarrow HOSO_3-C(CH_3)_2-CONH_2$$
$$HOSO_3-C(CH_3)_2-CONH_2 \xrightarrow{H_2O} HO-C(CH_3)_2-CONH_2 + H_2SO_4$$
$$HO-C(CH_3)_2-CONH_2 + H_2SO_4 \longrightarrow HO-C(CH_3)_2-COOH + NH_4HSO_4$$
$$HO-C(CH_3)_2-COOH + CH_3OH \xrightarrow{H_2SO_4} HO-C(CH_3)_2-COOCH_3$$

（5）甲基丙烯酸（高沸物）

$$H_2C=C(CH_3)-C(NH_2)=O \cdot H_2SO_4 + H_2SO_4 + H_2O \longrightarrow$$
$$CH_2=C(CH_3)-COOH + NH_4HSO_4$$

（6）二丙酮醇（原料丙酮带入的高沸物）

$$(CH_3)_2C=O \longrightarrow (CH_3)_2C=O \xrightarrow{H^+} C(CH_3)_2(OH)CH_2COCH_3$$

（7）甲基丙烯酸乙酯（甲醇中混有乙醇的高沸物）

$$H_2C=C(CH_3)COOH + CH_3CH_2OH \longrightarrow CH_2=C(CH_3)COOC_2H_5 + H_2O$$
$$H_2C=C(CH_3)COOCH_3 + CH_3CH_2OH \longrightarrow CH_2=C(CH_3)COOC_2H_5 + CH_3OH$$

甲基硫酸的水解

实际生产中：

$$H_2SO_4 ： ACH = 1.5 ： 1（摩尔比）$$
$$CH_3OH ： ACH = (0.36 \sim 0.4) ： 1（质量比）$$
$$H_2O ： ACH = (0.7 \sim 0.9) ： 1（质量比）$$

过量的甲醇和硫酸在酯化过程有部分生产甲基硫酸的反应，因此需要在酯化蒸出阶段完成后用水或蒸汽对甲基硫酸进行水解反应，回收部分甲醇。

$$CH_3OSO_3H + H_2O \longrightarrow CH_3OH + H_2SO_4$$

二、技能训练——酯化工段内、外操联合操作与控制

1. 酯化工段主要设备

酯化工段所用到的主要设备见表 7-4。

表 7-4　酯化工段主要设备一览表

序号	设备编号	设备名称	序号	设备编号	设备名称
1	R-1201	酯化釜 1	5	T-1201	粗 MMA 塔
2	R-1202	酯化釜 2	6	E-1201	粗 MMA 塔顶冷凝器 1
3	R-1203	酯化釜 3	7	E-1202	粗 MMA 塔顶冷凝器 2
4	R-1204	酯化釜 4			

2. 酯化工段的主要工艺指标

酯化工段的主要工艺指标见表 7-5。

表 7-5　酯化工段主要工艺指标一览表

序号	位号	正常值	单位	说明
1	LI-1201	50	%	粗 MMA 塔液位
2	LI-1202	70	%	酯化釜 1 液位
3	LI-1203	70	%	酯化釜 2 液位
4	LI-1204	70	%	酯化釜 3 液位
5	LI-1205	70	%	酯化釜 4 液位
6	FI-1201	140	kg/h	酯化釜顶部甲醇喷射流量
7	FI-1203	800	kg/h	酯化釜 2 甲醇流量
8	FI-1212	700	kg/h	酯化釜 1 夹套蒸汽流量
9	FI-1213	700	kg/h	酯化釜 2 夹套蒸汽流量
10	FI-1214	700	kg/h	酯化釜 3 夹套蒸汽流量
11	FI-1215	700	kg/h	酯化釜 4 夹套蒸汽流量
12	FIC-1201	1740	kg/h	甲醇总流量
13	FIC-1202	800	kg/h	酯化釜 1 甲醇流量
14	FIC-1216	300	kg/h	酯化釜 3 直通蒸汽流量
15	FIC-1217	300	kg/h	酯化釜 4 直通蒸汽流量
16	FIC-1219	3000	kg/h	粗 MMA 塔回流量
17	TI-1202	92	℃	粗 MMA 塔底温度
18	TI-1203	78	℃	粗 MMA 塔顶温度
19	TI-1204	40	℃	粗 MMA 塔顶冷凝器 1 回水温度
20	TI-1205	15	℃	粗 MMA 塔顶冷凝器 2 回水温度
21	TI-1206	10	℃	粗 MMA 塔顶冷凝器 2 放空气温度
22	TIC-1201	97	℃	酯化釜 1 温度
23	TIC-1202	105	℃	酯化釜 2 温度
24	TIC-1203	116	℃	酯化釜 3 温度
25	TIC-1204	120	℃	酯化釜 4 温度
26	TIC-1205	73	℃	粗 MMA 塔顶冷凝器 1 出口温度
27	TIC-1206	68	℃	粗 MMA 塔顶冷凝器 2 出口温度
28	PI-1202	18	kPa	酯化釜 1 压力
29	PI-1203	16	kPa	酯化釜 2 压力
30	PI-1204	14	kPa	酯化釜 3 压力
31	PI-1205	13	kPa	酯化釜 4 压力
32	PI-1206	12	kPa	粗 MMA 塔底压力
33	PIC-1201	8	kPa	粗 MMA 塔顶压力

3. 酯化工段的工艺流程

酰胺混合物从酰胺加热器气体分离器 2 出来后，进入酯化釜 R-1201，同时其他物料按照一定的配比量也进入酯化釜 R-1201 中，包括：甲醇、来自 P-2103 的轻组分、来自 P-2202 的重组分、来自废酸回收单元的母液、来自精馏单元的循环冷凝液。界区外来的甲醇进入酯

微课扫一扫

酯化工艺流程

化釜的内部喷射环，在进入酯化釜之前由自动阀进行分流控制，循环进入各釜，喷射方法为：每个酯化釜喷射 125s，加入量为 4L，每 500s 各釜之间循环一次。甲醇通过 4 个喷射环喷射到各酯化釜的圆盖上，剩余的甲醇按照一定的比例加入酯化釜 R-1201 和 R-1202 的底部分布器中。为了减少和避免在酯化釜的圆盖上形成聚合物，通过喷射环将阻聚剂 C 喷射到酯化釜 1/2/3/4 的圆盖上。进入酯化釜 R-1201 的阻聚剂量为 25kg/h，喷射方法为：每个酯化釜喷射 125s，加入量为 3.6L，每 500s 各釜之间循环一次，每釜喷射时间和各釜切换方式由自动阀控制。酯化釜 2/3/4 进阻聚剂 C 量与 R-1201 相同，阻聚剂 C 在进入 4 个酯化釜前同甲醇管线汇合后分别进入 4 个酯化釜中。来自高沸塔的重组分含有大约 70%～75% 的 MMA，重组分进入 V-2202 后，经高沸物泵将重组分输送到酯化釜 R-1201，回收其中的 MMA。母液水由粗 MMA/水分离器（V-1301）、萃取塔下层的水相和废酸槽的冷凝蒸汽组成，其中大约有 64% 的水、5% 的丙酮、17.5% 的甲醇、8.2% 的 MMA 和其他有机物。形成的混合液进入母液回收罐（V-1303），混合液通过母液回收泵（P-1301）输送到酯化釜 R-1201。在酸性条件下，甲基丙烯酰胺硫酸盐、甲醇和水在酯化釜 R-1201 中发生反应，生成 MMA、硫酸氢铵和硫酸废液。根据装置负荷调节酯化釜夹套蒸汽量，将反应混合物的温度控制在大约 98～100℃。在 R-1201 中生成的粗甲甲酯，进入酯化釜 R-1202 然后进入 T-1201 塔。含有有机物的废酸从酯化釜 R-1201 溢流到 R-1202、R-1203 和 R-1204。在酯化釜 R-1202 中，未反应的物质和底部分布器喷射进来的甲醇发生反应，利用夹套蒸汽将反应生成的粗 MMA 从 R-1202 蒸出。R-1202 中的物料温度控制在 105℃ 左右。R-1203 中的废酸水用高压夹套蒸汽和低压直通蒸汽加热到 116℃ 左右，汽提废酸中的 MMA。R-1204 中的废酸水用高压夹套蒸汽和低压直通蒸汽加热到 120℃ 左右，汽提废酸中的 MMA。各酯化釜的压差在 1～2kPa 之间。

粗 MMA 气体从酯化釜（R-1202、R-1203、R-1204）釜顶进入粗 MMA 塔（T-1201）的塔底，通过塔内的填料进行气液分离，形成的塔底凝液回流到酯化釜 R-1201，气相蒸出物在接近大气压力和 78～82℃ 的温度下离开塔顶，气相蒸出物进入粗 MMA 塔顶冷凝器（E-1201/1202），依次用循环水和冷冻盐水进行冷凝和冷却，冷凝器底部采出的凝液一部分回流到粗 MMA 塔顶部，满足塔顶喷淋要求；另一部分进入萃取单元。在粗 MMA 塔顶冷凝器回流至粗 MMA 塔 T-1201 的管线上滴加阻聚剂 B，在粗 MMA 塔顶气相管线上滴加阻聚剂 C，以防物料的聚合。在粗 MMA 塔顶冷凝器 E-1201 中未冷凝成液体的气体，离开粗 MMA 塔顶冷凝器 1（E-1201）后，进入粗 MMA 塔顶冷凝器 2（E-1202）中冷凝和冷却，未被冷凝的气体作为废气离开冷凝器 2 的底部至界外。冷凝的物料靠重力一部分回流，一部分溢流到粗 MMA 冷却器中进一步冷却。粗 MMA 冷凝器 E-1201 是用循环水进行冷却的，E-1202 是用冷冻盐水冷却的。酯化工段的具体工艺流程如图 7-6 所示。

4. 内外操联合冷态开车操作与控制

① 全开粗 MMA 塔顶冷凝器 1 E-1201 循环水回水阀门 XV1239。

② 全开粗 MMA 塔顶冷凝器 1 E-1201 循环水上水阀门 XV1236。

③ 稍开粗 MMA 塔顶冷凝器 1 E-1201 循环水调节阀 TIC-1205，开度设为 30%。

④ 全开粗 MMA 塔顶冷凝器 2 E-1202 盐水回水阀门 XV1243。

⑤ 全开粗 MMA 塔顶冷凝器 2 E-1202 盐水上水阀门 XV1241。

⑥ 稍开粗 MMA 塔顶冷凝器 2 E-1202 盐水调节阀 TIC-1206，开度设为 30%。

⑦ 全开粗 MMA 塔 T-1201 入口阀门 XV1231。

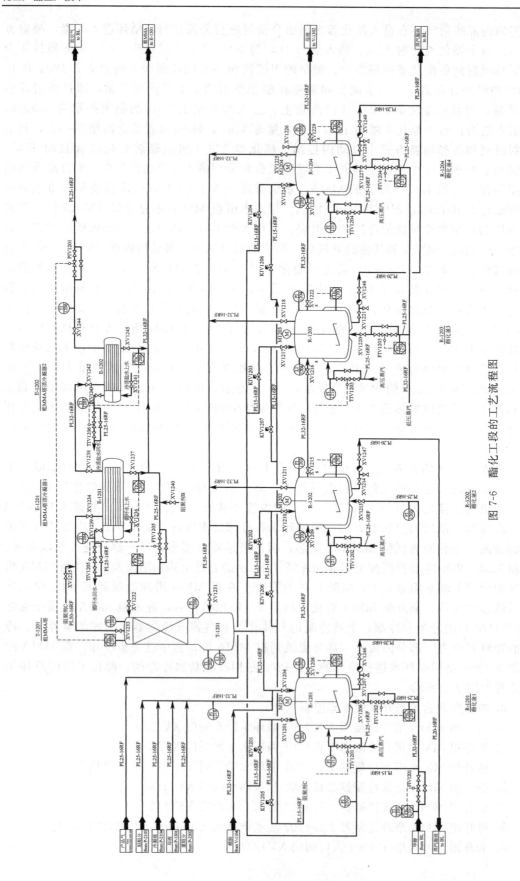

图 7-6　酯化工段的工艺流程图

⑧ 启动酯化釜 R-1201 搅拌电机 M-1201。

⑨ 启动酯化釜 R-1202 搅拌电机 M-1202。

⑩ 启动酯化釜 R-1203 搅拌电机 M-1203。

⑪ 启动酯化釜 R-1204 搅拌电机 M-1204。

⑫ 全开酯化釜 R-1201 顶阀门 XV1204，酰胺进入酯化釜 R-1201。

⑬ 全开酯化釜 R-1201 底部阀门 XV1206。

⑭ 打开甲醇进入总流量阀 FIC-1201，开度设为 50％。

⑮ 打开甲醇进入酯化釜 R-1201 底部流量阀 FIC-1202，开度设为 50％。

⑯ 当酯化釜 R-1201 液位 LI-1202 达 70％后，全开溢流阀门 XV1208。

⑰ 全开酯化釜 R-1202 进入阀门 XV1209，开始溢流。

⑱ 打开酯化釜 R-1201 蒸汽阀门 TIC-1201，开度设为 20％，开夹套蒸汽升温。

⑲ 全开酯化釜 R-1201 凝液疏水阀前阀 XV1207。

⑳ 全开酯化釜 R-1201 凝液疏水阀后阀 XV1246。

㉑ 全开酯化釜 R-1202 底部阀门 XV1213，开始进甲醇。

㉒ 当酯化釜 R-1202 液位 LI-1203 达 70％，全开溢流阀门 XV1215。

㉓ 全开酯化釜 R-1203 进入阀门 XV1216，开始溢流。

㉔ 打开酯化釜 R-1202 蒸汽阀门 TIC-1202，开度设为 30％，开夹套蒸汽升温。

㉕ 全开酯化釜 R-1202 凝液疏水阀前阀 XV1214。

㉖ 全开酯化釜 R-1202 凝液疏水阀后阀 XV1247。

㉗ 全开酯化釜 R-1202 气相出口排气至粗 MMA 塔阀门 XV1211。

㉘ 当酯化釜 R-1203 液位 LI-1204 达 70％，全开溢流阀门 XV1222。

㉙ 全开酯化釜 R-1204 进入阀门 XV1223，开始溢流。

㉚ 打开酯化釜 R-1203 蒸汽阀门 TIC-1203，开度设为 50％，开夹套蒸汽升温。

㉛ 全开酯化釜 R-1203 凝液疏水阀前阀 XV1221。

㉜ 全开酯化釜 R-1203 凝液疏水阀后阀 XV1248。

㉝ 全开酯化釜 R-1203 底部阀门 XV1220。

㉞ 打开酯化釜 R-1203 汽提蒸汽阀门 FIC-1216，开度设为 50％，进行汽提。

㉟ 全开酯化釜 R-1203 气相出口排气至粗 MMA 塔阀门 XV1218。

㊱ 当酯化釜 R-1204 液位 LI-1205 达 70％，全开溢流阀门 XV1229。

㊲ 打开酯化釜 R-1204 蒸汽阀门 TIC-1204，开度设为 50％，开夹套蒸汽升温。

㊳ 全开酯化釜 R-1204 凝液疏水阀前阀 XV1228。

㊴ 全开酯化釜 R-1204 凝液疏水阀后阀 XV1249。

㊵ 全开酯化釜 R-1204 底部阀门 XV1227。

㊶ 打开酯化釜 R-1204 汽提蒸汽阀门 FIC-1217，开度设为 50％，进行汽提。

㊷ 全开酯化釜 R-1204 气相出口排气至粗 MMA 塔阀门 XV-1225。

㊸ 全开甲醇进入酯化釜 R-1201 顶部阀门 XV1201。

㊹ 全开甲醇进入酯化釜 R-1202 顶部阀门 XV1210。

㊺ 全开甲醇进入酯化釜 R-1203 顶部阀门 XV1217。

㊻ 全开甲醇进入酯化釜 R-1204 顶部阀门 XV1224。

㊼ 启动电磁阀自动控制按钮 "AUTO-001"（各酯化釜顶部：甲醇、阻聚剂 C 开始加入，并自动、循环控制）。

㊽ 全开粗 MMA 塔 T-1201 顶阀门 XV1233。

㊾ 全开粗 MMA 塔顶冷凝器 1 E-1201 入口阀门 XV1234。

㊿ 全开粗 MMA 塔顶冷凝器 1 E-1201 出口阀门 XV1238。

(51) 全开粗 MMA 塔顶冷凝器 2 E-1202 入口阀门 XV1242。

(52) 全开粗 MMA 塔顶冷凝器 2 E-1202 出口阀门 XV1244。

(53) 打开粗 MMA 塔 T-1201 顶压力调节阀 PIC-1201，开度设为 50%，冷凝器开排气。

(54) 调节粗 MMA 塔顶冷凝器 1 E-1201 循环水调节阀 TIC-1205，开度设为 50%。

(55) 调节粗 MMA 塔顶冷凝器 2 E-1202 盐水调节阀 TIC-1206，开度设为 50%。

(56) 全开粗 MMA 塔顶冷凝器 1 E-1201 底部阀门 XV1237。

(57) 全开粗 MMA 塔顶冷凝器 2 E-1202 底部阀门 XV1245。

(58) 全开粗 MMA 塔 T-1201 顶回流阀门 XV 1232。

(59) 打开粗 MMA 塔 T-1201 顶回流调节阀 FIC-1219，开度设为 50%，粗 MMA 塔开始回流（粗 MMA 塔 T-1201 液位 LI-1201 达 10%后，自行流到酯化釜 R-1201 中）。

(60) 全开阻聚剂 C 阀门 XV1235。

(61) 全开阻聚剂 B 阀门 XV1240。

(62) 将酯化釜 R-1201 温度 TIC-1201，投自动，设为 97℃。

(63) 将酯化釜 R-1202 温度 TIC-1202，投自动，设为 105℃。

(64) 将酯化釜 R-1203 温度 TIC-1203，投自动，设为 116℃。

(65) 将酯化釜 R-1204 温度 TIC-1204，投自动，设为 120℃。

(66) 将酯化釜 R-1203 汽提蒸汽流量 FIC-1216，投自动，设为 300kg/h。

(67) 将酯化釜 R-1204 汽提蒸汽流量 FIC-1217，投自动，设为 300kg/h。

(68) 将粗 MMA 塔顶压力 PIC-1201，投自动，设为 8kPa。

(69) 将粗 MMA 塔顶冷凝器 1 E-1201 出口温度 TIC-1205，投自动，设为 73℃。

(70) 将粗 MMA 塔顶冷凝器 2 E-1202 出口温度 TIC-1206，投自动，设为 68℃。

(71) 将粗 MMA 塔顶回流量 FIC-1219，投自动，设为 3000kg/h。

5. DCS 操作画面

在酯化工段内、外操联合操作与控制中涉及的仿真操作控制界面如图 7-7～图 7-10 所示。

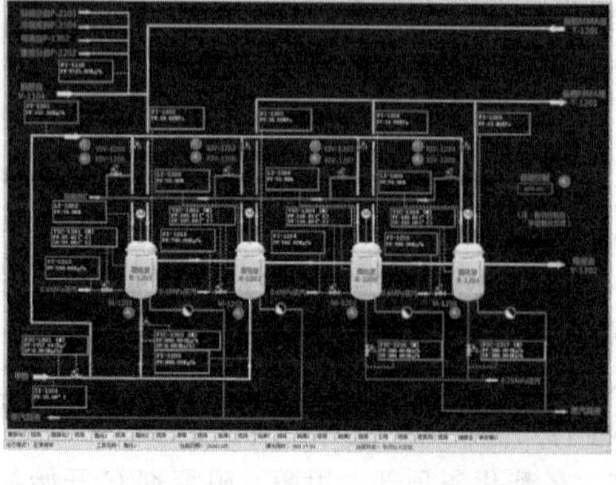

图 7-7 酯化工段 1 DCS 图

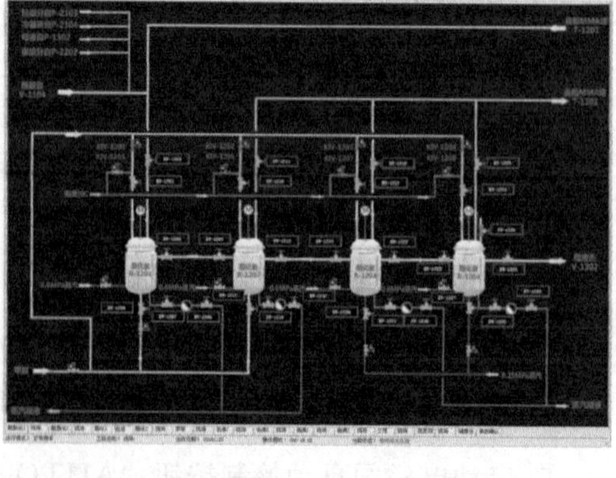

图 7-8 酯化工段 1 现场图

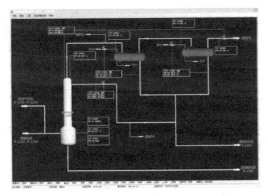

图 7-9 酯化工段 2 DCS 图

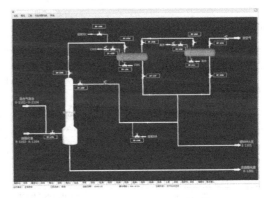

图 7-10 酯化工段 2 现场图

任务 3
萃取回收工段操作与控制

任务描述

任务名称:萃取回收工段的操作与控制	建议学时:4 学时

学习方法	1. 按照工厂车间实行的班组制,将学生分组,1 人担任班组长,负责分配组内成员的具体工作,小组共同制订工作计划、分析总结并进行汇报; 2. 班组长负责组织协调任务实施,组内成员分别担任内操和外操,进行联合操作,完成规定任务; 3. 教师跟踪指导,集中解决重难点问题,评估总结
任务目标	1. 掌握萃取回收工段的基本原理、主要设备及工艺流程; 2. 能够根据萃取回收工段现场的设备和管线布置,识读和绘制萃取回收工段工艺流程图;按生产中岗位操作规程与规范,能够内、外操联合正确对生产过程进行操作与控制; 3. 能发现生产操作过程中的异常情况,并对其进行分析和正确的处理;能初步制定开车操作程序
岗位职责	班组长:组织和协调内、外操完成萃取回收工段联合操作; 内操:掌握萃取回收工段工艺参数及其操作控制方法,完成工艺参数分析任务记录单; 外操:掌握萃取回收工段设备、管路、阀门及工艺流程,完成设备种类分析任务记录单
工作任务	1. MMA 生产中萃取回收的基本原理认知; 2. 萃取回收工段的现场主要设备认知; 3. 萃取回收工段的工艺流程认知及现场管线查找; 4. 萃取回收工段内外操联合操作; 5. 萃取回收工段生产安全和环保问题分析
工作准备	教师准备	学生准备
	1. 准备教材、工作页、考核评价标准等教学材料; 2. 给学生分组,下达工作任务; 3. 准备安全帽、手套等劳保用品	1. 班组长分配工作,明确每个人的工作任务; 2. 通过课程学习平台预习基本理论知识; 3. 准备工作服、学习资料和学习用品

任务实施

任务名称：萃取回收工段的操作与控制

序号	工作过程	学生活动	教师活动
1	准备工作	穿戴好工作服、安全帽；准备好必备学习用品和学习材料	准备教材、工作页、考核评价标准等教学材料
2	任务下达	领取工作页，记录工作任务要求	发放工作页，明确工作要求、岗位职责
3	班组例会	分组讨论，各组汇报课前学习基本知识的情况，认真听老师讲解重难点，分配任务，制订工作计划	听取各组汇报，讨论并提出问题，总结并集中讲解重难点问题
4	萃取回收工段主要设备认识	认识现场设备名称、位号，列出主要设备	跟踪指导，解决学生提出的问题，集中讲解
5	查找现场管线，理清萃取回收工艺流程	根据主要设备位号，查找现场工艺管线及阀门布置，理清工艺流程的组织过程	跟踪指导，解决学生提出的问题，并进行集中讲解
6	内、外操联合操作工作过程分析	根据操作规程，内操分析主要工艺参数及控制方法，列出工艺参数；外操分析每个设备的主要功能，完成设备功能列表	在班组讨论过程中进行跟踪指导，指出设备和工艺参数列表中存在的问题并帮助解决
7	内、外操联合操作	每组学生进行内、外操联合操作的训练，完成各自岗位工作任务并进行内、外操的轮换	教师跟踪指导并进行过程考核
8	工作总结	班组长带领班组总结工作中的收获、不足及改进措施，完成工作页的提交	检验成果，总结归纳生产相关知识，点评工作过程

学生工作页

任务名称		萃取回收工段的操作与控制	
班级		姓名	
小组		岗位	
工作准备	一、课前解决问题 1. 甲基丙烯酸甲酯生产中萃取回收的基本原理是什么？ 2. 粗 MMA/水分离罐 V-1301 的作用是什么？ 3. 进入萃取塔的粗 MMA 主要成分是什么？经过萃取后粗 MMA 的成分有什么变化？		

工作准备	4. 萃取塔是什么类型的塔？萃取过程中采用的萃取剂是什么物质？ 5. 萃取塔顶部的粗 MMA 去哪里？母液回收罐 V-1303 中的母液去哪里？ 二、接受老师指定的工作任务后，了解工作场地的环境、设备管理要求，穿好符合劳保要求的服装。 三、安全生产及防范 学习本工段实训工作场所相关安全及管理规章制度，列出你认为工作过程中需注意的问题，并做出承诺。 _____ _____ _____ _____ 我承诺：工作期间严格遵守实训场所安全及管理规定。 承诺人： 本工作过程中需注意的安全问题及处理方法：_____ _____ _____ _____
工作分析 与实施	1. 外操列出现场设备，并分析设备作用。 | 序号	设备位号	设备名称	设备类别	主要功能与作用
---	---	---	---	---

续表

工作分析 与实施	2. 内操列出主要工艺参数,并分析工艺参数控制方法及影响因素。 <table><tr><td>序号</td><td>仪表位号</td><td>仪表名称</td><td>控制范围</td><td>工艺参数的控制方法及 影响因素分析</td></tr><tr><td></td><td></td><td></td><td></td><td></td></tr><tr><td></td><td></td><td></td><td></td><td></td></tr><tr><td></td><td></td><td></td><td></td><td></td></tr><tr><td></td><td></td><td></td><td></td><td></td></tr><tr><td></td><td></td><td></td><td></td><td></td></tr></table> 3. 按照岗位操作规程,进行内、外操联合操作,记录操作过程中出现的问题。
工作总结 与反思	结合自身和本组完成的工作,通过交流讨论、组内点评等形式客观、全面地总结本次工作任务完成情况,并讨论如何改进工作。

一、相关知识

萃取回收基本原理:由于酯化得到的粗 MMA 纯度约为 70%,MAA≤2.3%,为了提高低沸精馏塔和高沸精馏塔的分离效果,从酯化来的物料进入粗 MMA/水分离器中进行初步分离,上层的有机相含 80% MMA,进入萃取塔底部,下层含 22% 左右甲醇的水与萃取塔的水相汇合后进入母液冷却器中。

萃取工序
基本原理

通过向萃取塔顶部加脱盐水萃取粗 MMA 中的甲醇,提纯粗 MMA,甲醇溶于水后经萃取塔分离,从萃取塔底进入母液冷却器中。萃取后含 95% 左右 MMA 的有机相进入精制单元。

二、技能训练——萃取回收工段内、外操联合操作与控制

1. 萃取回收工段主要设备
萃取回收工段所用到的主要设备见表 7-6。

表 7-6 萃取回收工段主要设备一览表

序号	设备编号	设备名称	序号	设备编号	设备名称
1	T-1301	萃取塔	5	E-1301	粗 MMA 冷却器
2	V-1301	粗 MMA/水分离罐	6	E-1302	母液冷却器
3	V-1302	废酸储罐	7	P-1301	废酸泵
4	V-1303	母液回收罐	8	P-1302	母液回收泵

2. 萃取回收工段的主要工艺指标

萃取回收工段的主要工艺指标见表 7-7。

表 7-7 萃取回收工段主要工艺指标一览表

序号	位号	正常值	单位	说明
1	LIC-1301	70	%	粗 MMA/水分离罐液位
2	LIC-1302	80	%	萃取塔液位
3	LIC-1303	50	%	废酸储罐液位
4	LIC-1304	50	%	母液回收罐液位
5	FI-1301	11050	kg/h	粗 MMA/水分离罐溢流流量
6	FI-1302	535	kg/h	废酸槽汽提蒸汽流量
7	FI-1303	14970	kg/h	废酸流量
8	FI-1305	5125	kg/h	母液去酯化釜流量
9	FIC-1301	1600	kg/h	萃取塔脱盐水流量
10	TI-1301	15	℃	粗 MMA 冷却器盐水回水温度
11	TI-1302	28	℃	萃取塔顶粗 MMA 温度
12	TI-1303	40	℃	母液冷却器放空气温度
13	TIC-1301	25	℃	粗 MMA/水分离罐进口温度
14	TIC-1302	130	℃	废酸储罐温度
15	TIC-1303	40	℃	母液回收罐进口温度
16	PI-1301	5	kPa	萃取塔压力
17	PI-1302	5	kPa	母液回收罐压力
18	PI-1303	6	kPa	粗 MMA/水分离罐压力
19	PI-1304	6	kPa	废酸储罐压力

3. 萃取回收工段的工艺流程

酯化釜 R-1204 中的废酸靠重力溢流到废酸储罐（V-1302），废酸储罐盘管中通入低压蒸汽，以汽提废酸水中残留的 MMA 和甲基丙烯酸。汽提蒸汽通过罐顶，并在母液冷却器（E-1302）中冷却，液相通过母液回收泵输送到酯化釜 R-1201 中，不凝气体进入放空总管。萃取水相从粗 MMA/水分离罐（V-1301）、萃取塔（T-1301）的底部采出，进入母液冷却器的顶部。萃取水和冷凝蒸汽进入母液回收罐（V-1303），并通过母

萃取回收
工艺流程

液回收泵（P-1302）进入酯化釜 R-1201；废酸储罐（V-1302）中的废酸，通过废酸泵（P-1301）输送至界外。该废酸含有大约 23% 的水、0.2% 的甲基丙烯酸（MAA）和甲基丙烯酸甲酯（MMA）。

粗 MMA 和水从粗 MMA 冷却器进入粗 MMA/水分离罐（V-1301）。有机层（上层）进入萃取塔（T-1301）底部。在萃取塔上部加入脱盐水进行液液萃取，萃取粗 MMA 中的甲醇和其他物质，水层从塔底排出并与粗 MMA/水分离罐的水层混合，进入母液冷却器中，通过母液回收泵返回酯化釜 R-1201，参加酯化反应。经过萃取的粗 MMA 从萃取塔溢流到粗 MMA 储罐（V-2101）。萃取回收工段的具体工艺流程如图 7-11 所示。

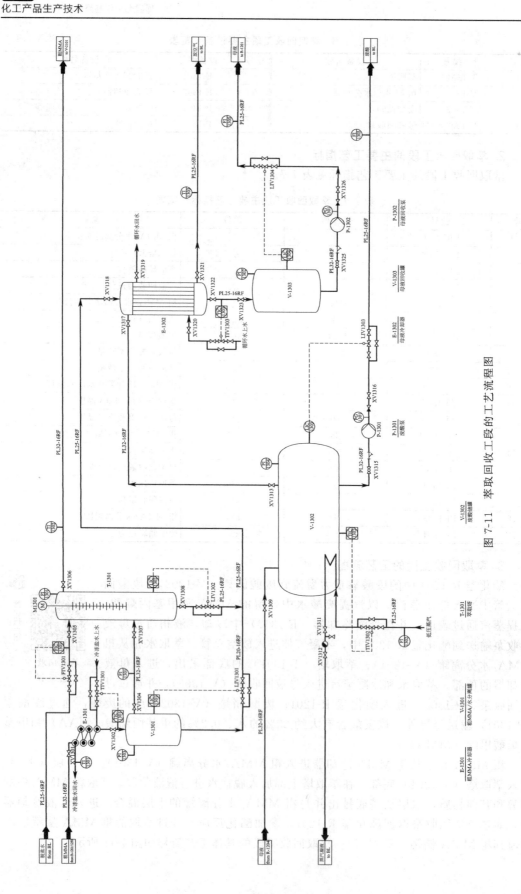

图 7-11 萃取回收工段的工艺流程图

4. 内、外操联合冷态开车操作与控制

① 稍开粗 MMA 冷却器 E-1301 盐水调节阀 TIC-1301，开度设为 30%。

② 全开母液冷却器 E-1302 循环水回水阀门 XV1319。

③ 全开母液冷却器 E-1302 循环水上水阀门 XV1320。

④ 稍开母液冷却器 E-1302 循环水调节阀 TIC-1303，开度设为 30%。

⑤ 全开废酸储罐 V-1302 进入阀门 XV1309，酯化釜 R-1204 溢流的母液进入废酸储罐。

⑥ 全开粗 MMA 冷却器 E-1301 手阀 XV1301。

⑦ 全开粗 MMA/水分离罐 V-1301 进口阀门 XV1302，进行分离。

⑧ 调节粗 MMA 冷却器 E-1301 盐水调节阀 TIC-1301，开度设为 50%。

⑨ 全开分离罐 V-1301 单体进入萃取塔阀门 XV1304。

⑩ 全开萃取塔 T-1301 进口阀门 XV1307，液位达标后，有机层溢流到萃取塔。

⑪ 全开母液冷却器 E-1302 入口阀门 XV1318。

⑫ 全开母液冷却器 E-1302 排气阀门 XV1321，冷凝器开排气。

⑬ 当分离罐 V-1301 液位 LIC-1301 达 70% 时，打开调节阀 LIC-1301，开度设为 50%，水进入母液冷却器 E-1302。

⑭ 全开母液冷却器 E-1302 出口阀门 XV1322。

⑮ 全开母液回收罐 V-1303 入口阀门 XV1323，水进入母液回收罐。

⑯ 调节母液冷却器 E-1302 循环水调节阀 TIC-1303，开度设为 50%。

⑰ 全开萃取塔顶部脱盐水进入阀门 XV1305。

⑱ 当萃取塔 T-1301 液位 LIC-1302 达 80% 时，打开脱盐水从顶部进入流量阀 FIC-1301，开度设为 50%，进行萃取操作。

⑲ 开启浮顶转盘 M-1301。

⑳ 全开萃取塔顶部流出阀门 XV1306，萃取后单体从塔顶流出。

㉑ 全开萃取塔底部阀门 XV1308。

㉒ 打开萃取塔 T-1301 液位调节阀 LIC-1302，开度设为 50%，水从塔底流出，和水混合后通过母液冷却器进入母液回收罐。

㉓ 全开母液回收泵 P-1302 入口阀 XV1325。

㉔ 当母液回收罐 V-1303 液位 LIC-1304 达 50% 时，启动母液回收泵 P-1302。

㉕ 全开母液回收泵 P-1302 出口阀 XV1326。

㉖ 打开母液回收罐 V-1303 液位调节阀 LIC-1304，开度设为 50%，将母液打回酯化釜 R-1201。

㉗ 当废酸储罐 V-1302 液位 LIC-1303 达 50% 时，打开废酸储罐 V-1302 蒸汽调节阀 TIC-1302，开度设为 50%，开蒸汽升温。

㉘ 全开废酸储罐 V-1302 蒸汽凝液疏水阀前阀 XV1311。

㉙ 全开废酸储罐 V-1302 蒸汽凝液疏水阀后阀 XV1312。

㉚ 全开废酸储罐 V-1302 顶部阀门 XV1313。

㉛ 全开母液冷却器 E-1302 进入阀门 XV1317，产生的气体经过母液冷却器冷凝后进入母液回收罐中。

㉜ 全开废酸泵 P-1301 入口阀 XV1315。

㉝ 启动废酸泵 P-1301。

㉞ 全开废酸泵 P-1301 出口阀 XV1316。

㉟ 打开废酸储罐 V-1302 液位阀 LIC-1303，开度设为 50%，废酸排到界外。

㊱ 将粗 MMA/水分离罐 V-1301 进口温度 TIC-1301 投自动，设为 25℃。

㊲ 将粗 MMA/水分离罐 V-1301 液位 LIC-1301 投自动，设为 70%。

㊳ 将萃取塔 T-1301 液位 LIC-1302 投自动，设为 80%。

㊴ 将萃取塔脱盐水流量 FIC-1301 投自动，设为 1600kg/h。

㊵ 将废酸储罐 V-1302 温度 TIC-1302 投自动，设为 130℃。

㊶ 将废酸储罐 V-1302 液位 LIC-1303 投自动，设为 50%。

㊷ 将母液回收罐 V-1303 进口温度 TIC-1303 投自动，设为 40℃。

㊸ 将母液回收罐 V-1303 液位 LIC-1304 投自动，设为 50%。

5. DCS 操作画面

在萃取回收工段内、外操联合操作与控制中涉及的仿真操作控制界面如图 7-12、图 7-13 所示。

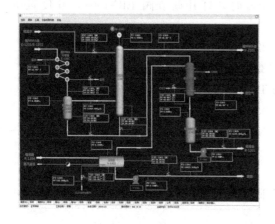
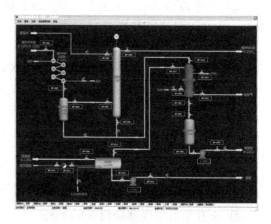

图 7-12　萃取工段 DCS 图　　　　　　图 7-13　萃取工段现场图

任务 4
低沸精馏工段操作与控制

任务描述

任务名称:低沸精馏工段的操作与控制	建议学时:4 学时
学习方法	1. 按照工厂车间实行的班组制,将学生分组,1 人担任班组长,负责分配组内成员的具体工作,小组共同制订工作计划、分析总结并进行汇报; 2. 班组长负责组织协调任务实施,组内成员分别担任内操和外操,进行联合操作,完成规定任务; 3. 教师跟踪指导,集中解决重难点问题,评估总结

续表

任务目标	1. 掌握低沸精馏工段的基本原理、主要设备及工艺流程； 2. 能够根据低沸精馏工段现场的设备和管线布置，识读和绘制低沸精馏工段工艺流程图；按照生产中岗位操作规程与规范，能够内、外操联合正确对生产过程进行操作与控制； 3. 能发现生产操作过程中的异常情况，并对其进行分析和正确的处理；能初步制定开车操作程序		
岗位职责	班组长：组织和协调内、外操完成低沸精馏工段联合操作； 内操：掌握低沸精馏工段工艺参数及其操作控制方法，完成工艺参数分析任务记录单； 外操：掌握低沸精馏工段设备、管路、阀门及工艺流程，完成设备种类分析任务记录单		
工作任务	1. MMA 生产中低沸精馏的基本原理认知； 2. 低沸精馏工段的现场主要设备认知； 3. 低沸精馏工段的工艺流程认知及现场管线查找； 4. 低沸精馏工段内外操联合操作； 5. 低沸精馏工段生产安全和环保问题分析		
工作准备	教师准备		学生准备
	1. 准备教材、工作页、考核评价标准等教学材料； 2. 给学生分组，下达工作任务； 3. 准备安全帽、手套等劳保用品		1. 班组长分配工作，明确每个人的工作任务； 2. 通过课程学习平台预习基本理论知识； 3. 准备工作服、学习资料和学习用品

任务实施

任务名称：低沸精馏工段的操作与控制

序号	工作过程	学生活动	教师活动
1	准备工作	穿戴好工作服、安全帽；准备好必备学习用品和学习材料	准备教材、工作页、考核评价标准等教学材料
2	任务下达	领取工作页，记录工作任务要求	发放工作页，明确工作要求、岗位职责
3	班组例会	分组讨论，各组汇报课前学习基本知识的情况，认真听老师讲解重难点，分配任务，制订工作计划	听取各组汇报，讨论并提出问题，总结并集中讲解重难点问题
4	低沸精馏工段主要设备认识	认识现场设备名称、位号，列出主要设备	跟踪指导，解决学生提出的问题，集中讲解
5	查找现场管线，理清低沸精馏工艺流程	根据主要设备位号，查找现场工艺管线及阀门布置，理清工艺流程的组织过程	跟踪指导，解决学生提出的问题，并进行集中讲解

续表

任务名称：低沸精馏工段的操作与控制

序号	工作过程	学生活动	教师活动
6	内、外操联合操作工作过程分析	根据操作规程，内操分析主要工艺参数及控制方法，列出工艺参数；外操分析每个设备的主要功能，完成设备功能列表	在班组讨论过程中进行跟踪指导，指出设备和工艺参数列表中存在的问题并帮助解决
7	内、外操联合操作	每组学生进行内外操联合操作的训练，完成各自岗位工作任务并进行内、外操的轮换	教师跟踪指导并进行过程考核
8	工作总结	班组长带领班组总结工作中的收获、不足及改进措施，完成工作页的提交	检验成果，总结归纳生产相关知识，点评工作过程

学生工作页

任务名称		低沸精馏工段的操作与控制	
班级		姓名	
小组		岗位	

工作准备	一、课前解决问题 1. 甲基丙烯酸甲酯生产中低沸精馏的基本原理是什么？ 2. 低沸精馏塔是什么类型的塔？低沸精馏塔的操作条件是什么？ 3. 低沸精馏塔顶轻组分经过各冷凝器冷凝后，分别去哪里？ 4. 经过低沸精馏塔的精馏作用，进料中 MMA 的组成和出料中 MMA 的组成有什么变化？
	二、接受老师指定的工作任务后，了解工作场地的环境、设备管理要求，穿好符合劳保要求的服装。
	三、安全生产及防范 学习本工段实训工作场所相关安全及管理规章制度，列出你认为工作过程中需注意的问题，并做出承诺。 _____ _____ _____ _____

续表

工作准备	我承诺:工作期间严格遵守实训场所安全及管理规定。 承诺人: 本工作过程中需注意的安全问题及处理方法:_____
工作分析 与实施	1. 外操列出现场设备,并分析设备作用。 	序号	设备位号	设备名称	设备类别	主要功能与作用
---	---	---	---	---
				| 2. 内操列出主要工艺参数,并分析工艺参数控制方法及影响因素。 | 序号	仪表位号	仪表名称	控制范围	工艺参数的控制方法及 影响因素分析
---	---	---	---	---
					  3. 按照岗位操作规程,进行内、外操联合操作,记录操作过程中出现的问题。
工作总结 与反思	结合自身和本组完成的工作,通过交流讨论、组内点评等形式客观、全面地总结本次工作任务完成情况,并讨论如何改进工作。

一、相关知识

低沸精馏基本原理：利用在一定的真空下，不同物质沸点不同的原理，把萃取后的粗 MMA 送入精制单元的低沸精馏塔，在低沸精馏塔中将反应过程中产生的低沸物在塔顶脱除，低沸塔塔底的粗 MMA 和高沸物送入精制单元的高沸精馏塔继续进行精制。

精馏工序
基本原理

低沸塔（T-2101）由汽提段和精馏段组成，塔中安装规整填料。塔顶压力控制在 24～32kPa，控制塔底温度控制在 58～68℃下操作。粗 MMA 由塔的上中部进料，脱除粗酯中的水和低沸点物质，为了保证低沸塔效率和回收绝大部分低沸物中的共沸的 MMA，采用在塔顶换热器底部凝液管线上加脱盐水的方法进行萃取处理，有效地保证了脱轻塔的脱水酯（经过脱出水和低沸物的甲甲酯）质量和防止脱轻塔产生聚合。经过低沸精馏塔脱除低沸物后，塔底粗 MMA 的含量达到 96.6％。

二、技能训练——低沸精馏工段内、外操联合操作与控制

1. 低沸精馏工段主要设备

低沸精馏工段所用到的主要设备见表 7-8。

表 7-8　低沸精馏工段主要设备一览表

序号	设备编号	设备名称	序号	设备编号	设备名称
1	T-2101	低沸塔	9	E-2102	低沸塔顶冷凝器1
2	V-2101	粗 MMA 储罐	10	E-2103	低沸塔顶冷凝器2
3	V-2102	低沸物储罐	11	E-2104	低沸塔顶冷凝器3
4	V-2103	低沸塔分离罐	12	E-2105	低沸塔真空泵冷却器
5	V-2104	低沸塔回流罐	13	P-2101	低沸塔进料泵
6	V-2105	冷凝物缓冲罐	14	P-2102	低沸塔回流泵
7	P-2106	低沸塔真空泵	15	P-2103	低沸物泵
8	E-2101	低沸塔塔底再沸器	16	P-2104	冷凝物泵

2. 低沸精馏工段的主要工艺指标

低沸精馏工段的主要工艺指标见表 7-9。

表 7-9　低沸精馏工段主要工艺指标一览表

序号	位号	正常值	单位	说明
1	LI-2101	50	％	粗 MMA 储罐液位
2	LI-2102	50	％	低沸塔回流罐液位
3	LIC-2101	50	％	低沸塔液位
4	LIC-2102	50	％	低沸物储罐液位
5	LIC-2103	70	％	低沸塔分离罐液位
6	LIC-2104	50	％	冷凝物缓冲罐液位
7	FI-2101	200	kg/h	低沸塔顶回流量
8	FI-2102	210	kg/h	低沸塔顶冷凝器1回流量
9	FI-2103	210	kg/h	低沸塔顶冷凝器2回流量
10	FI-2104	210	kg/h	低沸塔顶冷凝器3回流量
11	FI-2105	630	kg/h	低沸塔顶冷凝器回流总量

续表

序号	位号	正常值	单位	说明
12	FI-2106	600	kg/h	冷凝物缓冲罐出口流量
13	FI-2108	3000	kg/h	低沸塔底汽提蒸汽流量
14	FI-2109	5000	kg/h	蒸汽喷射器蒸汽流量
15	FIC-2102	2000	kg/h	低沸物储罐出口流量
16	FIC-2103	8000	kg/h	低沸塔进料流量
17	FIC-2105	11000	kg/h	低沸塔顶回流量
18	FIC-2108	1500	kg/h	脱盐水流量
19	TI-2101	48	℃	低沸塔顶温度
20	TI-2102	53	℃	低沸塔温度
21	TI-2103	40	℃	塔顶冷凝器1循环水回水温度
22	TI-2104	15	℃	塔顶冷凝器2盐水回水温度
23	TI-2105	15	℃	塔顶冷凝器3盐水回水温度
24	TI-2106	25	℃	粗MMA塔储罐温度
25	TI-2107	25	℃	冷凝物缓冲罐进口温度
26	TIC-2101	58	℃	低沸塔底温度
27	TIC-2102	43	℃	低沸塔顶冷凝器1出口温度
28	TIC-2103	38	℃	低沸塔顶冷凝器2出口温度
29	TIC-2104	20	℃	低沸塔顶冷凝器3出口温度
30	PI-2101	34	kPa	低沸塔底压力
31	PI-2102	29	kPa	低沸塔压力
32	PI-2103	5	kPa	粗MMA储罐压力
33	PI-2110	20	kPa	低沸塔分离罐压力
34	PI-2111	20	kPa	低沸塔回流罐压力
35	PI-2112	18	kPa	低沸物储罐压力
36	PI-2113	18	kPa	冷凝物缓冲罐压力
37	PIC-2101	24	kPa	低沸塔顶压力
38	PIC-2102	—10	kPa	蒸汽喷射器进口压力

3. 低沸精馏工段的工艺流程

粗MMA进料从粗MMA储罐输送到低沸塔汽提段的顶部分布盘上，并与来自精馏段的液体混合，在塔内经过气、液相的传质传热，用低压蒸汽为塔釜进行加热，蒸汽加入低沸塔再沸器（E-2101）的壳程中，低沸塔再沸器是一个内热虹吸式再沸器。塔顶蒸出的共沸物通过三个串联的换热器进行冷却和冷凝。在低沸塔顶冷凝器1（E-2102）、低沸塔顶冷凝器2（E-2103）、低沸塔顶冷凝器3（E-2104）顶部加入

微课扫一扫

低沸精馏
工艺流程

阻聚剂D，低沸塔顶冷凝器2和低沸塔顶冷凝器3是用壳程的冷冻盐水来进一步冷却剩余的蒸汽，用真空泵P-2106将冷凝器3尾气抽出，抽出的尾气送排至界外。低沸塔顶冷凝器1、2两个换热器形成的冷凝液体汇总到一条管线上，然后加入一定量的脱盐水，混合物靠重力进入低沸塔分离罐（V-2103）。来自高沸塔真空泵蒸气喷射器P-2204的冷凝液也进入低沸塔分离罐中。加入脱盐水的作用是水洗粗MMA中的甲醇、水等轻组分杂质，低沸塔分离罐中上层油相进入低沸塔回流罐（V-2104）中，通过低沸塔回流泵（P-2102）将有机相送回低沸塔精馏段的顶部和塔顶气相管线上。低沸塔回流泵出口物料有两个去向：一部分物料被送到低沸塔的塔顶及回流管线上；另一部分物料与一定流

量的阻聚剂 D 混合喷射到低沸塔的三个塔顶冷凝器中。来自低沸塔塔顶冷凝器 3 的冷凝液与来自低沸塔真空泵 P-2106 的冷凝液进入低沸塔冷凝物缓冲罐（V-2105）中，通过冷凝物泵（P-2104）输送到酯化釜 R-1201，气相与真空泵 P-2106 的气相混合后送至界外。来自低沸塔分离罐的水溢流到低沸物储罐（V-2102）中。然后通过低沸物泵（P-2103）将液体送至酯化釜 R-1201 参加反应，剩余液体送到界外。在低沸塔的塔釜中得到 96.6％的 MMA 半成品，MMA 半成品由低沸塔压入至高沸塔中。低沸精馏工段的具体工艺流程如图 7-14 所示。

4. 内、外操联合冷态开车操作与控制

① 全开低沸塔顶冷凝器 1 E-2102 循环水回水阀门 XV2116。

② 全开低沸塔顶冷凝器 1 E-2102 循环水上水阀门 XV2117。

③ 稍开低沸塔顶冷凝器 1 E-2102 循环水调节阀 TIC-2102，开度设为 30％。

④ 全开低沸塔顶冷凝器 2 E-2103 盐水回水阀门 XV2122。

⑤ 全开低沸塔顶冷凝器 2 E-2103 盐水上水阀门 XV2123。

⑥ 稍开低沸塔顶冷凝器 2 E-2103 盐水调节阀 TIC-2103，开度设为 30％。

⑦ 全开低沸塔顶冷凝器 3 E-2104 盐水回水阀门 XV2128。

⑧ 全开低沸塔顶冷凝器 3 E-2104 盐水上水阀门 XV2129。

⑨ 稍开低沸塔顶冷凝器 3 E-2104 盐水调节阀 TIC-2104，开度设为 30％。

⑩ 全开低沸塔真空泵冷却器 E-2105 循环水回水阀门 XV2136。

⑪ 全开低沸塔真空泵冷却器 E-2105 循环水上水阀门 XV2135。

⑫ 全开粗 MMA 储罐 V-2101 进口阀门 XV2157。

⑬ 全开低沸塔 T-2101 塔顶手阀 XV2111。

⑭ 全开低沸塔顶冷凝器 1 E-2102 进口手阀 XV2114。

⑮ 全开低沸塔顶冷凝器 1 E-2102 出口手阀 XV2118。

⑯ 全开低沸塔顶冷凝器 2 E-2103 进口手阀 XV2120。

⑰ 全开低沸塔顶冷凝器 2 E-2103 出口手阀 XV2124。

⑱ 全开低沸塔顶冷凝器 3 E-2104 进口手阀 XV2126。

⑲ 全开低沸塔顶冷凝器 3 E-2104 出口手阀 XV2130。

⑳ 打开压力控制阀 PIC-2101，开度设为 50％，控制塔顶压力。

㉑ 打开蒸汽喷射器蒸汽阀 PIC-2102，开度设为 50％。

㉒ 全开低沸塔真空泵冷却器 E-2105 排气阀门 XV2141，开排气。

㉓ 全开低沸塔进料泵 P-2101 入口阀 XV2159。

㉔ 当粗 MMA 储罐液位 LI-2101 达 50％时，启动低沸塔进料泵 P-2101。

㉕ 全开低沸塔进料泵 P-2101 出口阀 XV2160。

㉖ 全开低沸塔进料流量阀 FIC-2103 前阀 XV2165。

㉗ 全开低沸塔进料流量阀 FIC-2103 后阀 XV2166。

㉘ 全开低沸塔进料流量阀 FIC-2103，开度设为 50％。

㉙ 全开低沸塔进料手阀 XV2105，低沸塔开始进料。

㉚ 全开低沸塔塔底阀门 XV2106。

㉛ 全开低沸塔塔底再沸器 E-2101 出口阀门 XV2107，投用塔釜再沸器。

㉜ 当低沸塔 T-2101 塔釜液位 LIC-2101 达 30％时，打开再沸器蒸汽阀 TIC-2101，开度设为 50％，塔釜升温，整塔升温。

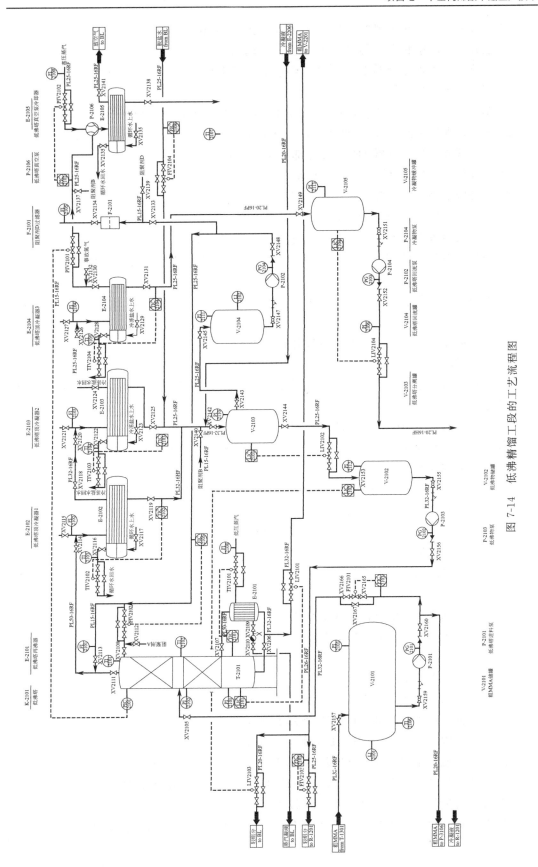

图 7-14　低沸精馏工段的工艺流程图

㉝ 全开低沸塔塔底再沸器 E-2101 疏水阀前阀 XV2109。

㉞ 全开低沸塔塔底再沸器 E-2101 疏水阀后阀 XV2110。

㉟ 调节低沸塔顶冷凝器 1 E-2102 循环水调节阀 TIC-2102，开度设为 50%。

㊱ 调节低沸塔顶冷凝器 2 E-2103 盐水调节阀 TIC-2103，开度设为 50%。

㊲ 调节低沸塔顶冷凝器 3 E-2104 盐水调节阀 TIC-2104，开度设为 50%。

㊳ 全开低沸塔分离罐 V-2103 顶部阀门 XV2142。

㊴ 全开低沸塔顶冷凝器 1E-2102 底部手阀 XV2119。

㊵ 全开低沸塔顶冷凝器 2E-2103 底部手阀 XV2125。

㊶ 全开冷凝物缓冲罐 V-2105 顶部阀门 XV2149

㊷ 全开低沸塔顶冷凝器 3E-2104 底部手阀 XV2131。

㊸ 全开低沸塔真空泵冷却器 E-2105 底部手阀 XV2138。

㊹ 当低沸塔分离罐 V-2103 液位 LIC-2103 达 50%时，打开脱盐水流量阀 FIC-2108，开度设为 50%。

㊺ 当低沸塔分离罐 V-2103 液位 LIC-2103 达 70%时，全开溢流阀门 XV2143，溢流至回流罐。

㊻ 全开低沸塔回流罐 V-2104 进口阀门 XV2145。

㊼ 全开低沸塔分离罐 V-2103 底部阀门 XV2144。

㊽ 打开低沸塔分离罐 V-2103 液位控制阀 LIC-2103，开度设为 50%，将低沸物排至低沸物储罐。

㊾ 全开低沸物泵 P-2103 入口阀 XV2155。

㊿ 当低沸物储罐 V-2102 液位 LIC-2102 达 50%时，启动低沸物泵 P-2103。

(51) 全开低沸物泵 P-2103 出口阀 XV2156。

(52) 打开流量阀 FIC-2102，开度设为 50%，将低沸物打回酯化釜 R-1201 中。

(53) 打开低沸物储罐液位控制阀 LIC-2102，开度设为 50%，将多余的低沸物排至界外。

(54) 全开低沸塔回流泵 P-2102 入口阀 XV2147。

(55) 当低沸塔回流罐 V-2104 液位 LI-2102 达 50%时，启动回流泵 P-2102。

(56) 全开低沸塔回流泵 P-2102 出口阀 XV2148。

(57) 全开低沸塔回流手阀 XV2108。

(58) 打开低沸塔回流流量控制阀 FIC-2105，开度设为 50%，打回流。

(59) 全开低沸塔回流手阀 XV2113。

(60) 全开过滤器 F-2101 前阀 XV2133。

(61) 全开过滤器 F-2101 后阀 XV2134。

(62) 全开低沸塔顶冷凝器 1 E-2102 顶部手阀 XV2115。

(63) 全开低沸塔顶冷凝器 2 E-2103 顶部手阀 XV2121。

(64) 全开低沸塔顶冷凝器 3 E-2104 顶部手阀 XV2127。

(65) 全开冷凝物泵 P-2104 入口阀 XV2151。

(66) 当冷凝物缓冲罐 V-2105 液位 LIC-2104 达 50%时，启动冷凝物泵 P-2104。

(67) 全开冷凝物泵 P-2104 出口阀 XV2152。

(68) 打开冷凝物缓冲罐 V-2105 液位控制阀 LIC-2104，开度设为 50%，将冷凝物打回酯化釜 R-1201。

⑥⑨ 全开阻聚剂 A 阀门 XV2112，喷射阻聚剂 A。

⑦⓪ 全开阻聚剂 D 阀门 XV2139，喷射阻聚剂 D。

⑦① 全开阻聚剂 B 阀门 XV2137，喷射阻聚剂 B。

⑦② 全开阻聚剂 B 阀门 XV2140，喷射阻聚剂 B。

⑦③ 将低沸塔 T-2101 塔底温度 TIC-2101 投自动，设为 58℃。

⑦④ 将低沸塔 T-2101 塔顶压力 PIC-2101 投自动，设为 24kPa。

⑦⑤ 将低沸塔顶回流量 FIC-2105 投自动，设为 11000kg/h。

⑦⑥ 将低沸塔顶冷凝器 1 出口温度 TIC-2102 投自动，设为 43℃。

⑦⑦ 将低沸塔顶冷凝器 2 出口温度 TIC-2103 投自动，设为 38℃。

⑦⑧ 将低沸塔顶冷凝器 3 出口温度 TIC-2104 投自动，设为 20℃。

⑦⑨ 将低沸塔粗 MMA 进料流量 FIC-2103 投自动，设为 8000kg/h。

⑧⓪ 将低沸塔分离罐 V-2103 液位 LIC-2103 投自动，设为 70%。

⑧① 将低沸物储罐 V-2102 液位 LIC-2102 投自动，设为 50%。

⑧② 将低沸物缓冲罐 V-2105 液位 LIC-2104 投自动，设为 50%。

5. DCS 操作画面

在低沸精馏工段内、外操联合操作与控制中涉及的仿真操作控制界面如图 7-15～图 7-18 所示。

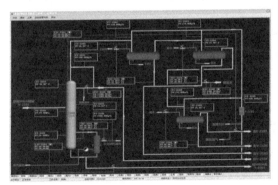

图 7-15　低沸精馏工段 1 塔 DCS 图

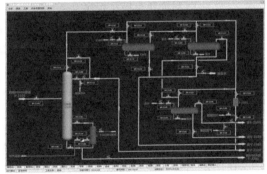

图 7-16　低沸精馏工段 1 塔现场图

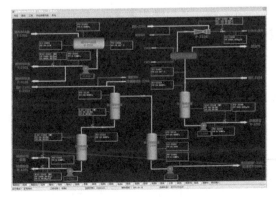

图 7-17　低沸精馏工段 2 塔 DCS 图

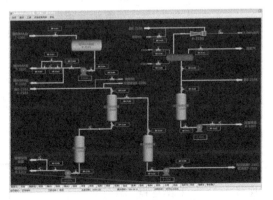

图 7-18　低沸精馏工段 2 塔现场图

任务 5
高沸精馏工段操作与控制

任务描述

任务名称:高沸精馏工段的操作与控制		建议学时:4 学时
学习方法	1. 按照工厂车间实行的班组制,将学生分组,1 人担任班组长,负责分配组内成员的具体工作,小组共同制订工作计划、分析总结并进行汇报; 2. 班组长负责组织协调任务实施,组内成员分别担任内操和外操,进行联合操作,完成规定任务; 3. 教师跟踪指导,集中解决重难点问题,评估总结	
任务目标	1. 掌握高沸精馏工段的基本原理、主要设备及工艺流程。 2. 能够根据高沸精馏工段现场的设备和管线布置,识读和绘制高沸精馏工段工艺流程图;按照生产中岗位操作规程与规范,能够内、外操联合正确对生产过程进行操作与控制。 3. 能发现生产操作过程中的异常情况,并对其进行分析和正确的处理;能初步制定开车操作程序	
岗位职责	班组长:组织和协调内、外操完成高沸精馏工段联合操作; 内操:掌握高沸精馏工段工艺参数及其操作控制方法,完成工艺参数分析任务记录单; 外操:掌握高沸精馏工段设备、管路、阀门及工艺流程,完成设备种类分析任务记录单	
工作任务	1. MMA 生产中高沸精馏的基本原理认知; 2. 高沸精馏工段的现场主要设备认知; 3. 高沸精馏工段的工艺流程认知及现场管线查找; 4. 高沸精馏工段内外操联合操作; 5. 高沸精馏工段生产安全和环保问题分析	
工作准备	教师准备	学生准备
	1. 准备教材、工作页、考核评价标准等教学材料; 2. 给学生分组,下达工作任务; 3. 准备安全帽、手套等劳保用品	1. 班组长分配工作,明确每个人的工作任务; 2. 通过课程学习平台预习基本理论知识; 3. 准备工作服、学习资料和学习用品

任务实施

任务名称:高沸精馏工段的操作与控制			
序号	工作过程	学生活动	教师活动
1	准备工作	穿戴好工作服、安全帽;准备好必备学习用品和学习材料	准备教材、工作页、考核评价标准等教学材料

续表

任务名称：高沸精馏工段的操作与控制

序号	工作过程	学生活动	教师活动
2	任务下达	领取工作页,记录工作任务要求	发放工作页,明确工作要求、岗位职责
3	班组例会	分组讨论,各组汇报课前学习基本知识的情况,认真听老师讲解重难点,分配任务,制订工作计划	听取各组汇报,讨论并提出问题,总结并集中讲解重难点问题
4	高沸精馏工段主要设备认识	认识现场设备名称、位号,列出主要设备	跟踪指导,解决学生提出的问题,集中讲解
5	查找现场管线,理清高沸精馏工艺流程	根据主要设备位号,查找现场工艺管线及阀门布置,理清工艺流程的组织过程	跟踪指导,解决学生提出的问题,并进行集中讲解
6	内、外操联合操作工作过程分析	根据操作规程,内操分析主要工艺参数及控制方法,列出工艺参数;外操分析每个设备的主要功能,完成设备功能列表	在班组讨论过程中进行跟踪指导,指出设备和工艺参数列表中存在的问题并帮助解决
7	内、外操联合操作	每组学生进行内、外操联合操作的训练,完成各自岗位工作任务并进行内、外操的轮换	教师跟踪指导并进行过程考核
8	工作总结	班组长带领班组总结工作中的收获、不足及改进措施,完成工作页的提交	检验成果,总结归纳生产相关知识,点评工作过程

学生工作页

任务名称		高沸精馏工段的操作与控制	
班级		姓名	
小组		岗位	
工作准备	一、课前解决问题 1. 甲基丙烯酸甲酯生产中高沸精馏的基本原理是什么？ 2. 高沸精馏塔是什么类型的塔？高沸精馏塔的操作条件是什么？		

	3. 高沸精馏塔顶轻组分经过各冷凝器冷凝后,分别去哪里?
	4. 经过高沸精馏塔的精馏作用,进料中 MMA 的组成和出料中 MMA 的组成有什么变化?
工作准备	二、接受老师指定的工作任务后,了解工作场地的环境、设备管理要求,穿好符合劳保要求的服装。
	三、安全生产及防范 学习本工段实训工作场所相关安全及管理规章制度,列出你认为工作过程中需注意的问题,并做出承诺。 我承诺:工作期间严格遵守实训场所安全及管理规定。 承诺人: 本工作过程中需注意的安全问题及处理方法:
工作分析与实施	1. 外操列出现场设备,并分析设备作用。 表格如下:

序号	设备位号	设备名称	设备类别	主要功能与作用

续表

	2. 内操列出主要工艺参数,并分析工艺参数控制方法及影响因素。

<table>
<tr><th rowspan="2">工作分析
与实施</th><th>序号</th><th>仪表位号</th><th>仪表名称</th><th>控制范围</th><th>工艺参数的控制方法及
影响因素分析</th></tr>
<tr><td></td><td></td><td></td><td></td><td></td></tr>
</table>

工作分析
与实施

序号	仪表位号	仪表名称	控制范围	工艺参数的控制方法及影响因素分析

3. 按照岗位操作规程,进行内、外操联合操作,记录操作中过程中出现的问题。

_____

_____

_____

_____

工作总结
与反思

　　结合自身和本组完成的工作,通过交流讨论、组内点评等形式客观、全面地总结本次工作任务完成情况,并讨论如何改进工作。

_____

_____

_____

一、 相关知识

　　高沸精馏基本原理:利用在一定的真空下,不同物质沸点不同的原理,把经过低沸精馏塔后含有 MMA 和高沸物的粗 MMA 送入精制单元的高沸精馏塔,在高沸精馏塔中将反应过程中产生的高沸物在塔底脱除,高沸塔塔顶得到纯度为 99.9% 的成品 MMA。

　　高沸塔(T-2202)装有规整填料,并由精馏段和汽提段组成。高沸塔可以去除沸点比 MMA 高的重组分杂质。再沸器(E-2201)也是一个内热虹吸式再沸器(Robert 再沸器)。塔顶压力控制在 $10\sim20$ kPa 下操作,塔顶温度控制在 $58\sim68$ ℃ 下操作。脱水酯由塔釜压入高沸塔,由精馏塔塔顶采出成品 MMA,高沸塔塔釜中的高沸物进入高沸物缓冲罐,通过泵送至酯化釜中,回收 MMA。

二、 技能训练——高沸精馏工段内、外操联合操作与控制

1. 高沸精馏工段主要设备

高沸精馏工段所用到的主要设备见表 7-10。

表 7-10　高沸精馏工段主要设备一览表

序号	设备编号	设备名称	序号	设备编号	设备名称
1	T-2201	高沸塔	10	E-2202	高沸物冷却器
2	V-2201	高沸塔回流罐	11	E-2203	高沸塔顶冷凝器 1
3	V-2202	高沸物缓冲罐	12	E-2204	高沸塔顶冷凝器 2
4	V-2203	MMA 储罐	13	E-2205	MMA 冷却器
5	V-2204	吸附器	14	E-2206	高沸塔真空泵冷凝器
6	S-2201	阻聚剂 A 混合器	15	P-2201	高沸塔回流泵
7	F-2201	MMA 产品过滤器	16	P-2202	高沸物泵
8	F-2202	MMA 过滤器	17	P-2203	MMA 泵
9	E-2201	高沸塔塔底再沸器	18	P-2204	蒸汽喷射器

2. 高沸精馏工段的主要工艺指标

高沸精馏工段的主要工艺指标见表 7-11。

表 7-11　高沸精馏工段主要工艺指标一览表

序号	位号	正常值	单位	说明
1	LI-2201	50	%	高沸物缓冲罐液位
2	LIC-2201	50	%	高沸塔液位
3	LIC-2202	50	%	高沸塔回流罐液位
4	LIC-2203	50	%	MMA 储罐液位
5	FI-2201	200	kg/h	高沸塔顶回流量
6	FI-2203	210	kg/h	高沸塔顶冷凝器 1 回流量
7	FI-2204	210	kg/h	高沸塔顶冷凝器 2 回流量
8	FI-2205	5000	kg/h	蒸汽喷射器蒸汽流量
9	FI-2206	3000	kg/h	高沸塔汽提蒸汽流量
10	FIC-2201	1000	kg/h	高沸物缓冲罐出口流量
11	FIC-2203	15500	kg/h	高沸塔塔顶回流量
12	TI-2201	58	℃	高沸塔顶温度
13	TI-2202	63	℃	高沸塔温度
14	TI-2203	40	℃	塔顶冷凝器 1 循环水回水温度
15	TI-2204	15	℃	塔顶冷凝器 2 盐水回水温度
16	TI-2205	15	℃	吸附器入口温度
17	TIC-2201	68	℃	高沸塔底温度
18	TIC-2202	53	℃	塔顶冷凝器 1 出口温度
19	TIC-2203	48	℃	塔顶冷凝器 2 出口温度
20	TIC-2204	50	℃	高沸物缓冲罐进口温度
21	TIC-2205	30	℃	MMA 储罐温度
22	PI-2201	26	kPa	高沸塔底压力
23	PI-2202	21	kPa	高沸塔压力
24	PI-2210	50	kPa	吸附器压力
25	PI-2211	11	kPa	高沸塔回流罐
26	PI-2212	10	kPa	MMA 储罐压力
27	PI-2213	15	kPa	高沸物缓冲罐压力
28	PIC-2201	26	kPa	高沸塔压力
29	PIC-2202	26	kPa	蒸汽喷射器进口压力

3. 高沸精馏工段的工艺流程

低沸塔底含 MMA 物料压到高沸塔汽提段上方。将低压蒸汽加入再沸器壳程，以保持塔的温度和提供热源。在再沸器加热蒸出单体，在塔顶得到精单体的蒸汽。此蒸汽在高沸塔顶冷凝器 1（E-2203）、2（E-2204）中冷凝，通过 MMA 泵（P-2203）在冷凝器 1、2 顶部加入纯 MMA 溶液进行喷淋，不凝气由真空泵 P-2204 抽走。

高沸精馏
工艺流程

冷凝后流出的物料进入高沸塔回流罐（V-2201）中，通过高沸塔回流泵（P-2201）将回流罐中 MMA 一部分回流到高沸塔顶部，在回流液中加入由阻聚剂 A 输送泵（P-3102）输送的阻聚剂 A，加入回流液中，以防止在高沸塔内形成聚合物；另一部分 MMA 采出进入 MMA 冷却器（E-2205）进行冷却，冷却后的 MMA 进入 MMA 储罐（V-2203）中，然后用 MMA 泵（P-2203）输送，经过吸附器（V-2204）去除产品中的甲酸。MMA 储罐底部设有冷却盘管，用冷冻盐水冷却，防止 MMA 在较高温度时发生聚合反应。塔底高沸物进入高沸物冷却器（E-2202）中，用冷却水冷却到 40℃。冷却后的重组分进入高沸物缓冲罐（V-2202）中，并通过高沸物泵（P-2202）输送到酯化釜 R-1201 中。为了防止聚合，在高沸塔的不同位置注入阻聚剂。高沸精馏工段的具体工艺流程如图 7-19 所示。

4. 内外操联合冷态开车操作与控制

① 全开高沸塔顶冷凝器 1 E-2203 循环水回水阀门 XV2207。

② 全开高沸塔顶冷凝器 1 E-2203 循环水上水阀门 XV2208。

③ 稍开高沸塔顶冷凝器 1 E-2203 循环水调节阀 TIC2202，开度设为 30％。

④ 全开高沸塔顶冷凝器 2 E-2204 盐水回水阀门 XV2213。

⑤ 全开高沸塔顶冷凝器 2 E-2204 盐水上水阀门 XV2214。

⑥ 稍开高沸塔顶冷凝器 2 E-2204 盐水调节阀 TIC-2203，开度设为 30％。

⑦ 全开高沸物冷却器 E-2202 循环水回水阀门 XV2226。

⑧ 稍开高沸物冷却器 E-2202 循环水调节阀 TIC-2204，开度设为 30％。

⑨ 全开 MMA 冷却器 E-2205 循环水回水阀门 XV 2234。

⑩ 稍开 MMA 冷却器 E-2205 循环水调节阀 TIC-2205，开度设为 30％。

⑪ 全开 MMA 储罐盐水回水阀门 XV2237。

⑫ 全开 MMA 储罐盐水上水阀门 XV2236。

⑬ 稍开 MMA 储罐盐水调节阀 TIC-2206，开度设为 30％。

⑭ 全开高沸塔真空泵冷却器 E-2206 循环水回水阀门 XV2250。

⑮ 全开高沸塔真空泵冷却器 E-2206 循环水上水阀门 XV2249。

⑯ 全开高沸塔 T-2201 塔顶手阀 XV2202。

⑰ 全开高沸塔顶冷凝器 1 E-2203 进口手阀 XV2205。

⑱ 全开高沸塔顶冷凝器 1 E-2203 出口手阀 XV2209。

⑲ 全开高沸塔顶冷凝器 2 E-2204 进口手阀 XV2211。

⑳ 全开高沸塔顶冷凝器 2 E-2204 出口手阀 XV2217。

㉑ 打开压力控制阀 PIC-2201，开度设为 50％，控制塔顶压力。

㉒ 打开蒸汽喷射器蒸汽阀 PIC-2202，开度设为 50％。

㉓ 全开高沸塔真空泵冷凝器 E-2206 排气阀门 XV2252，开排气。

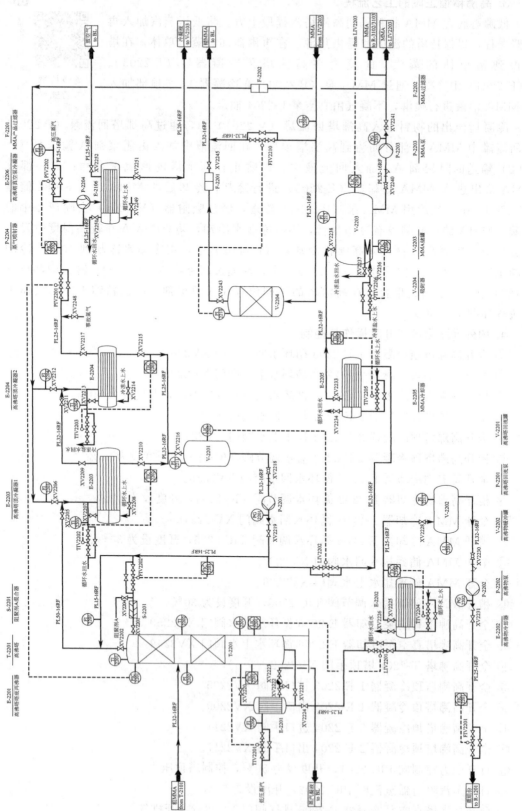

图 7-19　高沸精馏工段的工艺流程图

㉔ 打开低沸塔液位控制阀 LIC-2101（在低沸塔 DCS 界面），开度设为 50%，低沸塔塔釜料进入高沸塔中。

㉕ 全开高沸塔塔底阀门 XV2221，投用塔釜再沸器。

㉖ 当高沸塔 T-2201 塔釜液位 LIC-2201 达 30%时，打开再沸器蒸汽阀 TIC-2201，开度设为 50%，整塔升温。

㉗ 全开高沸塔塔底再沸器 E-2201 疏水阀前阀 XV2222。

㉘全开高沸塔塔底再沸器 E-2201 疏水阀后阀 XV2223。

㉙ 调节高沸塔顶冷凝器 1 E-2203 循环水调节阀 TIC-2202，开度设为 50%。

㉚ 调节高沸塔顶冷凝器 2 E-2204 盐水调节阀 TIC-2203，开度设为 50%。

㉛ 全开高沸塔回流罐 V-2201 顶部阀门 XV2216。

㉜ 全开高沸塔顶冷凝器 1 E-2203 底部手阀 XV2210。

㉝ 全开高沸塔顶冷凝器 2 E-2204 底部手阀 XV2215。

㉞ 全开高沸塔真空泵冷却器 E-2206 底部手阀 XV2251，凝液送至 V-2103。

㉟ 全开高沸塔回流泵 P-2201 入口阀 XV2218。

㊱ 当高沸塔回流罐 V-2201 液位 LIC-2202 达 50%时，启动回流泵 P-2201。

㊲ 全开高沸塔回流泵 P-2201 出口阀 XV 2219。

㊳ 全开高沸塔回流手阀 XV2201。

㊴ 打开高沸塔回流流量控制阀 FIC-2203，开度设为 50%，全回流。

㊵ 当高沸塔顶温度 TI-2201 达到 58℃时，打开高沸塔回流罐液位控制阀 LIC-2202，开度设为 50%，将回流罐物料经 MMA 冷却器冷却送至 MMA 储罐 V-2203。

㊶ 全开 MMA 冷却器 E-2205 出口阀门 XV2233。

㊷ 全开 MMA 储罐 V-2203 进口阀门 XV2238。

㊸ 调节 MMA 冷却器 E-2205 循环水调节阀 TIC-2205，开度设为 50%。

㊹ 调节 MMA 储罐盐水调节阀 TIC-2206，开度设为 50%。

㊺ 全开高沸塔 T-2201 塔釜重组分手阀 XV2224。

㊻ 当高沸塔塔釜液位 LIC-2201 达到 60%时，打开高沸塔塔釜液位控制阀 LIC-2201，开度设为 50%，将塔釜重组分经高沸物冷却器 E-2202 冷却后排至高沸物缓冲罐 V-2202。

㊼ 全开高沸物冷却器 E-2202 出口阀门 XV2225。

㊽ 全开高沸物缓冲罐 V-2202 进口阀门 XV2228。

㊾ 调节高沸物冷却器 E-2202 循环水调节阀 TIC-2204，开度设为 50%。

㊿ 全开高沸物泵 P-2202 入口阀 XV2230。

(51) 当高沸物缓冲罐 V-2202 液位 LI-2201 达 50%时，启动高沸物泵 P-2202。

(52) 全开高沸物泵 P-2202 出口阀 XV 2231。

(53) 打开高沸物缓冲罐 V-2202 出口流量阀 FIC-2201，开度设为 50%，将高沸物打回酯化釜 R-1201。

(54) 全开 MMA 泵 P-2203 入口阀 XV2240。

(55) 当 MMA 储罐 V-2203 液位 LIC-2203 达 50%时，启动 MMA 泵 P-2203。

(56) 全开 MMA 泵 P-2203 出口阀 XV-2241（MMA 视需要，供阻聚剂配制使用）。

(57) 全开高沸塔顶冷凝器 1 E-2203 顶部手阀 XV2206。

(58) 全开高沸塔顶冷凝器 2 E-2204 顶部手阀 XV2212。

㉟（视聚合需要，将物料送至聚合釜）全开吸附器 V-2204 顶部阀门 XV2243。

⑥ 全开过滤器 F-2201 后阀门 XV2245。

㉖ 全开阻聚剂 A 阀门 XV2204。

㉺ 将高沸塔 T-2201 塔底温度 TIC-2201 投自动，设为 68℃。

㉻ 将高沸塔 T-2201 塔底液位 LIC-2201 投自动，设为 50%。

㉾ 将高沸塔 T-2201 塔顶压力 PIC-2201 投自动，设为 16kPa。

㉿ 将高沸塔塔顶回流量 FIC-2203 投自动，设为 15500kg/h。

⑯ 将高沸塔顶冷凝器 1 出口温度 TIC-2202 投自动，设为 53℃。

⑰ 将高沸塔顶冷凝器 2 出口温度 TIC-2203 投自动，设为 48℃。

⑱ 将高沸塔回流罐 V-2201 液位 LIC-2202 投自动，设为 50%。

⑲ 将高沸物缓冲罐 V-2202 进口温度 TIC-2204 投自动，设为 50℃。

⑳ 将 MMA 储罐 V-2203 进口温度 TIC-2205 投自动，设为 30℃。

㉑ 将 MMA 储罐 V-2203 温度 TIC-2206 投自动，设为 15℃。

5. DCS 操作画面

在高沸精馏工段内、外操联合操作与控制中涉及的仿真操作控制界面如图 7-20～图 7-23 所示。

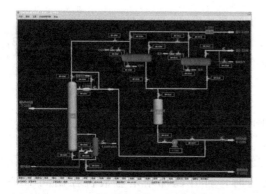

图 7-20 高沸精馏工段 1 塔 DCS 图

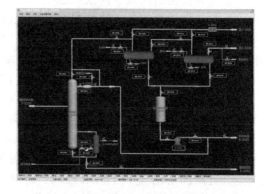

图 7-21 高沸精馏工段 1 塔现场图

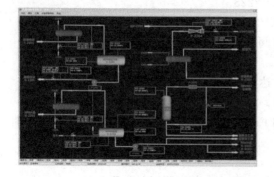

图 7-22 高沸精馏工段 2 塔 DCS 图

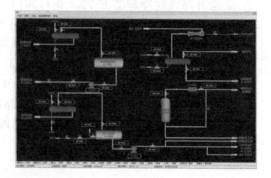

图 7-23 高沸精馏工段 2 塔现场图

【项目考核评价表】

考核项目	考核要点	考核标准(满分要求)	满分	得分
过程考核	酰胺化工段操作与控制	1. 能掌握酰胺化工段的基本反应原理和主要工艺参数(满分2分) 2. 能掌握酰胺化工段的主要设备和工艺流程(满分2分) 3. 内、外操相互配合,能进行内、外操联合操作与控制,完成岗位工作任务(满分4分) 4. 能发现生产运行中的异常,能够分析、判断和采取有效措施处理问题(满分1分) 5. 内、外操能良好配合,互相协作,沟通和交流良好,并能在操作中规范着装,正确使用防护用具,任务完成后清洁现场(满分1分)	10	
	酯化工段操作与控制	1. 能掌握酯化工段的基本反应原理和主要工艺参数(满分2分) 2. 能掌握酯化工段的主要设备和工艺流程(满分2分) 3. 内、外操相互配合,能进行内、外操联合操作与控制,完成岗位工作任务(满分4分) 4. 能发现生产运行中的异常,能够分析、判断和采取有效措施处理问题(满分1分) 5. 内、外操能良好配合,互相协作,沟通和交流良好,并能在操作中规范着装,正确使用防护用具,任务完成后清洁现场(满分1分)	10	
	萃取回收工段操作与控制	1. 能掌握萃取回收工段的基本反应原理和主要工艺参数(满分2分) 2. 能掌握萃取回收工段的主要设备和工艺流程(满分2分) 3. 内、外操相互配合,能进行内、外操联合操作与控制,完成岗位工作任务(满分4分) 4. 能发现生产运行中的异常,能够分析、判断和采取有效措施处理问题(满分1分) 5. 内、外操能良好配合,互相协作,沟通和交流良好,并能在操作中规范着装,正确使用防护用具,任务完成后清洁现场(满分1分)	10	
	低沸精馏工段操作与控制	1. 能掌握低沸精馏工段的基本反应原理和主要工艺参数(满分2分) 2. 能掌握低沸精馏工段的主要设备和工艺流程(满分2分) 3. 内、外操相互配合,能进行内、外操联合操作与控制,完成岗位工作任务(满分4分) 4. 能发现生产运行中的异常,能够分析、判断和采取有效措施处理问题(满分1分) 5. 内、外操能良好配合,互相协作,沟通和交流良好,并能在操作中规范着装,正确使用防护用具,任务完成后清洁现场(满分1分)	10	

续表

考核项目	考核要点	考核标准（满分要求）	满分	得分
过程考核	高沸精馏工段操作与控制	1. 能掌握高沸精馏工段的基本反应原理和主要工艺参数（满分2分） 2. 能掌握高沸精馏工段的主要设备和工艺流程（满分2分） 3. 内、外操相互配合，能进行内、外操联合操作与控制，完成岗位工作任务（满分4分） 4. 能发现生产运行中的异常，能够分析、判断和采取有效措施处理问题（满分1分） 5. 内、外操能良好配合，互相协作，沟通和交流良好，并能在操作中规范着装，正确使用防护用具，任务完成后清洁现场（满分1分）	10	
流程考核	甲基丙烯酸甲酯生产现场工艺流程图绘制	根据工艺流程及现场工艺管线的布局，正确规范地完成流程图的绘制（设备、管线），每错漏一处扣2分，工艺流程图绘制要规范、美观（设备画法、管线及交叉线画法、箭头规范要求、物料及设备的标注要求），每错漏一处扣1分	20	
知识考核	相关理论知识	根据所学内容，认真完成老师下发的知识考核卡，根据评分标准评阅	15	
联合操作考核	随机项目	在联合操作过程中能与他人协作、交流，善于分析问题和解决问题、尊重考核教师，注意教师提示的生产过程中安全和环保问题，按照工作场所和岗位要求，正确穿戴服装和安全帽，未按要求穿戴扣2分 在规定时间内完成随机抽签项目，电脑评分换算后得分（满分15分） 项目得分：15分（操作评分＞98） 项目得分：14分（95＜操作评分＜98） 项目得分：9～13分（91＜操作评分＜95） 项目得分：8分（85＜操作评分＜90） 项目得分：0分（操作评分＜85）	15	
项目总分				

【巩固训练】

一、填空题

1. MMA 和 PMMA 分别代表的是（　　　　）和（　　　　）。

2. 丙酮氰醇法生产甲基丙烯酸甲酯的主要原料有（　　　　）、（　　　　）和（　　　　）。

3. 酰胺化反应中生成甲基丙烯酰胺硫酸盐（MASA）的反应是（　　　　）热反应。

4. 酯化过程生成甲基丙烯酸甲酯的两个途径分别是（　　　　）和（　　　　）。

5. 在甲基丙烯酸甲酯生产工艺中引入的不同阻聚剂有（　　　　）、（　　　　）、（　　　　）和（　　　　）。

6. 酰胺加热器的作用是（　　　　）。

7. 甲基丙烯酸甲酯生产的工艺流程主要由（　　　　　）、（　　　　　）、（　　　　　）、（　　　　　）和（　　　　　）组成。

8. 萃取塔采用（　　　　　）作为萃取剂。

二、选择题

1. 目前工业上甲基丙烯酸甲酯生产通常采用的方法是（　　）。

A. 丙酮氰醇法　　　B. 乙烯法　　　　　C. 异丁醛氧化法　　D. 丙烯法

2. 阻聚剂的作用是（　　）。

A. 完全阻止聚合反应的进行

B. 减缓和抑制进料中不饱和烃的聚合、结焦

C. 加快聚合反应的进行

D. 阻止反应向可逆方向进行

3. 酰胺化反应中生成α-甲酰胺基异丙基硫酸氢酯（SIBA）的反应是（　　）反应。

A. 吸热　　　　　　B. 放热　　　　　　C. 先吸热后放热　　D. 先放热后吸热

4. 丙酮氰醇法生产甲基丙烯酸甲酯的反应是由（　　）组成的。

A. 酰胺化反应和萃取反应　　　　　B. 酯化反应和磺化反应

C. 酰胺化反应和酯化反应　　　　　D. 酰胺化反应和磺化反应

5. 甲基丙烯酸甲酯生产过程中，萃取塔一般采用的是（　　）。

A. 筛板塔　　　　　B. 填料塔　　　　　C. 浮阀塔　　　　　D. 转盘塔

三、判断题

1. 甲基丙烯酸甲酯是无色易挥发液体，并具有强辣味。（　　）

2. 甲基丙烯酸甲酯易溶于乙醇、乙醚、丙酮等多种有机溶剂，同时也易溶于乙二醇和水。（　　）

3. 甲基丙烯酸甲酯易燃，在光、热、电离辐射和催化剂存在下易发生聚合。（　　）

4. 甲基丙烯酸甲酯可以久储，不会发生聚合反应。（　　）

5. 甲基丙烯酸甲酯生产过程中，低沸精馏塔和高沸精馏塔都是在真空条件下操作的。（　　）

四、问答题

1. 写出丙酮氰醇法生产甲基丙烯酸甲酯过程中，酰胺化反应过程的基本原理是什么？

2. 丙酮氰醇法生产甲基丙烯酸甲酯的工艺流程主要由几个部分组成？请画出生产过程的工艺流程简图。

3. 萃取回收工段的基本原理是什么？

4. 简述甲基丙烯酸甲酯的精制过程。

项目八
丙烯腈生产技术

【基本知识目标】

1. 了解丙烯腈的物理及化学性质、丙烯腈的用途及国内外生产情况；了解丙烯腈生产过程的安全和环保知识；了解DCS控制丙烯腈智能化虚拟工厂的主要功能，各部分的使用方法。

2. 理解丙烯腈的工业生产方法及原理；理解丙烯氨氧化法的催化剂使用。

3. 掌握丙烯氨氧化法生产丙烯腈的基本原理；掌握丙烯腈生产过程中影响因素及工艺参数控制。

4. 掌握丙烯腈生产的工艺流程；理解生产中典型设备的结构特点及作用。

5. 掌握丙烯腈生产中开车步骤和生产过程中的影响因素（如：温度、压力、原料配比等工艺参数)的控制方法；掌握生产中的常见故障现象及原因。

【技术技能目标】

1. 能根据丙烯氨氧化反应特点的分析，正确选择氧化反应器。

2. 能分析生产过程中各工艺参数的影响，按照生产中岗位操作规程与规范，对工艺参数正确地操作与控制。

3. 能根据DCS智能化模型现场的工艺流程，识读和绘制生产工艺流程图；能按照工艺流程组织过程查找出现场的设备和管线的布置；正确对生产过程进行操作与控制。

4. 能发现生产过程中的安全和环保问题，会使用安全和环保设施。

5. 能利用仿真软件对丙烯腈生产开车过程进行操作控制；能发现生产过程中出现的异常情况，并进行正确的分析判断和处理。

【素质培养目标】

1. 通过生产中丙烯、氨、丙烯腈、氢氰酸、乙腈等危化品性质和环保问题分析，培养学生"绿色化工、生态保护、和谐发展和责任关怀"的核心思想。

2. 通过生产现场模型装置主要设备操作、工艺参数控制对产品质量和生产安全的影响，仿真操作中对工艺参数指标标准的严格控制，培养学生爱岗敬业、良好的质量意识、安全意识、工作责任心、社会责任感、精益求精的"工匠精神"、职业规范和职业道德等综合素质。

3. 通过讲述实际生产装置操作中的事故案例，培养学生科学规范、事故防范、应急处理及救助意识等。

4. 通过小组讨论汇报及仿真操作训练，提高学生的表达、沟通交流、分析问题和解决问题能力；通过操作考核和知识考核，培养学生良好的心理素质、诚实守信的工作态度及作风。

【项目描述】

在本项目教学任务中，以学生为主体，通过学生工作页给学生布置学习任务，让学生借助课程网络资源及相关文献资料，获得丙烯腈生产相关基本知识。本项目实施过程中采用吉林工业职业技术学院和秦皇岛博赫科技开发有限公司联合开发的"DCS控制丙烯腈智能化模拟工厂"和配套的仿真软件为载体,通过某丙烯腈工厂为原型的智能化模拟工厂和仿真操作模拟丙烯腈生产实际过程,训练学生丙烯腈生产运行过程中的操作控制能力,达到化工生产中"内、外操"岗位工作能力要求和职业综合素质培养的目的。

【操作安全提示】

1. 进入实训现场必须穿工作服,不允许穿高跟鞋、拖鞋。

2. 实训过程中,要注意保护模型装置、管线,保障装置的正常使用。

3. 实训装置现场的带电设备,要注意用电安全,不用手触碰带电管线和设备,防止意外事故发生。

4. 不允许在电脑上连接任何移动存储设备等,注意电脑使用和操作安全,保证操作正常运行。

5. 丙烯腈生产装置现场有易燃易爆和有毒气体,真正进入企业装置作业现场需要佩戴防毒面具、空气呼吸器等防护用品,取样等操作需要佩戴橡胶手套等劳保用具。

6. 要掌握丙烯腈生产现场操作的应急事故演练流程,一旦发生着火、爆炸、中毒等安全事故,要熟悉现场逃离、救护等安全措施。

任务 1
DCS控制丙烯腈反应工序智能化模型生产装置

任务描述

任务名称:DCS控制丙烯腈反应工序智能化模型生产装置	建议学时:4学时

学习方法	1. 按照工厂车间实行的班组制,将学生分组,1人担任班组长,负责分配组内成员的具体工作,小组共同制订工作计划、分析总结并进行汇报; 2. 班组长负责组织协订任务实施,组内成员按照工作计划分工协作,完成规定任务; 3. 教师跟踪指导,集中解决重难点问题,评估总结
任务目标	1. 了解丙烯腈的物理化学性质、用途,生产方法、生产中的安全和环保知识; 2. 掌握丙烯氨氧化法生产丙烯腈的基本原理、生产过程中影响因素及工艺参数控制方法;掌握DCS控制丙烯腈反应工序智能化模型生产装置典型设备的结构特点及作用、生产工艺流程及现场工艺流程布置。 3. 能根据反应工序现场查找主要设备及工艺管线布置,并能识读和绘制现场工艺流程图;能对本工序生产工艺流程进行详细叙述;能发现生产过程中的安全和环保问题,会使用安全和环保设施。 4. 具有爱岗敬业精神,良好的表达、沟通交流能力,质量意识,安全意识,工作责任心和社会责任感,职业规范和职业道德等综合素质
岗位职责	班组长:组织和协调组员完成查找反应工序现场装置的主要设备、管线布置和工艺流程组织; 组员:在班组长的带领下,共同完成查找反应工序现场装置的主要设备、管线布置和工艺流程组织任务,完成设备种类分析任务记录单及工艺流程图绘制

续表

工作任务	1. 反应工序的氨氧化基本原理认知； 2. 反应工序的现场主要设备认知； 3. 反应工序现场管线查找及工艺流程组织； 4. 反应工序生产工艺流程图的绘制； 5. 反应工序生产安全和环保问题分析	
工作准备	教师准备	学生准备
	1. 准备教材、工作页、考核评价标准等教学材料； 2. 给学生分组，下达工作任务	1. 班组长分配工作，明确每个人的工作任务； 2. 通过课程学习平台预习基本理论知识； 3. 准备工作服、学习资料和学习用品

任务实施

任务名称：DCS控制丙烯腈反应工序智能化模型生产装置			
序号	工作过程	学生活动	教师活动
1	准备工作	穿好工作服，准备好必备学习用品和学习材料	准备教材、工作页、考核评价标准等教学材料
2	任务下达	领取工作页，记录工作任务要求	发放工作页，明确工作要求、岗位职责
3	班组例会	分组讨论，各组汇报课前学习基本知识的情况，认真听老师讲解重难点，分配任务，制订工作计划	听取各组汇报，讨论并提出问题，总结并集中讲解重难点问题
4	反应工序主要设备认识	认识现场设备名称、位号，分析每个设备的主要功能，列出主要设备	跟踪指导，解决学生提出的问题，集中讲解
5	查找现场管线，理清反应工序工艺流程	根据主要设备位号，查找现场工艺管线布置，理清工艺流程的组织过程	跟踪指导，解决学生提出的问题，并进行集中讲解
6	工作过程分析	根据反应工序现场设备及管线布置，分析工艺流程组织，完成工艺流程叙述	教师跟踪指导，指出存在的问题并帮助解决，进行过程考核
7	工艺流程图绘制	每组学生根据现场工艺流程组织，按照规范进行现场工艺流程图的绘制	教师跟踪指导，指出存在的问题并帮助解决，进行过程考核
8	工作总结	班组长带领班组总结工作中的收获、不足及改进措施，完成工作页的提交	检验成果，总结归纳生产相关知识，点评工作过程

学生工作页

任务名称		DCS 控制丙烯腈反应 工序智能化模型生产装置	
班级		姓名	
小组		岗位	

工作准备	一、课前解决问题 　1. 工业中丙烯腈生产的工艺路线有哪些？ 　2. 丙烯氨氧化生产丙烯腈的主要原料有哪些？丙烯氨氧化的基本原理是什么？采用的催化剂主要有哪两类？ 　3. 丙烯腈生产的工艺流程主要由几部分组成？反应工序的作用是什么？ 　4. 丙烯氨氧化反应的反应器是什么类型的？主要由几个部分组成？ 　5. 丙烯氨氧化反应过程中放出的热量是如何进行热交换的？ 　6. 急冷塔的作用是什么？急冷塔采用的循环水是由哪几个部分组成的？
	二、接受老师指定的工作任务后，了解工作场地的环境、安全管理要求，穿好工作服。
	三、安全生产及防范 　学习反应工序智能化模型生产装置工作场所相关安全及管理规章制度，列出你认为工作过程中需注意的问题，并做出承诺。 　_____ 　_____ 　_____ 　_____ 　我承诺：工作期间严格遵守实训场所安全及管理规定。 　承诺人： 　本工作过程中需注意的安全问题及处理方法：_____ 　_____ 　_____ 　_____ 　_____

<table>
<tr><td rowspan="11">工作分析
与实施</td><td colspan="5">1. 列出现场设备并分析设备作用。</td></tr>
</table>

1. 列出现场设备并分析设备作用。

序号	设备位号	设备名称	设备类别	主要功能与作用

2. 按照工作任务计划,查找管线布置,分析工艺流程组织,完成工艺流程叙述及现场工艺流程图的绘制,记录工作过程中出现的问题。

工作总结与反思

结合自身和本组完成的工作,通过交流讨论、组内点评等形式客观、全面地总结本次工作任务完成情况,并讨论如何改进工作。

一、相关知识

(一)丙烯腈的性质和用途

1. 丙烯腈的性质

丙烯腈（$H_2C = CHCN$）是重要的有机化工产品,在常温常压下为无色液体,具有刺激性臭味,沸点77.3℃。能与丙酮、苯、乙醚、甲醇等许多有机溶剂互溶,与水部分互溶,丙烯腈与水等可形成共沸物。丙烯腈蒸气与空气可形成爆炸性混合物,爆炸极限为3.05%～17.5%(体积分数)。丙烯腈有毒,长时间吸入其蒸气能引起恶心、呕吐、头晕等,工作场所最高允许浓度为$45mg/m^3$。

丙烯腈分子具有双键和氰基,性质活泼,易发生加成、水解、聚合和醇解等化学反应。丙烯腈遇明火、高热易引起燃烧,并放出有毒气体。与氧化剂、强酸、强碱、胺类、溴反应剧烈。丙烯腈遇光和热能自行聚合,遇水能分解产生有毒气体。

2. 丙烯腈的用途

丙烯腈主要用于生产聚丙烯腈纤维、碳纤维、ABS/AS树脂、丙烯酰胺、丁腈橡胶等下游产品。

丙烯腈是合成纤维、合成橡胶和合成树脂的重要单体。由丙烯腈制得聚丙烯腈纤维即腈纶，其性能极似羊毛，因此也叫合成羊毛。丙烯腈与丁二烯共聚可制得丁腈橡胶，具有良好的耐油性、耐寒性、耐磨性和电绝缘性能，并且在大多数化学溶剂、阳光和热作用下，性能比较稳定。丙烯腈与丁二烯、苯乙烯共聚制得 ABS 树脂，具有质轻、耐寒、抗冲击性能较好等优点。丙烯腈水解可制得丙烯酰胺和丙烯酸及其酯类。它们是重要的有机化工原料，丙烯腈还可电解加氢偶联制得己二腈，由己二腈加氢又可制得己二胺，己二胺是尼龙 66 原料。可制造抗水剂和胶黏剂等，也用于其他有机合成和医药工业中，并用作谷类熏蒸剂等。此外，丙烯腈也是一种非质子型极性溶剂，还可作为油田泥浆助剂 PAC142 原料。

丙烯氨氧化法
生产丙烯腈原理

（二）丙烯腈生产的基本原理

1. 主、副反应

（1）主反应　原料丙烯、氨和空气在流化床反应器内，催化剂作用和一定的条件下，氧化生成丙烯腈的主反应式如下：

$$2H_2C\!=\!CH\!-\!CH_3 + 2NH_3 + 3O_2 \longrightarrow 2H_2C\!=\!CH\!-\!CN + 6H_2O + 1029.6kJ$$

（2）副反应　在主反应进行的同时，还伴随有以下主要副反应：

$$2C_3H_6 + 3NH_3 + 3O_2 \longrightarrow 3CH_3CN(g) + 6H_2O(g) + 1087.5kJ$$
$$C_3H_6 + 3NH_3 + 3O_2 \longrightarrow 3HCN(g) + 6H_2O(g) + 942kJ$$
$$C_3H_6 + NH_3 + O_2 \longrightarrow CH_3CH_2CN(g) + 2H_2O(g) + 412.9kJ$$
$$C_3H_6 + O_2 \longrightarrow H_2C\!=\!CH\!-\!CHO(g) + H_2O(g) + 353.3kJ$$
$$2C_3H_6 + 3O_2 \longrightarrow 2H_2C\!=\!CH\!-\!COOH(g) + 2H_2O(g) + 1226.8kJ$$
$$2C_3H_6 + O_2 \longrightarrow 2CH_3COCH_3(g) + 2H_2O(g) + 474.6kJ$$
$$C_3H_6 + O_2 \longrightarrow CH_3CHO(g) + HCHO(g) + 294.1kJ$$
$$2C_3H_6 + 9O_2 \longrightarrow 6CO_2 + 6H_2O(g) + 1280.6kJ$$
$$C_3H_6 + 3O_2 \longrightarrow 3CO + 3H_2O(g) + 1077.3kJ$$
$$4NH_3 + 3O_2 \longrightarrow 2N_2 + 6H_2O(g) + 1272kJ$$

丙烯腈反应过程中的主要副产物有乙腈、氢氰酸、丙烯醛和二氧化碳等。

2. 催化剂

丙烯腈生产使用的催化剂目前主要有两大类，一类是钼铋类催化剂，如美国技术 C-49MC 型催化剂，丙烯腈收率可达 76%。这类催化剂以 Mo、Bi 的氧化物为主催化剂，磷氧化物为助催化剂，二氧化硅为载体，磷氧化物的加入提高了目的产物的选择性，也提高了热稳定性。另一类是锑系催化剂，是锑铀或锑铁的混合氧化物，由于锑铀系列催化剂放射性强，"三废"处理难，现在基本不使用。目前的锑系催化剂主要是锑铁的混合氧化物。

丙烯氨氧化法
生产丙烯腈工艺
条件的选择

氨氧化时，由于反应气体不断带走反应过程中磨损的催化剂细微粒子，催化剂长期运转活性下降，所以设有催化剂补加系统。将催化剂补充料斗抽真空，补充催化剂自桶中吸入料斗，补充料斗中的补充催化剂从料斗底部流出，经自动加料阀按一定程序由仪表空气进行输送，不断加入反应器中，催化剂补充料斗设有催化剂旋风分离器，回收抽真空时由顶部带出的催化剂。

（三）工艺参数确定

1. 原料纯度

丙烯腈生产主要原料指标见表 8-1。

表 8-1　丙烯腈生产主要原料指标

序号	原料名称	指标名称	指标单位	控制指标
1	丙烯	丙烯含量	%（体积分数）	≥95.5
		乙烯含量	mL/m³	≤100
		丙炔含量	mL/m³	≤10
		丙二烯含量	mL/m³	≤50
		丁烯和丁二烯含量	mL/m³	≤1000
		总硫	mg/kg	≤5
2	液氨	外观	—	无色透明液体
		氨含量	%	≥99.6
		残留物含量	%	≤0.4
3	空气	不做特殊要求,正常净化即可		

原料中带入的杂质有乙烷、丙烷、丁烷、乙烯、丁烯、硫化物等。烷烃类对反应无影响，丁烯对反应影响较大，丁烯或更高级的烯烃比丙烯易氧化，消耗氧气，使催化剂活性下降，氧化产物沸点与丙烯腈沸点接近，给丙烯腈精制带来困难，因而要严格控制烯烃含量。硫化物的存在也会使催化剂活性下降，要按要求及时脱除。

2. 原料配比

原料配比对产品收率、消耗定额及安全操作等影响较大，因此要严格控制合理的原料配比。

（1）丙烯与氨的配比　丙烯氨氧化主要产物有丙烯腈和丙烯醛，都是烯丙基反应。经试验发现两种产物跟原料配比关系较大，如图 8-1 所示。从图中可见，随着氨用量增加丙烯腈收率也在增加，氨与丙烯比接近 1 时丙烯腈收率最大，因此，通常氨要过量些，过量 5%～10%，既有利于目的产物增加，也有利于反应速率增大。但氨不能过量较多，否则会增大消耗定额，同时多余的氨要用硫酸处理，也增加了硫酸的消耗定额，对催化剂也有害。

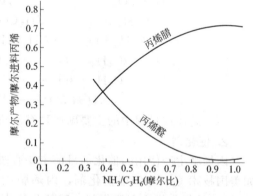

图 8-1　丙烯与氨用量比的影响

（2）丙烯与空气配比　丙烯∶空气=1∶(8～12)，空气是过量的，原因是为了保护催化剂，体系中的催化剂需在氧存在下把低价离子氧化为高价离子，恢复其活性。但空气不能太多，否则会带入过多的惰性气体，降低原料中丙烯浓度，进而降低了反应速率；能使催化剂深度氧化，降低活性；能增加动力消耗；能使产物浓度下降，影响产物回收。

（3）丙烯与水蒸气的配比　丙烯氨氧化的主反应并不需要水蒸气的参加，但根据该反应的特点，在原料中加入一定量水蒸气的原因有以下几点：

① 水蒸气有助于反应产物从催化剂表面解吸出来，从而避免丙烯腈的深度氧化。

② 水蒸气在该反应中是一种很好的稀释剂。如果没有水蒸气参加，反应很激烈，温度会急剧上升，甚至发生燃烧，而且如果不加入水蒸气，原料混合气中丙烯与空气的比例正好处在爆炸极限范围内，加入水蒸气对保证生产安全防爆有利。

③ 水蒸气的热容较大，可以带走大量的反应热，便于反应温度的控制。

④ 水蒸气的存在，可以消除催化剂表面的积炭。

水对合成产物收率的影响不是太显著，一般情况下，丙烯与水蒸气的摩尔比为 1∶3 时，效果较好。

3. 反应温度

反应温度影响反应速率及产物选择性，工业生产一般控制在 450～470℃ 之间，如图 8-2 所示，随着温度升高，丙烯腈、氢氰酸、乙腈收率同时增加，当温度超过 460℃，丙烯腈、氢氰酸、乙腈收率同时下降。表明在 350～460℃ 区间催化剂活性是逐渐增大的，而且温度再增加会导致结焦发生，部分管道堵塞，甚至会出现深度氧化反应发生，温度难以控制。

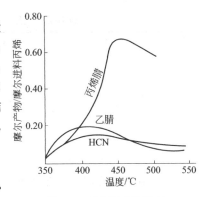

图 8-2 反应温度的影响

4. 反应压力

丙烯氨氧化反应是体积增大的反应，因而，减小压力可使平衡右移，增大转化率。随着压力增大，丙烯腈选择性、丙烯转化率、丙烯腈单程收率都逐渐下降。相反副产物氢氰酸、乙腈、丙烯醛逐渐增加。因此，生产中一般采用常压操作。

5. 接触时间

丙烯氨氧化过程通常是接触时间增加，产物收率也增加，因此提高接触时间可以提高丙烯腈的收率。但随着接触时间的增加使原料以及产物容易深度氧化，丙烯腈收率反而下降，甚至放热量的增大导致温度难以控制，另外接触时间增加使生产能力降低。所以，一般接触时间控制在 5～10s。

知识加油站

丙烯腈是有机化工生产中重要的碳三系列典型产品。碳三是指含有三个碳原子的脂肪烃、含卤化合物、醇、醚、环氧化合物、羧酸及其衍生物，它们都是重要的化工原料及产品。丙烯是碳三系列中产量最大、用途最广的脂肪烃。以丙烯作为原料，经一系列化学反应，可以获得的化工产品主要有聚丙烯、丙烯腈、环氧丙烷、异丙苯、异丙醇等。

二、技能训练——丙烯腈反应工序智能化模型生产装置

DCS 控制丙烯腈智能化模拟装置工艺流程主要分 4 个部分：反应工序、回收工序、精制工序和四效蒸发工序，其中前 3 个工序为主要工序，丙烯氨氧化生产丙烯腈主要工序工艺流程框图如图 8-3 所示。

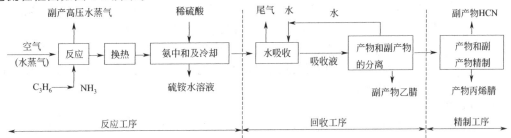

图 8-3 丙烯氨氧化生产丙烯腈主要工序工艺流程框图

（一）现场主要设备及位号

1. 现场主要设备

反应工序所用到的主要设备见表8-2。

表8-2　反应工序主要设备一览表

序号	设备编号	设备名称	序号	设备编号	设备名称
1	R101	流化床反应器	8	E133	氨过热器
2	F101	开工空气加热炉	9	E134	丙烯过热器
3	V104	蒸汽发生器	10	T101	急冷塔
4	V102	催化剂储罐	11	T102	废水塔
5	E102	反应气体冷却器	12	T105	下段气提塔
6	E104	丙烯蒸发器	13	V109	硫酸贮罐
7	E105	氨蒸发器	14	V110	消泡剂贮罐

2. 氨氧化反应器——流化床

丙烯腈生产是气固相反应，目前大多采用流化床式反应器，流化床式反应器结构简单，生产能力大。圆锥形流化床结构示意图如图8-4所示。反应器分三个部分：锥形体部分、反应段部分和扩大段部分。反应时，原料气从锥形体部分进入反应器，经分布板分布进入反应段。反应段是关键部分，内放一定粒度的催化剂，并设置有一定传热面积的U形或直形冷凝管，及时移走反应生成热，控制反应温度在工艺要求范围内。反应段装有多个挡板，可提高催化剂的使用效率，增大生产能力，挡板还可以破碎气泡，有利于传质。通过反应段的气体进入扩大段，气体流速减慢，被气体带上来的催化剂利用旋风分离器沉降，回收后的催化剂通过下降管回至反应段。流化床反应器优点是：催化剂与反应区接触面积大，催化剂床层与冷凝管壁间传热效果好，操作安全，设备制作简单，催化剂装卸方便。缺点是：催化剂易磨损，部分气体返混，还易产生气泡，选择性下降，转化率下降。

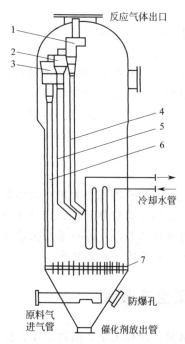

反应气体出口

1

2

3

4

5

6

冷却水管

7

防爆孔

原料气进气管　　催化剂放出管

图8-4　流化床反应器

1—第一级旋风分离器；

2—第二级旋风分离器；

3—第三级旋风分离器；

4—三级料腿；5—二级料腿；

6—一级料腿；7—气体分布板

（二）现场工艺流程及组织

以小组为单位，由班组长负责协调组员，共同查找反应工序工艺模型装置的主要设备、工艺管线布置及工艺流程组织，能够对照模型完整叙述反应工序工艺流程，并能识读流程中所有设备名称、位号和功能，并共同完成现场工艺流程图的绘制，同时能发现生产过程中的安全和环保问题，会使用安全和环保设施。

1. 现场工艺流程

来自丙烯、氨罐区的液态丙烯和液态氨进入丙烯蒸发器（E104）和氨蒸发器（E105），经过汽化和过热后混合在一起，经丙烯、氨分布器进入反应器，来自空压机的工艺空气进入反应

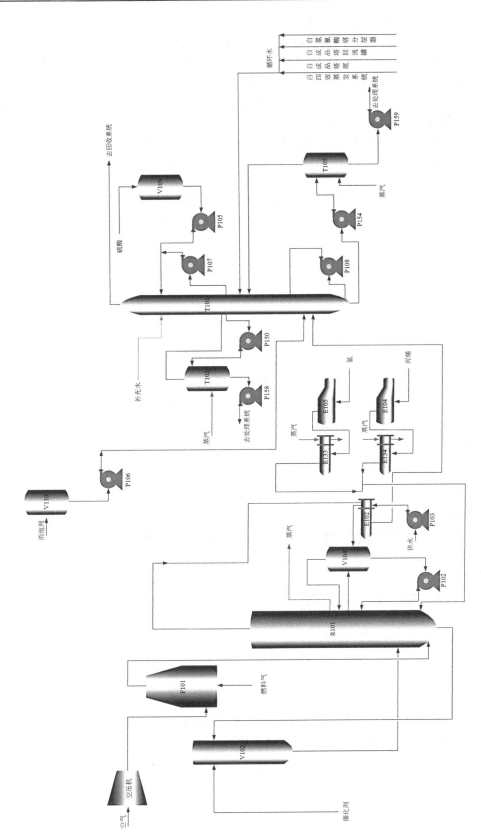

图 8-5 丙烯氨氧化生产丙烯腈智能化模型反应工序现场工艺流程图

器底部，并经过空气分布板进入流化床反应器（R101）。

工艺空气进入反应器的空气流量由流量记录调节器进行控制。空气进入反应器的底部，通过空气分布器向上流动，进入反应器的丙烯和氨的流量记录由流量调节阀进行控制。进入反应器之前丙烯和氨通过位于空气分布器上面的丙烯、氨分布器进行混合。丙烯、氨和空气在反应器中向上流动，使催化剂床层流化。催化剂是细小松散颗粒。在反应器正常操作情况下，其顶部压力为 0.074MPa，温度为 440℃。

在反应器中生成丙烯腈和其它产物的反应是放热反应，为保证反应的正常进行，必须将热量撤出。反应器中有多组垂直的 U 形盘管。撤热水通过这些盘管，产生 4.36MPa 的蒸汽。为了控制温度，可在操作中投入撤热水的量来控制，也可通过微调进料量来实现。反应器出口气体通过反应气体冷却器（E102），将蒸汽发生器（V104）补充水加热，使反应气体冷却。经冷却的反应气体送往回收系统的急冷塔（T101）中。反应系统还包括反应器蒸汽盘管供水、催化剂储罐（V102）和加料设备以及开工空气加热炉（F101）。

经冷却的反应气体大约 232℃进入急冷塔的底部，该气体向上流动在急冷塔下段通过喷淋急冷水，将反应气体冷却，同时塔底注入消泡剂。来自急冷塔底部的水作为急冷水循环到该塔的下段，其流量由流量调节阀来控制。冷却后的气体主要含有反应所产生的全部丙烯腈、乙腈和氢氰酸，它们从急冷塔的顶部采出并送到后冷器（E140）。硫酸加到上段循环水中，以中和反应气体中未反应的氨，通过硫酸量的自动加入来调节急冷塔上段的 pH 值。通过上段液位控制，将硫铵溶液送出。这股物料主要由水、硫铵、重组分和少量的轻有机物所组成。四效蒸发器（E510、E511、E512、E513）的底部残液进入急冷塔的下段，提供急冷反应气体需要的水。

为提高产品收率，急冷塔设置两个气提塔，分别为废水塔和下段气提塔，气提出的轻组分返回急冷塔。

2. 现场工艺流程图

丙烯氨氧化生产丙烯腈智能化模型反应工序现场工艺流程如图 8-5 所示。

任务 2
DCS 控制丙烯腈回收工序智能化模型生产装置

任务描述

任务名称:DCS 控制丙烯腈回收工序智能化模型生产装置		建议学时:4 学时
学习方法	1. 按照工厂车间实行的班组制,将学生分组,1 人担任班组长,负责分配组内成员的具体工作,小组共同制订工作计划、分析总结并进行汇报; 2. 班组长负责组织协调任务实施,组内成员按照工作计划分工协作,完成规定任务; 3. 教师跟踪指导,集中解决重难点问题,评估总结	
任务目标	1. 了解丙烯腈、乙腈和氢氰酸的性质及生产中的安全和环保知识。 2. 掌握丙烯腈、乙腈、氢氰酸以及其他副产物回收分离的基本原理、回收过程的影响因素;掌握 DCS 控制丙烯腈智能化模型生产装置—回收系统的典型设备的结构特点及作用、生产工艺流程及现场工艺流程布置。 3. 能根据回收工序现场查找主要设备及工艺管线布置,并能识读和绘制现场工艺流程图;能对回收工序生产工艺流程进行详细叙述;能发现生产过程中的安全和环保问题,会使用安全和环保设施。 4. 具有爱岗敬业精神,良好的表达、沟通交流能力,质量意识,安全意识,工作责任心和社会责任感,职业规范和职业道德等综合素质	

续表

岗位职责	班组长:组织和协调组员完成查找回收工序现场装置的主要设备、管线布置和工艺流程组织; 组员:在班组长的带领下,共同完成查找回收工序现场装置的主要设备、管线布置和工艺流程组织任务,完成设备种类分析任务记录单及工艺流程图的绘制	
工作任务	1. 回收工序的氨氧化基本原理认知; 2. 回收工序的现场主要设备认知; 3. 回收工序的工艺流程认知及现场管线查找; 4. 回收工序生产工艺流程图的绘制; 5. 回收工序生产安全和环保问题分析	
工作准备	教师准备	学生准备
	1. 准备教材、工作页、考核评价标准等教学材料; 2. 给学生分组,下达工作任务	1. 班组长分配工作,明确每个人的工作任务; 2. 通过课程学习平台预习基本理论知识; 3. 准备工作服、学习资料和学习用品

任务实施

任务名称:DCS控制丙烯腈回收工序智能化模型生产装置

序号	工作过程	学生活动	教师活动
1	准备工作	穿好工作服,准备好必备学习用品和学习材料	准备教材、工作页、考核评价标准等教学材料
2	任务下达	领取工作页,记录工作任务要求	发放工作页,明确工作要求、岗位职责
3	班组例会	分组讨论,各组汇报课前学习基本知识的情况,认真听老师讲解重难点,分配任务,制订工作计划	听取各组汇报,讨论并提出问题,总结并集中讲解重难点问题
4	回收工序主要设备认识	认识现场设备名称、位号,分析每个设备的主要功能,列出主要设备	跟踪指导,解决学生提出的问题,集中讲解
5	查找现场管线,理清回收工序工艺流程	根据主要设备位号,查找现场工艺管线布置,理清工艺流程的组织过程	跟踪指导,解决学生提出的问题,并进行集中讲解
6	工作过程分析	根据回收工序现场设备及管线布置,分析工艺流程组织,完成工艺流程叙述	教师跟踪指导,指出存在的问题并帮助解决,进行过程考核
7	工艺流程图绘制	每组学生根据现场工艺流程组织,按照规范进行现场工艺流程图的绘制	教师跟踪指导,指出存在的问题并帮助解决,进行过程考核
8	工作总结	班组长带领班组总结工作中的收获、不足及改进措施,完成工作页的提交	检验成果,总结归纳生产相关知识,点评工作过程

学生工作页

任务名称		DCS 控制丙烯腈回收 工序智能化模型生产装置	
班级		姓名	
小组		岗位	

工作准备	一、课前解决问题 1. 回收过程的基本原理是什么？ 2. 吸收塔、回收塔和乙腈塔的作用分别是什么？ 3. 吸收塔采用什么物质作为吸收剂？来自哪里？ 4. 急冷塔后冷器中的气态物料和液态物料分别去哪里？ 5. 回收塔中采用什么作为萃取剂？来自哪里？回收塔分层器的水相和油相分别去哪里？ 6. 乙腈塔的塔顶和塔底物料分别去哪里？
	二、接受老师指定的工作任务后，了解工作场地的环境、安全管理要求，穿好工作服。
	三、安全生产及防范 学习回收工序智能化模型生产装置工作场所相关安全及管理规章制度，列出你认为工作过程中需注意的问题，并做出承诺。 _____ _____ _____ _____ 我承诺：工作期间严格遵守实训场所安全及管理规定。 承诺人： 本工作过程中需注意的安全问题及处理方法：_____ _____ _____ _____

续表

	1. 列出现场设备,并分析设备作用。

<table>
<tr><th>序号</th><th>设备位号</th><th>设备名称</th><th>设备类别</th><th>主要功能与作用</th></tr>
<tr><td></td><td></td><td></td><td></td><td></td></tr>
<tr><td></td><td></td><td></td><td></td><td></td></tr>
<tr><td></td><td></td><td></td><td></td><td></td></tr>
<tr><td></td><td></td><td></td><td></td><td></td></tr>
<tr><td></td><td></td><td></td><td></td><td></td></tr>
<tr><td></td><td></td><td></td><td></td><td></td></tr>
<tr><td></td><td></td><td></td><td></td><td></td></tr>
<tr><td></td><td></td><td></td><td></td><td></td></tr>
<tr><td></td><td></td><td></td><td></td><td></td></tr>
</table>

工作分析与实施

2. 按照工作任务计划,查找管线布置,分析工艺流程组织,完成工艺流程叙述及现场工艺流程图的绘制,记录工作过程中出现的问题。

_____
_____
_____
_____

工作总结与反思

结合自身和本组完成的工作,通过交流讨论、组内点评等形式客观、全面地总结本次工作任务完成情况,并讨论如何改进工作。

_____
_____
_____
_____

技能训练——丙烯腈回收工序智能化模型生产装置

(一)现场主要设备及位号

回收工序所用到的主要设备见表 8-3。

表 8-3 回收工序主要设备一览表

序号	设备编号	设备名称	序号	设备编号	设备名称
1	T103	吸收塔	5	V113	碳酸钠贮罐
2	T104	回收塔	6	V111	回收塔分层器
3	T110	乙腈塔	7	V138	贫水溶剂水缓冲罐
4	V110	消泡剂贮罐	8	E140	急冷塔后冷器

(二)现场工艺流程及组织

以小组为单位,由班组长负责协调组员,共同查找回收工序工艺模型装置的主要设

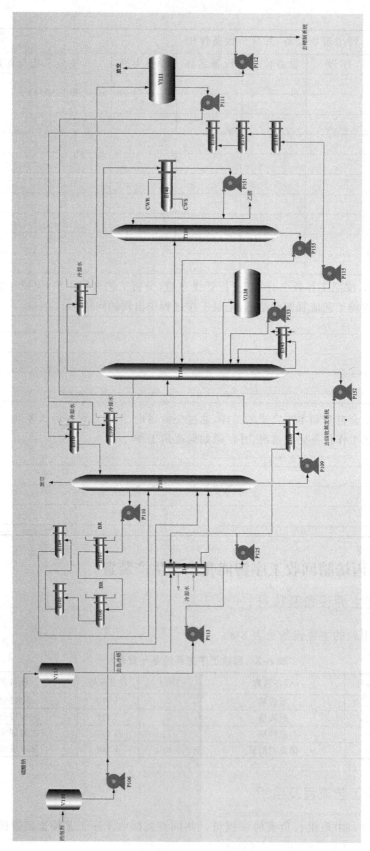

图 8-6　丙烯氨氧化生产丙烯腈智能化模型回收工序现场工艺流程图

备、工艺管线布置及工艺流程组织，能够对照模型完整叙述回收工序工艺流程，并能识读流程中所有设备名称、位号和功能，并共同完成现场工艺流程图的绘制，同时能发现生产过程中的安全和环保问题，会使用安全和环保设施。

1. 现场工艺流程

微课扫一扫

回收工序
工艺流程

离开急冷塔的气体在后冷器中冷却，气体温度进一步降低到约35℃，在冷却期间出料气中的部分水汽和一些有机物被冷凝下来。冷凝液积存在后冷器的底部，经泵送到回收塔（T104），少部分冷凝液经由泵的出口返回到后冷器的顶部管板以冲洗管板。离开急冷塔后冷器的反应气体，在装有塔盘和填料的吸收塔（T103）中被水逆流洗涤，以回收丙烯腈和其它可溶的有机反应产品。没有被吸收的一氧化碳、二氧化碳、氮气、未反应的氧气和烃类，通过吸收塔顶部放空烟囱排入大气。用吸收塔顶部管线中的压力调节阀来保持吸收塔的压力。

离开吸收塔塔釜的富水，在富水/贫水换热器（E108）中被加热后，进入回收塔，这股物料由保持吸收塔塔釜液位的液位调节阀来控制。从丙烯腈回收塔出来的塔顶物料经过回收塔冷凝器（E113），在冷凝器中该物料被冷凝，并冷却到约40℃，然后冷凝液在回收塔分层器（V111）中发生相分离，水相由回收水泵（P111）打回到回收塔，其流量由分层器中水相液位调节阀来控制。来自分层器的有机物通过流量调节器来调节，分层器的放空气体去精制尾气系统。

阻聚剂对苯二酚加到回收塔塔顶，以防聚合物的形成。碳酸钠溶液也可加到这里。在回收塔中进行分离所需的热量是由低压蒸汽的热虹吸式再沸器提供。回收塔塔釜物料通过回收塔釜液泵（P152）送到四效蒸发系统，在四效蒸发器中，大约有一半的回收塔塔釜液被蒸发，蒸发器冷凝液送到氨气提塔（T504），以除掉微量的游离氨和轻有机物。四效蒸发器的底部液体送到急冷塔下段，绝热冷却反应器出口气体，这股液体通过保证四效蒸发器残液缓冲槽液面的液位调节器来控制。

乙腈在回收塔的下段被汽提，并从34块塔盘抽出，该气体进入乙腈塔（T110），乙腈、水、少量的氢氰酸及丙烯腈从乙腈塔顶出来冷凝（E146），冷凝器连续向精制尾气系统排气。从乙腈塔顶出来的物料部分作为回流返液回到乙腈塔的顶部塔盘，其余的粗乙腈送到乙腈厂回收。

2. 现场工艺流程图

丙烯氨氧化生产丙烯腈智能化模型回收工序现场工艺流程如图8-6所示。

任务 3
DCS 控制丙烯腈精制工序智能化模型生产装置

任务描述

任务名称：DCS 控制丙烯腈精制工序智能化模型生产装置	建议学时：4 学时
学习方法	1. 按照工厂车间实行的班组制，将学生分组，1 人担任班组长，负责分配组内成员的具体工作，小组共同制订工作计划、分析总结并进行汇报； 2. 班组长负责组织协调任务实施，组内成员按照工作计划分工协作，完成规定任务； 3. 教师跟踪指导，集中解决重难点问题，评估总结

续表

任务目标	1. 了解相关物料的性质及生产中的安全和环保知识。 2. 掌握丙烯腈、氢氰酸分离的基本原理、精馏过程的影响因素；掌握精制工序典型设备的结构特点及作用、生产工艺流程及现场工艺流程布置。 3. 能根据精制工序现场查找主要设备及工艺管线布置，并能识读和绘制现场工艺流程图；能对本工序生产工艺流程进行详细叙述；能发现生产过程中的安全和环保问题，会使用安全和环保设施。 4. 具有爱岗敬业精神，良好的表达、沟通交流能力，质量意识，安全意识，工作责任心和社会责任感，职业规范和职业道德等综合素质
岗位职责	班组长：组织和协调组员完成查找精制工序现场装置的主要设备、管线布置和工艺流程组织； 组员：在班组长的带领下，共同完成查找精制工序现场装置的主要设备、管线布置和工艺流程组织任务，完成设备种类分析任务记录单及工艺流程图的绘制
工作任务	1. 精制工序的基本原理认知； 2. 精制工序的现场主要设备认知； 3. 精制工序的工艺流程认知及现场管线查找； 4. 精制工序生产工艺流程图的绘制； 5. 精制工序生产安全和环保问题分析

工作准备	教师准备	学生准备
	1. 准备教材、工作页、考核评价标准等教学材料； 2. 给学生分组，下达工作任务	1. 班组长分配工作，明确每个人的工作任务； 2. 通过课程学习平台预习基本理论知识； 3. 准备工作服、学习资料和学习用品

任务实施

任务名称：DCS 控制丙烯腈精制工序智能化模型生产装置			
序号	工作过程	学生活动	教师活动
1	准备工作	穿好工作服，准备好必备学习用品和学习材料	准备教材、工作页、考核评价标准等教学材料
2	任务下达	领取工作页，记录工作任务要求	发放工作页，明确工作要求、岗位职责
3	班组例会	分组讨论，各组汇报课前学习基本知识的情况，认真听老师讲解重难点，分配任务，制订工作计划	听取各组汇报，讨论并提出问题，总结并集中讲解重难点问题
4	精制工序主要设备认识	认识现场设备名称、位号，分析每个设备的主要功能，列出主要设备	跟踪指导，解决学生提出的问题，集中讲解
5	查找现场管线，理清精制工序工艺流程	根据主要设备位号，查找现场工艺管线布置，理清工艺流程的组织过程	跟踪指导，解决学生提出的问题，并进行集中讲解
6	工作过程分析	根据精制工序现场设备及管线布置，分析工艺流程组织，完成工艺流程叙述	教师跟踪指导，指出存在的问题并帮助解决，进行过程考核
7	工艺流程图绘制	每组学生根据现场工艺流程组织，按照规范进行现场工艺流程图的绘制	教师跟踪指导，指出存在的问题并帮助解决，进行过程考核
8	工作总结	班组长带领班组总结工作中的收获、不足及以改进措施，完成工作页的提交	检验成果，总结归纳生产相关知识，点评工作过程

学生工作页

任务名称	DCS 控制丙烯腈精制工序智能化模型生产装置	
班级		姓名
小组		岗位

<table>
<tr><td rowspan="20">工作准备</td><td colspan="2">

一、课前解决问题

1. 精制工序分离的基本原理是什么？

2. 进入脱氢氰酸塔的粗丙烯腈主要是由哪些物质组成的？

3. 脱氢氰酸塔顶分层器的气体、油相和水相分别去哪里？

4. 成品塔顶回流罐中的物料分别去哪里？

5. 丙烯腈、氢氰酸在精制过程中易聚合，故精制时分别需加入什么阻聚剂来防止聚合的发生？

</td></tr>
</table>

二、接受老师指定的工作任务后，了解工作场地的环境、安全管理要求，穿好工作服。

三、安全生产及防范

学习精制工序智能化模型生产装置工作场所相关安全及管理规章制度，列出你认为工作过程中需注意的问题，并做出承诺。

_____

_____

_____

我承诺：工作期间严格遵守实训场所安全及管理规定。

承诺人：

本工作过程中需注意的安全问题及处理方法：_____

_____

_____

_____

续表

	1. 列出现场设备,并分析设备作用。

<table>
<tr><th>序号</th><th>设备位号</th><th>设备名称</th><th>设备类别</th><th>主要功能与作用</th></tr>
<tr><td></td><td></td><td></td><td></td><td></td></tr>
<tr><td></td><td></td><td></td><td></td><td></td></tr>
<tr><td></td><td></td><td></td><td></td><td></td></tr>
<tr><td></td><td></td><td></td><td></td><td></td></tr>
<tr><td></td><td></td><td></td><td></td><td></td></tr>
<tr><td></td><td></td><td></td><td></td><td></td></tr>
<tr><td></td><td></td><td></td><td></td><td></td></tr>
<tr><td></td><td></td><td></td><td></td><td></td></tr>
</table>

工作分析与实施

2. 按照工作任务计划,查找管线布置,分析工艺流程组织,完成工艺流程叙述及现场工艺流程图的绘制,记录工作过程中出现的问题。

_____

_____

_____

_____

工作总结与反思

结合自身和本组完成的工作,通过交流讨论、组内点评等形式客观、全面地总结本次工作任务完成情况,并讨论如何改进工作。

_____

_____

_____

_____

技能训练——丙烯腈精制工序智能化模型生产装置

(一)现场主要设备及位号

精制工序所用到的主要设备见表8-4。

表8-4 精制工序主要设备一览表

序号	设备编号	设备名称	序号	设备编号	设备名称
1	T106	脱氢氰酸塔	5	E118	氢氰酸塔顶冷凝器
2	T107	成品塔	6	E120	成品塔塔顶冷凝器
3	V116	氢氰酸塔分层器	7	V121	成品中间罐
4	V117	成品塔回流罐	8	V301	粗丙烯腈槽

(二)现场工艺流程及组织

以小组为单位,由班组长负责协调组员,共同查找精制工序工艺模型装置的主要设

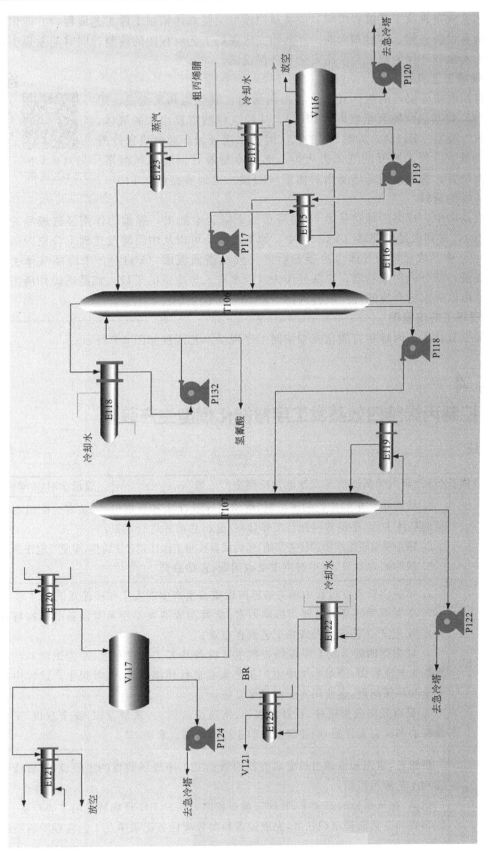

图 8-7 丙烯氨氧化生产丙烯腈智能化模型精制工序现场工艺流程图

备、工艺管线布置及工艺流程组织，能够对照模型完整叙述精制工序工艺流程，并能识读流程中所有设备名称、位号和功能，并共同完成现场工艺流程图的绘制，同时能发现生产过程中的安全和环保问题，会使用安全和环保设施。

1. 现场工艺流程

来自回收塔分层器的粗丙烯腈主要由丙烯腈、氰化氢和水组成，用泵（P112）将其送到脱氢氰酸塔（T106），从脱氢氰酸塔顶出来的气体，进到塔顶冷凝器（E118），大约 0℃的乙二醇盐水溶液循环通过塔顶冷凝器。脱氢氰酸塔顶未冷凝的气体去火炬，部分冷凝液打回脱氢氰酸塔，其余送出装置。脱氢氰酸塔塔釜出料用泵（P118）送到成品塔（T107），作为成品塔的进料。

精制工序
工艺流程

在成品塔中，成品丙烯腈从第 41 块塔盘的下降管中抽出，靠重力作用经过成品冷却器（E120），送到成品中间罐（V121）中。如不合格，可以从中间罐改送到不合格丙烯腈槽（V302）中。成品塔顶气体经冷凝器后进入成品塔回流罐（V117），未冷凝气体去火炬，冷凝液一部分返回成品塔，一部分作为急冷水进入急冷塔的下段。成品塔操作所需要的热量是由以热水为介质的热虹吸再沸器（E119）来提供的。

2. 现场工艺流程图

丙烯氨氧化生产丙烯腈智能化模型精制工序现场工艺流程如图 8-7 所示。

任务 4
DCS 控制丙烯腈四效蒸发工序智能化模型生产装置

任务描述

任务名称:DCS 控制丙烯腈四效蒸发智能化模型生产装置		建议学时:4 学时
学习方法	1. 按照工厂车间实行的班组制,将学生分组,1 人担任班组长,负责分配组内成员的具体工作,小组共同制订工作计划、分析总结并进行汇报; 2. 班组长负责组织协调任务实施,组内成员按照工作计划分工协作,完成规定任务; 3. 教师跟踪指导,集中解决重难点问题,评估总结	
任务目标	1. 了解四效蒸发过程中相关物料的性质及生产中的安全和环保知识。 2. 掌握蒸发的基本原理和影响因素;掌握四效蒸发工序典型设备的结构特点及作用、生产工艺流程及现场工艺流程布置。 3. 能根据四效蒸发工序现场查找主要设备及工艺管线布置,并能识读和绘制现场工艺流程图;能对本工序生产工艺流程进行详细叙述;能发现生产过程中的安全和环保问题,会使用安全和环保设施。 4. 具有爱岗敬业精神,良好的表达、沟通交流能力,质量意识,安全意识,工作责任心和社会责任感,职业规范和职业道德等综合素质	
岗位职责	班组长:组织和协调组员完成查找四效蒸发工序现场装置的主要设备、管线布置和工艺流程组织; 组员:在班组长的带领下,共同完成查找四效蒸发工序现场装置的主要设备、管线布置和工艺流程组织任务,完成设备种类分析任务记录单及工艺流程图的绘制	

续表

工作任务	1. 四效蒸发精制工序的基本原理认知； 2. 四效蒸发工序的现场主要设备认知； 3. 四效蒸发工序的工艺流程认知及现场管线查找； 4. 四效蒸发工序生产工艺流程图的绘制； 5. 四效蒸发工序生产安全和环保问题分析	
工作准备	教师准备	学生准备
	1. 准备教材、工作页、考核评价标准等教学材料； 2. 给学生分组，下达工作任务	1. 班组长分配工作，明确每个人的工作任务； 2. 通过课程学习平台预习基本理论知识； 3. 准备工作服、学习资料和学习用品

任务实施

任务名称：DCS控制丙烯腈四效蒸发工序智能化模型生产装置

序号	工作过程	学生活动	教师活动
1	准备工作	穿好工作服，准备好必备学习用品和学习材料	准备教材、工作页、考核评价标准等教学材料
2	任务下达	领取工作页，记录工作任务要求	发放工作页，明确工作要求、岗位职责
3	班组例会	分组讨论，各组汇报课前学习基本知识的情况，认真听老师讲解重难点，分配任务，制订工作计划	听取各组汇报，讨论并提出问题，总结并集中讲解重难点问题
4	四效蒸发主要设备认识	认识现场设备名称、位号，分析每个设备的主要功能，列出主要设备	跟踪指导，解决学生提出的问题，集中讲解
5	查找现场管线，理清四效蒸发工艺流程	根据主要设备位号，查找现场工艺管线布置，理清工艺流程的组织过程	跟踪指导，解决学生提出的问题，并进行集中讲解
6	工作过程分析	根据四效蒸发现场设备及管线布置，分析工艺流程组织，完成工艺流程叙述	教师跟踪指导，指出存在的问题并帮助解决，进行过程考核
7	工艺流程图绘制	每组学生根据现场工艺流程组织，按照规范进行现场工艺流程图的绘制	教师跟踪指导，指出存在的问题并帮助解决，进行过程考核
8	工作总结	班组长带领班组总结工作中的收获、不足及改进措施，完成工作页的提交	检验成果，总结归纳生产相关知识，点评工作过程

学生工作页

任务名称		DCS 控制丙烯腈四效蒸发 工序智能化模型生产装置	
班级		姓名	
小组		岗位	

工作准备	一、课前解决问题 1. 四效蒸发工序的基本原理是什么？ 2. 进入四效蒸发工序的物料主要是由哪些物质组成的？ 3. 四效蒸发器采用的热源分别是什么？蒸发器的作用是什么？ 4. 四效蒸发的残液去哪里？
	二、接受老师指定的工作任务后，了解工作场地的环境、安全管理要求，穿好工作服。 三、安全生产及防范 　学习四效蒸发智能化模型生产装置工作场所相关安全及管理规章制度，列出你认为工作过程中需注意的问题，并做出承诺。 _____ _____ _____ 　我承诺：工作期间严格遵守实训场所安全及管理规定。 承诺人： 本工作过程中需注意的安全问题及处理方法：_____ _____ _____ _____

续表

工作分析 与实施	1. 列出现场设备,并分析设备作用。 | 序号	设备位号	设备名称	设备类别	主要功能与作用 | |---|---|---|---|---| | | | | | | | | | | | | | | | | | | | | | | | | | | | | | | | | | | | | | | | | | | | | | | | | 2. 按照工作任务计划,查找管线布置,分析工艺流程组织,完成工艺流程叙述及现场工艺流程图的绘制,记录工作过程中出现的问题。
工作总结与 反思	结合自身和本组完成的工作,通过交流讨论、组内点评等形式客观、全面地总结本次工作任务完成情况,并讨论如何改进工作。

技能训练——丙烯腈四效蒸发工序智能化模型生产装置

(一)现场主要设备及位号

四效蒸发工序所用到的主要设备见表 8-5。

表 8-5 四效蒸发工序主要设备一览表

序号	设备编号	设备名称	序号	设备编号	设备名称
1	T504	氨气提塔	4	E512	三效蒸发器
2	E510	一效蒸发器	5	E513	四效蒸发器
3	E511	二效蒸发器			

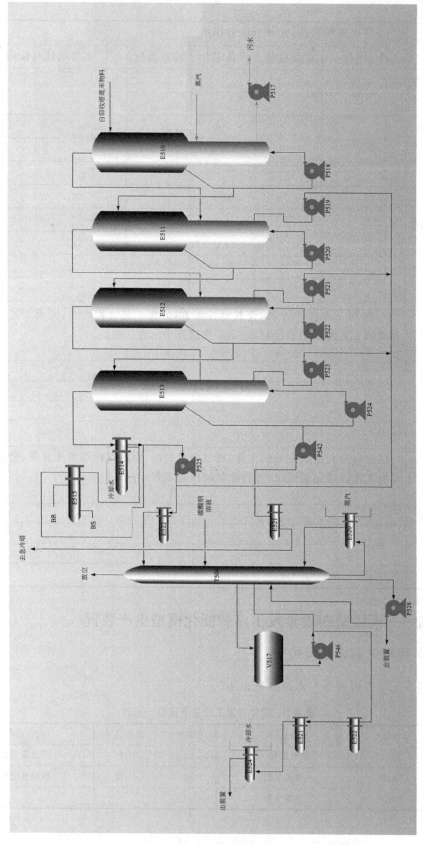

图 8-8 丙烯氨氧化生产丙烯腈智能化模型四效蒸发工序现场工艺流程图

（二）现场工艺流程及组织

以小组为单位，由班组长负责协调组员，共同查找四效蒸发工段工艺模型装置的主要设备、工艺管线布置及工艺流程组织，能够对照模型完整叙述四效蒸发工段工艺流程，并能识读流程中所有设备名称、位号和功能，并共同完成现场工艺流程图的绘制，同时能发现生产过程中的安全和环保问题，会使用安全和环保设施。

1. 现场工艺流程

回收塔塔釜物料进到一效蒸发器（E510），进料量由回收塔塔釜液位来控制，进入一效蒸发器的蒸汽流量是由蒸汽线上的流量调节器来控制的，在一效蒸发器中未蒸发的回收塔塔釜物料送到二效蒸发器（E511），该流量由保持一效蒸发器液面的液位调节器来控制，在二效蒸发器中蒸发所需要的热量由一效蒸发器顶蒸汽来供给。

从二效蒸发器出来的液体送到三效蒸发器（E512）中，该流量由保持二效蒸发器液面的液位调节器来控制，二效蒸发器顶蒸汽用来沸腾三效蒸发器。

四效蒸发器（E513）的进料是来自三效蒸发器的未汽化的液体，进料量由保持三效蒸发器液面的液位调节器来控制，四效蒸发器的热源是三效蒸发器顶蒸汽。在四效蒸发器中未汽化的液体用泵送到急冷塔下段，然后绝热冷却反应气体。四效蒸发器的顶蒸汽通过冷凝器（E514、E515），冷凝液用泵送到氨气提塔（T504），未冷凝的气体放空。

2. 现场工艺流程图

丙烯氨氧化生产丙烯腈智能化模型四效蒸发工序现场工艺流程如图8-8所示。

任务5
丙烯腈生产仿真操作

任务描述

任务名称：丙烯腈生产仿真操作	建议学时：4学时
学习方法	1. 按照工厂车间实行的班组制，将学生分组，1人担任班组长，负责分配组内成员的具体工作，小组共同制订工作计划、分析总结并进行汇报； 2. 班组长负责组织协调任务实施，组内成员按照工作计划分工协作，完成规定任务； 3. 教师跟踪指导，集中解决重难点问题，评估总结
任务目标	1. 了解丙烯腈生产相关物料的性质、生产中的安全和环保知识。 2. 掌握丙烯氨氧化生产丙烯腈的基本原理、丙烯腈生产过程中各工艺参数控制方法；掌握丙烯腈生产的工艺流程，丙烯腈生产开车过程操作步骤。 3. 能分析丙烯腈生产过程中各工艺参数对生产的影响，并进行正确的操作与控制；能按照生产中岗位操作规程与规范，利用仿真软件正确对生产过程进行操作与控制；能发现生产过程中出现的故障，并进行正确的判断和处理。 4. 具有爱岗敬业精神，良好的表达、沟通交流能力，质量意识，安全意识，工作责任心，职业规范和职业道德等综合素质

续表

岗位职责	班组长:以仿真软件为载体,组织和协调组员完成丙烯腈生产过程的开车操作与控制; 组员:在班组长的带领下,完成丙烯腈生产开车仿真操作,对开车过程进行正确的操作控制	
工作任务	1. 丙烯腈生产的基本原理及工艺流程认知; 2. 丙烯腈生产仿真操作中各工艺参数的控制方法认知; 3. 丙烯腈生产仿真操作开车操作规程认知; 4. 丙烯腈生产仿真操作中各设备的操作及工艺参数的调节; 5. 丙烯腈生产仿真操作中的异常情况及正确处理	
工作准备	**教师准备** 1. 准备教材、工作页、考核评价标准等教学材料; 2. 给学生分组,下达工作任务	**学生准备** 1. 班组长分配工作,明确每个人的工作任务; 2. 通过课程学习平台预习基本理论知识; 3. 准备工作服、学习资料和学习用品

任务实施

任务名称:丙烯腈生产仿真操作			
序号	工作过程	学生活动	教师活动
1	准备工作	穿好工作服,准备好必备学习用品和学习材料	准备教材、工作页、考核评价标准等教学材料
2	任务下达	领取工作页,记录工作任务要求	发放工作页,明确工作要求、岗位职责
3	班组例会	分组讨论,各组汇报课前学习基本知识的情况,认真听老师讲解重难点,分配任务,制订工作计划	听取各组汇报,讨论并提出问题,总结并集中讲解重难点问题
4	熟悉仿真操作界面及操作方法	根据仿真操作界面,找出丙烯腈生产过程中涉及的设备及位号、工艺参数指标控制点,理清生产工艺流程	跟踪指导,解决学生提出的问题,并进行集中讲解
5	理清丙烯腈生产仿真开车操作步骤	弄清开车操作主要步骤及各步骤的具体操作过程,分析主要工艺参数及控制方法,列出工艺参数	跟踪指导,解决学生提出的问题,集中讲解
6	开车操作及工作过程分析	根据开车操作规程和规范,小组完成开车操作训练,讨论交流开车过程中的问题,并找出解决方法	教师跟踪指导,指出存在的问题,解决学生提出的重难点问题,集中讲解,并进行操作过程考核
7	工作总结	班组长带领班组总结仿真操作中的收获、不足及改进措施,完成工作页的提交	检验成果,总结归纳生产相关知识及注意问题,点评工作过程

学生工作页

任务名称		丙烯腈生产仿真操作	
班级		姓名	
小组		岗位	

工作准备	一、课前解决问题 1. 丙烯腈生产过程中冷态开车的主要步骤有哪些? 2. 丙烯腈生产时反应器出口温度和压力指标是如何控制的? 3. 在急冷塔操作过程中加入硫酸的作用是什么? 4. 吸收塔操作时温度和压力指标是如何控制的? 5. 回收塔进料温度有什么要求?回收塔操作时温度指标是如何控制的? 6. 成品塔的操作条件是什么?如何保证成品丙烯腈的质量? 二、接受老师指定的工作任务后,了解仿真操作实训室的环境、安全管理要求,穿好工作服。 三、安全生产及防范 　学习仿真操作实训室相关安全及管理规章制度,列出你认为工作过程中需注意的问题,并做出承诺。 _____ _____ _____ 我承诺:工作期间严格遵守实训场所安全及管理规定。 承诺人: 本工作过程中需注意的安全问题及处理方法:_____ _____ _____ _____

	1. 列出主要工艺参数,并分析工艺参数控制方法及影响因素。

工作分析 与实施	序号	仪表位号	仪表名称	控制范围	工艺参数的控制 方法影响因素分析

2. 按照工作任务计划,完成丙烯腈生产仿真操作的开车过程,分析操作过程,记录工作过程中出现的问题。

_____

_____

_____

_____

工作总结 与反思	结合自身和本组完成的工作,通过交流讨论、组内点评等形式客观、全面地总结本次工作任务完成情况,并讨论如何改进工作。 _____ _____ _____ _____

一、主要工艺参数指标

1. 反应工序主要指标

反应工序主要工艺指标见表 8-6。

表 8-6 反应工序主要指标一览表

序号	位号	正常值	单位	说明
1	FIC-101	10.81	t/h	丙烯进料流量
2	FIC-102	5.25	t/h	氨进料流量
3	FIC-103	461	t/h	反应器冷却水流量
4	FIC-104	70.16	t/h	空气进料流量
5	TIC-101	66	℃	丙烯进料温度
6	TIC-102	66	℃	氨进料温度
7	TIC-103	230	℃	急冷塔入塔温度
8	TIC-104	25	℃	开工加热炉出口温度

序号	位号	正常值	单位	说明
9	LIC-101	50	%	丙烯蒸发器液位
10	LIC-102	50	%	液氨蒸发器液位
11	LIC-103	50	%	蒸汽发生器液位
12	PIC-101	4.2	MPa	蒸汽发生器顶压力
13	TI-101	440	℃	反应器出口温度
14	TI-102	32	℃	换热器出口温度
15	TI-103	32	℃	换热器出口温度
16	TI-104	350	℃	反应器蒸汽出口温度
17	TI-105	230	℃	换热器出口温度
18	PI-101	0.07	MPa	反应器压力

2. 回收工序（1）主要指标

回收工序（1）主要工艺指标见表 8-7。

表 8-7 回收工序（1）工序主要指标一览表

序号	位号	正常值	单位	说明
1	FIC-201	4.93	t/h	急冷塔补充水流量
2	FIC-202	1.2	t/h	硫酸补充流量
3	FIC-203	1659	t/h	急冷塔上段循环流量
4	FIC-204	2.3	t/h	急冷塔后冷器循环流量
5	FIC-205	416.7	t/h	急冷塔下段循环流量
6	FIC-206	4.72	t/h	急冷塔底流量
7	FIC-207	170	t/h	吸收塔吸收水补充量
8	TIC-201	35	℃	吸收水进塔温度
9	LIC-201	50	%	急冷塔上段液位
10	LIC-202	50	%	急冷塔下段液位
11	LIC-203	50	%	急冷塔后冷器液位
12	LIC-204	50	%	吸收塔底液位
13	PIC-201	0.02	MPa	吸收塔顶压力
14	FI-201	10.89	t/h	蒸发残液进料流量
15	FI-202	86.22	t/h	急冷塔进料流量
16	FI-203	22	t/h	塔顶采出流量
17	TI-201	83.2	℃	急冷塔塔顶温度
18	TI-202	60	℃	蒸发残液进料温度
19	TI-203	230	℃	急冷塔进料温度
20	TI-204	82	℃	急冷塔塔底温度
21	TI-205	110	℃	急冷塔回流采出
22	TI-206	34	℃	吸收塔顶温度
23	TI-207	36	℃	吸收塔底温度
24	TI-208	40.2	℃	塔顶采出温度

3. 回收工序（2）主要指标

回收工序（2）主要工艺指标见表 8-8。

表 8-8 回收工序（2）工序主要指标一览表

序号	位号	正常值	单位	说明
1	FIC-221	34	t/h	回收塔再沸蒸汽流量
2	FIC-222	27.22	t/h	回收塔底流量
3	FIC-223	9.16	t/h	回收塔溶剂水流量

序号	位号	正常值	单位	说明
4	FIC-224	1.15	t/h	乙腈塔顶回流量
5	TIC-221	48	℃	溶剂水进塔温度
6	TIC-222	69.5	℃	回收塔进料温度
7	TIC-223	90	℃	回收塔塔板温度
8	TIC-224	40	℃	回收塔顶分层器入口温度
9	TIC-225	97	℃	乙腈塔顶温度
10	LIC-221	50	%	回收塔顶分层器水层液位
11	LIC-222	50	%	回收塔分层器油层液位
12	LIC-223	50	%	乙腈塔底液位
13	LIC-224	50	%	回收塔底液位
14	LIC-225	50	%	乙腈塔顶冷凝器 E-146 液位
15	PIC-221	0.01	MPa	回收塔顶压力
16	TI-221	117	℃	回收塔底温度
17	TI-222	70	℃	回收塔顶温度
18	TI-223	108	℃	乙腈塔进料温度
19	TI-224	102	℃	乙腈塔底温度
20	TI-225	40	℃	回收塔分层器温度

4. 精制工序主要指标

精制工序主要工艺指标见表 8-9。

表 8-9 精制工序主要指标一览表

序号	位号	正常值	单位	说明
1	FIC-301	105	t/h	脱氢氰酸塔底再沸流量
2	FIC-302	5.93	t/h	脱氢氰酸塔顶回流量
3	FIC-303	0.56	t/h	成品塔顶回流罐出料量
4	FIC-304	10.05	t/h	成品抽出流量
5	FIC-305	0.68	t/h	成品塔底流量
6	TIC-301	50	℃	脱氢氰酸塔进料温度
7	TIC-302	65	℃	脱氢氰酸塔温度
8	TIC-303	52	℃	脱氢氰酸塔回流温度
9	TIC-304	96	℃	成品塔底再沸温度
10	TIC-305	43	℃	成品塔顶回流罐入口温度
11	LIC-301	50	%	脱氢氰酸塔顶冷凝器液位
12	LIC-302	50	%	脱氢氰酸塔底液位
13	LIC-303	50	%	成品塔顶回流罐液位
14	LIC-304	50	%	成品塔底液位
15	PIC-301	0.04	MPa	成品塔顶压力
16	FI-301	13.24	t/h	脱氢氰酸塔进料量
17	TI-301	17.5	℃	脱氢氰酸塔顶温度
18	TI-302	75	℃	脱氢氰酸塔底温度
19	TI-303	46.3	℃	成品塔顶温度
20	TI-304	65	℃	成品塔底温度
21	TI-305	49	℃	成品塔采出温度
22	PI-301	0.08	MPa	脱氢氰酸塔顶压力

5. 四效蒸发工序主要指标

四效蒸发工序主要工艺指标见表 8-10。

表 8-10　四效蒸发工序主要指标一览表

序号	位号	正常值	单位	说明
1	FIC-501	4.06	t/h	一效热源蒸汽流量
2	LIC-501	50	%	一效残液液位
3	LIC-502	50	%	二效残液液位
4	LIC-503	50	%	三效残液液位
5	LIC-504	50	%	四效残液液位
6	LIC-505	50	%	馏出物冷凝器液位
7	FI-501	27.22	t/h	一效进料量
8	FI-502	3.15	t/h	一效馏出物量
9	FI-503	3.7	t/h	二效馏出物量
10	FI-504	4.48	t/h	三效馏出物量
11	FI-505	5	t/h	四效馏出物量
12	TI-501	125	℃	一效蒸发器温度
13	TI-502	110	℃	二效蒸发器温度
14	TI-503	85	℃	三效蒸发器温度
15	TI-504	60	℃	四效蒸发器温度

二、技能训练——冷态开车操作与控制

1. 开车准备

① 打开丙烯蒸发器 E-104 液位调节阀 LIC-101 至 50%。

② 当丙烯蒸发器 E-104 液位 LIC-101 达到 50%左右时，关闭液位调节阀 LIC-101。

③ 打开液氨蒸发器 E-105 液位调节阀 LIC-102 至 50%。

④ 当液氨蒸发器 E-105 液位 LIC-102 达到 50%左右时，关闭液位调节阀 LIC-102。

⑤ 打开反应器顶冷却水温度调节阀 TIC-103 至 50%。

⑥ 去现场全开急冷塔后冷器 E-140 冷却水手动阀 XV-201。

⑦ 打开吸收水进塔温度调节阀 TIC-201 至 50%。

⑧ 打开溶剂水进塔温度调节阀 TIC-221 至 50%。

⑨ 打开回收塔顶冷凝器温度调节阀 TIC-224 至 50%。

⑩ 去现场全开乙腈塔顶冷凝器 E-146 冷却水手动阀 XV-232。

⑪ 去现场全开脱氢氰酸塔顶冷凝器 E-118 冷剂手动阀 XV-304。

⑫ TIC-305 至 50%。

⑬ 去现场全开第四效馏出物冷凝器 E-514 冷却水手动阀 XV-523。

2. 建立撤热水循环

① 全开蒸汽发生器液位调节阀 LIC-103。

② 当蒸汽发生器液位 LIC-103 超过 30%后，去现场全开反应器冷却水泵 P-102 入口手动阀 XV-105。

③ 去辅操台 1 启动反应器冷却水泵 P-102。

④ 去现场全开反应器冷却水泵 P-102 出口手动阀 XV-106。

⑤ 打开反应器冷却水流量调节阀 FIC-103 至 50%。

⑥ 当蒸汽发生器液位 LIC-103 达到 50%左右时，关闭蒸汽发生器液位调节阀

LIC-103。

3. 建立急冷系统水循环

① 打开急冷塔上段补充水流量调节阀 FIC-201 至 50%。

② 打开硫酸补充流量调节阀 FIC-202 至 50%。

③ 当急冷塔上段液位 LIC-201 超过 30% 后,去现场全开急冷塔上段循环泵 P-107 入口手动阀 XV-205。

④ 去辅操台 1 启动急冷塔上段循环泵 P-107。

⑤ 去现场全开急冷塔上段循环泵 P-107 出口手动阀 XV-206。

⑥ 打开急冷塔上段循环流量调节阀 FIC-203 至 50%。

⑦ 当急冷塔上段液位 LIC-201 达到 50% 左右时,去现场全开急冷塔上段外送泵 P-150 入口手动阀 XV-203。

⑧ 去辅操台 1 启动急冷塔上段外送泵 P-150。

⑨ 去现场全开急冷塔上段外送泵 P-150 出口手动阀 XV-202。

⑩ 打开急冷塔上段液位调节阀 LIC-201 至 50%。

⑪ 去现场全开急冷塔下段外引冷凝液手动阀 XV-204。

⑫ 当急冷塔下段液位 LIC-202 超过 30% 后,去现场全开急冷塔塔底泵 P-108 入口手动阀 XV-213。

⑬ 去辅操台 1 启动急冷塔塔底泵 P-108。

⑭ 去现场全开急冷塔塔底泵 P-108 出口手动阀 XV-214。

⑮ 打开急冷塔下段循环流量调节阀 FIC-205 至 50%。

⑯ 去现场全开急冷塔底排污手动阀 XV-215。

4. 装催化剂、开工炉点火

① 打开开工炉空气入口流量调节阀 FIC-104 至 50%。

② 打开开工炉燃料气调节阀 TIC-104 至 50%。

③ 去现场启动开工炉点火按钮 IG-001。

④ 去现场全开催化剂进料手动阀 XV-109,向反应器装填催化剂。

⑤ 去现场全开反应器顶放火炬手动阀 XV-101。

⑥ 去现场关闭催化剂进料手动阀 XV-109,催化剂装填完毕。

5. 反应器投料

① 去现场全开贫水手动阀 XV-102。

② 当反应器出口温度 TI-101 达到 380℃ 左右时,打开氨进料流量调节阀 FIC-102 至 50%。

③ 打开调节阀 TIC-102 至 50%。

④ 打开液氨蒸发器 E-105 液位调节阀 LIC-102 至 50%。

⑤ 打开丙烯进料流量调节阀 FIC-101 至 50%。

⑥ 打开丙烯预热器温度调节阀 TIC-101 至 50%。

⑦ 打开丙烯蒸发器 E-104 液位调节阀 LIC-101 至 50%

⑧ 当反应器出口温度 TI-101 达到 430℃ 左右时,关闭燃料气调节阀 TIC-104。

⑨ 去现场关闭开工炉点火按钮 IG-001。

⑩ 打开蒸汽发生器液位调节阀 LIC-103 至 50%。

⑪ 当蒸汽发生器顶压力 PIC-101 达到 4MPa 左右时,打开压力调节阀 PIC-101 至 50%。

6. 回收系统开车

① 去现场全开反应器顶去急冷塔手动阀 XV-103。

② 去现场关闭反应器顶去火炬手动阀 XV-101。

③ 打开吸收水进量调节阀 FIC-207 至 50%。

④ 打开急冷塔塔底流量调节阀 FIC-206 至 50%。

⑤ 去现场关闭急冷塔塔底排污手动阀 XV-215。

⑥ E-140 液位 LIC-203 超过 30% 后，去现场全开急冷塔后冷器泵 P-125 入口手动阀 XV-208。

⑦ 启动急冷塔后冷器泵 P-125。

⑧ 去现场全开急冷塔后冷器泵 P-125 出口手动阀 XV-207。

⑨ 打开急冷塔后冷器循环流量调节阀 FIC-204 至 50%。

⑩ 当急冷塔后冷器 E-140 液位 LIC-203 达到 50% 左右时，打开后冷器液位调节阀 LIC-203 至 50%。

⑪ 当吸收塔顶压力 PIC-201 达到 0.02MPa 时，打开吸收塔顶压力调节阀 PIC-201 至 50%。

⑫ 当吸收塔底液位 LIC-204 超过 30% 后，去现场全开吸收塔底泵 P-109 入口手动阀 XV-209。

⑬ 去辅操台 1 启动吸收塔底泵 P-109。

⑭ 去现场全开吸收塔底泵 P-109 出口手动阀 XV-210。

⑮ 打开吸收塔底液位调节阀 LIC-204 至 50%。

⑯ 打开回收塔进料温度调节阀 TIC-222 至 50%。

⑰ 去现场全开回收塔底排污手动阀 XV-222。

⑱ 打开回收塔溶剂水进量调节阀 FIC-223 至 50%。

⑲ 去现场全开 Na_2CO_3 溶液手动阀 XV-221。

⑳ 打开回收再沸蒸汽流量调节阀 FIC-221 至 50%。

㉑ 去现场全开乙腈塔顶冷凝器去火炬手动阀 XV-233。

㉒ 当乙腈塔顶冷凝器 E-146 液位 LIC-225 超过 30% 后，去现场全开乙腈塔顶回流泵 P-151 入口手动阀 XV-234。

㉓ 去辅操台 1 启动乙腈塔顶回流泵 P-151。

㉔ 去现场全开乙腈塔顶回流泵 P-151 出口手动阀 XV-235。

㉕ 打开乙腈塔顶回流量调节阀 FIC-224 至 50%。

㉖ 打开乙腈塔顶冷凝器 E-146 液位调节阀 LIC-225 至 50%。

㉗ 当乙腈塔底液位 LIC-223 超过 30% 后，去现场全开乙腈塔底泵 P-155 入口手动阀 XV-231。

㉘ 去辅操台 1 启动乙腈塔底泵 P-155。

㉙ 去现场全开乙腈塔底泵 P-155 出口手动阀 XV-230。

㉚ 打开乙腈塔底液位调节阀 LIC-223 至 50%。

㉛ 当回收塔顶压力 PIC-221 达到 0.01MPa 时，打开塔顶压力调节阀 PIC-221 至 50%。

㉜ 当回收塔顶分层器水层液位 LIC-221 达到 30% 左右时，去现场全开回收塔水泵 P-111 入口手动阀 XV-223。

㉝ 去辅操台 1 启动回收塔水泵 P-111。

㉞ 去现场全开回收塔水泵 P-111 出口手动阀 XV-224。

㉟ 打开回收塔顶分层器水位调节阀 LIC-221 至 50%。

㊱ 当回收塔顶分层器油层液位 LIC-222 超过 30%后，去现场全开脱氢氰酸塔进料泵 P-112 入口手动阀 XV-225。

㊲ 去辅操台 1 启动脱氢氰酸塔进料泵 P-112。

㊳ 去现场全开脱氢氰酸塔进料泵 P-112 出口手动阀 XV-226。

㊴ 打开回收塔顶分层器油层液位调节阀 LIC-222 至 50%。

㊵ 当回收塔底液位 LIC-224 达到 50%时，去现场全开回收塔底泵 P-152 入口手动阀 XV-228。

㊶ 去辅操台 1 启动回收塔底泵 P-152。

㊷ 去现场全开回收塔底泵 P-152 出口手动阀 XV-229。

㊸ 打开回收塔底流量调节阀 FIC-222 至 50%。

7. 精制系统开车

① 打开脱氢氰酸塔进料温度调节阀 TIC-301 至 50%。

② 打开脱氢氰酸塔底再沸流量调节阀 FIC-301 至 50%。

③ 去现场全开阻聚剂注入手动阀 XV-302。

④ 去现场全开醋酸注入手动阀 XV-301。

⑤ 去现场全开脱氢氰酸塔顶冷凝器放空手动阀 XV-305。

⑥ 当脱氢氰酸塔顶冷凝器 E-118 液位 LIC-301 超过 30%后，去现场全开回流泵 P-132 入口手动阀 XV-306。

⑦ 去辅操台 1 启动脱氢氰酸塔顶回流泵 P-132。

⑧ 去现场全开 P-132 出口手动阀 XV-307。

⑨ 打开脱氢氰酸塔顶回流量调节阀 FIC-302 至 50%。

⑩ 打开脱氢氰酸塔顶冷凝器 E-118 液位调节阀 LIC-301 至 50%。

⑪ LIC-302 超过 30%后，去现场全开塔底泵 P-118 入口手动阀 XV-308。

⑫ 去辅操台 1 启动脱氢氰酸塔底泵 P-118。

⑬ 去现场全开脱氢氰酸塔底泵 P-118 出口手动阀 XV-309。

⑭ 打开脱氢氰酸塔底液位调节阀 LIC-302 至 50%。

⑮ 打开成品塔底再沸温度调节阀 TIC-304 至 50%。

⑯ 当成品塔顶压力 PIC-301 达到 0.04MPa 时，打开成品塔顶压力调节阀 PIC-301 至 50%。

⑰ LIC-304 超过 30%后，去现场全开成品塔底泵 P-122 入口手动阀 XV-312。

⑱ 去辅操台 1 启动成品塔底泵 P-122。

⑲ 去现场全开成品塔底泵 P-122 出口手动阀 XV-313。

⑳ 打开成品塔底流量调节阀 FIC-305 至 50%。

㉑ 打开丙烯腈抽出流量调节阀 FIC-304 至 50%。

㉒ 当成品塔顶回流罐液位 LIC-303 超过 30%后，去现场全开成品塔回流泵 P-124 入口手动阀 XV-310。

㉓ 去辅操台 1 启动成品塔顶回流泵 P-124。

㉔ 去现场全开成品塔顶回流泵 P-124 出口手动阀 XV-311。

㉕ FIC-303 至 50%。

㉖ 打开成品塔顶回流罐液位调节阀 LIC-303 至 50%。

8. 四效蒸发系统开车

① 打开一效热源蒸汽流量调节阀 FIC-501 至 50%。

② 当一效蒸发器残液液位 LIC-501 超过 30% 后，打开一效残液液位调节阀 LIC-501 至 50%。

③ 当二效蒸发器残液液位 LIC-502 超过 30% 后，打开二效残液液位调节阀 LIC-502 至 50%。

④ 当三效蒸发器残液液位 LIC-503 超过 30% 后，打开三效残液液位调节阀 LIC-503 至 50%。

⑤ 当四效蒸发器残液液位 LIC-504 超过 30% 后，去现场全开四效残液泵 P-542 入口手动阀 XV-518。

⑥ 去辅操台 2 启动四效残液泵 P-542。

⑦ 去现场全开 P-542 出口手动阀 XV-519。

⑧ 打开四效残液液位调节阀 LIC-504 至 50%。

⑨ 去现场关闭急冷塔下段外引冷凝液手动阀 XV-204。

⑩ 去现场全开四效蒸出气冷凝器 E-514 放空手动阀 XV-522。

⑪ 当馏出物冷凝器 E-514 液位 LIC-505 超过 30% 后，去现场全开馏出物泵 P-525 入口手动阀 XV-520。

⑫ 去辅操台 2 启动馏出物泵 P-525。

⑬ 去现场全开馏出物泵 P-525 出口手动阀 XV-521。

⑭ 打开馏出物冷凝器 E-514 液位调节阀 LIC-505 至 50%。

⑮ 去现场全开一效凝液泵 P-517 入口手动阀 XV-502。

⑯ 去辅操台 2 启动一效凝液泵 P-517。

⑰ 去现场全开一效凝液泵 P-517 出口手动阀 XV-503。

⑱ 去现场全开一效底排污手动阀 XV-501。

⑲ 去现场全开二效凝液泵 P-519 入口手动阀 XV-506。

⑳ 去辅操台 2 启动二效凝液泵 P-519。

㉑ 去现场全开 P-519 出口手动阀 XV-507。

㉒ 去现场全开三效凝液泵 P-521 入口手动阀 XV-510。

㉓ 去辅操台 2 启动三效凝液泵 P-521。

㉔ 去现场全开三效凝液泵 P-521 出口手动阀 XV-511。

㉕ 去现场全开四效凝液泵 P-523 入口手动阀 XV-514。

㉖ 去辅操台 2 启动四效凝液泵 P-523。

㉗ 去现场全开四效凝液泵 P-523 出口手动阀 XV-515。

9. 调至正常

① 调节丙烯蒸发器 E-104 液位 LIC-101 至 50% 左右时，投自动，设为 50%。

② 调节液氨蒸发器 E-105 液位 LIC-102 至 50% 左右时，投自动，设为 50%。

③ 调节蒸汽发生器 V-104 液位 LIC-103 至 50% 左右时，投自动，设为 50%。

④ 调节丙烯进料温度 TIC-101 至 66℃ 左右时，投自动，设为 66℃。

⑤ 调节氨进料温度 TIC-102 至 66℃ 左右时，投自动，设为 66℃。

⑥ 调节蒸汽发生器 V-104 顶压力 PIC-101 至 4.2MPa 左右时，投自动，设为 4.2MPa。

⑦ 调节急冷塔上段液位 LIC-201 至 50% 左右时，投自动，设为 50%。

⑧ 调节急冷塔下段液位 LIC-202 至 50％左右时，投自动，设为 50％。

⑨ 急冷塔底流量 FIC-206 投串级。

⑩ 调节急冷塔后冷器 E-140 液位 LIC-203 至 50％左右时，投自动，设为 50％。

⑪ 调节吸收塔底液位 LIC-204 至 50％左右时，投自动，设为 50％。

⑫ 调节吸收水进塔温度 TIC-201 至 35℃左右时，投自动，设为 35℃。

⑬ 调节回收塔顶分层器水层液位 LIC-221 至 50％左右时，投自动，设为 50％。

⑭ 调节回收塔顶分层器油层液位 LIC-222 至 50％左右时，投自动，设为 50％。

⑮ 调节乙腈塔底液位 LIC-223 至 50％左右时，投自动，设为 50％。

⑯ 调节回收塔底液位 LIC-224 至 50％左右时，投自动，设为 50％。

⑰ 回收塔底流量 FIC-222 投串级。

⑱ 调节乙腈塔顶冷凝器 E-146 液位 LIC-225 至 50％左右时，投自动，设为 50％。

⑲ 调节溶剂水进塔温度 TIC-221 至 48℃左右时，投自动，设为 48℃。

⑳ 调节回收塔进料温度 TIC-222 至 69.5℃左右时，投自动，设为 69.5℃。

㉑ 调节回收塔塔板温度 TIC-223 至 90℃左右时，投自动，设为 90℃。

㉒ 回收塔底再沸器流量 FIC-221 投串级。

㉓ 调节乙腈塔顶温度 TIC-225 至 97℃左右时，投自动，设为 97℃。

㉔ 乙腈塔顶回流量 FIC-224 投串级。

㉕ 调节脱氢氰酸塔顶冷凝器 E-118 液位 LIC-301 至 50％左右时，投自动，设为 50％。

㉖ 调节脱氢氰酸塔底液位 LIC-302 至 50％左右时，投自动，设为 50％。

㉗ LIC-303 至 50％左右时，投自动，设为 50％。

㉘ 调节成品塔底液位 LIC-304 至 50％左右时，投自动，设为 50％。

㉙ 成品塔塔底物料量 FIC-305 投串级。

㉚ 调节成品抽出流量 FIC-304 至 10.05t/h 左右时，投自动，设为 10.05t/h。

㉛ 调节脱氢氰酸塔进料温度 TIC-301 至 50℃左右时，投自动，设为 50℃。

㉜ 调节脱氢氰酸塔底塔盘温度 TIC-302 至 65℃，投自动，设为 65℃。

㉝ 脱氢氰酸塔底再沸流量 FIC-301 投串级。

㉞ 调节脱氢氰酸塔顶塔盘温度 TIC-303 至 50℃左右时，投自动，设为 52℃。

㉟ FIC-302 投串级。

㊱ 调节成品塔底再沸温度 TIC-304 至 96℃左右时，投自动，设为 96℃。

㊲ TIC-305 至 43℃左右时，投自动，设为 43℃。

㊳ 调节一效残液液位 LIC-501 至 50％左右时，投自动，设为 50％。

㊴ 调节二效残液液位 LIC-502 至 50％左右时，投自动，设为 50％。

㊵ 调节三效残液液位 LIC-503 至 50％左右时，投自动，设为 50％。

㊶ 调节四效残液液位 LIC-504 至 50％左右时，投自动，设为 50％。

㊷ 调节馏出物冷凝器 E-514 液位 LIC-505 至 50％左右时，投自动，设为 50％。

㊸ 去辅操台 2 启动开工炉出口温度高高联锁 TSHH-104。

㊹ 启动蒸汽发生器液位低低联锁 LSLL-103。

三、 DCS 操作画面

在丙烯腈生产操作与控制中涉及的仿真操作控制界面如图 8-9～图 8-18 所示。

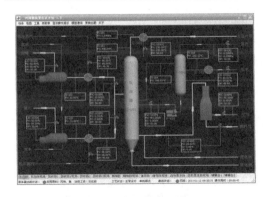

图 8-9　反应系统现场图

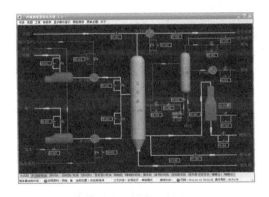

图 8-10　反应系统 DCS 图

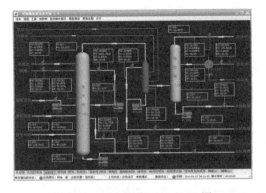

图 8-11　回收系统（1）DCS 图

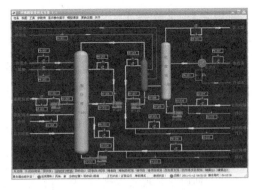

图 8-12　回收系统（1）现场图

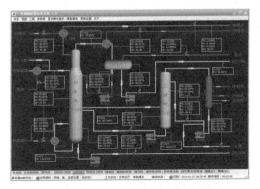

图 8-13　回收系统（2）DCS 图

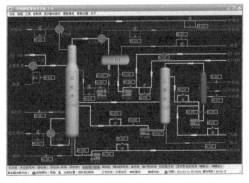

图 8-14　回收系统（2）现场图

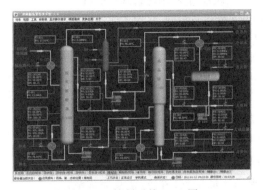

图 8-15　精制系统 DCS 图

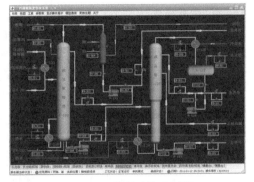

图 8-16　精制系统现场图

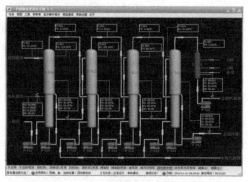

图 8-17　精制系统现场图

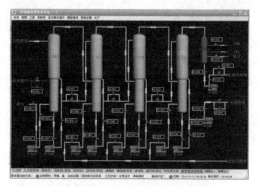

图 8-18　四效蒸发系统现场图

【项目考核评价表】

项目	考核要点	分数	考核标准(满分要求)	得分
技能考核	反应系统现场考核	15	能够根据反应系统生产工艺模型的布局和生产的原理,在现场正确查找到主要设备及物料管线,并正确流利地叙述现场工艺流程,每错漏一处扣1分	
	回收系统现场考核	15	能够根据回收系统生产工艺模型的布局和生产的原理,在现场正确查找到主要设备及物料管线,并正确流利地叙述现场工艺流程,每错漏一处扣1分	
	精制系统现场考核	10	能够根据精制系统生产工艺模型的布局和生产的原理,在现场正确查找到主要设备及物料管线,并正确流利地叙述现场工艺流程,每错漏一处扣1分	
	绘制现场工艺流程图	15	根据工艺模型现场布局,正确完整地完成工艺流程图的绘制(设备、管线),每漏掉一处扣2分;工艺流程图绘制要规范、美观(设备画法、管线及交叉线画法、箭头规范要求、物料及设备的标注等),每错一处扣1分	
	仿真操作	15	按照操作规程和规范,能利用仿真软件正确进行生产过程的开车操作与控制,并使各项工艺参数达到生产过程中的指标要求(电脑系统打分)	
知识考核	丙烯腈生产相关理论知识	15	根据所学内容,认真完成老师下发的知识考核卡,根据评分标准评阅	
态度考核	任务完成情况及课程参与度	5	按照要求,独立或小组协作及时完成老师布置的各项任务;认真听课,积极思考,参与讨论,能够主动提出或者回答有关问题,迟到扣2分,玩手机等扣2分	
	工作环境清理	5	保持工作现场环境整齐、清洁,认真完成清扫,学习结束后未进行清扫扣2分	

续表

项目	考核要点	分数	考核标准(满分要求)	得分
素质考核	职业综合素质	5	能够遵守课堂纪律,能与他人协作、交流,善于分析问题和解决问题,尊重考核教师; 现场学习过程中,注意教师提示的生产过程中的安全和环保问题,会使用安全和环保设施,按照工作场所和岗位要求,正确穿戴服装,未按要求穿戴扣2分	

【巩固训练】

一、填空题

1. 工业中生产丙烯腈的主要方法有(　　　　)、(　　　　)、(　　　　)和(　　　　)。

2. 丙烯氨氧化法合成丙烯腈所用的催化剂通常有(　　　　)系和(　　　　)系两种。

3. 丙烯氨氧化生产丙烯腈中,为了防止副产物氢氰酸的聚合,在气相中加入(　　　　)作为阻聚剂,在液相中加入(　　　　)作为阻聚剂。

4. 工业上生产丙烯腈所用的反应器通常是(　　　　),其结构分为(　　　　)、(　　　　)和(　　　　)三部分。

5. 丙烯氨氧化法生产丙烯腈的工艺流程主要包括(　　　　)、(　　　　)和(　　　　)三个工序。

6. 丙烯腈生产工艺流程中,在回收部分采用萃取精馏的作用是(　　　　)。

7. 丙烯氨氧化法生产丙烯腈过程中,采用过量的空气目的是(　　　　)。

8. 丙烯氨氧化法生产丙烯腈的工艺流程中,急冷塔的作用是(　　　　)。

二、选择题

1. 目前工业中丙烯腈生产一般采用的反应器是(　　　)
A. 固定床　　　　B. 流化床　　　　C. 管式反应器　　　D. 塔式反应器

2. 生产 ABS 工程塑料的原料是(　　　)。
A. 丁二烯、苯乙烯、丙烯　　　　　　B. 丁二烯、苯乙烯、丙烯腈
C. 丁烯、苯乙烯、丙烯腈　　　　　　D. 丁二烯、苯乙烯、乙烯

3. 丙烯氨氧化生产丙烯腈过程中,原料中过量的氨通常采用(　　　)去除。
A. 硫酸中和法　　　B. 盐酸中和法　　　C. 硝酸中和法　　　D. 磷酸中和法

4. 下列(　　　)不是丙烯氨氧化生产丙烯腈的主要副产物。
A. 氢氰酸　　　　B. 乙腈　　　　　C. 二氧化碳　　　D 一氧化碳

5. 丙烯氨氧化生产丙烯腈中,为了防止产品丙烯腈的聚合,生产中加入(　　　)物质作为阻聚剂。
A. 硫酸　　　　B. 对苯二酚　　　　C. 二氧化硫　　　　D. 醋酸

三、判断题

1. 丙烯氨氧化生产丙烯腈中,当逐渐增大反应压力时,丙烯的转化率和反应的选择性都随着下降。(　　　)

2. 丙烯氨氧化生产丙烯腈过程中,在氨和丙烯配比的时候,通常采用丙烯过量的方

法。（　　）

    3. 丙烯氨氧化法生产丙烯腈时，原料中的烯烃对丙烯腈合成反应无影响。（　　）

    4. 丙烯氨氧化法生产丙烯腈中，原料中空气的用量越多越好。（　　）

    5. 反应的接触时间延长可增加转化率，因此应尽量延长反应时间。（　　）

    6. 丙烯氨氧化法生产丙烯腈中，原料中的烷烃对丙烯腈的合成无影响。（　　）

    7. 工业上丙烯腈生产常用固定床作为反应器。（　　）

    8. 流化床反应器的优点是导热容易、接触面积大。（　　）

    9. 丙烯腈在常温下是无色透明液体，微臭，有轻微的毒性。（　　）

    10. 丙烯腈可溶于有机溶剂，与水部分互溶，可形成共沸物。（　　）

四、问答题

    1. 写出丙烯氨氧化法反应的基本原理。

    2. 简要分析丙烯氨氧化生产丙烯腈中原料是如何进行配比的。

    3. 丙烯氨氧化生产丙烯腈原料中加入水蒸气的作用是什么？

    4. 丙烯氨氧化生产丙烯腈的工艺流程主要由哪几个部分组成？绘制生产过程的工艺流程框图。

项目九
苯乙烯生产技术

【基本知识目标】

  1. 了解苯乙烯的物理化学性质及用途；了解苯乙烯生产过程的安全和环保知识。

  2. 理解苯乙烯的工业生产方法及原理；理解乙苯催化脱氢生产苯乙烯的催化剂使用。

  3. 掌握乙苯催化脱氢生产苯乙烯的基本原理；理解生产中典型设备的结构特点及作用。

  4. 掌握苯乙烯生产过程中的影响因素及工艺流程的组织。

  5. 掌握苯乙烯装置开、停车步骤和生产过程中的影响因素（如：温度、压力、原料配比等)工艺参数的控制方法；掌握苯乙烯生产中的常见故障现象及原因。

【技术技能目标】

  1. 能根据脱氢反应特点的分析，正确选择脱氢反应器;能根据粗产品组成设计精制分离方案。

  2. 能分析脱氢过程中各工艺参数对生产的影响，并进行正确的操作与控制。

  3. 能识读和绘制生产工艺流程图；能按照生产中岗位操作规程与规范，利用模拟装置和仿真软件正确对生产过程进行操作与控制。

  4. 能发现生产过程中的安全和环保问题，会使用安全和环保设施；能发现脱氢操作过程中的异常情况，并对其进行分析和正确的处理；能初步制定脱氢过程的开车和停车操作程序。

【素质培养目标】

  1. 通过生产中乙苯、苯乙烯等物料性质、安全和环保问题分析，培养学生"绿色化工、生态保护、和谐发展和责任关怀"的核心思想。

  2. 通过装置操作和仿真操作，培养学生爱岗敬业、科学严谨、团队协作和责任担当、良好的质量意识、安全意识、社会责任感等职业综合素质。

  3. 通过讲述实际装置操作中工艺参数控制的重要性、生产操作过程中的异常情况分析和处理过程、化工生产中重大事故案例，培养学生分析解决问题能力，规范标准意识，法律常识，事故防范、救助意识。

  4. 通过小组讨论汇报，培养学生的归纳总结、语言表达、沟通交流能力；通过操作考核和知识考核，培养学生良好的心理素质、诚实守信的工作态度及作风。

【项目描述】

  在本项目教学任务中，以学生为主体，通过学生工作页给学生布置学习任务，让学生借助课程网络资源及相关文献资料，获得苯乙烯生产相关基本知识。本项目实施过程中采用吉林工业职业技术学院和秦皇岛博赫科技开发有限公司联合开发的"DCS 控制乙苯催化脱氢生产苯乙烯装置"和配套的仿真软件为载体,通过生产装置和仿真软件的操作模拟苯乙烯生产实际过程,训练学生苯乙烯生产运行过程中的操作控制能力,达到化工生产中"内外操"岗位工作能力要求和职业综合素质培养的目的。

【操作安全提示】

1. 进入生产现场必须穿工作服,装置所进行的反应为高温反应,请勿直接用手接触器壁及管线,防止灼伤。

2. 装置所进行的反应为高压反应,请勿在反应过程中或带压状态下试图拆卸任何装置内的零部件。

3. 装置选用的原料为有毒有害、易燃易爆物质,一定要在通风、防爆环境下进行实验,且实验操作人员不得穿着化纤衣物,以防发生事故。

4. 在进行主设备操作及计算机开机前一定检查供电系统是否正常,接地是否良好,防止漏电。

5. 实训场所禁止烟火,不允许在电脑上连接任何移动存储设备等,保证操作正常运行。

6. 严格按照装置操作规程和注意事项进行操作,掌握生产现场操作的应急事故演练流程,一旦发生着火、爆炸、中毒等安全事故,要熟悉现场逃离、救护等安全措施。

任务 1
苯乙烯生产装置认识及操作

任务描述

任务名称:苯乙烯生产装置认识及操作	建议学时:4 学时
学习方法	1. 按照工厂车间实行的班组制,将学生分组,1 人担任班组长,负责分配组内成员的具体工作,小组共同制订工作计划、分析总结并进行汇报; 2. 班组长负责组织协调任务实施,组内成员按照工作计划分工协作,完成规定任务; 3. 教师跟踪指导,集中解决重难点问题,评估总结
任务目标	1. 掌握乙苯脱氢的基本原理、主要设备及工艺流程。 2. 能识读和绘制生产工艺流程图;能按照生产中岗位操作规程与规范,正确对生产过程进行操作与控制。 3. 能发现生产操作过程中的异常情况,并对其进行分析和正确的处理;能初步制定开车和停车操作程序
岗位职责	班组长:组织和协调组员完成苯乙烯生产装置操作; 组员:在班组长的带领下,对苯乙烯生产装置进行正确的操作控制
工作任务	1. 乙苯催化脱氢的基本原理认知; 2. 乙苯脱氢生产的主要设备及现场装置仪表、管线和泵的认识; 3. 乙苯脱氢装置的工艺流程及现场管线查找; 4. 乙苯脱氢装置操作,分析总结操作中的注意问题; 5. 脱氢生产工艺流程图的绘制

续表

	教师准备	学生准备
工作准备	1. 准备教材、工作页、考核评价标准等教学材料； 2. 给学生分组，下达工作任务； 3. 准备手套等劳保用品	1. 班组长分配工作，明确每个人的工作任务； 2. 通过课程学习平台预习基本理论知识； 3. 准备工作服、学习资料和学习用品。

任务实施

任务名称：苯乙烯生产装置认识及操作

序号	工作过程	学生活动	教师活动
1	准备工作	穿戴好工作服、劳保用品；准备好必备学习用品和学习材料	准备教材、工作页、考核评价标准等教学材料
2	任务下达	领取工作页，记录工作任务要求	发放工作页，明确工作要求、岗位职责
3	班组例会	分组讨论，各组汇报课前学习基本知识的情况，认真听老师讲解重难点，分配任务，制订工作计划	听取各组汇报，讨论并提出问题，总结并集中讲解重难点问题
4	苯乙烯生产装置认识	认识现场设备名称，分析其功能，列出主要设备；熟悉装置操作面板和操作方法	跟踪指导，解决学生提出的问题，集中讲解
5	查找装置管线，理清乙苯催化脱氢工艺流程	根据主要设备，工艺管线及阀门等布置，理清工艺流程的组织过程，并绘制脱氢工艺流程图	跟踪指导，解决学生提出的问题，并进行集中讲解
6	苯乙烯生产装置操作过程分析	根据操作规程，每组学生进行生产操作模拟训练，完成乙苯催化脱氢生产过程，工作过程中组内进行讨论交流，分析工作过程中的问题	在班组讨论过程中进行跟踪指导，帮助解决问题，并进行过程考核
7	工作总结	班组长带领班组总结工作中的收获、不足及改进措施，完成工作页的提交	检验成果，总结归纳生产相关知识及操作注意问题，点评工作过程

学生工作页

任务名称		苯乙烯生产装置认识及操作	
班级		姓名	
小组		岗位	

| 工作准备 | 一、课前解决问题
1. 乙苯催化脱氢的基本原理、反应特点及反应中采用的催化剂是什么？

2. 乙苯脱氢反应器有哪些类型？苯乙烯生产的工艺流程是由哪两部分组成的？

3. 乙苯脱氢过程中加入水蒸气的作用是什么？

4. 乙苯脱氢装置的操作步骤有哪些？

5. 乙苯脱氢装置的原料预热、反应加热采用什么方式？反应后的产物是如何进行冷凝的？

二、接受老师指定的工作任务后，了解工作场地的环境、安全管理要求，穿好符合劳保要求的服装。
三、安全生产及防范
学习苯乙烯生产装置工作场所相关安全及管理规章制度，列出你认为工作过程中需注意的问题，并做出承诺。

_____
_____
_____

我承诺：工作期间严格遵守实训场所安全及管理规定。
承诺人：
本工作过程中需注意的安全问题及处理方法：_____
_____
_____
_____
_____ |

	1. 列出现场设备,并分析设备作用				
	序号	设备位号	设备名称	设备类别	主要功能与作用
工作分析 与实施					

工作分析
与实施

2. 按照乙苯脱氢装置操作规程,进行生产模拟操作,记录操作过程中出现的问题。

_____

_____

_____

_____

工作总结
与反思

结合自身和本组完成的工作,通过交流讨论、组内点评等形式客观、全面地总结本次工作任务完成情况,并讨论如何改进工作。

_____

_____

_____

_____

一、相关知识

(一)苯乙烯的性质及用途

1. 苯乙烯的性质

苯乙烯在常温下为无色透明液体,有辛辣气味,易燃,难溶于水,易溶于甲醇、乙醇、乙醚、二硫化碳等有机溶剂中,对皮肤有刺激性,毒性中等,在空气中的最大允许浓度是 100mg/kg。主要物理性质见表 9-1。

表 9-1　苯乙烯的主要物理性质

密度(25℃) /(g/mL)	黏度(25℃) /Pa·s	比热容(液体 25℃) /[J/(g·℃)]	蒸发热 (25℃)/(J/g)	爆炸极限 (体积分数)/%	沸点 /℃	凝固点 /℃
0.91	0.73×10^{-3}	1.8	428.8	1.1~6.1	145.3	-30.6

由于苯乙烯分子中的侧链是 C=C 双键，所以化学性质活泼。能发生氧化、还原、氯化及卤化氢加成等反应。苯乙烯暴露于空气中，易被氧化成为醛及酮类。从结构上看，苯乙烯是不对称取代物，烯烃上带有苯环，使乙苯有极性，易于发生聚合，常温下可缓慢自聚，当温度超过 100℃时，聚合速度剧增。苯乙烯除可自聚生产聚苯乙烯以外，还可与其他不饱和化合物发生共聚。

2. 苯乙烯的用途

苯乙烯有着广泛的应用，在有机化学工业中占有比较重要的地位，目前，产量在乙烯系列产品中已占到第四位，占世界单体产量的第三位，苯乙烯易自聚和共聚，它是合成橡胶、聚苯乙烯、塑料和其他各种共聚树脂的主要原料之一，是三大合成工业的重要单体。

苯乙烯自聚制得的聚苯乙烯塑料为无色透明体，易于加工成型，且产品经久耐用，外表美观，介电性能很好。发泡聚苯乙烯还可用作防震材料和保温材料。

苯乙烯与丁二烯共聚生成丁苯橡胶，是用途较广、产量较大的合成橡胶之一。丙烯腈与丁二烯、苯乙烯共聚生成 ABS 树脂，ABS 树脂是一种机械性能极高的工程塑料。丙烯腈可与苯乙烯共聚得 AS 树脂。苯乙烯与顺丁二烯二酸酐、乙二醇以及邻苯二甲酸酐等共聚生成不饱和聚酯树脂等。苯乙烯还被广泛应用于制药、涂料、纺织等工业。

（二）乙苯脱氢生产苯乙烯的原理

微课扫一扫

苯乙烯生产原理

1. 主、副反应

以苯和乙烯为原料，通过苯烷基化反应生成乙苯，然后乙苯再催化脱氢生成苯乙烯。苯乙烯生成的主反应为：

$$\text{⬡} + C_2H_4 \longrightarrow \text{⬡}-C_2H_5$$

$$\text{⬡}-CH_2-CH_3 \rightleftharpoons \text{⬡}-CH=CH_2 + H_2 \qquad \Delta_r H_m^\ominus = 117.8\text{kJ/mol}$$

乙苯脱氢生成苯乙烯是吸热反应，在生成苯乙烯的同时可能发生的平行副反应主要是裂解反应和加氢裂解反应，因为苯环比较稳定，裂解反应都发生在侧链上。

$$\text{⬡}-C_2H_5 \longrightarrow \text{⬡} + CH_2=CH_2 \qquad \Delta_r H_m^\ominus = 105\text{kJ}$$

$$\text{⬡}-C_2H_5 + H_2 \longrightarrow \text{⬡}-CH_3 + CH_4 \qquad \Delta_r H_m^\ominus = -54.4\text{kJ}$$

$$\text{⬡}-C_2H_5 + H_2 \longrightarrow \text{⬡} + C_2H_6 \qquad \Delta_r H_m^\ominus = -31.5\text{kJ}$$

在水蒸气存在下，还可能发生下述反应：

$$\text{⬡}-C_2H_5 + 2H_2O \longrightarrow \text{⬡}-CH_3 + CO_2 + 3H_2$$

与此同时，发生的连串反应主要是产物苯乙烯的聚合或脱氢生焦以及苯乙烯产物的加氢裂解等。聚合副反应的发生，不但会使苯乙烯的选择性下降，消耗原料量增加，而且还会使催化剂因表面覆盖聚合物而活性下降。

2. 催化剂

在苯乙烯工业生产上，常用的脱氢催化剂主要有两类：一类是以氧化铁为主体的催化剂,如 $Fe_2O_3\text{-}Cr_2O_3\text{-}KOH$ 或 $Fe_2O_3\text{-}Cr_2O_3\text{-}K_2CO_3$ 等;另一类是以氧化锌为主体的催化剂,如 $ZnO\text{-}Al_2O_3\text{-}CaO$,$ZnO\text{-}Al_2O_3\text{-}CaO\text{-}KOH\text{-}Cr_2O_3$ 或 $ZnO\text{-}Al_2O_3\text{-}CaO\text{-}K_2SO_4$ 等。这两类催化剂均为多组分固体催化剂,其中氧化铁和氧化锌分别为主催化剂,钙和钾的化合物为助催化剂,氧化铝是稀释剂,氧化铬是稳定剂(可提高催化剂的热稳定性)。

这两类催化剂的特点是都能自行再生,即在反应过程中,若因副反应生成的焦炭覆盖于催化剂表面时,会使其活性下降,但在水蒸气存在下,催化剂中的氢氧化钾能促进反应 $C+H_2O$ $\longrightarrow CO+H_2$ 的进行,从而使焦炭除去,有效地延长了催化剂的使用周期,一般使用一年以上才需再生,而且再生时,只需停止通入原料乙苯,单独通入水蒸气就可完成再生操作。

目前,各国以采用氧化铁系催化剂最多。我国采用的氧化铁系催化剂组成为:Fe_2O_3 80%,$K_2Cr_2O_7$ 11.4%,K_2CO_3 6.2%,CaO 2.40%。若采用温度 550~580℃时,转化率为 38%~40%,收率可达 90%~92%,催化剂寿命可达两年以上。

由于乙苯脱氢的反应必须在高温下进行,而且反应产物中存在大量氢气和水蒸气,因此乙苯脱氢反应的催化剂应满足下列条件要求:

① 有良好的活性和选择性,能加快脱氢主反应的速率,而又能抑制聚合、裂解等副反应的进行;

② 高温条件下有良好的热稳定性,通常金属氧化物比金属具有更高的热稳定性;

③ 有良好的化学稳定性,以免金属氧化物被氢气还原为金属,同时在大量水蒸气的存在下,不至被破坏结构,能保持一定的强度;

④ 不易在催化剂表面结焦,且结焦后易于再生。

知识加油站

烷基化是烷基由一个分子转移到另一个分子的过程,是化合物分子中引入烷基(甲基、乙基等)的反应。烷基化反应作为一种重要的合成手段,广泛应用于许多化工生产过程。工业上常用的烷基化剂有烯烃、卤烷、硫酸烷酯等。

(三)工艺参数的确定

1. 反应温度

由图 9-1 和图 9-2 可见,提高反应温度有利于提高脱氢反应的平衡转化率;提高温度也能加快反应速率,但是温度越高,相对地说更有利于活化能更高的裂解等副反应,其速率增加得会更快,虽然转化率提高,但选择性会随之下降。温度过高,不仅苯和甲苯等副产物增加,而且随着生焦反应的增加,催化剂活性下降,再生周期缩短。工业生产中一般适宜的温度为 600℃左右。

微课扫一扫

苯乙烯生产
工艺条件分析

2. 反应压力

降低压力有利于脱氢反应的平衡。因此脱氢反应最好是在减压下操作,但是高温条件下减压操作不安全,对反应设备制造的要求高,投资增加。所以一般采用加入水蒸气的办法来降低原料乙苯在反应混合物中的分压,以此达到与减压操作相同的目的。总压则采用略高于常压以克服系统阻力,同时为了维持低压操作,应尽可能减小系统的压力降。

3. 水蒸气用量

加入稀释剂水蒸气是为了降低原料乙苯的分压,有利于主反应的进行。选用水蒸气作稀释剂的好处在于:

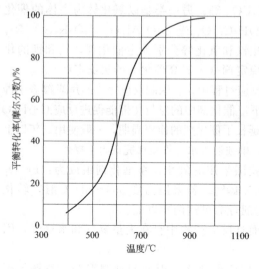

图 9-1　反应温度和平衡转化率的关系　　　　图 9-2　反应温度和脱氢产物组成的关系

① 可以降低乙苯的分压，改善化学平衡，提高平衡转化率；

② 与催化剂表面沉积的焦炭反应，使之气化，起到清除焦炭的作用；

③ 水蒸气的热容量大，可以提供吸热反应所需的热量，使温度稳定控制；

④ 水蒸气与反应物容易分离；

⑤ 水蒸气可以阻碍氧化铁被过度还原，保持较高的选择性。

在一定的温度下，随着水蒸气用量的增加，乙苯的转化率也随之提高，但增加到一定用量之后，乙苯转化率的提高就不太明显，而且水蒸气用量过大，能量消耗也增加，产物分离时用来使水蒸气冷凝耗用的冷却水量也很大，因此水蒸气与乙苯的比例应综合考虑。用量比也与所采用的脱氢反应器的形式有关，一般绝热式反应器脱氢所需水蒸气量大约比等温列管式反应器脱氢大一倍左右。

4. 原料纯度

若原料气中有二乙苯，则二乙苯在脱氢催化剂上也能脱氢生成二乙烯基苯，在精制产品时容易聚合而堵塔。出现此种现象时，只能用机械法清除，所以要求原料乙苯沸程应在 $135\sim136.5℃$ 之间。原料气中二乙苯含量小于 0.04%。

5. 空间速度

空间速度小，停留时间长，原料乙苯转化率可以提高，但同时因为连串副反应增加，会使选择性下降，而且催化剂表面结焦的量增加，致使催化剂运转周期缩短；但若空速过大，又会降低转化率，导致产物收率太低，未转化原料的循环量大，分离、回收消耗的能量也上升。所以最佳空速范围应综合原料单耗、能量消耗及催化剂再生周期等因素选择确定。

二、乙苯脱氢生产苯乙烯装置认识

微课扫一扫

苯乙烯生产
典型设备

　　DCS 控制乙苯脱氢实验装置是一种通用型的装置，能够实现乙苯脱氢反应、催化剂再生以及物料平衡的衡算、催化剂装卸，控制系统实行自控、监控操作。本装置采用了先进的温度控制、气体流量控制、压力控制和可靠的安全措施，当装置系统的温度超过设定温度值时即可报警并自行断电，当泵出口压力超过设定压力时安全阀起跳，从而保证了设备和装置系统的安全。装置运行过程中的反应温度、反应压力等数据可通过通信设备远传到计算机上进行储存和记录，同时计算机可实现对工艺参数的集中控制，可在线记录任意时刻的历史数据和曲线。

装置压力通过定压阀进行精确控制，反应温度通过智能仪表进行自动控制，气体流量采用质量流量计进行控制和计量，原料进油量通过泵显示旋杆显示，大小通过左右旋转大小调节。本装置采用了先进的温度控制、气体流量控制、压力控制和可靠的安全措施，当装置系统的温度超过设定温度值时即可报警并自行断电，当泵出口压力超过设定压力时安全阀起跳，从而保证了设备和装置系统的安全。

乙苯催化脱氢生产苯乙烯装置现场图、仪表及控制面板图分别如图 9-3～图 9-5所示。

图 9-3　苯乙烯装置正面图

图 9-4　苯乙烯装置管线布置图

图 9-5　苯乙烯装置仪表及控制面板图

三、乙苯脱氢典型设备及工艺流程

乙苯脱氢的化学反应是强吸热反应，因此工艺过程的基本要求是要连续向反应系统供给大量热量，并保证化学反应在高温条件下进行。根据供给热能方式的不同，乙苯脱氢的反应过程按反应器型式的不同分为列管式等温反应器和绝热式反应器两种。

1. 列管式等温反应器脱氢的工艺流程

乙苯脱氢列管式等温反应器结构示意如图 9-6 所示。反应器由许多耐高温的镍铬不锈钢管或内衬铜、锰合金的耐热钢管组成，管径为 100~185mm，管长 3m，管内装催化剂。反应器放在用耐火砖砌成的加热炉内，以高温烟道气为载体，将反应所需热量在反应管外通过管壁传给催化剂层，以满足吸热反应的需要。列管式等温反应器乙苯脱氢的工艺流程如图 9-7 所示。原料乙苯蒸气和按比例送入的一定量水蒸气混合后，先后经过第一预热器 3、热交换器 4 和第二预热器 2 预热至 540℃左右，进入脱氢反应器 1 的管内，在催化剂作用下进行脱氢反应，反应后的脱氢产物离开反应器时的温度约为 580~600℃，进入热交换器 4 利用余热间接预热原料气体，而同时使反应产物降温。然后再经冷凝器 5 冷却、冷凝，凝液在粗苯乙烯贮槽 6 中与水分层分离后，粗苯乙烯送精馏工序进一步精制为精苯乙烯。不凝气体中会有 90% 左右的 H_2，其余为 CO_2 和少量 C_1 及 C_2 烃类，一般可作为气体燃料使有，也可直接用作本流程中等温反应器的部分燃料。

苯乙烯生产
工艺流程

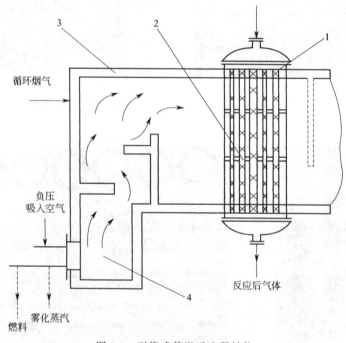

图 9-6　列管式等温反应器结构

1—列管反应器；2—圆缺挡板；3—耐火砖砌成的加热炉；4—燃烧喷嘴

该等温反应器的脱氢反应过程中，水蒸气仅仅是作为稀释剂使用，因此水蒸气与乙苯的物质的量比为 (6~9)：1。脱氢反应的温度控制范围与催化剂活性有关，一般新鲜催化剂控制在 580℃左右，已老化的催化剂可以逐渐提高到 620℃左右。反应器的温度分布是沿催化剂床层逐渐增高，出口温度可能比进口温度高出 40~60℃。此外，为了充分利用烟道气的热量，一般是将脱氢反应器、原料第二预热器和第一预热器按顺序安装在用耐火砖砌成的加热炉内，加热炉后的部分烟道气可循环使用，其余送烟囱排放；此外用脱氢产物带出的余热也可间接在热交换器 4 中预热原料气，都充分地利用了热能。

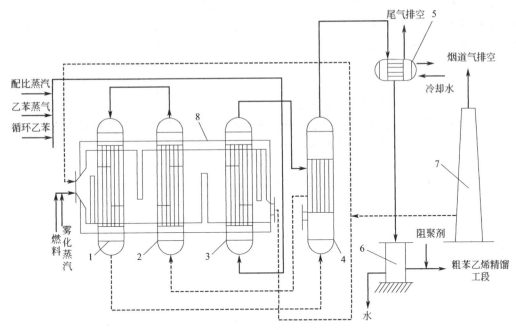

图 9-7 列管式等温反应器乙苯脱氢工艺流程

1—脱氢反应器；2—第二预热器；3—第一预热器；4—热交换器；

5—冷凝器；6—粗苯乙烯贮槽；7—烟囱；8—加热器

对脱氢吸热反应来说，由于升高温度对提高平衡转化率和提高反应速率都是有利的，因此催化剂床层的最佳温度分布应随转化率的增加而升高，所以等温反应器比较合理，可获得较高的转化率，一般可达 $40\%\sim45\%$，而苯乙烯的选择性达 $92\%\sim95\%$。

列管式等温反应器的水蒸气耗用量虽为绝热式反应器的一半，但因反应器结构复杂，耗用大量特殊合金钢材，制造费用高，所以不适用于大规模的生产装置。

2. 绝热式反应器脱氢工艺流程

单段绝热式反应器乙苯脱氢的工艺流程如图 9-8 所示。

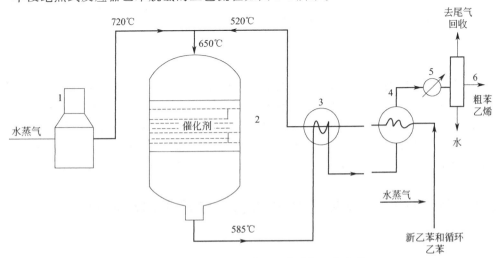

图 9-8 单段绝热式反应器乙苯脱氢工艺流程

1—水蒸气过热炉；2—脱氢反应器；3、4—热交换器；5—冷凝器；6—分离器循环乙苯和新鲜乙苯与水蒸气总用量中 10%的水蒸气混合以后，与高温的脱氢产物通过热交换器 4 和 3 间接预热到 520～550℃，再与过热到 720℃的其余 90%的过热水蒸气混合，大约是 650℃进入脱氢反应器 2，在绝热条件下进行脱氢反应，离开反应器的脱氢产物约为 585℃，在热交换器 3 和 4 中，利用其余热间接预热原料气，然后在冷凝器 5 中进一步冷却、冷凝，凝液在分离器 6 中分层，排出水后的粗苯乙烯送精制工序，尾气中氢含量为 90%左右，可作为燃料，也可精制为纯氢气使用。

绝热反应器脱氢过程所需热量完全由过热水蒸气带入，所以水蒸气用量很大。反应器脱氢反应的工艺操作条件为：操作压力 138kPa 左右，水蒸气：乙苯＝14：1（摩尔比），乙苯液空速 0.4～0.6m³/(m³·h)。单段绝热反应器进口温度比脱氢产物出口温度高约 65℃，由前面分析可知，这样的温度分布对提高原料的转化率是很不利的，所以单段绝热反应器脱氢不仅转化率比较低（35%～40%），选择性也比较低（约 90%）。

与列管式等温反应器相比较，绝热式反应器具有结构简单，耗用特殊钢材少，因而制造费用低，生产能力大等优点。一台大型的单段绝热反应器，生产能力可达年产苯乙烯 6 万吨。

本装置采用的是单段绝热式固定床反应器脱氢工艺流程，如图 9-9 所示。

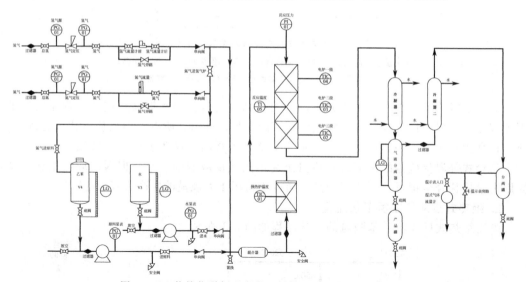

图 9-9　乙苯催化脱氢生产苯乙烯装置的现场工艺流程图

来自乙苯原料罐的新鲜乙苯与水罐的水分别经过泵按一定比例进入混合器，在混合器中采用电加热的方式使原料乙苯和水蒸发为气体，然后进入反应器，反应过程所需要的热量由三段电加热炉提供，在绝热条件下进行脱氢反应，离开反应器的脱氢产物约为 585℃，在冷凝器中进一步冷却、冷凝，凝液在分离器中分层，排出水后的粗苯乙烯送精制工序，尾气中氢含量为 90%左右，可作为燃料，也可精制为纯氢气使用。

四、技能训练——乙苯脱氢生产苯乙烯装置操作与控制

（一）装置的准备及运行

1. 实训准备及催化剂装填

对整套装置的各设备及相关控制阀门进行严格检查，检查内容包括：设备及控制阀门

是否可以正常操作，确保其正常完好、电气元件的正常完好，保证实验正常运行过程中所涉及的原材料、水、电、气等相关辅助实验材料的正常供给。确定各实验设备防静电装置的正常完好。接下来的催化剂装填过程如下：

① 反应器筒、上密封面、O形圈槽、热偶管、反应器大帽螺纹必须清洗干净，选用1～2mm的惰性瓷球并筛选、清洗干净；

② 旋紧反应器底部大帽及热偶压帽；

③ 向反应器内填装惰性瓷球至反应器上端边缘约380mm处，装入催化剂，再填装惰性瓷球至反应器上端边缘处，分别将O形圈装入反应器筒压盖O形圈槽和与反应器入、出口连接的O形圈槽内。旋紧反应器筒上大帽及与装置相连接的两个O形圈压帽；

④ 将各段尺寸记录下来，并认真填写填装图、填装日期、填装人，校好反应器内热偶的高度。

2. 氮气吹扫

开钢瓶阀，钢瓶减压调至0.2MPa，开总氮阀，氮气定压阀调至0.2MPa，开氮气阀，开氮气阀旁路阀，开气液分离器底部阀，开产品罐底部阀5s后关闭产品罐底部阀，开分离罐底部阀5s后关闭分离罐底部阀，开湿式表旁路阀5s后关闭湿式表旁路阀，开原料泵置换阀5s后关闭原料泵置换阀，其余各阀依次关闭。

3. 气密性检验

开钢瓶阀，钢瓶减压调至2.0MPa，开总氢阀，氢气定压阀调至0.2MPa，开氢气阀，氢气旁路阀3min后关闭此阀，观察5min，压降小于0.1MPa即为合格。

4. 氢气质量流量计投用

开质量流量计前阀，开质量流量计后阀，气路流量监控给定30SCCM（标况毫升每分）。

5. 升温

打开冷却水，反应器电炉一段温度控制仪、反应器电炉二段温度控制仪、反应器电炉三段温度控制仪给定50℃，按加热器启动按钮，反应器温度指示仪到50℃时，反应器电炉一段温度控制仪、反应器二段电炉温度控制仪、反应器电炉三段温度控制仪给定100℃，重复上述步骤直至反应器温度指示仪到反应温度。

6. 进水

水罐中加入蒸馏水，开泵入口管线阀门，开水置换阀，按水泵按钮，置换阀出口有连续液滴，关水置换阀，观察水泵表压力至0.2MPa时开进水阀。

7. 进乙苯

乙苯罐中加入乙苯，关盖，通过氮气流量计向乙苯罐中通入氮气10s后关闭氮气流量计，开乙苯泵入口管线阀门，开原料置换阀，按原料泵启动按钮，置换阀出口有连续液滴，关置换阀，观察原料泵表压力至0.2MPa时开原料进料阀。

8. 取样

开产品罐底部阀门进行取样，取样后关闭此阀门；开分离罐底部阀门进行取样，取样后关闭此阀门。

9. 停乙苯泵

停乙苯泵按钮，关进原料阀，开置换阀，原料泵表回零后关闭原料置换阀。

10. 停水泵

停水泵按钮，关进水阀，开置换阀，水泵表回零后关闭水置换阀。

11. 降温

反应器一段温度控制仪、反应器二段温度控制仪、反应器三段温度控制仪给定 0，按加热器停止按钮。

12. 停气

降温 30min 后气路流量监控给定 0，关钢瓶阀、钢瓶减压阀，关总氢气阀，关氢气定压阀、关氢气阀，开氢气旁路阀放空后关氢气旁路阀。

13. 放液体

开产品罐底部放油阀和分离罐底部放油阀放净液体后关闭对应阀。

停水、按主电按钮。

（二）装置异常及应急处理

1. 异常现象处理

① 装置在运行过程中漏油、漏气，挺气、油、电，对系统进行泄压，待温度降低至 50℃ 以下，压力降低到 0.2MPa 以下，对泄漏点进行旋紧；

② 系统内压力显示差别超出允许数值，立即停止实验，将压力、温度控制到安全范围内，逐段排查；

③ 泵表不起压，参考原料泵使用说明书，依次检查过滤器、管线是否存在堵塞状态；

④ 温度不上升，可能是仪表或电路原因，请仪表工程师、电气工程师处理；

⑤ 流量无示数，可能是质量流量计或检测流量仪表原因，请仪表工程师、电气工程师处理；

⑥ 相关异常现象。

苯乙烯装置相关异常现象见表 9-2。

表 9-2　苯乙烯装置相关异常现象一览表

序号		故障现象	故障可能原因	处理方法
1		开机后无气流通过	气源未开，气路不通	接通气源，开通气路
			过滤器堵塞	更换过滤器
2		开机不通气的情况下，流量监测不正常	零点偏差	调整零电位器
			电源故障	检查 15V 电源
3	质量流量计	流量显示不能达到满量程值	气压低于额定值	提高入口气压
			道路堵塞	清理 MFC 通道
			设定电压低于 5V	检查设定电压
4		实际流量与显示流量不一致	显示器量程或单位与控制器不匹配	重调显示器
			控制器通道被污染，引起流量精度发生偏差	对控制器重新标定
			流量计零点有较大漂移，不稳定	检查电路，更换传感器
5		设定为零时，仍有流量通过	调节阀漏气	维修调节阀
			流量计零点偏负	将流量计零点为零或偏正
6	泵	泵漏电	泵没接地线	接地线或者检查电路
7	整体设备	设备跳闸漏电	没接地线或者设备短路	接地线、检查电路

2. 应急预案

① 停水。停水后换热器不能正常工作，按照停工步骤停止实验。

② 停电。停电后，质量流量计与电表不能正常工作，继续通冷却水，按照原料泵操作说明停泵，依次关闭流量计前、后阀门，逐渐打开旁路阀门，待温度降低至安全温度后，停止实验，来电后，按照停工步骤对设备及管线进行清扫。

③ 实验事故安全阀起跳，在反应器出口或者催化剂床层发生堵塞，按照原料泵操作说明停泵，关闭总氢阀门，停止对反应器、预热器加热，缓慢打开原料置换阀门，将设备中的压力卸掉。

④ 烫伤迅速就近寻找冷水、冰块，迅速、有效地降低局部皮肤温度，让热能不要再向深处穿透，同时也使毛细血管收缩，减少水疱的发生。如果烫伤部位有衣物覆盖，要先尽快除去湿热的衣物，如果衣物不好揭下，可以剪开它们再移除，以保护创面的皮肤，减轻伤者的痛苦。

⑤ 化学灼烧立即用大量水冲洗，再根据不同的化学品灼烧采取不用的应对措施，轻微者需要送到学校医务室根据医生的指导进行治疗，严重者需要立即去医院抢救治疗。

（三）主要技术参数

苯乙烯装置主要技术参数如表9-3。

表 9-3　苯乙烯装置主要技术参数一览表

工艺参数	参数	控制精度	工艺参数	参数	控制精度
操作压力	0～3MPa	±1%	氢气流量	0～50mL/min	±1%
反应温度	600℃	±1℃	进水量	10～2000mL/h	±2%
催化剂填装量(催化剂+惰性填料)	2～10mL		进油量	10～500mL/h	±2%

五、粗苯乙烯的分离与精制

脱氢产物粗苯乙烯中除含有产物苯乙烯和未反应的乙苯之外，还含有副反应产生的甲苯、苯及少量高沸物焦油等，在组织苯乙烯分离和精制流程时需要注意的问题有：

① 苯乙烯在高温下容易自聚，而且聚合速度随温度的升高而加快，如果不采取有效措施和选择适宜的塔板型式，就容易出现堵塔现象使生产不能正常进行。为此，除在苯乙烯高浓度液中加入阻聚剂（聚合用精苯乙烯不能加）外，塔釜温度应控制不能超过90℃，因此必须采用减压操作。

② 欲分离的各种物料沸点差比较大，用精馏方法即可将其逐一分开。但是苯乙烯和乙苯的沸点比较接近，相差仅9℃，因此在原来的分离流程中，将粗苯乙烯中低沸物蒸出时，因采用泡罩塔，压力损失大，效率低，因而釜液中仍含有少量乙苯，必须再用一个精馏塔蒸出这少量的乙苯，即用两个精馏塔分离乙苯，流程长，设备多，动力消耗也大，不经济。后来的流程对此作了改进，乙苯蒸出塔采用压力损失小的高效筛板塔，就简化了流程，用一个塔即可将乙苯分离出去。

③ 分离方案。根据粗苯乙烯中各成分的组成和沸点的差异，对于粗苯乙烯的分离和精制流程的组织方案一般可有如下两种。粗苯乙烯的分离和精制流程的组织方案一和方案二如图9-10和图9-11所示。

方案一是按粗苯乙烯中各组分的沸点不同，先分离轻组分，后分离重组分，逐个蒸出

图 9-10　粗苯乙烯的分离与精制方案一

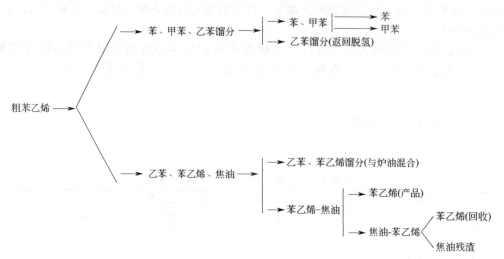

图 9-11　粗苯乙烯的分离与精制方案二

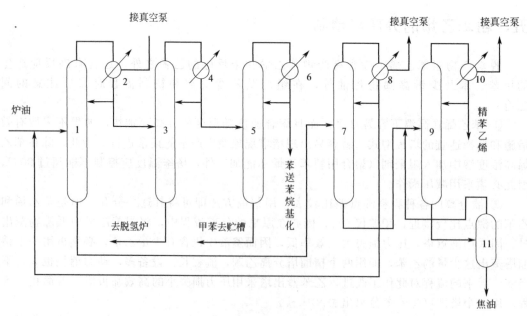

图 9-12　苯乙烯分离和精制流程图

1—乙苯蒸出塔；2，4，6，8，10—冷凝器；3—苯、甲苯回收塔；5—苯、甲苯分离塔；

7—苯乙烯粗馏塔；9—苯乙烯精馏塔；11—蒸发釜

各组分进行的。此方案的特点是可节省能量，但目的产品苯乙烯被加热的次数多，聚合的可能性较大，对生产不太有利。

方案二的优点是产品苯乙烯纯度较高，被加热的次数减少，聚合损失减小，苯-甲苯蒸出塔不需要减压真空操作，目前的生产工艺中，一般采用方案二对粗苯乙烯进行分离，工艺流程如图 9-12 所示。

粗苯乙烯（炉油）首先送入乙苯蒸出塔 1，该塔是将未反应的乙苯、副产物苯、甲苯与苯乙烯分离。塔顶蒸出的乙苯、苯、甲苯经冷凝器冷凝后，一部分回流，其余送入苯、甲苯回收塔 3，将乙苯与苯分离。塔釜得到乙苯，可送脱氢炉作脱氢用，塔顶得到的苯、甲苯经冷凝器冷凝后部分回流，其余再送入苯、甲苯分离塔 5，使苯和甲苯分离，塔釜得到甲苯，塔顶得到苯，其中苯可作烷基化原料用。

乙苯蒸出塔后冷凝器 2 出来的不凝气体经分离器分出夹带液体后去真空泵放空。乙苯蒸出塔塔釜液主要含苯乙烯、少量乙苯、焦油等，送入苯乙烯粗馏塔 7，将乙苯与苯乙烯、焦油分离，塔顶得到的含少量苯乙烯的乙苯可与粗苯乙烯一起进入乙苯蒸出塔。苯乙烯粗馏塔塔釜液则送入苯乙烯精馏塔 9，在此，塔顶即可得到聚合级成品精苯乙烯，纯度可达到 99.5% 以上，苯乙烯收率可达 90% 以上。塔釜液为含苯乙烯40% 左右的焦油残渣，进入蒸发釜 11 中可进一步蒸馏回收其中的苯乙烯。回收苯乙烯可返回精馏塔作加料用。

苯乙烯粗馏塔和苯乙烯精馏塔顶部冷凝器 8、10，出来的未冷凝气体均经一分离器分离掉所夹带液滴后再去真空泵放空。

该流程中乙苯蒸出塔 1 和苯乙烯粗馏塔 7、苯乙烯精馏塔 9 要采用减压精馏，同时塔釜应加入适量阻聚剂（如对苯二酚或缓聚剂二硝基苯酚、叔丁基邻苯二酚等），以防止苯乙烯自聚。

分离精制系统中，各个蒸馏塔的操作条件随着进料物组成的改变有所不同。如随着物料中苯乙烯含量的增加，塔釜操作温度是递减的，而塔的真空度却要增加。为了便于操作控制，每一个塔都有特定的控制指标，有的是着重塔顶的成分，有的则是着重塔釜的成分，相互配合，以完成分离任务。此外随物料性质的不同和各组分沸点差的变化，相应地选择合适的塔型，即选择压力小、板效率高的塔板结构，以满足分离和精制的要求。

任务 2
乙苯脱氢生产苯乙烯仿真操作

任务描述

任务名称：乙苯脱氢生产苯乙烯仿真操作		建议学时：4 学时
学习方法		1. 按照工厂车间实行的班组制，将学生分组，1 人担任班组长，负责分配组内成员的具体工作，小组共同制订工作计划、分析总结并进行汇报； 2. 班组长负责组织协调任务实施，组内成员按照工作计划分工协作，完成规定任务； 3. 教师跟踪指导，集中解决重难点问题，评估总结

续表

任务目标	1. 掌握乙苯脱氢的基本原理、主要设备及工艺流程。 2. 能利用仿真软件,按照生产中岗位操作规程与规范,正确对生产过程进行操作与控制。 3. 能发现生产操作过程中的异常情况,并对其进行分析和正确的处理;能初步制定开车和停车操作程序	
岗位职责	班组长:以仿真软件为载体,组织和协调组员完成乙苯脱氢生产; 组员:在班组长的带领下,完成乙苯脱氢生产苯乙烯,对生产过程进行正确的操作与控制	
工作任务	1. 乙苯催化脱氢的基本原理认知; 2. 乙苯脱氢生产的主要设备及 3D 仿真操作方法认知; 3. 乙苯脱氢装置的工艺流程认知; 4. 乙苯脱氢仿真步骤及生产操作控制	
工作准备	教师准备	学生准备
	1. 准备教材、工作页、考核评价标准等教学材料; 2. 给学生分组,下达工作任务	1. 班组长分配工作,明确每个人的工作任务; 2. 通过课程学习平台预习基本理论知识; 3. 准备工作服、学习资料和学习用品

任务实施

任务名称:乙苯脱氢生产苯乙烯仿真操作

序号	工作过程	学生活动	教师活动
1	准备工作	穿好工作服,准备好必备学习用品和学习材料	准备教材、工作页、考核评价标准等教学材料
2	任务下达	领取工作页,记录工作任务要求	发放工作页,明确工作要求、岗位职责
3	班组例会	分组讨论,各组汇报课前学习基本知识的情况,认真听老师讲解重难点,分配任务,制订工作计划	听取各组汇报,讨论并提出问题,总结并集中讲解重难点问题
4	熟悉仿真操作界面及操作方法	根据仿真操作界面,熟悉 3D 仿真操作方法和操作面板,找出乙苯脱氢生产过程中的设备、阀门,理清生产工艺流程	跟踪指导,解决学生提出的问题,并进行集中讲解
5	理清乙苯脱氢生产 3D 仿真操作步骤	弄清仿真操作主要步骤及各步骤的具体操作过程,分析主要工艺参数指标及影响因素	跟踪指导,解决学生提出的问题,集中讲解
6	仿真操作及工作过程分析	根据乙苯脱氢生产操作规程和规范,小组完成 3D 仿真操作训练,讨论、交流操作过程中的问题,并找出解决方法	教师跟踪指导,指出存在的问题,解决学生提出的重难点问题,集中讲解,并进行操作过程考核
7	工作总结	班组长带领班组总结仿真操作中的收获、不足及改进措施,完成工作页的提交	检验成果,总结归纳生产相关知识及注意问题,点评工作过程

学生工作页

任务名称		乙苯脱氢生产苯乙烯仿真操作	
班级		姓名	
小组		岗位	

<table>
<tr><td rowspan="3">工作准备</td><td colspan="2">一、课前解决问题

1. 乙苯催化脱氢生产苯乙烯仿真操作的基本步骤是什么？

2. 乙苯脱氢反应器中催化剂是如何进行装填的？

3. 乙苯原料泵是如何启动和停止的？

4. 乙苯脱氢后的产物主要是哪些物质？

5. 对于乙苯脱氢后的产物我们将采取什么方法进行分离来得到产品苯乙烯？

</td></tr>
<tr><td colspan="2">二、接受老师指定的工作任务后，了解仿真操作实训室的环境、安全管理要求，穿好工作服。</td></tr>
<tr><td colspan="2">三、安全生产及防范
学习仿真操作实训室相关安全及管理规章制度，列出你认为工作过程中需注意的问题，并做出承诺。

_____
_____
_____

我承诺：工作期间严格遵守实训场所安全及管理规定。
承诺人：
本工作过程中需注意的安全问题及处理方法：_____
_____
_____
_____
_____
_____</td></tr>
</table>

续表

	1. 列出主要工艺参数,并分析工艺参数控制方法及影响因素。

<table>
<tr><td rowspan="11">工作分析
与实施</td><td colspan="4">序号 | 控制指标 | 控制范围 | 工艺参数的控制方法
及影响因素分析</td></tr>
</table>

序号	控制指标	控制范围	工艺参数的控制方法 及影响因素分析

**工作分析
与实施**

2. 按照工作任务计划和操作规程,完成乙苯脱氢生产仿真操作,分析操作过程并记录工作过程中出现的问题。

_____

_____

_____

_____

**工作总结
与反思**

结合自身和本组完成的工作,通过交流讨论、组内点评等形式客观、全面地总结本次工作任务完成情况,并讨论如何改进工作。

_____

_____

_____

_____

一、仿真操作说明

苯乙烯生产
3D仿真操作

本操作采用与实际装置完全一致的 3D 仿真操作界面,模拟生产装置的实际生产过程,避免了装置操作过程中高温、有毒的操作危险,同时本仿真操作也可以与现场装置进行操联合,训练学生对乙苯催化脱氢生产苯乙烯现场工艺流程中设备、管线、阀门、仪表等的布局和工艺流程的组织,使在真实、安全的环境下,完成苯乙烯生产操作和相关知识的学习。仿真操作界面如图 9-13 所示。

二、技能训练——仿真操作

① 准备及装剂。操作过程中,动画演示催化剂的装填过程,如图 9-14 和图 9-15

所示。

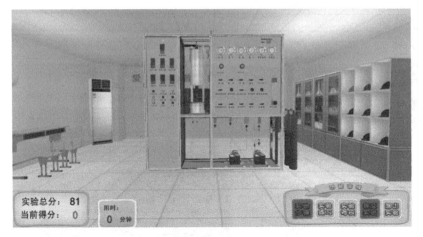

图 9-13　乙苯脱氢仿真操作界面

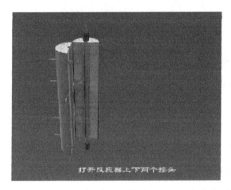

图 9-14　催化剂装填过程演示图（1）

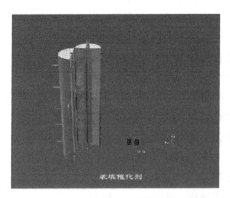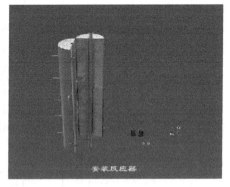

图 9-15　催化剂装填过程演示图（2）

② 氮气吹扫。

③ 气密性检验。

④ 氢气质量流量计投用（如需用时）。

⑤ 升温。

⑥ 进水。

⑦ 进乙苯。

⑧ 取样。

⑨ 停乙苯泵。

⑩ 停水泵

⑪ 降温

⑫ 停气

⑬ 放液体

具体操作步骤如图 9-16 所示。

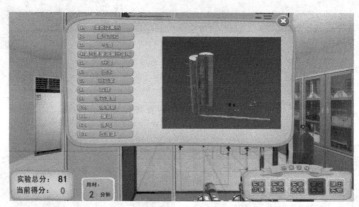

图 9-16　乙苯脱氢仿真操作步骤图

【项目考核评价表】

考核项目	考核要点	分数	考核标准（满分要求）	得分
技能考核	检查设备	5	对整套装置的各设备及相关控制阀门进行严格检查,检查内容包括:设备及控制阀门是否可以正常操作,确保其正常完好,电气元件的正常完好,保证实验正常运行过程中所涉及的原材料、水、电、气等相关辅助实验材料的正常供给、确定各实验设备防静电装置的正常完好,每漏一处扣1分	
	正确查找装置的主要设备及管线布置	15	能够根据生产工艺,在现场正确查找主要设备及管线的布置,各设备及管线的作用,每错漏一处扣2分	
	识读现场工艺流程,并熟练叙述工艺过程	10	根据现场设备及管线的布置,正确识读工艺流程,并能熟练地完成工艺过程的叙述,每叙述错误或漏掉一处扣2分	
	绘制现场工艺流程图	15	根据工艺模型的现场布局,正确、规范、美观地完成流程图的绘制(设备画法、管线及交叉线画法、箭头规范要求、物料及设备的标注要求),每错漏一处扣2分	
	仿真操作	20	利用仿真软件,按操作规程能够正确地进行乙苯脱氢生产过程的操作(电脑系统打分)	

续表

考核项目	考核要点	分数	考核标准(满分要求)	得分
知识考核	苯乙烯生产相关理论知识	20	根据所学内容,完成老师下发的知识考核卡,根据评分标准评阅	
态度考核	任务完成情况	5	按照要求,及时完成老师布置的各项任务,每漏错一项扣2分	
	课程参与度	5	认真听课,积极思考,参与讨论,能够主动提出或者回答有关问题,迟到扣2分,玩手机等扣2分	
思政素质考核	职业综合素质	5	能够遵守课堂纪律,能与他人协作、交流,善于分析问题和解决问题,尊重考核教师;现场学习过程中,注意教师提示的生产过程中的安全和环保问题,按照工作场所和岗位要求,正确穿戴服装,未按要求穿戴扣2分	

【巩固训练】

一、填空题

1. ABS树脂是由( )、( )和( )三种物质聚合而成的。

2. 苯乙烯为无色、有辛辣味的液体,难溶于( ),易溶于( )。

3. 乙苯脱氢生产苯乙烯的主要特点是( )。

4. 乙苯脱氢生产中采用低压的方法是通过( )形式实现的。

5. 苯乙烯生产的工艺流程是由( )和( )两部分组成的。

6. 乙苯脱氢生产苯乙烯中,根据供热方式的不同,反应器主要有( )和( )两种形式。

7. 苯乙烯精制过程中为了防止其发生聚合,通常加入阻聚剂,阻聚剂主要有( )、( )和( ),其中比较常用的是( )。

8. 苯乙烯蒸气与空气能形成爆炸混合物,其爆炸范围为( )。

二、选择题

1. 目前工业中苯乙烯生产一般采用的反应器是( )

A. 固定床　　　B. 流化床　　　C. 管式反应器　　　D. 塔式反应器

2. 乙苯催化脱氢生产苯乙烯的反应属于( )反应。

A. 吸热　　　B. 先放热后吸热　　　C. 不确定　　　D. 放热

3. 乙苯催化脱氢生产苯乙烯通常采用( )催化剂。

A. 钼系　　　B. 氧化镁系　　　C. 氧化铁系　　　D. 没有要求

4. 粗苯乙烯的主要组成是( )。

A. 苯、甲苯、二甲苯、苯乙烯、焦油

B. 苯、乙苯、二乙苯、苯乙烯、焦油

C. 苯、甲苯、二乙苯、苯乙烯、焦油

D. 苯、甲苯、乙苯、苯乙烯、焦油

5. 乙苯催化脱氢生产苯乙烯需要在( )情况下进行。

A. 高压　　　　　B. 中压　　　　　C. 低压　　　　　D. 没有要求

三、判断题

1. 乙苯脱氢生产苯乙烯是一个放热的反应，生产中可以采用较低的反应温度。
（　　　）

2. 在化工生产中，空间速度越小，原料的转化率越高，选择性也越高。（　　　）

3. 乙苯脱氢生产苯乙烯过程中，等温反应器和绝热反应器所消耗的水蒸气的量是相同的。（　　　）

4. 苯乙烯是易燃、易爆的物质，但是其毒性非常小。（　　　）

5. 目前工业上90%的苯乙烯生产均采用乙苯催化脱氢法。（　　　）

6. 乙苯脱氢过程中，加入水蒸气有利于反应进行，因此水蒸气的加入量越大越好。
（　　　）

7. 粗苯乙烯分离和精制过程中乙苯蒸出塔、苯乙烯精馏塔均常采用减压操作。
（　　　）

8. 粗苯乙烯分离和精制过程中为了防止苯乙烯的自聚，要在分离和精制塔中加入阻聚剂。（　　　）

四、问答题

1. 苯乙烯生产中加入水蒸气的作用是什么？

2. 工业中，苯乙烯的生产主要有哪些方法？写出乙苯脱氢生产苯乙烯的主反应方程式。

3. 苯乙烯生产中，绝热式反应器脱氢工艺与列管式等温反应器脱氢工艺有什么不同？

4. 分析乙苯脱氢生产苯乙烯的粗产品组成，根据其组成，设计出两种不同的分离与精制方案，画出分离方案图。

参考文献

[1] 王遇冬 . 天然气处理原理与工艺 [M] . 北京：中国石化出版社， 2007.

[2] 王开岳 . 天然气净化工艺：脱硫脱碳、脱水、硫黄回收及尾气处理 [M] . 北京：石油工业出版社， 2005.

[3] 于遵宏等 . 大型合成氨厂工艺过程分析 [M] . 北京：中国石化出版社， 1993.

[4] 沈浚 . 合成氨（化肥工业丛书） [M] . 北京：化学工业出版社， 2001.

[5] 袁一 . 尿素（化肥工业丛书） [M] . 北京：化学工业出版社， 1996.

[6] 杨春升等 . 中小型合成氨厂操作问答 [M] . 北京：化学工业出版社， 2004.

[7] 陈五平 . 无机化工工艺学 [M] . 北京：化学工业出版社， 2002.

[8] 郑广俭 . 无机化工生产技术 [M] . 北京：化学工业出版社， 2002.

[9] 刘振河 . 化工生产及技术 [M] . 北京：高等教育出版社， 2007.

[10] 陈群 . 化工生产技术 [M] . 北京：化学工业出版社， 2010.

[11] 梁凤凯，舒均杰 . 有机化工生产技术 [M] . 北京：化学工业出版社， 2003.

[12] 王焕梅 . 有机化工生产技术 [M] . 北京：高等教育出版社， 2007.

[13] 陈性永，刘健 . 基本有机化工生产及工艺 [M] . 北京：化学工业出版社， 2006.

[14] 吴指南 . 基本有机化工工艺学 [M] . 北京：化学工业出版社， 2004.

[15] 李贵闲等 . 化学工艺概论 [M] . 北京：化学工业出版社， 2004.

[16] 徐绍平等 . 化工工艺学 [M] . 大连：大连理工大学出版社， 2004.

[17] 曾之平，王扶明 . 化工工艺学 [M] . 北京：化学工业出版社， 2001.

[18] 马长捷，刘振河 . 有机产品生产运行控制 [M] . 北京：化学工业出版社， 2011.

[19] 侯丽新，储则中 . 化工生产单元操作 [M] . 北京：化学工业出版社， 2018.

[20] 储则中，尹德胜 . 化工生产单元操作——学生学习工作页 [M] . 北京：化学工业出版社， 2018.

[21] 颜鑫 . 我国合成氨工业的回顾与展望 [J] . 化肥设计， 2013， 51（5）： 1-6.

[22] 李琼玖等 . 我国天然气制氨、尿素生产工艺发展前景 [J] . 化肥设计， 2011， 49（3）： 3-12.

[23] 弥永丰等 . 合成氨原料气精制工艺技术的发展 [J] . 化肥设计， 2007， 45（3）： 11-13.

[24] 孙翔等 . 合成氨工艺操作仿真培训系统的开发应用 [J] . 当代化工， 2011， 40（6）： 645-648.

[25] 杨俊巧等 . 甲烷化工艺的应用小结 [J] 小氮肥. 2002, 4： 12-14.

[26] 纪容昕 . 国内干法脱硫剂工业应用现状 [J] . 化学工业与工程技术， 2002， 23（1）： 29-33.

[27] 于鹏，黄凤兰，柳延峰，等 . 丙酮氰醇法制甲基丙烯酸甲酯酯化反应研究 [J] . 化工科技， 2016， 24（1）： 59-61.

[28] 崔小明 . 国内外甲基丙烯酸甲酯的供需现状及发展前景分析 [J] . 石油化工技术与经济， 2016， 32（4）： 27-32.

[29] 何海燕，王彬 . 国内外甲基丙烯酸甲酯的生产现状及市场分析 [J] . 石油化工， 2016， 45（6）： 756-762.

[30] 杨华 . 国内外甲基丙烯酸甲酯生产应用与市场分析 [J] . 精细化工原料及中间体， 2006（11）： 32-36.

[31] 宁贵军 . 合成甲基丙烯酸甲酯的生产工艺 [J] . 内蒙古石油化工， 2011（2）： 24.

[32] 谭捷 . 甲基丙烯酸甲酯的生产技术及其研究进展 [J] . 乙醛醋酸化工， 2017（1）： 21-23.

[33] 李军，谭平华，熊国炎 . 甲基丙烯酸甲酯生产工艺及国内外发展现状 [J] . 广东化工， 2013， 40（22）： 89-90.

[34] 谭捷 . 甲基丙烯酸甲酯生产技术研究进展 [J] . 精细与专用化品 2016， 24（10）： 45-47.

[35] 张付杰，李文廷 . 甲基丙烯酸甲酯新工艺的进展探讨 [J] . 河南化工， 2010， 27（8）： 23-24.

[36] 黄金霞，高辉曦，张信胜 . 2016 年丙烯腈生产与市场 [J] . 化学工业， 2017， 35（3）： 45-49.

[37] 崔小明 . 国内外丙烯腈的供需现状及发展前景分析 [J] . 石油化工技术与经济， 2015， 31（1）： 18-23.

[38] 聂颖，燕丰 . 我国丙烯腈行业现状及发展前景 [J] . 乙醛醋酸化工， 2015（8）： 17-20.

[39] 张强慨 . 苯乙烯的研究现状概述与工艺技术研究 [J] . 工程设备与材料， 2017（7）： 135-137.

[40] 谭捷，钟向宏 . 国内外苯乙烯的供需现状及发展前景 [J] . 石油化工技术与经济， 2016， 32（3）： 13-17.

[41] 谭捷，张磊，陈雷 . 我国苯乙烯合成技术研究进展及市场分析 [J] . 弹性体， 2016， 26（4）： 78-84.